Die ersten hunderttausend Primzahlen

Herausgegeben von David E. McAdams

Andere Bücher von David E. McAdams

Papageienfarben – Eine Einführung in das Konzept der Farben. Für Vorschulkinder.

Blütenfarben – Eine Einführung in das Konzept der Farben. Für Vorschulkinder.

Weltraumfarben – Eine Einführung in das Konzept der Farben. Für Vorschulkinder.

Formen – Eine Einführung in Formen. Für Vorschulkinder.

Zahlen – Eine Einführung in den Zahlenbegriff. Für Kinder im Alter von 5–7 Jahren.

Was ist größer als alles? (Unendlichkeit) – Eine Einführung in das Konzept der Unendlichkeit. Für Kinder im Alter von 8–12 Jahren

Schaukeln (Menge) – Eine Einführung in die Mengenlehre für Kinder. Für Kinder im Alter von 7–10 Jahren.

One Penny, Two – (auf Englisch) Wenn sich Sigs Penny jeden Tag verdoppelt, wie lange dauert es dann, bis er einen dunkelgrünen Sportwagen kaufen kann? Für Kinder im Alter von 9–12 Jahren.

Learning With Money Activity Kit – (auf Englisch) Bringen Sie große Zahlen und das Zählen mit über 1.000.000 US-Dollar Spielgeld bei.

Meine Lieblingsfraktale (Bände 1, 2) – Bilderbücher mit wundersamen Fraktalen, präsentiert als hochauflösende Bilder. Für jedes Alter.

All Math Words Dictionary – (auf Englisch) Ein Mathematikwörterbuch für Schüler der Voralgebra, Algebra, Geometrie und Vorkalküle. Ab 12 Jahren.

Die ersten Millionen Ziffern von Pi – Die ersten Millionen Stellen von Pi. Für jedes Alter.

Die erste Million Ziffern von e – Die ersten Millionen Stellen der Eulerschen Konstante e. Für jedes Alter.

Quadratwurzel aus 2 bis einer Million Ziffern – Die ersten Millionen Ziffern der Quadratwurzel aus 2. Für jedes Alter.

Die ersten hunderttausend Primzahlen – Die ersten hunderttausend Primzahlen. Für jedes Alter.

Orders of Ten – (auf Englisch) Ein Buch, das Zehnerordnungen mit Punkten veranschaulicht (1, 10, 100, … Punkte). Für Kinder im Alter von 10–15 Jahren.

Geometrische Netze - Projektbuch – 80 geometrische Netze zum Kopieren, Ausschneiden und Zusammenkleben zu dreidimensionalen Polyedern. Ab 9 Jahren.

Geometric Nets Mega Project Book – (auf Englisch) 253 geometrische Netze zum Kopieren, Ausschneiden und Zusammenkleben zu dreidimensionalen Polyedern. Ab 9 Jahren.

Eine aktuelle Liste finden Sie unter www.DEMcAdams.com.

Primzahlen

Eine Primzahl ist jede ganze Zahl größer als eins, die nur sich selbst und eins als Faktoren hat. Beispielsweise ist 5 eine Primzahl, da sie nicht 2, 3 oder 4 als Faktor hat. 1 und 5 sind die einzigen Faktoren von 5.

Primzahlen werden seit der Antike untersucht. Eratosthenes von Kyrene lebte etwa 276 v. Chr. bis 194 v. Chr. Er entwickelte eine Methode zur Ermittlung von Primzahlen, die noch heute gelehrt wird. Es wird das Sieb des Eratosthenes genannt.

Um das Sieb des Eratosthenes zu verwenden, erstellen Sie eine Liste aller ganzen Zahlen, angefangen bei 2 bis hin zur größten Zahl, die Sie untersuchen möchten. Die erste Primzahl ist zwei. Da alle Vielfachen von 2 den Faktor zwei haben, ist kein Vielfaches von 2 eine Primzahl. Streichen Sie alle Vielfachen von 2 durch. Vielfache von 2 haben eine gerade Ziffer als letzte Ziffer. Gerade Ziffern sind 0, 2, 4, 6, 8. Streichen Sie alle Zahlen durch, die mit einer geraden Ziffer enden.

Suchen Sie dann die nächste Zahl, die nicht durchgestrichen ist. In diesem Fall ist es die 3. Streichen Sie jede dritte Zahl durch. Sie werden sehen, dass einige der Vielfachen von 3 bereits durchgestrichen sind. Dies liegt daran, dass sie auch Vielfache von 2 sind.

Fahren Sie auf diese Weise fort, bis Sie das Ende der Nummernliste erreicht haben. Unten sehen Sie ein Sieb von Eratosthenes für Zahlen von 2 bis 100, wobei alle Nicht-Primzahlen durchgestrichen sind.

	2	3	~~4~~	5	~~6~~	7	~~8~~	~~9~~	~~10~~
11	~~12~~	13	~~14~~	~~15~~	~~16~~	17	~~18~~	19	~~20~~
~~21~~	~~22~~	23	~~24~~	~~25~~	~~26~~	~~27~~	~~28~~	29	~~30~~
31	~~32~~	~~33~~	~~34~~	~~35~~	~~36~~	37	~~38~~	~~39~~	~~40~~
41	~~42~~	43	~~44~~	~~45~~	~~46~~	47	~~48~~	~~49~~	~~50~~
~~51~~	~~52~~	53	~~54~~	~~55~~	~~56~~	~~57~~	~~58~~	59	~~60~~
61	~~62~~	~~63~~	~~64~~	~~65~~	~~66~~	67	~~68~~	~~69~~	~~70~~
71	~~72~~	73	~~74~~	~~75~~	~~76~~	~~77~~	~~78~~	79	~~80~~
~~81~~	~~82~~	83	~~84~~	~~85~~	~~86~~	~~87~~	~~88~~	89	~~90~~
~~91~~	~~92~~	~~93~~	~~94~~	~~95~~	~~96~~	97	~~98~~	~~99~~	~~100~~

Die Liste der Primzahlen in diesem Buch wurde von einem Computerprogramm erstellt. Es ist viel einfacher, sie zu finden, als ein Sieb zu bauen.

2, 3, 5, 7, 11, 13, 17, 19, 23, 29, 31, 37, 41, 43, 47, 53, 59,
61, 67, 71, 73, 79, 83, 89, 97, 101, 103, 107, 109, 113, 127,
131, 137, 139, 149, 151, 157, 163, 167, 173, 179, 181, 191,
193, 197, 199, 211, 223, 227, 229, 233, 239, 241, 251, 257,
263, 269, 271, 277, 281, 283, 293, 307, 311, 313, 317, 331,
337, 347, 349, 353, 359, 367, 373, 379, 383, 389, 397, 401,
409, 419, 421, 431, 433, 439, 443, 449, 457, 461, 463, 467,
479, 487, 491, 499, 503, 509, 521, 523, 541, 547, 557, 563,
569, 571, 577, 587, 593, 599, 601, 607, 613, 617, 619, 631,
641, 643, 647, 653, 659, 661, 673, 677, 683, 691, 701, 709,
719, 727, 733, 739, 743, 751, 757, 761, 769, 773, 787, 797,
809, 811, 821, 823, 827, 829, 839, 853, 857, 859, 863, 877,
881, 883, 887, 907, 911, 919, 929, 937, 941, 947, 953, 967,
971, 977, 983, 991, 997, 1009, 1013, 1019, 1021, 1031, 1033,
1039, 1049, 1051, 1061, 1063, 1069, 1087, 1091, 1093, 1097,
1103, 1109, 1117, 1123, 1129, 1151, 1153, 1163, 1171, 1181,
1187, 1193, 1201, 1213, 1217, 1223, 1229, 1231, 1237, 1249,
1259, 1277, 1279, 1283, 1289, 1291, 1297, 1301, 1303, 1307,
1319, 1321, 1327, 1361, 1367, 1373, 1381, 1399, 1409, 1423,
1427, 1429, 1433, 1439, 1447, 1451, 1453, 1459, 1471, 1481,
1483, 1487, 1489, 1493, 1499, 1511, 1523, 1531, 1543, 1549,
1553, 1559, 1567, 1571, 1579, 1583, 1597, 1601, 1607, 1609,
1613, 1619, 1621, 1627, 1637, 1657, 1663, 1667, 1669, 1693,
1697, 1699, 1709, 1721, 1723, 1733, 1741, 1747, 1753, 1759,
1777, 1783, 1787, 1789, 1801, 1811, 1823, 1831, 1847, 1861,
1867, 1871, 1873, 1877, 1879, 1889, 1901, 1907, 1913, 1931,
1933, 1949, 1951, 1973, 1979, 1987, 1993, 1997, 1999, 2003,
2011, 2017, 2027, 2029, 2039, 2053, 2063, 2069, 2081, 2083,
2087, 2089, 2099, 2111, 2113, 2129, 2131, 2137, 2141, 2143,
2153, 2161, 2179, 2203, 2207, 2213, 2221, 2237, 2239, 2243,
2251, 2267, 2269, 2273, 2281, 2287, 2293, 2297, 2309, 2311,
2333, 2339, 2341, 2347, 2351, 2357, 2371, 2377, 2381, 2383,
2389, 2393, 2399, 2411, 2417, 2423, 2437, 2441, 2447, 2459,
2467, 2473, 2477, 2503, 2521, 2531, 2539, 2543, 2549, 2551,
2557, 2579, 2591, 2593, 2609, 2617, 2621, 2633, 2647, 2657,
2659, 2663, 2671, 2677, 2683, 2687, 2689, 2693, 2699, 2707,
2711, 2713, 2719, 2729, 2731, 2741, 2749, 2753, 2767, 2777,
2789, 2791, 2797, 2801, 2803, 2819, 2833, 2837, 2843, 2851,
2857, 2861, 2879, 2887, 2897, 2903, 2909, 2917, 2927, 2939,
2953, 2957, 2963, 2969, 2971, 2999, 3001, 3011, 3019, 3023,
3037, 3041, 3049, 3061, 3067, 3079, 3083, 3089, 3109, 3119,
3121, 3137, 3163, 3167, 3169, 3181, 3187, 3191, 3203, 3209,
3217, 3221, 3229, 3251, 3253, 3257, 3259, 3271, 3299, 3301,
3307, 3313, 3319, 3323, 3329, 3331, 3343, 3347, 3359, 3361,
3371, 3373, 3389, 3391, 3407, 3413, 3433, 3449, 3457, 3461,
3463, 3467, 3469, 3491, 3499, 3511, 3517, 3527, 3529, 3533,
3539, 3541, 3547, 3557, 3559, 3571, 3581, 3583, 3593, 3607,
3613, 3617, 3623, 3631, 3637, 3643, 3659, 3671, 3673, 3677,

      Die ersten hunderttausend Primzahlen

3691, 3697, 3701, 3709, 3719, 3727, 3733, 3739, 3761, 3767,
3769, 3779, 3793, 3797, 3803, 3821, 3823, 3833, 3847, 3851,
3853, 3863, 3877, 3881, 3889, 3907, 3911, 3917, 3919, 3923,
3929, 3931, 3943, 3947, 3967, 3989, 4001, 4003, 4007, 4013,
4019, 4021, 4027, 4049, 4051, 4057, 4073, 4079, 4091, 4093,
4099, 4111, 4127, 4129, 4133, 4139, 4153, 4157, 4159, 4177,
4201, 4211, 4217, 4219, 4229, 4231, 4241, 4243, 4253, 4259,
4261, 4271, 4273, 4283, 4289, 4297, 4327, 4337, 4339, 4349,
4357, 4363, 4373, 4391, 4397, 4409, 4421, 4423, 4441, 4447,
4451, 4457, 4463, 4481, 4483, 4493, 4507, 4513, 4517, 4519,
4523, 4547, 4549, 4561, 4567, 4583, 4591, 4597, 4603, 4621,
4637, 4639, 4643, 4649, 4651, 4657, 4663, 4673, 4679, 4691,
4703, 4721, 4723, 4729, 4733, 4751, 4759, 4783, 4787, 4789,
4793, 4799, 4801, 4813, 4817, 4831, 4861, 4871, 4877, 4889,
4903, 4909, 4919, 4931, 4933, 4937, 4943, 4951, 4957, 4967,
4969, 4973, 4987, 4993, 4999, 5003, 5009, 5011, 5021, 5023,
5039, 5051, 5059, 5077, 5081, 5087, 5099, 5101, 5107, 5113,
5119, 5147, 5153, 5167, 5171, 5179, 5189, 5197, 5209, 5227,
5231, 5233, 5237, 5261, 5273, 5279, 5281, 5297, 5303, 5309,
5323, 5333, 5347, 5351, 5381, 5387, 5393, 5399, 5407, 5413,
5417, 5419, 5431, 5437, 5441, 5443, 5449, 5471, 5477, 5479,
5483, 5501, 5503, 5507, 5519, 5521, 5527, 5531, 5557, 5563,
5569, 5573, 5581, 5591, 5623, 5639, 5641, 5647, 5651, 5653,
5657, 5659, 5669, 5683, 5689, 5693, 5701, 5711, 5717, 5737,
5741, 5743, 5749, 5779, 5783, 5791, 5801, 5807, 5813, 5821,
5827, 5839, 5843, 5849, 5851, 5857, 5861, 5867, 5869, 5879,
5881, 5897, 5903, 5923, 5927, 5939, 5953, 5981, 5987, 6007,
6011, 6029, 6037, 6043, 6047, 6053, 6067, 6073, 6079, 6089,
6091, 6101, 6113, 6121, 6131, 6133, 6143, 6151, 6163, 6173,
6197, 6199, 6203, 6211, 6217, 6221, 6229, 6247, 6257, 6263,
6269, 6271, 6277, 6287, 6299, 6301, 6311, 6317, 6323, 6329,
6337, 6343, 6353, 6359, 6361, 6367, 6373, 6379, 6389, 6397,
6421, 6427, 6449, 6451, 6469, 6473, 6481, 6491, 6521, 6529,
6547, 6551, 6553, 6563, 6569, 6571, 6577, 6581, 6599, 6607,
6619, 6637, 6653, 6659, 6661, 6673, 6679, 6689, 6691, 6701,
6703, 6709, 6719, 6733, 6737, 6761, 6763, 6779, 6781, 6791,
6793, 6803, 6823, 6827, 6829, 6833, 6841, 6857, 6863, 6869,
6871, 6883, 6899, 6907, 6911, 6917, 6947, 6949, 6959, 6961,
6967, 6971, 6977, 6983, 6991, 6997, 7001, 7013, 7019, 7027,
7039, 7043, 7057, 7069, 7079, 7103, 7109, 7121, 7127, 7129,
7151, 7159, 7177, 7187, 7193, 7207, 7211, 7213, 7219, 7229,
7237, 7243, 7247, 7253, 7283, 7297, 7307, 7309, 7321, 7331,
7333, 7349, 7351, 7369, 7393, 7411, 7417, 7433, 7451, 7457,
7459, 7477, 7481, 7487, 7489, 7499, 7507, 7517, 7523, 7529,
7537, 7541, 7547, 7549, 7559, 7561, 7573, 7577, 7583, 7589,
7591, 7603, 7607, 7621, 7639, 7643, 7649, 7669, 7673, 7681,
7687, 7691, 7699, 7703, 7717, 7723, 7727, 7741, 7753, 7757,
7759, 7789, 7793, 7817, 7823, 7829, 7841, 7853, 7867, 7873,

7877, 7879, 7883, 7901, 7907, 7919, 7927, 7933, 7937, 7949,
7951, 7963, 7993, 8009, 8011, 8017, 8039, 8053, 8059, 8069,
8081, 8087, 8089, 8093, 8101, 8111, 8117, 8123, 8147, 8161,
8167, 8171, 8179, 8191, 8209, 8219, 8221, 8231, 8233, 8237,
8243, 8263, 8269, 8273, 8287, 8291, 8293, 8297, 8311, 8317,
8329, 8353, 8363, 8369, 8377, 8387, 8389, 8419, 8423, 8429,
8431, 8443, 8447, 8461, 8467, 8501, 8513, 8521, 8527, 8537,
8539, 8543, 8563, 8573, 8581, 8597, 8599, 8609, 8623, 8627,
8629, 8641, 8647, 8663, 8669, 8677, 8681, 8689, 8693, 8699,
8707, 8713, 8719, 8731, 8737, 8741, 8747, 8753, 8761, 8779,
8783, 8803, 8807, 8819, 8821, 8831, 8837, 8839, 8849, 8861,
8863, 8867, 8887, 8893, 8923, 8929, 8933, 8941, 8951, 8963,
8969, 8971, 8999, 9001, 9007, 9011, 9013, 9029, 9041, 9043,
9049, 9059, 9067, 9091, 9103, 9109, 9127, 9133, 9137, 9151,
9157, 9161, 9173, 9181, 9187, 9199, 9203, 9209, 9221, 9227,
9239, 9241, 9257, 9277, 9281, 9283, 9293, 9311, 9319, 9323,
9337, 9341, 9343, 9349, 9371, 9377, 9391, 9397, 9403, 9413,
9419, 9421, 9431, 9433, 9437, 9439, 9461, 9463, 9467, 9473,
9479, 9491, 9497, 9511, 9521, 9533, 9539, 9547, 9551, 9587,
9601, 9613, 9619, 9623, 9629, 9631, 9643, 9649, 9661, 9677,
9679, 9689, 9697, 9719, 9721, 9733, 9739, 9743, 9749, 9767,
9769, 9781, 9787, 9791, 9803, 9811, 9817, 9829, 9833, 9839,
9851, 9857, 9859, 9871, 9883, 9887, 9901, 9907, 9923, 9929,
9931, 9941, 9949, 9967, 9973, 10007, 10009, 10037, 10039,
10061, 10067, 10069, 10079, 10091, 10093, 10099, 10103, 10111,
10133, 10139, 10141, 10151, 10159, 10163, 10169, 10177, 10181,
10193, 10211, 10223, 10243, 10247, 10253, 10259, 10267, 10271,
10273, 10289, 10301, 10303, 10313, 10321, 10331, 10333, 10337,
10343, 10357, 10369, 10391, 10399, 10427, 10429, 10433, 10453,
10457, 10459, 10463, 10477, 10487, 10499, 10501, 10513, 10529,
10531, 10559, 10567, 10589, 10597, 10601, 10607, 10613, 10627,
10631, 10639, 10651, 10657, 10663, 10667, 10687, 10691, 10709,
10711, 10723, 10729, 10733, 10739, 10753, 10771, 10781, 10789,
10799, 10831, 10837, 10847, 10853, 10859, 10861, 10867, 10883,
10889, 10891, 10903, 10909, 10937, 10939, 10949, 10957, 10973,
10979, 10987, 10993, 11003, 11027, 11047, 11057, 11059, 11069,
11071, 11083, 11087, 11093, 11113, 11117, 11119, 11131, 11149,
11159, 11161, 11171, 11173, 11177, 11197, 11213, 11239, 11243,
11251, 11257, 11261, 11273, 11279, 11287, 11299, 11311, 11317,
11321, 11329, 11351, 11353, 11369, 11383, 11393, 11399, 11411,
11423, 11437, 11443, 11447, 11467, 11471, 11483, 11489, 11491,
11497, 11503, 11519, 11527, 11549, 11551, 11579, 11587, 11593,
11597, 11617, 11621, 11633, 11657, 11677, 11681, 11689, 11699,
11701, 11717, 11719, 11731, 11743, 11777, 11779, 11783, 11789,
11801, 11807, 11813, 11821, 11827, 11831, 11833, 11839, 11863,
11867, 11887, 11897, 11903, 11909, 11923, 11927, 11933, 11939,
11941, 11953, 11959, 11969, 11971, 11981, 11987, 12007, 12011,
12037, 12041, 12043, 12049, 12071, 12073, 12097, 12101, 12107,

12109, 12113, 12119, 12143, 12149, 12157, 12161, 12163, 12197,
12203, 12211, 12227, 12239, 12241, 12251, 12253, 12263, 12269,
12277, 12281, 12289, 12301, 12323, 12329, 12343, 12347, 12373,
12377, 12379, 12391, 12401, 12409, 12413, 12421, 12433, 12437,
12451, 12457, 12473, 12479, 12487, 12491, 12497, 12503, 12511,
12517, 12527, 12539, 12541, 12547, 12553, 12569, 12577, 12583,
12589, 12601, 12611, 12613, 12619, 12637, 12641, 12647, 12653,
12659, 12671, 12689, 12697, 12703, 12713, 12721, 12739, 12743,
12757, 12763, 12781, 12791, 12799, 12809, 12821, 12823, 12829,
12841, 12853, 12889, 12893, 12899, 12907, 12911, 12917, 12919,
12923, 12941, 12953, 12959, 12967, 12973, 12979, 12983, 13001,
13003, 13007, 13009, 13033, 13037, 13043, 13049, 13063, 13093,
13099, 13103, 13109, 13121, 13127, 13147, 13151, 13159, 13163,
13171, 13177, 13183, 13187, 13217, 13219, 13229, 13241, 13249,
13259, 13267, 13291, 13297, 13309, 13313, 13327, 13331, 13337,
13339, 13367, 13381, 13397, 13399, 13411, 13417, 13421, 13441,
13451, 13457, 13463, 13469, 13477, 13487, 13499, 13513, 13523,
13537, 13553, 13567, 13577, 13591, 13597, 13613, 13619, 13627,
13633, 13649, 13669, 13679, 13681, 13687,
13691, 13693, 13697, 13709, 13711, 13721, 13723, 13729, 13751,
13757, 13759, 13763, 13781, 13789, 13799, 13807, 13829, 13831,
13841, 13859, 13873, 13877, 13879, 13883, 13901, 13903, 13907,
13913, 13921, 13931, 13933, 13963, 13967, 13997, 13999, 14009,
14011, 14029, 14033, 14051, 14057, 14071, 14081, 14083, 14087,
14107, 14143, 14149, 14153, 14159, 14173, 14177, 14197, 14207,
14221, 14243, 14249, 14251, 14281, 14293, 14303, 14321, 14323,
14327, 14341, 14347, 14369, 14387, 14389, 14401, 14407, 14411,
14419, 14423, 14431, 14437, 14447, 14449, 14461, 14479, 14489,
14503, 14519, 14533, 14537, 14543, 14549, 14551, 14557, 14561,
14563, 14591, 14593, 14621, 14627, 14629, 14633, 14639, 14653,
14657, 14669, 14683, 14699, 14713, 14717, 14723, 14731, 14737,
14741, 14747, 14753, 14759, 14767, 14771, 14779, 14783, 14797,
14813, 14821, 14827, 14831, 14843, 14851, 14867, 14869, 14879,
14887, 14891, 14897, 14923, 14929, 14939, 14947, 14951, 14957,
14969, 14983, 15013, 15017, 15031, 15053, 15061, 15073, 15077,
15083, 15091, 15101, 15107, 15121, 15131, 15137, 15139, 15149,
15161, 15173, 15187, 15193, 15199, 15217, 15227, 15233, 15241,
15259, 15263, 15269, 15271, 15277, 15287, 15289, 15299, 15307,
15313, 15319, 15329, 15331, 15349, 15359, 15361, 15373, 15377,
15383, 15391, 15401, 15413, 15427, 15439, 15443, 15451, 15461,
15467, 15473, 15493, 15497, 15511, 15527, 15541, 15551, 15559,
15569, 15581, 15583, 15601, 15607, 15619, 15629, 15641, 15643,
15647, 15649, 15661, 15667, 15671, 15679, 15683, 15727, 15731,
15733, 15737, 15739, 15749, 15761, 15767, 15773, 15787, 15791,
15797, 15803, 15809, 15817, 15823, 15859, 15877, 15881, 15887,
15889, 15901, 15907, 15913, 15919, 15923, 15937, 15959, 15971,
15973, 15991, 16001, 16007, 16033, 16057, 16061, 16063, 16067,
16069, 16073, 16087, 16091, 16097, 16103, 16111, 16127, 16139,

16141, 16183, 16187, 16189, 16193, 16217, 16223, 16229, 16231,
16249, 16253, 16267, 16273, 16301, 16319, 16333, 16339, 16349,
16361, 16363, 16369, 16381, 16411, 16417, 16421, 16427, 16433,
16447, 16451, 16453, 16477, 16481, 16487, 16493, 16519, 16529,
16547, 16553, 16561, 16567, 16573, 16603, 16607, 16619, 16631,
16633, 16649, 16651, 16657, 16661, 16673, 16691, 16693, 16699,
16703, 16729, 16741, 16747, 16759, 16763, 16787, 16811, 16823,
16829, 16831, 16843, 16871, 16879, 16883, 16889, 16901, 16903,
16921, 16927, 16931, 16937, 16943, 16963, 16979, 16981, 16987,
16993, 17011, 17021, 17027, 17029, 17033, 17041, 17047, 17053,
17077, 17093, 17099, 17107, 17117, 17123, 17137, 17159, 17167,
17183, 17189, 17191, 17203, 17207, 17209, 17231, 17239, 17257,
17291, 17293, 17299, 17317, 17321, 17327, 17333, 17341, 17351,
17359, 17377, 17383, 17387, 17389, 17393, 17401, 17417, 17419,
17431, 17443, 17449, 17467, 17471, 17477, 17483, 17489, 17491,
17497, 17509, 17519, 17539, 17551, 17569, 17573, 17579, 17581,
17597, 17599, 17609, 17623, 17627, 17657, 17659, 17669, 17681,
17683, 17707, 17713, 17729, 17737, 17747, 17749, 17761, 17783,
17789, 17791, 17807, 17827, 17837, 17839, 17851, 17863, 17881,
17891, 17903, 17909, 17911, 17921, 17923, 17929, 17939, 17957,
17959, 17971, 17977, 17981, 17987, 17989, 18013, 18041, 18043,
18047, 18049, 18059, 18061, 18077, 18089, 18097, 18119, 18121,
18127, 18131, 18133, 18143, 18149, 18169, 18181, 18191, 18199,
18211, 18217, 18223, 18229, 18233, 18251, 18253, 18257, 18269,
18287, 18289, 18301, 18307, 18311, 18313, 18329, 18341, 18353,
18367, 18371, 18379, 18397, 18401, 18413, 18427, 18433, 18439,
18443, 18451, 18457, 18461, 18481, 18493, 18503, 18517, 18521,
18523, 18539, 18541, 18553, 18583, 18587, 18593, 18617, 18637,
18661, 18671, 18679, 18691, 18701, 18713, 18719, 18731, 18743,
18749, 18757, 18773, 18787, 18793, 18797, 18803, 18839, 18859,
18869, 18899, 18911, 18913, 18917, 18919, 18947, 18959, 18973,
18979, 19001, 19009, 19013, 19031, 19037, 19051, 19069, 19073,
19079, 19081, 19087, 19121, 19139, 19141, 19157, 19163, 19181,
19183, 19207, 19211, 19213, 19219, 19231, 19237, 19249, 19259,
19267, 19273, 19289, 19301, 19309, 19319, 19333, 19373, 19379,
19381, 19387, 19391, 19403, 19417, 19421, 19423, 19427, 19429,
19433, 19441, 19447, 19457, 19463, 19469, 19471, 19477, 19483,
19489, 19501, 19507, 19531, 19541, 19543, 19553, 19559, 19571,
19577, 19583, 19597, 19603, 19609, 19661, 19681, 19687, 19697,
19699, 19709, 19717, 19727, 19739, 19751, 19753, 19759, 19763,
19777, 19793, 19801, 19813, 19819, 19841, 19843, 19853, 19861,
19867, 19889, 19891, 19913, 19919, 19927, 19937, 19949, 19961,
19963, 19973, 19979, 19991, 19993, 19997, 20011, 20021, 20023,
20029, 20047, 20051, 20063, 20071, 20089, 20101, 20107, 20113,
20117, 20123, 20129, 20143, 20147, 20149, 20161, 20173, 20177,
20183, 20201, 20219, 20231, 20233, 20249, 20261, 20269, 20287,
20297, 20323, 20327, 20333, 20341, 20347, 20353, 20357, 20359,
20369, 20389, 20393, 20399, 20407, 20411, 20431, 20441, 20443,

        Die ersten hunderttausend Primzahlen

20477, 20479, 20483, 20507, 20509, 20521, 20533, 20543, 20549,
20551, 20563, 20593, 20599, 20611, 20627, 20639, 20641, 20663,
20681, 20693, 20707, 20717, 20719, 20731, 20743, 20747, 20749,
20753, 20759, 20771, 20773, 20789, 20807, 20809, 20849, 20857,
20873, 20879, 20887, 20897, 20899, 20903, 20921, 20929, 20939,
20947, 20959, 20963, 20981, 20983, 21001, 21011, 21013, 21017,
21019, 21023, 21031, 21059, 21061, 21067, 21089, 21101, 21107,
21121, 21139, 21143, 21149, 21157, 21163, 21169, 21179, 21187,
21191, 21193, 21211, 21221, 21227, 21247, 21269, 21277, 21283,
21313, 21317, 21319, 21323, 21341, 21347, 21377, 21379, 21383,
21391, 21397, 21401, 21407, 21419, 21433, 21467, 21481, 21487,
21491, 21493, 21499, 21503, 21517, 21521, 21523, 21529, 21557,
21559, 21563, 21569, 21577, 21587, 21589, 21599, 21601, 21611,
21613, 21617, 21647, 21649, 21661, 21673, 21683, 21701, 21713,
21727, 21737, 21739, 21751, 21757, 21767, 21773, 21787, 21799,
21803, 21817, 21821, 21839, 21841, 21851, 21859, 21863, 21871,
21881, 21893, 21911, 21929, 21937, 21943, 21961, 21977, 21991,
21997, 22003, 22013, 22027, 22031, 22037, 22039, 22051, 22063,
22067, 22073, 22079, 22091, 22093, 22109, 22111, 22123, 22129,
22133, 22147, 22153, 22157, 22159, 22171, 22189, 22193, 22229,
22247, 22259, 22271, 22273, 22277, 22279, 22283, 22291, 22303,
22307, 22343, 22349, 22367, 22369, 22381, 22391, 22397, 22409,
22433, 22441, 22447, 22453, 22469, 22481, 22483, 22501, 22511,
22531, 22541, 22543, 22549, 22567, 22571, 22573, 22613, 22619,
22621, 22637, 22639, 22643, 22651, 22669, 22679, 22691, 22697,
22699, 22709, 22717, 22721, 22727, 22739, 22741, 22751, 22769,
22777, 22783, 22787, 22807, 22811, 22817, 22853, 22859, 22861,
22871, 22877, 22901, 22907, 22921, 22937, 22943, 22961, 22963,
22973, 22993, 23003, 23011, 23017, 23021, 23027, 23029, 23039,
23041, 23053, 23057, 23059, 23063, 23071, 23081, 23087, 23099,
23117, 23131, 23143, 23159, 23167, 23173, 23189, 23197, 23201,
23203, 23209, 23227, 23251, 23269, 23279, 23291, 23293, 23297,
23311, 23321, 23327, 23333, 23339, 23357, 23369, 23371, 23399,
23417, 23431, 23447, 23459, 23473, 23497, 23509, 23531, 23537,
23539, 23549, 23557, 23561, 23563, 23567, 23581, 23593, 23599,
23603, 23609, 23623, 23627, 23629, 23633, 23663, 23669, 23671,
23677, 23687, 23689, 23719, 23741, 23743, 23747, 23753, 23761,
23767, 23773, 23789, 23801, 23813, 23819, 23827, 23831, 23833,
23857, 23869, 23873, 23879, 23887, 23893, 23899, 23909, 23911,
23917, 23929, 23957, 23971, 23977, 23981, 23993, 24001, 24007,
24019, 24023, 24029, 24043, 24049, 24061, 24071, 24077, 24083,
24091, 24097, 24103, 24107, 24109, 24113, 24121, 24133, 24137,
24151, 24169, 24179, 24181, 24197, 24203, 24223, 24229, 24239,
24247, 24251, 24281, 24317, 24329, 24337, 24359, 24371, 24373,
24379, 24391, 24407, 24413, 24419, 24421, 24439, 24443, 24469,
24473, 24481, 24499, 24509, 24517, 24527, 24533, 24547, 24551,
24571, 24593, 24611, 24623, 24631, 24659, 24671, 24677, 24683,
24691, 24697, 24709, 24733, 24749, 24763, 24767, 24781, 24793,

24799, 24809, 24821, 24841, 24847, 24851, 24859, 24877, 24889,
24907, 24917, 24919, 24923, 24943, 24953, 24967, 24971, 24977,
24979, 24989, 25013, 25031, 25033, 25037, 25057, 25073, 25087,
25097, 25111, 25117, 25121, 25127, 25147, 25153, 25163, 25169,
25171, 25183, 25189, 25219, 25229, 25237, 25243, 25247, 25253,
25261, 25301, 25303, 25307, 25309, 25321, 25339, 25343, 25349,
25357, 25367, 25373, 25391, 25409, 25411, 25423, 25439, 25447,
25453, 25457, 25463, 25469, 25471, 25523, 25537, 25541, 25561,
25577, 25579, 25583, 25589, 25601, 25603, 25609, 25621, 25633,
25639, 25643, 25657, 25667, 25673, 25679, 25693, 25703, 25717,
25733, 25741, 25747, 25759, 25763, 25771, 25793, 25799, 25801,
25819, 25841, 25847, 25849, 25867, 25873, 25889, 25903, 25913,
25919, 25931, 25933, 25939, 25943, 25951, 25969, 25981, 25997,
25999, 26003, 26017, 26021, 26029, 26041, 26053, 26083, 26099,
26107, 26111, 26113, 26119, 26141, 26153, 26161, 26171, 26177,
26183, 26189, 26203, 26209, 26227, 26237, 26249, 26251, 26261,
26263, 26267, 26293, 26297, 26309, 26317, 26321, 26339, 26347,
26357, 26371, 26387, 26393, 26399, 26407, 26417, 26423, 26431,
26437, 26449, 26459, 26479, 26489, 26497, 26501, 26513, 26539,
26557, 26561, 26573, 26591, 26597, 26627, 26633, 26641, 26647,
26669, 26681, 26683, 26687, 26693, 26699, 26701, 26711, 26713,
26717, 26723, 26729, 26731, 26737, 26759, 26777, 26783, 26801,
26813, 26821, 26833, 26839, 26849, 26861, 26863, 26879, 26881,
26891, 26893, 26903, 26921, 26927, 26947, 26951, 26953, 26959,
26981, 26987, 26993, 27011, 27017, 27031, 27043, 27059, 27061,
27067, 27073, 27077, 27091, 27103, 27107, 27109, 27127, 27143,
27179, 27191, 27197, 27211, 27239, 27241, 27253, 27259, 27271,
27277, 27281, 27283, 27299, 27329, 27337, 27361, 27367, 27397,
27407, 27409, 27427, 27431, 27437, 27449, 27457, 27479, 27481,
27487, 27509, 27527, 27529, 27539, 27541, 27551, 27581, 27583,
27611, 27617, 27631, 27647, 27653, 27673, 27689, 27691, 27697,
27701, 27733, 27737, 27739,
27743, 27749, 27751, 27763, 27767, 27773, 27779, 27791, 27793,
27799, 27803, 27809, 27817, 27823, 27827, 27847, 27851, 27883,
27893, 27901, 27917, 27919, 27941, 27943, 27947, 27953, 27961,
27967, 27983, 27997, 28001, 28019, 28027, 28031, 28051, 28057,
28069, 28081, 28087, 28097, 28099, 28109, 28111, 28123, 28151,
28163, 28181, 28183, 28201, 28211, 28219, 28229, 28277, 28279,
28283, 28289, 28297, 28307, 28309, 28319, 28349, 28351, 28387,
28393, 28403, 28409, 28411, 28429, 28433, 28439, 28447, 28463,
28477, 28493, 28499, 28513, 28517, 28537, 28541, 28547, 28549,
28559, 28571, 28573, 28579, 28591, 28597, 28603, 28607, 28619,
28621, 28627, 28631, 28643, 28649, 28657, 28661, 28663, 28669,
28687, 28697, 28703, 28711, 28723, 28729, 28751, 28753, 28759,
28771, 28789, 28793, 28807, 28813, 28817, 28837, 28843, 28859,
28867, 28871, 28879, 28901, 28909, 28921, 28927, 28933, 28949,
28961, 28979, 29009, 29017, 29021, 29023, 29027, 29033, 29059,
29063, 29077, 29101, 29123, 29129, 29131, 29137, 29147, 29153,

　　　Die ersten hunderttausend Primzahlen

29167, 29173, 29179, 29191, 29201, 29207, 29209, 29221, 29231,
29243, 29251, 29269, 29287, 29297, 29303, 29311, 29327, 29333,
29339, 29347, 29363, 29383, 29387, 29389, 29399, 29401, 29411,
29423, 29429, 29437, 29443, 29453, 29473, 29483, 29501, 29527,
29531, 29537, 29567, 29569, 29573, 29581, 29587, 29599, 29611,
29629, 29633, 29641, 29663, 29669, 29671, 29683, 29717, 29723,
29741, 29753, 29759, 29761, 29789, 29803, 29819, 29833, 29837,
29851, 29863, 29867, 29873, 29879, 29881, 29917, 29921, 29927,
29947, 29959, 29983, 29989, 30011, 30013, 30029, 30047, 30059,
30071, 30089, 30091, 30097, 30103, 30109, 30113, 30119, 30133,
30137, 30139, 30161, 30169, 30181, 30187, 30197, 30203, 30211,
30223, 30241, 30253, 30259, 30269, 30271, 30293, 30307, 30313,
30319, 30323, 30341, 30347, 30367, 30389, 30391, 30403, 30427,
30431, 30449, 30467, 30469, 30491, 30493, 30497, 30509, 30517,
30529, 30539, 30553, 30557, 30559, 30577, 30593, 30631, 30637,
30643, 30649, 30661, 30671, 30677, 30689, 30697, 30703, 30707,
30713, 30727, 30757, 30763, 30773, 30781, 30803, 30809, 30817,
30829, 30839, 30841, 30851, 30853, 30859, 30869, 30871, 30881,
30893, 30911, 30931, 30937, 30941, 30949, 30971, 30977, 30983,
31013, 31019, 31033, 31039, 31051, 31063, 31069, 31079, 31081,
31091, 31121, 31123, 31139, 31147, 31151, 31153, 31159, 31177,
31181, 31183, 31189, 31193, 31219, 31223, 31231, 31237, 31247,
31249, 31253, 31259, 31267, 31271, 31277, 31307, 31319, 31321,
31327, 31333, 31337, 31357, 31379, 31387, 31391, 31393, 31397,
31469, 31477, 31481, 31489, 31511, 31513, 31517, 31531, 31541,
31543, 31547, 31567, 31573, 31583, 31601, 31607, 31627, 31643,
31649, 31657, 31663, 31667, 31687, 31699, 31721, 31723, 31727,
31729, 31741, 31751, 31769, 31771, 31793, 31799, 31817, 31847,
31849, 31859, 31873, 31883, 31891, 31907, 31957, 31963, 31973,
31981, 31991, 32003, 32009, 32027, 32029, 32051, 32057, 32059,
32063, 32069, 32077, 32083, 32089, 32099, 32117, 32119, 32141,
32143, 32159, 32173, 32183, 32189, 32191, 32203, 32213, 32233,
32237, 32251, 32257, 32261, 32297, 32299, 32303, 32309, 32321,
32323, 32327, 32341, 32353, 32359, 32363, 32369, 32371, 32377,
32381, 32401, 32411, 32413, 32423, 32429, 32441, 32443, 32467,
32479, 32491, 32497, 32503, 32507, 32531, 32533, 32537, 32561,
32563, 32569, 32573, 32579, 32587, 32603, 32609, 32611, 32621,
32633, 32647, 32653, 32687, 32693, 32707, 32713, 32717, 32719,
32749, 32771, 32779, 32783, 32789, 32797, 32801, 32803, 32831,
32833, 32839, 32843, 32869, 32887, 32909, 32911, 32917, 32933,
32939, 32941, 32957, 32969, 32971, 32983, 32987, 32993, 32999,
33013, 33023, 33029, 33037, 33049, 33053, 33071, 33073, 33083,
33091, 33107, 33113, 33119, 33149, 33151, 33161, 33179, 33181,
33191, 33199, 33203, 33211, 33223, 33247, 33287, 33289, 33301,
33311, 33317, 33329, 33331, 33343, 33347, 33349, 33353, 33359,
33377, 33391, 33403, 33409, 33413, 33427, 33457, 33461, 33469,
33479, 33487, 33493, 33503, 33521, 33529, 33533, 33547, 33563,
33569, 33577, 33581, 33587, 33589, 33599, 33601, 33613, 33617,

33619, 33623, 33629, 33637, 33641, 33647, 33679, 33703, 33713,
33721, 33739, 33749, 33751, 33757, 33767, 33769, 33773, 33791,
33797, 33809, 33811, 33827, 33829, 33851, 33857, 33863, 33871,
33889, 33893, 33911, 33923, 33931, 33937, 33941, 33961, 33967,
33997, 34019, 34031, 34033, 34039, 34057, 34061, 34123, 34127,
34129, 34141, 34147, 34157, 34159, 34171, 34183, 34211, 34213,
34217, 34231, 34253, 34259, 34261, 34267, 34273, 34283, 34297,
34301, 34303, 34313, 34319, 34327, 34337, 34351, 34361, 34367,
34369, 34381, 34403, 34421, 34429, 34439, 34457, 34469, 34471,
34483, 34487, 34499, 34501, 34511, 34513, 34519, 34537, 34543,
34549, 34583, 34589, 34591, 34603, 34607, 34613, 34631, 34649,
34651, 34667, 34673, 34679, 34687, 34693, 34703, 34721, 34729,
34739, 34747, 34757, 34759, 34763, 34781, 34807, 34819, 34841,
34843, 34847, 34849, 34871, 34877, 34883, 34897, 34913, 34919,
34939, 34949, 34961, 34963, 34981, 35023, 35027, 35051, 35053,
35059, 35069, 35081, 35083, 35089, 35099, 35107, 35111, 35117,
35129, 35141, 35149, 35153, 35159, 35171, 35201, 35221, 35227,
35251, 35257, 35267, 35279, 35281, 35291, 35311, 35317, 35323,
35327, 35339, 35353, 35363, 35381, 35393, 35401, 35407, 35419,
35423, 35437, 35447, 35449, 35461, 35491, 35507, 35509, 35521,
35527, 35531, 35533, 35537, 35543, 35569, 35573, 35591, 35593,
35597, 35603, 35617, 35671, 35677, 35729, 35731, 35747, 35753,
35759, 35771, 35797, 35801, 35803, 35809, 35831, 35837, 35839,
35851, 35863, 35869, 35879, 35897, 35899, 35911, 35923, 35933,
35951, 35963, 35969, 35977, 35983, 35993, 35999, 36007, 36011,
36013, 36017, 36037, 36061, 36067, 36073, 36083, 36097, 36107,
36109, 36131, 36137, 36151, 36161, 36187, 36191, 36209, 36217,
36229, 36241, 36251, 36263, 36269, 36277, 36293, 36299, 36307,
36313, 36319, 36341, 36343, 36353, 36373, 36383, 36389, 36433,
36451, 36457, 36467, 36469, 36473, 36479, 36493, 36497, 36523,
36527, 36529, 36541, 36551, 36559, 36563, 36571, 36583, 36587,
36599, 36607, 36629, 36637, 36643, 36653, 36671, 36677, 36683,
36691, 36697, 36709, 36713, 36721, 36739, 36749, 36761, 36767,
36779, 36781, 36787, 36791, 36793, 36809, 36821, 36833, 36847,
36857, 36871, 36877, 36887, 36899, 36901, 36913, 36919, 36923,
36929, 36931, 36943, 36947, 36973, 36979, 36997, 37003, 37013,
37019, 37021, 37039, 37049, 37057, 37061, 37087, 37097, 37117,
37123, 37139, 37159, 37171, 37181, 37189, 37199, 37201, 37217,
37223, 37243, 37253, 37273, 37277, 37307, 37309, 37313, 37321,
37337, 37339, 37357, 37361, 37363, 37369, 37379, 37397, 37409,
37423, 37441, 37447, 37463, 37483, 37489, 37493, 37501, 37507,
37511, 37517, 37529, 37537, 37547, 37549, 37561, 37567, 37571,
37573, 37579, 37589, 37591, 37607, 37619, 37633, 37643, 37649,
37657, 37663, 37691, 37693, 37699, 37717, 37747, 37781, 37783,
37799, 37811, 37813, 37831, 37847, 37853, 37861, 37871, 37879,
37889, 37897, 37907, 37951, 37957, 37963, 37967, 37987, 37991,
37993, 37997, 38011, 38039, 38047, 38053, 38069, 38083, 38113,
38119, 38149, 38153, 38167, 38177, 38183, 38189, 38197, 38201,

Die ersten hunderttausend Primzahlen

38219, 38231, 38237, 38239, 38261, 38273, 38281, 38287, 38299,
38303, 38317, 38321, 38327, 38329, 38333, 38351, 38371, 38377,
38393, 38431, 38447, 38449, 38453, 38459, 38461, 38501, 38543,
38557, 38561, 38567, 38569, 38593, 38603, 38609, 38611, 38629,
38639, 38651, 38653, 38669, 38671, 38677, 38693, 38699, 38707,
38711, 38713, 38723, 38729, 38737, 38747, 38749, 38767, 38783,
38791, 38803, 38821, 38833, 38839, 38851, 38861, 38867, 38873,
38891, 38903, 38917, 38921, 38923, 38933, 38953, 38959, 38971,
38977, 38993, 39019, 39023, 39041, 39043, 39047, 39079, 39089,
39097, 39103, 39107, 39113, 39119, 39133, 39139, 39157, 39161,
39163, 39181, 39191, 39199, 39209, 39217, 39227, 39229, 39233,
39239, 39241, 39251, 39293, 39301, 39313, 39317, 39323, 39341,
39343, 39359, 39367, 39371, 39373, 39383, 39397, 39409, 39419,
39439, 39443, 39451, 39461, 39499, 39503, 39509, 39511, 39521,
39541, 39551, 39563, 39569, 39581, 39607, 39619, 39623, 39631,
39659, 39667, 39671, 39679, 39703, 39709, 39719, 39727, 39733,
39749, 39761, 39769, 39779, 39791, 39799, 39821, 39827, 39829,
39839, 39841, 39847, 39857, 39863, 39869, 39877, 39883, 39887,
39901, 39929, 39937, 39953, 39971, 39979, 39983, 39989, 40009,
40013, 40031, 40037, 40039, 40063, 40087, 40093, 40099, 40111,
40123, 40127, 40129, 40151, 40153, 40163, 40169, 40177, 40189,
40193, 40213, 40231, 40237, 40241, 40253, 40277, 40283, 40289,
40343, 40351, 40357, 40361, 40387, 40423, 40427, 40429, 40433,
40459, 40471, 40483, 40487, 40493, 40499, 40507, 40519, 40529,
40531, 40543, 40559, 40577, 40583, 40591, 40597, 40609, 40627,
40637, 40639, 40693, 40697, 40699, 40709, 40739, 40751, 40759,
40763, 40771, 40787, 40801, 40813, 40819, 40823, 40829, 40841,
40847, 40849, 40853, 40867, 40879, 40883, 40897, 40903, 40927,
40933, 40939, 40949, 40961, 40973, 40993, 41011, 41017, 41023,
41039, 41047, 41051, 41057, 41077, 41081, 41113, 41117, 41131,
41141, 41143, 41149, 41161, 41177, 41179, 41183, 41189, 41201,
41203, 41213, 41221, 41227, 41231, 41233, 41243, 41257, 41263,
41269, 41281, 41299, 41333, 41341, 41351, 41357, 41381, 41387,
41389, 41399, 41411, 41413, 41443, 41453, 41467, 41479, 41491,
41507, 41513, 41519, 41521, 41539, 41543, 41549, 41579, 41593,
41597, 41603, 41609, 41611, 41617, 41621, 41627, 41641, 41647,
41651, 41659, 41669, 41681, 41687, 41719, 41729, 41737, 41759,
41761, 41771, 41777, 41801, 41809, 41813, 41843, 41849, 41851,
41863, 41879, 41887, 41893, 41897, 41903, 41911, 41927, 41941,
41947, 41953, 41957, 41959, 41969, 41981, 41983, 41999, 42013,
42017, 42019, 42023, 42043, 42061, 42071, 42073, 42083, 42089,
42101, 42131, 42139, 42157, 42169, 42179, 42181, 42187, 42193,
42197, 42209, 42221, 42223, 42227, 42239, 42257, 42281, 42283,
42293, 42299, 42307, 42323, 42331, 42337, 42349, 42359, 42373,
42379, 42391, 42397, 42403, 42407, 42409, 42433, 42437, 42443,
42451, 42457, 42461,
42463, 42467, 42473, 42487, 42491, 42499, 42509, 42533, 42557,
42569, 42571, 42577, 42589, 42611, 42641, 42643, 42649, 42667,

42677, 42683, 42689, 42697, 42701, 42703, 42709, 42719, 42727,
42737, 42743, 42751, 42767, 42773, 42787, 42793, 42797, 42821,
42829, 42839, 42841, 42853, 42859, 42863, 42899, 42901, 42923,
42929, 42937, 42943, 42953, 42961, 42967, 42979, 42989, 43003,
43013, 43019, 43037, 43049, 43051, 43063, 43067, 43093, 43103,
43117, 43133, 43151, 43159, 43177, 43189, 43201, 43207, 43223,
43237, 43261, 43271, 43283, 43291, 43313, 43319, 43321, 43331,
43391, 43397, 43399, 43403, 43411, 43427, 43441, 43451, 43457,
43481, 43487, 43499, 43517, 43541, 43543, 43573, 43577, 43579,
43591, 43597, 43607, 43609, 43613, 43627, 43633, 43649, 43651,
43661, 43669, 43691, 43711, 43717, 43721, 43753, 43759, 43777,
43781, 43783, 43787, 43789, 43793, 43801, 43853, 43867, 43889,
43891, 43913, 43933, 43943, 43951, 43961, 43963, 43969, 43973,
43987, 43991, 43997, 44017, 44021, 44027, 44029, 44041, 44053,
44059, 44071, 44087, 44089, 44101, 44111, 44119, 44123, 44129,
44131, 44159, 44171, 44179, 44189, 44201, 44203, 44207, 44221,
44249, 44257, 44263, 44267, 44269, 44273, 44279, 44281, 44293,
44351, 44357, 44371, 44381, 44383, 44389, 44417, 44449, 44453,
44483, 44491, 44497, 44501, 44507, 44519, 44531, 44533, 44537,
44543, 44549, 44563, 44579, 44587, 44617, 44621, 44623, 44633,
44641, 44647, 44651, 44657, 44683, 44687, 44699, 44701, 44711,
44729, 44741, 44753, 44771, 44773, 44777, 44789, 44797, 44809,
44819, 44839, 44843, 44851, 44867, 44879, 44887, 44893, 44909,
44917, 44927, 44939, 44953, 44959, 44963, 44971, 44983, 44987,
45007, 45013, 45053, 45061, 45077, 45083, 45119, 45121, 45127,
45131, 45137, 45139, 45161, 45179, 45181, 45191, 45197, 45233,
45247, 45259, 45263, 45281, 45289, 45293, 45307, 45317, 45319,
45329, 45337, 45341, 45343, 45361, 45377, 45389, 45403, 45413,
45427, 45433, 45439, 45481, 45491, 45497, 45503, 45523, 45533,
45541, 45553, 45557, 45569, 45587, 45589, 45599, 45613, 45631,
45641, 45659, 45667, 45673, 45677, 45691, 45697, 45707, 45737,
45751, 45757, 45763, 45767, 45779, 45817, 45821, 45823, 45827,
45833, 45841, 45853, 45863, 45869, 45887, 45893, 45943, 45949,
45953, 45959, 45971, 45979, 45989, 46021, 46027, 46049, 46051,
46061, 46073, 46091, 46093, 46099, 46103, 46133, 46141, 46147,
46153, 46171, 46181, 46183, 46187, 46199, 46219, 46229, 46237,
46261, 46271, 46273, 46279, 46301, 46307, 46309, 46327, 46337,
46349, 46351, 46381, 46399, 46411, 46439, 46441, 46447, 46451,
46457, 46471, 46477, 46489, 46499, 46507, 46511, 46523, 46549,
46559, 46567, 46573, 46589, 46591, 46601, 46619, 46633, 46639,
46643, 46649, 46663, 46679, 46681, 46687, 46691, 46703, 46723,
46727, 46747, 46751, 46757, 46769, 46771, 46807, 46811, 46817,
46819, 46829, 46831, 46853, 46861, 46867, 46877, 46889, 46901,
46919, 46933, 46957, 46993, 46997, 47017, 47041, 47051, 47057,
47059, 47087, 47093, 47111, 47119, 47123, 47129, 47137, 47143,
47147, 47149, 47161, 47189, 47207, 47221, 47237, 47251, 47269,
47279, 47287, 47293, 47297, 47303, 47309, 47317, 47339, 47351,
47353, 47363, 47381, 47387, 47389, 47407, 47417, 47419, 47431,

47441, 47459, 47491, 47497, 47501, 47507, 47513, 47521, 47527,
47533, 47543, 47563, 47569, 47581, 47591, 47599, 47609, 47623,
47629, 47639, 47653, 47657, 47659, 47681, 47699, 47701, 47711,
47713, 47717, 47737, 47741, 47743, 47777, 47779, 47791, 47797,
47807, 47809, 47819, 47837, 47843, 47857, 47869, 47881, 47903,
47911, 47917, 47933, 47939, 47947, 47951, 47963, 47969, 47977,
47981, 48017, 48023, 48029, 48049, 48073, 48079, 48091, 48109,
48119, 48121, 48131, 48157, 48163, 48179, 48187, 48193, 48197,
48221, 48239, 48247, 48259, 48271, 48281, 48299, 48311, 48313,
48337, 48341, 48353, 48371, 48383, 48397, 48407, 48409, 48413,
48437, 48449, 48463, 48473, 48479, 48481, 48487, 48491, 48497,
48523, 48527, 48533, 48539, 48541, 48563, 48571, 48589, 48593,
48611, 48619, 48623, 48647, 48649, 48661, 48673, 48677, 48679,
48731, 48733, 48751, 48757, 48761, 48767, 48779, 48781, 48787,
48799, 48809, 48817, 48821, 48823, 48847, 48857, 48859, 48869,
48871, 48883, 48889, 48907, 48947, 48953, 48973, 48989, 48991,
49003, 49009, 49019, 49031, 49033, 49037, 49043, 49057, 49069,
49081, 49103, 49109, 49117, 49121, 49123, 49139, 49157, 49169,
49171, 49177, 49193, 49199, 49201, 49207, 49211, 49223, 49253,
49261, 49277, 49279, 49297, 49307, 49331, 49333, 49339, 49363,
49367, 49369, 49391, 49393, 49409, 49411, 49417, 49429, 49433,
49451, 49459, 49463, 49477, 49481, 49499, 49523, 49529, 49531,
49537, 49547, 49549, 49559, 49597, 49603, 49613, 49627, 49633,
49639, 49663, 49667, 49669, 49681, 49697, 49711, 49727, 49739,
49741, 49747, 49757, 49783, 49787, 49789, 49801, 49807, 49811,
49823, 49831, 49843, 49853, 49871, 49877, 49891, 49919, 49921,
49927, 49937, 49939, 49943, 49957, 49991, 49993, 49999, 50021,
50023, 50033, 50047, 50051, 50053, 50069, 50077, 50087, 50093,
50101, 50111, 50119, 50123, 50129, 50131, 50147, 50153, 50159,
50177, 50207, 50221, 50227, 50231, 50261, 50263, 50273, 50287,
50291, 50311, 50321, 50329, 50333, 50341, 50359, 50363, 50377,
50383, 50387, 50411, 50417, 50423, 50441, 50459, 50461, 50497,
50503, 50513, 50527, 50539, 50543, 50549, 50551, 50581, 50587,
50591, 50593, 50599, 50627, 50647, 50651, 50671, 50683, 50707,
50723, 50741, 50753, 50767, 50773, 50777, 50789, 50821, 50833,
50839, 50849, 50857, 50867, 50873, 50891, 50893, 50909, 50923,
50929, 50951, 50957, 50969, 50971, 50989, 50993, 51001, 51031,
51043, 51047, 51059, 51061, 51071, 51109, 51131, 51133, 51137,
51151, 51157, 51169, 51193, 51197, 51199, 51203, 51217, 51229,
51239, 51241, 51257, 51263, 51283, 51287, 51307, 51329, 51341,
51343, 51347, 51349, 51361, 51383, 51407, 51413, 51419, 51421,
51427, 51431, 51437, 51439, 51449, 51461, 51473, 51479, 51481,
51487, 51503, 51511, 51517, 51521, 51539, 51551, 51563, 51577,
51581, 51593, 51599, 51607, 51613, 51631, 51637, 51647, 51659,
51673, 51679, 51683, 51691, 51713, 51719, 51721, 51749, 51767,
51769, 51787, 51797, 51803, 51817, 51827, 51829, 51839, 51853,
51859, 51869, 51871, 51893, 51899, 51907, 51913, 51929, 51941,
51949, 51971, 51973, 51977, 51991, 52009, 52021, 52027, 52051,

52057, 52067, 52069, 52081, 52103, 52121, 52127, 52147, 52153,
52163, 52177, 52181, 52183, 52189, 52201, 52223, 52237, 52249,
52253, 52259, 52267, 52289, 52291, 52301, 52313, 52321, 52361,
52363, 52369, 52379, 52387, 52391, 52433, 52453, 52457, 52489,
52501, 52511, 52517, 52529, 52541, 52543, 52553, 52561, 52567,
52571, 52579, 52583, 52609, 52627, 52631, 52639, 52667, 52673,
52691, 52697, 52709, 52711, 52721, 52727, 52733, 52747, 52757,
52769, 52783, 52807, 52813, 52817, 52837, 52859, 52861, 52879,
52883, 52889, 52901, 52903, 52919, 52937, 52951, 52957, 52963,
52967, 52973, 52981, 52999, 53003, 53017, 53047, 53051, 53069,
53077, 53087, 53089, 53093, 53101, 53113, 53117, 53129, 53147,
53149, 53161, 53171, 53173, 53189, 53197, 53201, 53231, 53233,
53239, 53267, 53269, 53279, 53281, 53299, 53309, 53323, 53327,
53353, 53359, 53377, 53381, 53401, 53407, 53411, 53419, 53437,
53441, 53453, 53479, 53503, 53507, 53527, 53549, 53551, 53569,
53591, 53593, 53597, 53609, 53611, 53617, 53623, 53629, 53633,
53639, 53653, 53657, 53681, 53693, 53699, 53717, 53719, 53731,
53759, 53773, 53777, 53783, 53791, 53813, 53819, 53831, 53849,
53857, 53861, 53881, 53887, 53891, 53897, 53899, 53917, 53923,
53927, 53939, 53951, 53959, 53987, 53993, 54001, 54011, 54013,
54037, 54049, 54059, 54083, 54091, 54101, 54121, 54133, 54139,
54151, 54163, 54167, 54181, 54193, 54217, 54251, 54269, 54277,
54287, 54293, 54311, 54319, 54323, 54331, 54347, 54361, 54367,
54371, 54377, 54401, 54403, 54409, 54413, 54419, 54421, 54437,
54443, 54449, 54469, 54493, 54497, 54499, 54503, 54517, 54521,
54539, 54541, 54547, 54559, 54563, 54577, 54581, 54583, 54601,
54617, 54623, 54629, 54631, 54647, 54667, 54673, 54679, 54709,
54713, 54721, 54727, 54751, 54767, 54773, 54779, 54787, 54799,
54829, 54833, 54851, 54869, 54877, 54881, 54907, 54917, 54919,
54941, 54949, 54959, 54973, 54979, 54983, 55001, 55009, 55021,
55049, 55051, 55057, 55061, 55073, 55079, 55103, 55109, 55117,
55127, 55147, 55163, 55171, 55201, 55207, 55213, 55217, 55219,
55229, 55243, 55249, 55259, 55291, 55313, 55331, 55333, 55337,
55339, 55343, 55351, 55373, 55381, 55399, 55411, 55439, 55441,
55457, 55469, 55487, 55501, 55511, 55529, 55541, 55547, 55579,
55589, 55603, 55609, 55619, 55621, 55631, 55633, 55639, 55661,
55663, 55667, 55673, 55681, 55691, 55697, 55711, 55717, 55721,
55733, 55763, 55787, 55793, 55799, 55807, 55813, 55817, 55819,
55823, 55829, 55837, 55843, 55849, 55871, 55889, 55897, 55901,
55903, 55921, 55927, 55931, 55933, 55949, 55967, 55987, 55997,
56003, 56009, 56039, 56041, 56053, 56081, 56087, 56093, 56099,
56101, 56113, 56123, 56131, 56149, 56167, 56171, 56179, 56197,
56207, 56209, 56237, 56239, 56249, 56263, 56267, 56269, 56299,
56311, 56333, 56359, 56369, 56377, 56383, 56393, 56401, 56417,
56431, 56437, 56443, 56453, 56467, 56473, 56477, 56479, 56489,
56501, 56503, 56509, 56519, 56527, 56531, 56533, 56543, 56569,
56591, 56597, 56599, 56611, 56629, 56633, 56659, 56663, 56671,
56681, 56687, 56701, 56711, 56713, 56731, 56737, 56747, 56767,

Die ersten hunderttausend Primzahlen

56773, 56779, 56783, 56807, 56809, 56813, 56821, 56827, 56843,
56857, 56873, 56891, 56893, 56897, 56909, 56911, 56921, 56923,
56929, 56941, 56951, 56957, 56963, 56983, 56989, 56993, 56999,
57037, 57041, 57047, 57059, 57073, 57077, 57089, 57097, 57107,
57119, 57131, 57139, 57143, 57149, 57163, 57173, 57179, 57191,
57193, 57203, 57221, 57223, 57241, 57251, 57259, 57269, 57271,
57283, 57287, 57301, 57329, 57331, 57347, 57349, 57367, 57373,
57383, 57389, 57397, 57413, 57427, 57457, 57467, 57487, 57493,
57503, 57527, 57529, 57557, 57559, 57571, 57587, 57593, 57601,
57637, 57641, 57649, 57653, 57667, 57679, 57689, 57697, 57709,
57713, 57719, 57727, 57731, 57737, 57751, 57773, 57781, 57787,
57791, 57793, 57803,
57809, 57829, 57839, 57847, 57853, 57859, 57881, 57899, 57901,
57917, 57923, 57943, 57947, 57973, 57977, 57991, 58013, 58027,
58031, 58043, 58049, 58057, 58061, 58067, 58073, 58099, 58109,
58111, 58129, 58147, 58151, 58153, 58169, 58171, 58189, 58193,
58199, 58207, 58211, 58217, 58229, 58231, 58237, 58243, 58271,
58309, 58313, 58321, 58337, 58363, 58367, 58369, 58379, 58391,
58393, 58403, 58411, 58417, 58427, 58439, 58441, 58451, 58453,
58477, 58481, 58511, 58537, 58543, 58549, 58567, 58573, 58579,
58601, 58603, 58613, 58631, 58657, 58661, 58679, 58687, 58693,
58699, 58711, 58727, 58733, 58741, 58757, 58763, 58771, 58787,
58789, 58831, 58889, 58897, 58901, 58907, 58909, 58913, 58921,
58937, 58943, 58963, 58967, 58979, 58991, 58997, 59009, 59011,
59021, 59023, 59029, 59051, 59053, 59063, 59069, 59077, 59083,
59093, 59107, 59113, 59119, 59123, 59141, 59149, 59159, 59167,
59183, 59197, 59207, 59209, 59219, 59221, 59233, 59239, 59243,
59263, 59273, 59281, 59333, 59341, 59351, 59357, 59359, 59369,
59377, 59387, 59393, 59399, 59407, 59417, 59419, 59441, 59443,
59447, 59453, 59467, 59471, 59473, 59497, 59509, 59513, 59539,
59557, 59561, 59567, 59581, 59611, 59617, 59621, 59627, 59629,
59651, 59659, 59663, 59669, 59671, 59693, 59699, 59707, 59723,
59729, 59743, 59747, 59753, 59771, 59779, 59791, 59797, 59809,
59833, 59863, 59879, 59887, 59921, 59929, 59951, 59957, 59971,
59981, 59999, 60013, 60017, 60029, 60037, 60041, 60077, 60083,
60089, 60091, 60101, 60103, 60107, 60127, 60133, 60139, 60149,
60161, 60167, 60169, 60209, 60217, 60223, 60251, 60257, 60259,
60271, 60289, 60293, 60317, 60331, 60337, 60343, 60353, 60373,
60383, 60397, 60413, 60427, 60443, 60449, 60457, 60493, 60497,
60509, 60521, 60527, 60539, 60589, 60601, 60607, 60611, 60617,
60623, 60631, 60637, 60647, 60649, 60659, 60661, 60679, 60689,
60703, 60719, 60727, 60733, 60737, 60757, 60761, 60763, 60773,
60779, 60793, 60811, 60821, 60859, 60869, 60887, 60889, 60899,
60901, 60913, 60917, 60919, 60923, 60937, 60943, 60953, 60961,
61001, 61007, 61027, 61031, 61043, 61051, 61057, 61091, 61099,
61121, 61129, 61141, 61151, 61153, 61169, 61211, 61223, 61231,
61253, 61261, 61283, 61291, 61297, 61331, 61333, 61339, 61343,
61357, 61363, 61379, 61381, 61403, 61409, 61417, 61441, 61463,

61469, 61471, 61483, 61487, 61493, 61507, 61511, 61519, 61543,
61547, 61553, 61559, 61561, 61583, 61603, 61609, 61613, 61627,
61631, 61637, 61643, 61651, 61657, 61667, 61673, 61681, 61687,
61703, 61717, 61723, 61729, 61751, 61757, 61781, 61813, 61819,
61837, 61843, 61861, 61871, 61879, 61909, 61927, 61933, 61949,
61961, 61967, 61979, 61981, 61987, 61991, 62003, 62011, 62017,
62039, 62047, 62053, 62057, 62071, 62081, 62099, 62119, 62129,
62131, 62137, 62141, 62143, 62171, 62189, 62191, 62201, 62207,
62213, 62219, 62233, 62273, 62297, 62299, 62303, 62311, 62323,
62327, 62347, 62351, 62383, 62401, 62417, 62423, 62459, 62467,
62473, 62477, 62483, 62497, 62501, 62507, 62533, 62539, 62549,
62563, 62581, 62591, 62597, 62603, 62617, 62627, 62633, 62639,
62653, 62659, 62683, 62687, 62701, 62723, 62731, 62743, 62753,
62761, 62773, 62791, 62801, 62819, 62827, 62851, 62861, 62869,
62873, 62897, 62903, 62921, 62927, 62929, 62939, 62969, 62971,
62981, 62983, 62987, 62989, 63029, 63031, 63059, 63067, 63073,
63079, 63097, 63103, 63113, 63127, 63131, 63149, 63179, 63197,
63199, 63211, 63241, 63247, 63277, 63281, 63299, 63311, 63313,
63317, 63331, 63337, 63347, 63353, 63361, 63367, 63377, 63389,
63391, 63397, 63409, 63419, 63421, 63439, 63443, 63463, 63467,
63473, 63487, 63493, 63499, 63521, 63527, 63533, 63541, 63559,
63577, 63587, 63589, 63599, 63601, 63607, 63611, 63617, 63629,
63647, 63649, 63659, 63667, 63671, 63689, 63691, 63697, 63703,
63709, 63719, 63727, 63737, 63743, 63761, 63773, 63781, 63793,
63799, 63803, 63809, 63823, 63839, 63841, 63853, 63857, 63863,
63901, 63907, 63913, 63929, 63949, 63977, 63997, 64007, 64013,
64019, 64033, 64037, 64063, 64067, 64081, 64091, 64109, 64123,
64151, 64153, 64157, 64171, 64187, 64189, 64217, 64223, 64231,
64237, 64271, 64279, 64283, 64301, 64303, 64319, 64327, 64333,
64373, 64381, 64399, 64403, 64433, 64439, 64451, 64453, 64483,
64489, 64499, 64513, 64553, 64567, 64577, 64579, 64591, 64601,
64609, 64613, 64621, 64627, 64633, 64661, 64663, 64667, 64679,
64693, 64709, 64717, 64747, 64763, 64781, 64783, 64793, 64811,
64817, 64849, 64853, 64871, 64877, 64879, 64891, 64901, 64919,
64921, 64927, 64937, 64951, 64969, 64997, 65003, 65011, 65027,
65029, 65033, 65053, 65063, 65071, 65089, 65099, 65101, 65111,
65119, 65123, 65129, 65141, 65147, 65167, 65171, 65173, 65179,
65183, 65203, 65213, 65239, 65257, 65267, 65269, 65287, 65293,
65309, 65323, 65327, 65353, 65357, 65371, 65381, 65393, 65407,
65413, 65419, 65423, 65437, 65447, 65449, 65479, 65497, 65519,
65521, 65537, 65539, 65543, 65551, 65557, 65563, 65579, 65581,
65587, 65599, 65609, 65617, 65629, 65633, 65647, 65651, 65657,
65677, 65687, 65699, 65701, 65707, 65713, 65717, 65719, 65729,
65731, 65761, 65777, 65789, 65809, 65827, 65831, 65837, 65839,
65843, 65851, 65867, 65881, 65899, 65921, 65927, 65929, 65951,
65957, 65963, 65981, 65983, 65993, 66029, 66037, 66041, 66047,
66067, 66071, 66083, 66089, 66103, 66107, 66109, 66137, 66161,
66169, 66173, 66179, 66191, 66221, 66239, 66271, 66293, 66301,

     Die ersten hunderttausend Primzahlen

66337, 66343, 66347, 66359, 66361, 66373, 66377, 66383, 66403,
66413, 66431, 66449, 66457, 66463, 66467, 66491, 66499, 66509,
66523, 66529, 66533, 66541, 66553, 66569, 66571, 66587, 66593,
66601, 66617, 66629, 66643, 66653, 66683, 66697, 66701, 66713,
66721, 66733, 66739, 66749, 66751, 66763, 66791, 66797, 66809,
66821, 66841, 66851, 66853, 66863, 66877, 66883, 66889, 66919,
66923, 66931, 66943, 66947, 66949, 66959, 66973, 66977, 67003,
67021, 67033, 67043, 67049, 67057, 67061, 67073, 67079, 67103,
67121, 67129, 67139, 67141, 67153, 67157, 67169, 67181, 67187,
67189, 67211, 67213, 67217, 67219, 67231, 67247, 67261, 67271,
67273, 67289, 67307, 67339, 67343, 67349, 67369, 67391, 67399,
67409, 67411, 67421, 67427, 67429, 67433, 67447, 67453, 67477,
67481, 67489, 67493, 67499, 67511, 67523, 67531, 67537, 67547,
67559, 67567, 67577, 67579, 67589, 67601, 67607, 67619, 67631,
67651, 67679, 67699, 67709, 67723, 67733, 67741, 67751, 67757,
67759, 67763, 67777, 67783, 67789, 67801, 67807, 67819, 67829,
67843, 67853, 67867, 67883, 67891, 67901, 67927, 67931, 67933,
67939, 67943, 67957, 67961, 67967, 67979, 67987, 67993, 68023,
68041, 68053, 68059, 68071, 68087, 68099, 68111, 68113, 68141,
68147, 68161, 68171, 68207, 68209, 68213, 68219, 68227, 68239,
68261, 68279, 68281, 68311, 68329, 68351, 68371, 68389, 68399,
68437, 68443, 68447, 68449, 68473, 68477, 68483, 68489, 68491,
68501, 68507, 68521, 68531, 68539, 68543, 68567, 68581, 68597,
68611, 68633, 68639, 68659, 68669, 68683, 68687, 68699, 68711,
68713, 68729, 68737, 68743, 68749, 68767, 68771, 68777, 68791,
68813, 68819, 68821, 68863, 68879, 68881, 68891, 68897, 68899,
68903, 68909, 68917, 68927, 68947, 68963, 68993, 69001, 69011,
69019, 69029, 69031, 69061, 69067, 69073, 69109, 69119, 69127,
69143, 69149, 69151, 69163, 69191, 69193, 69197, 69203, 69221,
69233, 69239, 69247, 69257, 69259, 69263, 69313, 69317, 69337,
69341, 69371, 69379, 69383, 69389, 69401, 69403, 69427, 69431,
69439, 69457, 69463, 69467, 69473, 69481, 69491, 69493, 69497,
69499, 69539, 69557, 69593, 69623, 69653, 69661, 69677, 69691,
69697, 69709, 69737, 69739, 69761, 69763, 69767, 69779, 69809,
69821, 69827, 69829, 69833, 69847, 69857, 69859, 69877, 69899,
69911, 69929, 69931, 69941, 69959, 69991, 69997, 70001, 70003,
70009, 70019, 70039, 70051, 70061, 70067, 70079, 70099, 70111,
70117, 70121, 70123, 70139, 70141, 70157, 70163,
70177, 70181, 70183, 70199, 70201, 70207, 70223, 70229, 70237,
70241, 70249, 70271, 70289, 70297, 70309, 70313, 70321, 70327,
70351, 70373, 70379, 70381, 70393, 70423, 70429, 70439, 70451,
70457, 70459, 70481, 70487, 70489, 70501, 70507, 70529, 70537,
70549, 70571, 70573, 70583, 70589, 70607, 70619, 70621, 70627,
70639, 70657, 70663, 70667, 70687, 70709, 70717, 70729, 70753,
70769, 70783, 70793, 70823, 70841, 70843, 70849, 70853, 70867,
70877, 70879, 70891, 70901, 70913, 70919, 70921, 70937, 70949,
70951, 70957, 70969, 70979, 70981, 70991, 70997, 70999, 71011,
71023, 71039, 71059, 71069, 71081, 71089, 71119, 71129, 71143,

71147, 71153, 71161, 71167, 71171, 71191, 71209, 71233, 71237,
71249, 71257, 71261, 71263, 71287, 71293, 71317, 71327, 71329,
71333, 71339, 71341, 71347, 71353, 71359, 71363, 71387, 71389,
71399, 71411, 71413, 71419, 71429, 71437, 71443, 71453, 71471,
71473, 71479, 71483, 71503, 71527, 71537, 71549, 71551, 71563,
71569, 71593, 71597, 71633, 71647, 71663, 71671, 71693, 71699,
71707, 71711, 71713, 71719, 71741, 71761, 71777, 71789, 71807,
71809, 71821, 71837, 71843, 71849, 71861, 71867, 71879, 71881,
71887, 71899, 71909, 71917, 71933, 71941, 71947, 71963, 71971,
71983, 71987, 71993, 71999, 72019, 72031, 72043, 72047, 72053,
72073, 72077, 72089, 72091, 72101, 72103, 72109, 72139, 72161,
72167, 72169, 72173, 72211, 72221, 72223, 72227, 72229, 72251,
72253, 72269, 72271, 72277, 72287, 72307, 72313, 72337, 72341,
72353, 72367, 72379, 72383, 72421, 72431, 72461, 72467, 72469,
72481, 72493, 72497, 72503, 72533, 72547, 72551, 72559, 72577,
72613, 72617, 72623, 72643, 72647, 72649, 72661, 72671, 72673,
72679, 72689, 72701, 72707, 72719, 72727, 72733, 72739, 72763,
72767, 72797, 72817, 72823, 72859, 72869, 72871, 72883, 72889,
72893, 72901, 72907, 72911, 72923, 72931, 72937, 72949, 72953,
72959, 72973, 72977, 72997, 73009, 73013, 73019, 73037, 73039,
73043, 73061, 73063, 73079, 73091, 73121, 73127, 73133, 73141,
73181, 73189, 73237, 73243, 73259, 73277, 73291, 73303, 73309,
73327, 73331, 73351, 73361, 73363, 73369, 73379, 73387, 73417,
73421, 73433, 73453, 73459, 73471, 73477, 73483, 73517, 73523,
73529, 73547, 73553, 73561, 73571, 73583,
73589, 73597, 73607, 73609, 73613, 73637, 73643, 73651, 73673,
73679, 73681, 73693, 73699, 73709, 73721, 73727, 73751, 73757,
73771, 73783, 73819, 73823, 73847, 73849, 73859, 73867, 73877,
73883, 73897, 73907, 73939, 73943, 73951, 73961, 73973, 73999,
74017, 74021, 74027, 74047, 74051, 74071, 74077, 74093, 74099,
74101, 74131, 74143, 74149, 74159, 74161, 74167, 74177, 74189,
74197, 74201, 74203, 74209, 74219, 74231, 74257, 74279, 74287,
74293, 74297, 74311, 74317, 74323, 74353, 74357, 74363, 74377,
74381, 74383, 74411, 74413, 74419, 74441, 74449, 74453, 74471,
74489, 74507, 74509, 74521, 74527, 74531, 74551, 74561, 74567,
74573, 74587, 74597, 74609, 74611, 74623, 74653, 74687, 74699,
74707, 74713, 74717, 74719, 74729, 74731, 74747, 74759, 74761,
74771, 74779, 74797, 74821, 74827, 74831, 74843, 74857, 74861,
74869, 74873, 74887, 74891, 74897, 74903, 74923, 74929, 74933,
74941, 74959, 75011, 75013, 75017, 75029, 75037, 75041, 75079,
75083, 75109, 75133, 75149, 75161, 75167, 75169, 75181, 75193,
75209, 75211, 75217, 75223, 75227, 75239, 75253, 75269, 75277,
75289, 75307, 75323, 75329, 75337, 75347, 75353, 75367, 75377,
75389, 75391, 75401, 75403, 75407, 75431, 75437, 75479, 75503,
75511, 75521, 75527, 75533, 75539, 75541, 75553, 75557, 75571,
75577, 75583, 75611, 75617, 75619, 75629, 75641, 75653, 75659,
75679, 75683, 75689, 75703, 75707, 75709, 75721, 75731, 75743,
75767, 75773, 75781, 75787, 75793, 75797, 75821, 75833, 75853,

     Die ersten hunderttausend Primzahlen

75869, 75883, 75913, 75931, 75937, 75941, 75967, 75979, 75983,
75989, 75991, 75997, 76001, 76003, 76031, 76039, 76079, 76081,
76091, 76099, 76103, 76123, 76129, 76147, 76157, 76159, 76163,
76207, 76213, 76231, 76243, 76249, 76253, 76259, 76261, 76283,
76289, 76303, 76333, 76343, 76367, 76369, 76379, 76387, 76403,
76421, 76423, 76441, 76463, 76471, 76481, 76487, 76493, 76507,
76511, 76519, 76537, 76541, 76543, 76561, 76579, 76597, 76603,
76607, 76631, 76649, 76651, 76667, 76673, 76679, 76697, 76717,
76733, 76753, 76757, 76771, 76777, 76781, 76801, 76819, 76829,
76831, 76837, 76847, 76871, 76873, 76883, 76907, 76913, 76919,
76943, 76949, 76961, 76963, 76991, 77003, 77017, 77023, 77029,
77041, 77047, 77069, 77081, 77093, 77101, 77137, 77141, 77153,
77167, 77171, 77191, 77201, 77213, 77237, 77239, 77243, 77249,
77261, 77263, 77267, 77269, 77279, 77291, 77317, 77323, 77339,
77347, 77351, 77359, 77369, 77377, 77383, 77417, 77419, 77431,
77447, 77471, 77477, 77479, 77489, 77491, 77509, 77513, 77521,
77527, 77543, 77549, 77551, 77557, 77563, 77569, 77573, 77587,
77591, 77611, 77617, 77621, 77641, 77647, 77659, 77681, 77687,
77689, 77699, 77711, 77713, 77719, 77723, 77731, 77743, 77747,
77761, 77773, 77783, 77797, 77801, 77813, 77839, 77849, 77863,
77867, 77893, 77899, 77929, 77933, 77951, 77969, 77977, 77983,
77999, 78007, 78017, 78031, 78041, 78049, 78059, 78079, 78101,
78121, 78137, 78139, 78157, 78163, 78167, 78173, 78179, 78191,
78193, 78203, 78229, 78233, 78241, 78259, 78277, 78283, 78301,
78307, 78311, 78317, 78341, 78347, 78367, 78401, 78427, 78437,
78439, 78467, 78479, 78487, 78497, 78509, 78511, 78517, 78539,
78541, 78553, 78569, 78571, 78577, 78583, 78593, 78607, 78623,
78643, 78649, 78653, 78691, 78697, 78707, 78713, 78721, 78737,
78779, 78781, 78787, 78791, 78797, 78803, 78809, 78823, 78839,
78853, 78857, 78877, 78887, 78889, 78893, 78901, 78919, 78929,
78941, 78977, 78979, 78989, 79031, 79039, 79043, 79063, 79087,
79103, 79111, 79133, 79139, 79147, 79151, 79153, 79159, 79181,
79187, 79193, 79201, 79229, 79231, 79241, 79259, 79273, 79279,
79283, 79301, 79309, 79319, 79333, 79337, 79349, 79357, 79367,
79379, 79393, 79397, 79399, 79411, 79423, 79427, 79433, 79451,
79481, 79493, 79531, 79537, 79549, 79559, 79561, 79579, 79589,
79601, 79609, 79613, 79621, 79627, 79631, 79633, 79657, 79669,
79687, 79691, 79693, 79697, 79699, 79757, 79769, 79777, 79801,
79811, 79813, 79817, 79823, 79829, 79841, 79843, 79847, 79861,
79867, 79873, 79889, 79901, 79903, 79907, 79939, 79943, 79967,
79973, 79979, 79987, 79997, 79999, 80021, 80039, 80051, 80071,
80077, 80107, 80111, 80141, 80147, 80149, 80153, 80167, 80173,
80177, 80191, 80207, 80209, 80221, 80231, 80233, 80239, 80251,
80263, 80273, 80279, 80287, 80309, 80317, 80329, 80341, 80347,
80363, 80369, 80387, 80407, 80429, 80447, 80449, 80471, 80473,
80489, 80491, 80513, 80527, 80537, 80557, 80567, 80599, 80603,
80611, 80621, 80627, 80629, 80651, 80657, 80669, 80671, 80677,
80681, 80683, 80687, 80701, 80713, 80737, 80747, 80749, 80761,

80777, 80779, 80783, 80789, 80803, 80809, 80819, 80831, 80833,
80849, 80863, 80897, 80909, 80911, 80917, 80923, 80929, 80933,
80953, 80963, 80989, 81001, 81013, 81017, 81019, 81023, 81031,
81041, 81043, 81047, 81049, 81071, 81077, 81083, 81097, 81101,
81119, 81131, 81157, 81163, 81173, 81181, 81197, 81199, 81203,
81223, 81233, 81239, 81281, 81283, 81293, 81299, 81307, 81331,
81343, 81349, 81353, 81359, 81371, 81373, 81401, 81409, 81421,
81439, 81457, 81463, 81509, 81517, 81527, 81533, 81547, 81551,
81553, 81559, 81563, 81569, 81611, 81619, 81629, 81637, 81647,
81649, 81667, 81671, 81677, 81689, 81701, 81703, 81707, 81727,
81737, 81749, 81761, 81769, 81773, 81799, 81817, 81839, 81847,
81853, 81869, 81883, 81899, 81901, 81919, 81929, 81931, 81937,
81943, 81953, 81967, 81971, 81973, 82003, 82007, 82009, 82013,
82021, 82031, 82037, 82039, 82051, 82067, 82073, 82129, 82139,
82141, 82153, 82163, 82171, 82183, 82189, 82193, 82207, 82217,
82219, 82223, 82231, 82237, 82241, 82261, 82267, 82279, 82301,
82307, 82339, 82349, 82351, 82361, 82373, 82387, 82393, 82421,
82457, 82463, 82469, 82471, 82483, 82487, 82493, 82499, 82507,
82529, 82531, 82549, 82559, 82561, 82567, 82571, 82591, 82601,
82609, 82613, 82619, 82633, 82651, 82657, 82699, 82721, 82723,
82727, 82729, 82757, 82759, 82763, 82781, 82787, 82793, 82799,
82811, 82813, 82837, 82847, 82883, 82889, 82891, 82903, 82913,
82939, 82963, 82981, 82997, 83003, 83009, 83023, 83047, 83059,
83063, 83071, 83077, 83089, 83093, 83101, 83117, 83137, 83177,
83203, 83207, 83219, 83221, 83227, 83231, 83233, 83243, 83257,
83267, 83269, 83273, 83299, 83311, 83339, 83341, 83357, 83383,
83389, 83399, 83401, 83407, 83417, 83423, 83431, 83437, 83443,
83449, 83459, 83471, 83477, 83497, 83537, 83557, 83561, 83563,
83579, 83591, 83597, 83609, 83617, 83621, 83639, 83641, 83653,
83663, 83689, 83701, 83717, 83719, 83737, 83761, 83773, 83777,
83791, 83813, 83833, 83843, 83857, 83869, 83873, 83891, 83903,
83911, 83921, 83933, 83939, 83969, 83983, 83987, 84011, 84017,
84047, 84053, 84059, 84061, 84067, 84089, 84121, 84127, 84131,
84137, 84143, 84163, 84179, 84181, 84191, 84199, 84211, 84221,
84223, 84229, 84239, 84247, 84263, 84299, 84307, 84313, 84317,
84319, 84347, 84349, 84377, 84389, 84391, 84401, 84407, 84421,
84431, 84437, 84443, 84449, 84457, 84463, 84467, 84481, 84499,
84503, 84509, 84521, 84523, 84533, 84551, 84559, 84589, 84629,
84631, 84649, 84653, 84659, 84673, 84691, 84697, 84701, 84713,
84719, 84731, 84737, 84751, 84761, 84787, 84793, 84809, 84811,
84827, 84857, 84859, 84869, 84871, 84913, 84919, 84947, 84961,
84967, 84977, 84979, 84991, 85009, 85021, 85027, 85037, 85049,
85061, 85081, 85087, 85091, 85093, 85103, 85109, 85121, 85133,
85147, 85159, 85193, 85199, 85201, 85213, 85223, 85229, 85237,
85243, 85247, 85259, 85297, 85303, 85313, 85331, 85333, 85361,
85363, 85369, 85381, 85411, 85427, 85429, 85439, 85447, 85451,
85453, 85469, 85487, 85513, 85517, 85523, 85531, 85549, 85571,
85577, 85597, 85601, 85607, 85619, 85621, 85627, 85639, 85643,

     Die ersten hunderttausend Primzahlen

85661, 85667, 85669, 85691, 85703, 85711, 85717, 85733, 85751,
85781, 85793, 85817, 85819, 85829, 85831, 85837, 85843, 85847,
85853, 85889, 85903, 85909, 85931, 85933, 85991, 85999, 86011,
86017, 86027, 86029, 86069, 86077, 86083, 86111, 86113, 86117,
86131, 86137, 86143, 86161, 86171, 86179, 86183, 86197, 86201,
86209, 86239, 86243, 86249, 86257, 86263, 86269, 86287, 86291,
86293, 86297, 86311, 86323, 86341, 86351, 86353, 86357, 86369,
86371, 86381, 86389, 86399, 86413, 86423, 86441, 86453, 86461,
86467, 86477, 86491, 86501, 86509, 86531, 86533, 86539, 86561,
86573, 86579, 86587, 86599, 86627, 86629, 86677, 86689, 86693,
86711, 86719, 86729, 86743, 86753, 86767, 86771, 86783, 86813,
86837, 86843, 86851, 86857, 86861, 86869, 86923, 86927, 86929,
86939, 86951, 86959, 86969, 86981, 86993, 87011, 87013, 87037,
87041, 87049, 87071, 87083, 87103, 87107, 87119, 87121, 87133,
87149, 87151, 87179, 87181, 87187, 87211, 87221, 87223, 87251,
87253, 87257, 87277, 87281, 87293, 87299, 87313, 87317, 87323,
87337, 87359, 87383, 87403, 87407, 87421, 87427, 87433, 87443,
87473, 87481, 87491, 87509, 87511, 87517, 87523, 87539, 87541,
87547, 87553, 87557, 87559, 87583, 87587, 87589, 87613, 87623,
87629, 87631, 87641, 87643, 87649, 87671, 87679, 87683, 87691,
87697, 87701, 87719, 87721, 87739, 87743, 87751, 87767, 87793,
87797, 87803, 87811, 87833, 87853, 87869, 87877, 87881, 87887,
87911, 87917, 87931, 87943, 87959, 87961, 87973, 87977, 87991,
88001, 88003, 88007, 88019, 88037, 88069, 88079, 88093, 88117,
88129, 88169, 88177, 88211, 88223, 88237, 88241, 88259, 88261,
88289, 88301, 88321, 88327, 88337, 88339, 88379, 88397, 88411,
88423, 88427, 88463, 88469, 88471, 88493, 88499, 88513, 88523,
88547, 88589, 88591, 88607, 88609, 88643, 88651, 88657, 88661,
88663, 88667, 88681, 88721, 88729, 88741, 88747, 88771, 88789,
88793, 88799, 88801, 88807, 88811, 88813, 88817, 88819, 88843,
88853, 88861, 88867, 88873, 88883, 88897, 88903, 88919, 88937,
88951, 88969, 88993, 88997, 89003, 89009, 89017, 89021, 89041,
89051, 89057, 89069, 89071, 89083, 89087, 89101, 89107, 89113,
89119, 89123, 89137, 89153, 89189, 89203, 89209, 89213, 89227,
89231, 89237, 89261, 89269, 89273, 89293, 89303, 89317, 89329,
89363, 89371, 89381, 89387, 89393, 89399, 89413, 89417, 89431,
89443, 89449, 89459, 89477, 89491, 89501, 89513, 89519, 89521,
89527, 89533, 89561, 89563, 89567, 89591, 89597, 89599, 89603,
89611, 89627, 89633, 89653, 89657, 89659, 89669, 89671, 89681,
89689, 89753,
89759, 89767, 89779, 89783, 89797, 89809, 89819, 89821, 89833,
89839, 89849, 89867, 89891, 89897, 89899, 89909, 89917, 89923,
89939, 89959, 89963, 89977, 89983, 89989, 90001, 90007, 90011,
90017, 90019, 90023, 90031, 90053, 90059, 90067, 90071, 90073,
90089, 90107, 90121, 90127, 90149, 90163, 90173, 90187, 90191,
90197, 90199, 90203, 90217, 90227, 90239, 90247, 90263, 90271,
90281, 90289, 90313, 90353, 90359, 90371, 90373, 90379, 90397,
90401, 90403, 90407, 90437, 90439, 90469, 90473, 90481, 90499,

90511, 90523, 90527, 90529, 90533, 90547, 90583, 90599, 90617,
90619, 90631, 90641, 90647, 90659, 90677, 90679, 90697, 90703,
90709, 90731, 90749, 90787, 90793, 90803, 90821, 90823, 90833,
90841, 90847, 90863, 90887, 90901, 90907, 90911, 90917, 90931,
90947, 90971, 90977, 90989, 90997, 91009, 91019, 91033, 91079,
91081, 91097, 91099, 91121, 91127, 91129, 91139, 91141, 91151,
91153, 91159, 91163, 91183, 91193, 91199, 91229, 91237, 91243,
91249, 91253, 91283, 91291, 91297, 91303, 91309, 91331, 91367,
91369, 91373, 91381, 91387, 91393, 91397, 91411, 91423, 91433,
91453, 91457, 91459, 91463, 91493, 91499, 91513, 91529, 91541,
91571, 91573, 91577, 91583, 91591, 91621, 91631, 91639, 91673,
91691, 91703, 91711, 91733, 91753, 91757, 91771, 91781, 91801,
91807, 91811, 91813, 91823, 91837, 91841, 91867, 91873, 91909,
91921, 91939, 91943, 91951, 91957, 91961, 91967, 91969, 91997,
92003, 92009, 92033, 92041, 92051, 92077, 92083, 92107, 92111,
92119, 92143, 92153, 92173, 92177, 92179, 92189, 92203, 92219,
92221, 92227, 92233, 92237, 92243, 92251, 92269, 92297, 92311,
92317, 92333, 92347, 92353, 92357, 92363, 92369, 92377, 92381,
92383, 92387, 92399, 92401, 92413, 92419, 92431, 92459, 92461,
92467, 92479, 92489, 92503, 92507, 92551, 92557, 92567, 92569,
92581, 92593, 92623, 92627, 92639, 92641, 92647, 92657, 92669,
92671, 92681, 92683, 92693, 92699, 92707, 92717, 92723, 92737,
92753, 92761, 92767, 92779, 92789, 92791, 92801, 92809, 92821,
92831, 92849, 92857, 92861, 92863, 92867, 92893, 92899, 92921,
92927, 92941, 92951, 92957, 92959, 92987, 92993, 93001, 93047,
93053, 93059, 93077, 93083, 93089, 93097, 93103, 93113, 93131,
93133, 93139, 93151, 93169, 93179, 93187, 93199, 93229, 93239,
93241, 93251, 93253, 93257, 93263, 93281, 93283, 93287, 93307,
93319, 93323, 93329, 93337, 93371, 93377, 93383, 93407, 93419,
93427, 93463, 93479, 93481, 93487, 93491, 93493, 93497, 93503,
93523, 93529, 93553, 93557, 93559, 93563, 93581, 93601, 93607,
93629, 93637, 93683, 93701, 93703, 93719, 93739, 93761, 93763,
93787, 93809, 93811, 93827, 93851, 93871, 93887, 93889, 93893,
93901, 93911, 93913, 93923, 93937, 93941, 93949, 93967, 93971,
93979, 93983, 93997, 94007, 94009, 94033, 94049, 94057, 94063,
94079, 94099, 94109, 94111, 94117, 94121, 94151, 94153, 94169,
94201, 94207, 94219, 94229, 94253, 94261, 94273, 94291, 94307,
94309, 94321, 94327, 94331, 94343, 94349, 94351, 94379, 94397,
94399, 94421, 94427, 94433, 94439, 94441, 94447, 94463, 94477,
94483, 94513, 94529, 94531, 94541, 94543, 94547, 94559, 94561,
94573, 94583, 94597, 94603, 94613, 94621, 94649, 94651, 94687,
94693, 94709, 94723, 94727, 94747, 94771, 94777, 94781, 94789,
94793, 94811, 94819, 94823, 94837, 94841, 94847, 94849, 94873,
94889, 94903, 94907, 94933, 94949, 94951, 94961, 94993, 94999,
95003, 95009, 95021, 95027, 95063, 95071, 95083, 95087, 95089,
95093, 95101, 95107, 95111, 95131, 95143, 95153, 95177, 95189,
95191, 95203, 95213, 95219, 95231, 95233, 95239, 95257, 95261,
95267, 95273, 95279, 95287, 95311, 95317, 95327, 95339, 95369,

    Die ersten hunderttausend Primzahlen

95383, 95393, 95401, 95413, 95419, 95429, 95441, 95443, 95461,
95467, 95471, 95479, 95483, 95507, 95527, 95531, 95539, 95549,
95561, 95569, 95581, 95597, 95603, 95617, 95621, 95629, 95633,
95651, 95701, 95707, 95713, 95717, 95723, 95731, 95737, 95747,
95773, 95783, 95789, 95791, 95801, 95803, 95813, 95819, 95857,
95869, 95873, 95881, 95891, 95911, 95917, 95923, 95929, 95947,
95957, 95959, 95971, 95987, 95989, 96001, 96013, 96017, 96043,
96053, 96059, 96079, 96097, 96137, 96149, 96157, 96167, 96179,
96181, 96199, 96211, 96221, 96223, 96233, 96259, 96263, 96269,
96281, 96289, 96293, 96323, 96329, 96331, 96337, 96353, 96377,
96401, 96419, 96431, 96443, 96451, 96457, 96461, 96469, 96479,
96487, 96493, 96497, 96517, 96527, 96553, 96557, 96581, 96587,
96589, 96601, 96643, 96661, 96667, 96671, 96697, 96703, 96731,
96737, 96739, 96749, 96757, 96763, 96769, 96779, 96787, 96797,
96799, 96821, 96823, 96827, 96847, 96851, 96857, 96893, 96907,
96911, 96931, 96953, 96959, 96973, 96979, 96989, 96997, 97001,
97003, 97007, 97021, 97039, 97073, 97081, 97103, 97117, 97127,
97151, 97157, 97159, 97169, 97171, 97177, 97187, 97213, 97231,
97241, 97259, 97283, 97301, 97303, 97327, 97367, 97369, 97373,
97379, 97381, 97387, 97397, 97423, 97429, 97441, 97453, 97459,
97463, 97499, 97501, 97511, 97523, 97547, 97549, 97553, 97561,
97571, 97577, 97579, 97583, 97607, 97609, 97613, 97649, 97651,
97673, 97687, 97711, 97729, 97771, 97777, 97787, 97789, 97813,
97829, 97841, 97843, 97847, 97849, 97859, 97861, 97871, 97879,
97883, 97919, 97927, 97931, 97943, 97961, 97967, 97973, 97987,
98009, 98011, 98017, 98041, 98047, 98057, 98081, 98101, 98123,
98129, 98143, 98179, 98207, 98213, 98221, 98227, 98251, 98257,
98269, 98297, 98299, 98317, 98321, 98323, 98327, 98347, 98369,
98377, 98387, 98389, 98407, 98411, 98419, 98429, 98443, 98453,
98459, 98467, 98473, 98479, 98491, 98507, 98519, 98533, 98543,
98561, 98563, 98573, 98597, 98621, 98627, 98639, 98641, 98663,
98669, 98689, 98711, 98713, 98717, 98729, 98731, 98737, 98773,
98779, 98801, 98807, 98809, 98837, 98849, 98867, 98869, 98873,
98887, 98893, 98897, 98899, 98909, 98911, 98927, 98929, 98939,
98947, 98953, 98963, 98981, 98993, 98999, 99013, 99017, 99023,
99041, 99053, 99079, 99083, 99089, 99103, 99109, 99119, 99131,
99133, 99137, 99139, 99149, 99173, 99181, 99191, 99223, 99233,
99241, 99251, 99257, 99259, 99277, 99289, 99317, 99347, 99349,
99367, 99371, 99377, 99391, 99397, 99401, 99409, 99431, 99439,
99469, 99487, 99497, 99523, 99527, 99529, 99551, 99559, 99563,
99571, 99577, 99581, 99607, 99611, 99623, 99643, 99661, 99667,
99679, 99689, 99707, 99709, 99713, 99719, 99721, 99733, 99761,
99767, 99787, 99793, 99809, 99817, 99823, 99829, 99833, 99839,
99859, 99871, 99877, 99881, 99901, 99907, 99923, 99929, 99961,
99971, 99989, 99991, 100003, 100019, 100043, 100049, 100057,
100069, 100103, 100109, 100129, 100151, 100153, 100169, 100183,
100189, 100193, 100207, 100213, 100237, 100267, 100271, 100279,
100291, 100297, 100313, 100333, 100343, 100357, 100361, 100363,

100379, 100391, 100393, 100403, 100411, 100417, 100447, 100459,
100469, 100483, 100493, 100501, 100511, 100517, 100519, 100523,
100537, 100547, 100549, 100559, 100591, 100609, 100613, 100621,
100649, 100669, 100673, 100693, 100699, 100703, 100733, 100741,
100747, 100769, 100787, 100799, 100801, 100811, 100823, 100829,
100847, 100853, 100907, 100913, 100927, 100931, 100937, 100943,
100957, 100981, 100987, 100999, 101009, 101021, 101027, 101051,
101063, 101081, 101089, 101107, 101111, 101113, 101117, 101119,
101141, 101149, 101159, 101161, 101173, 101183, 101197, 101203,
101207, 101209, 101221, 101267, 101273, 101279, 101281, 101287,
101293, 101323, 101333, 101341, 101347, 101359, 101363, 101377,
101383, 101399, 101411, 101419, 101429, 101449, 101467, 101477,
101483, 101489, 101501, 101503, 101513, 101527, 101531, 101533,
101537, 101561, 101573, 101581, 101599, 101603, 101611, 101627,
101641, 101653, 101663, 101681, 101693, 101701, 101719, 101723,
101737, 101741, 101747, 101749, 101771, 101789, 101797, 101807,
101833, 101837, 101839, 101863, 101869, 101873, 101879, 101891,
101917, 101921, 101929, 101939, 101957, 101963, 101977, 101987,
101999, 102001, 102013, 102019, 102023, 102031, 102043, 102059,
102061, 102071, 102077, 102079, 102101, 102103, 102107, 102121,
102139, 102149, 102161, 102181, 102191, 102197, 102199, 102203,
102217, 102229, 102233, 102241, 102251, 102253, 102259, 102293,
102299, 102301, 102317, 102329, 102337, 102359, 102367, 102397,
102407, 102409, 102433, 102437, 102451, 102461, 102481, 102497,
102499, 102503, 102523, 102533, 102539, 102547, 102551, 102559,
102563, 102587, 102593, 102607, 102611, 102643, 102647, 102653,
102667, 102673, 102677, 102679, 102701, 102761, 102763, 102769,
102793, 102797, 102811, 102829, 102841, 102859, 102871, 102877,
102881, 102911, 102913, 102929, 102931, 102953, 102967, 102983,
103001, 103007, 103043, 103049, 103067, 103069, 103079, 103087,
103091, 103093, 103099, 103123, 103141, 103171, 103177, 103183,
103217, 103231, 103237, 103289, 103291, 103307, 103319, 103333,
103349, 103357, 103387, 103391, 103393, 103399, 103409, 103421,
103423, 103451, 103457, 103471, 103483, 103511, 103529, 103549,
103553, 103561, 103567, 103573, 103577, 103583, 103591, 103613,
103619, 103643, 103651, 103657, 103669, 103681, 103687, 103699,
103703, 103723, 103769, 103787, 103801, 103811, 103813, 103837,
103841, 103843, 103867, 103889, 103903, 103913, 103919, 103951,
103963, 103967, 103969, 103979, 103981, 103991, 103993, 103997,
104003, 104009, 104021, 104033, 104047, 104053, 104059, 104087,
104089, 104107, 104113, 104119, 104123, 104147, 104149, 104161,
104173, 104179, 104183, 104207, 104231, 104233, 104239, 104243,
104281, 104287, 104297, 104309, 104311, 104323, 104327, 104347,
104369, 104381, 104383, 104393, 104399, 104417, 104459, 104471,
104473, 104479, 104491, 104513, 104527, 104537, 104543, 104549,
104551, 104561, 104579, 104593, 104597, 104623, 104639, 104651,
104659, 104677, 104681, 104683, 104693, 104701, 104707, 104711,
104717, 104723, 104729, 104743, 104759, 104761, 104773, 104779,

     Die ersten hunderttausend Primzahlen

104789, 104801, 104803, 104827, 104831, 104849, 104851, 104869,
104879, 104891, 104911, 104917, 104933, 104947, 104953, 104959,
104971, 104987, 104999, 105019, 105023, 105031, 105037, 105071,
105097, 105107, 105137, 105143, 105167, 105173, 105199, 105211,
105227, 105229, 105239, 105251,
105253, 105263, 105269, 105277, 105319, 105323, 105331, 105337,
105341, 105359, 105361, 105367, 105373, 105379, 105389, 105397,
105401, 105407, 105437, 105449, 105467, 105491, 105499, 105503,
105509, 105517, 105527, 105529, 105533, 105541, 105557, 105563,
105601, 105607, 105613, 105619, 105649, 105653, 105667, 105673,
105683, 105691, 105701, 105727, 105733, 105751, 105761, 105767,
105769, 105817, 105829, 105863, 105871, 105883, 105899, 105907,
105913, 105929, 105943, 105953, 105967, 105971, 105977, 105983,
105997, 106013, 106019, 106031, 106033, 106087, 106103, 106109,
106121, 106123, 106129, 106163, 106181, 106187, 106189, 106207,
106213, 106217, 106219, 106243, 106261, 106273, 106277, 106279,
106291, 106297, 106303, 106307, 106319, 106321, 106331, 106349,
106357, 106363, 106367, 106373, 106391, 106397, 106411, 106417,
106427, 106433, 106441, 106451, 106453, 106487, 106501, 106531,
106537, 106541, 106543, 106591, 106619, 106621, 106627, 106637,
106649, 106657, 106661, 106663, 106669, 106681, 106693, 106699,
106703, 106721, 106727, 106739, 106747, 106751, 106753, 106759,
106781, 106783, 106787, 106801, 106823, 106853, 106859, 106861,
106867, 106871, 106877, 106903, 106907, 106921, 106937, 106949,
106957, 106961, 106963, 106979, 106993, 107021, 107033, 107053,
107057, 107069, 107071, 107077, 107089, 107099, 107101, 107119,
107123, 107137, 107171, 107183, 107197, 107201, 107209, 107227,
107243, 107251, 107269, 107273, 107279, 107309, 107323, 107339,
107347, 107351, 107357, 107377, 107441, 107449, 107453, 107467,
107473, 107507, 107509, 107563, 107581, 107599, 107603, 107609,
107621, 107641, 107647, 107671, 107687, 107693, 107699, 107713,
107717, 107719, 107741, 107747, 107761, 107773, 107777, 107791,
107827, 107837, 107839, 107843, 107857, 107867, 107873, 107881,
107897, 107903, 107923, 107927, 107941, 107951, 107971, 107981,
107999, 108007, 108011, 108013, 108023, 108037, 108041, 108061,
108079, 108089, 108107, 108109, 108127, 108131, 108139, 108161,
108179, 108187, 108191, 108193, 108203, 108211, 108217, 108223,
108233, 108247, 108263, 108271, 108287, 108289, 108293, 108301,
108343, 108347, 108359, 108377, 108379, 108401, 108413, 108421,
108439, 108457, 108461, 108463, 108497, 108499, 108503, 108517,
108529, 108533, 108541, 108553, 108557, 108571, 108587, 108631,
108637, 108643, 108649, 108677, 108707, 108709, 108727, 108739,
108751, 108761, 108769, 108791, 108793, 108799, 108803, 108821,
108827, 108863, 108869, 108877, 108881, 108883, 108887, 108893,
108907, 108917, 108923, 108929, 108943, 108947, 108949, 108959,
108961, 108967, 108971, 108991, 109001, 109013, 109037, 109049,
109063, 109073, 109097, 109103, 109111, 109121, 109133, 109139,
109141, 109147, 109159, 109169, 109171, 109199, 109201, 109211,

109229, 109253, 109267, 109279, 109297, 109303, 109313, 109321,
109331, 109357, 109363, 109367, 109379, 109387, 109391, 109397,
109423, 109433, 109441, 109451, 109453, 109469, 109471, 109481,
109507, 109517, 109519, 109537, 109541, 109547, 109567, 109579,
109583, 109589, 109597, 109609, 109619, 109621, 109639, 109661,
109663, 109673, 109717, 109721, 109741, 109751, 109789, 109793,
109807, 109819, 109829, 109831, 109841, 109843, 109847, 109849,
109859, 109873, 109883, 109891, 109897, 109903, 109913, 109919,
109937, 109943, 109961, 109987, 110017, 110023, 110039, 110051,
110059, 110063, 110069, 110083, 110119, 110129, 110161, 110183,
110221, 110233, 110237, 110251, 110261, 110269, 110273, 110281,
110291, 110311, 110321, 110323, 110339, 110359, 110419, 110431,
110437, 110441, 110459, 110477, 110479, 110491, 110501, 110503,
110527, 110533, 110543, 110557, 110563, 110567, 110569, 110573,
110581, 110587, 110597, 110603, 110609, 110623, 110629, 110641,
110647, 110651, 110681, 110711, 110729, 110731, 110749, 110753,
110771, 110777, 110807, 110813, 110819, 110821, 110849, 110863,
110879, 110881, 110899, 110909, 110917, 110921, 110923, 110927,
110933, 110939, 110947, 110951, 110969, 110977, 110989, 111029,
111031, 111043, 111049, 111053, 111091, 111103, 111109, 111119,
111121, 111127, 111143, 111149, 111187, 111191, 111211, 111217,
111227, 111229, 111253, 111263, 111269, 111271, 111301, 111317,
111323, 111337, 111341, 111347, 111373, 111409, 111427, 111431,
111439, 111443, 111467, 111487, 111491, 111493, 111497, 111509,
111521, 111533, 111539, 111577, 111581, 111593, 111599, 111611,
111623, 111637, 111641, 111653, 111659, 111667, 111697, 111721,
111731, 111733, 111751, 111767, 111773, 111779, 111781, 111791,
111799, 111821, 111827, 111829, 111833, 111847, 111857, 111863,
111869, 111871, 111893, 111913, 111919, 111949, 111953, 111959,
111973, 111977, 111997, 112019, 112031, 112061, 112067, 112069,
112087, 112097, 112103, 112111, 112121, 112129, 112139, 112153,
112163, 112181, 112199, 112207, 112213, 112223, 112237, 112241,
112247, 112249, 112253, 112261, 112279, 112289, 112291, 112297,
112303, 112327, 112331, 112337, 112339, 112349, 112361, 112363,
112397, 112403, 112429, 112459, 112481, 112501, 112507, 112543,
112559, 112571, 112573, 112577, 112583, 112589, 112601, 112603,
112621, 112643, 112657, 112663, 112687, 112691, 112741, 112757,
112759, 112771, 112787, 112799, 112807, 112831, 112843, 112859,
112877, 112901, 112909, 112913, 112919, 112921, 112927, 112939,
112951, 112967, 112979, 112997, 113011, 113017, 113021, 113023,
113027, 113039, 113041, 113051, 113063, 113081, 113083, 113089,
113093, 113111, 113117, 113123, 113131, 113143, 113147, 113149,
113153, 113159, 113161, 113167, 113171, 113173, 113177, 113189,
113209, 113213, 113227, 113233, 113279, 113287, 113327, 113329,
113341, 113357, 113359, 113363, 113371, 113381, 113383, 113417,
113437, 113453, 113467, 113489, 113497, 113501, 113513, 113537,
113539, 113557, 113567, 113591, 113621, 113623, 113647, 113657,
113683, 113717, 113719, 113723, 113731, 113749, 113759, 113761,

          Die ersten hunderttausend Primzahlen

113777, 113779, 113783, 113797, 113809, 113819, 113837, 113843,
113891, 113899, 113903, 113909, 113921, 113933, 113947, 113957,
113963, 113969, 113983, 113989, 114001, 114013, 114031, 114041,
114043, 114067, 114073, 114077, 114083, 114089, 114113, 114143,
114157, 114161, 114167, 114193, 114197, 114199, 114203, 114217,
114221, 114229, 114259, 114269, 114277, 114281, 114299, 114311,
114319, 114329, 114343, 114371, 114377, 114407, 114419, 114451,
114467, 114473, 114479, 114487, 114493, 114547, 114553, 114571,
114577, 114593, 114599, 114601, 114613, 114617, 114641, 114643,
114649, 114659, 114661, 114671, 114679, 114689, 114691, 114713,
114743, 114749, 114757, 114761, 114769, 114773, 114781, 114797,
114799, 114809, 114827, 114833, 114847, 114859, 114883, 114889,
114901, 114913, 114941, 114967, 114973, 114997, 115001, 115013,
115019, 115021, 115057, 115061, 115067, 115079, 115099, 115117,
115123, 115127, 115133, 115151, 115153, 115163, 115183, 115201,
115211, 115223, 115237, 115249, 115259, 115279, 115301, 115303,
115309, 115319, 115321, 115327, 115331, 115337, 115343, 115361,
115363, 115399, 115421, 115429, 115459, 115469, 115471, 115499,
115513, 115523, 115547, 115553, 115561, 115571, 115589, 115597,
115601, 115603, 115613, 115631, 115637, 115657, 115663, 115679,
115693, 115727, 115733, 115741, 115751, 115757, 115763, 115769,
115771, 115777, 115781, 115783, 115793, 115807, 115811, 115823,
115831, 115837, 115849, 115853, 115859, 115861, 115873, 115877,
115879, 115883, 115891, 115901, 115903, 115931, 115933, 115963,
115979, 115981, 115987, 116009, 116027, 116041, 116047, 116089,
116099, 116101, 116107, 116113, 116131, 116141, 116159, 116167,
116177, 116189, 116191, 116201, 116239, 116243, 116257, 116269,
116273, 116279, 116293, 116329, 116341, 116351, 116359, 116371,
116381, 116387, 116411, 116423, 116437, 116443, 116447, 116461,
116471, 116483, 116491, 116507, 116531, 116533, 116537, 116539,
116549, 116579, 116593, 116639, 116657, 116663, 116681, 116687,
116689, 116707, 116719, 116731, 116741, 116747, 116789, 116791,
116797, 116803, 116819, 116827, 116833, 116849, 116867, 116881,
116903, 116911, 116923, 116927, 116929, 116933, 116953, 116959,
116969, 116981, 116989, 116993, 117017, 117023, 117037, 117041,
117043, 117053, 117071, 117101, 117109, 117119, 117127, 117133,
117163, 117167, 117191, 117193, 117203, 117209, 117223, 117239,
117241, 117251, 117259, 117269, 117281, 117307, 117319, 117329,
117331, 117353, 117361, 117371, 117373, 117389, 117413, 117427,
117431, 117437, 117443, 117497, 117499, 117503, 117511, 117517,
117529, 117539, 117541, 117563, 117571, 117577, 117617, 117619,
117643, 117659, 117671, 117673, 117679, 117701, 117703, 117709,
117721, 117727, 117731, 117751, 117757, 117763, 117773, 117779,
117787, 117797, 117809, 117811, 117833, 117839, 117841, 117851,
117877, 117881, 117883, 117889, 117899, 117911, 117917, 117937,
117959, 117973, 117977, 117979, 117989, 117991, 118033, 118037,
118043, 118051, 118057, 118061, 118081, 118093, 118127, 118147,
118163, 118169, 118171, 118189, 118211, 118213, 118219, 118247,

118249, 118253, 118259, 118273, 118277, 118297, 118343, 118361,
118369, 118373, 118387, 118399, 118409, 118411, 118423, 118429,
118453, 118457, 118463, 118471, 118493, 118529, 118543, 118549,
118571, 118583, 118589, 118603, 118619, 118621, 118633, 118661,
118669, 118673, 118681, 118687, 118691, 118709, 118717, 118739,
118747, 118751, 118757, 118787, 118799, 118801, 118819, 118831,
118843, 118861, 118873, 118891, 118897, 118901, 118903, 118907,
118913, 118927, 118931, 118967, 118973, 119027, 119033, 119039,
119047, 119057, 119069, 119083, 119087, 119089, 119099, 119101,
119107, 119129, 119131, 119159, 119173, 119179, 119183, 119191,
119227, 119233, 119237, 119243, 119267, 119291, 119293, 119297,
119299, 119311, 119321, 119359, 119363, 119389, 119417, 119419,
119429, 119447, 119489, 119503, 119513, 119533, 119549, 119551,
119557, 119563, 119569, 119591, 119611, 119617, 119627, 119633,
119653, 119657, 119659, 119671, 119677, 119687, 119689, 119699,
119701, 119723, 119737, 119747, 119759, 119771, 119773, 119783,
119797, 119809, 119813, 119827, 119831, 119839, 119849, 119851,
119869, 119881, 119891, 119921, 119923, 119929, 119953, 119963,
119971, 119981, 119983, 119993, 120011, 120017, 120041, 120047,
120049, 120067, 120077, 120079, 120091, 120097, 120103, 120121,
120157, 120163, 120167, 120181, 120193, 120199, 120209, 120223,
120233, 120247, 120277, 120283, 120293, 120299, 120319, 120331,
120349, 120371, 120383, 120391, 120397, 120401, 120413, 120427,
120431, 120473, 120503, 120511, 120539, 120551, 120557, 120563,
120569, 120577, 120587, 120607, 120619, 120623, 120641, 120647,
120661, 120671, 120677, 120689, 120691, 120709, 120713, 120721,
120737, 120739, 120749, 120763, 120767, 120779, 120811, 120817,
120823, 120829, 120833, 120847, 120851, 120863, 120871, 120877,
120889, 120899, 120907, 120917, 120919, 120929, 120937, 120941,
120943, 120947, 120977, 120997, 121001, 121007, 121013, 121019,
121021, 121039, 121061, 121063, 121067, 121081, 121123, 121139,
121151, 121157, 121169, 121171, 121181, 121189, 121229, 121259,
121267, 121271, 121283, 121291, 121309, 121313, 121321, 121327,
121333, 121343, 121349, 121351, 121357, 121367, 121369, 121379,
121403, 121421, 121439, 121441, 121447, 121453, 121469, 121487,
121493, 121501, 121507, 121523, 121531, 121547, 121553, 121559,
121571, 121577, 121579, 121591, 121607, 121609, 121621, 121631,
121633, 121637, 121661, 121687, 121697, 121711, 121721, 121727,
121763, 121787, 121789, 121843, 121853, 121867, 121883, 121889,
121909, 121921, 121931, 121937, 121949, 121951, 121963, 121967,
121993, 121997, 122011, 122021, 122027, 122029, 122033, 122039,
122041, 122051, 122053, 122069, 122081, 122099, 122117, 122131,
122147, 122149, 122167, 122173, 122201, 122203, 122207, 122209,
122219, 122231, 122251, 122263, 122267, 122273, 122279, 122299,
122321, 122323, 122327, 122347, 122363, 122387, 122389, 122393,
122399, 122401, 122443, 122449, 122453, 122471, 122477, 122489,
122497, 122501, 122503, 122509, 122527, 122533, 122557, 122561,
122579, 122597, 122599, 122609, 122611, 122651, 122653, 122663,

     Die ersten hunderttausend Primzahlen

122693, 122701, 122719, 122741, 122743, 122753, 122761, 122777,
122789, 122819, 122827, 122833, 122839, 122849, 122861, 122867,
122869, 122887, 122891, 122921, 122929, 122939, 122953, 122957,
122963, 122971, 123001, 123007, 123017, 123031, 123049, 123059,
123077, 123083, 123091, 123113, 123121, 123127, 123143, 123169,
123191, 123203, 123209, 123217, 123229, 123239, 123259, 123269,
123289, 123307, 123311, 123323, 123341, 123373, 123377, 123379,
123397, 123401, 123407, 123419, 123427, 123433, 123439, 123449,
123457, 123479, 123491, 123493, 123499, 123503, 123517, 123527,
123547, 123551, 123553, 123581, 123583, 123593, 123601, 123619,
123631, 123637, 123653, 123661, 123667, 123677, 123701, 123707,
123719, 123727, 123731, 123733, 123737, 123757, 123787, 123791,
123803, 123817, 123821, 123829, 123833, 123853, 123863, 123887,
123911, 123923, 123931, 123941, 123953, 123973, 123979, 123983,
123989, 123997, 124001, 124021, 124067, 124087, 124097, 124121,
124123, 124133, 124139, 124147, 124153, 124171, 124181, 124183,
124193, 124199, 124213, 124231, 124247, 124249, 124277, 124291,
124297, 124301, 124303, 124309, 124337, 124339, 124343, 124349,
124351, 124363, 124367, 124427, 124429, 124433, 124447, 124459,
124471, 124477, 124489, 124493, 124513, 124529, 124541, 124543,
124561, 124567, 124577, 124601, 124633, 124643, 124669, 124673,
124679, 124693, 124699, 124703, 124717, 124721, 124739, 124753,
124759, 124769, 124771, 124777, 124781, 124783, 124793, 124799,
124819, 124823, 124847, 124853, 124897, 124907, 124909, 124919,
124951, 124979, 124981, 124987, 124991, 125003, 125017, 125029,
125053, 125063, 125093, 125101, 125107, 125113, 125117, 125119,
125131, 125141, 125149, 125183, 125197, 125201, 125207, 125219,
125221, 125231, 125243, 125261, 125269, 125287, 125299, 125303,
125311, 125329, 125339, 125353, 125371, 125383, 125387, 125399,
125407, 125423, 125429, 125441, 125453, 125471, 125497, 125507,
125509, 125527, 125539, 125551, 125591, 125597, 125617, 125621,
125627, 125639, 125641, 125651, 125659, 125669, 125683, 125687,
125693, 125707, 125711, 125717, 125731, 125737, 125743, 125753,
125777, 125789, 125791, 125803, 125813, 125821, 125863, 125887,
125897, 125899, 125921, 125927, 125929, 125933, 125941, 125959,
125963, 126001, 126011, 126013, 126019, 126023, 126031, 126037,
126041, 126047, 126067, 126079, 126097, 126107, 126127, 126131,
126143, 126151, 126173, 126199, 126211, 126223, 126227, 126229,
126233, 126241, 126257, 126271, 126307, 126311, 126317, 126323,
126337, 126341, 126349, 126359, 126397, 126421, 126433, 126443,
126457, 126461, 126473, 126481, 126487, 126491, 126493, 126499,
126517, 126541, 126547, 126551, 126583, 126601, 126611, 126613,
126631, 126641, 126653, 126683, 126691, 126703, 126713, 126719,
126733, 126739, 126743, 126751, 126757, 126761, 126781, 126823,
126827, 126839, 126851, 126857, 126859, 126913, 126923, 126943,
126949, 126961, 126967, 126989, 127031, 127033, 127037, 127051,
127079, 127081, 127103, 127123, 127133, 127139, 127157, 127163,
127189, 127207, 127217, 127219, 127241, 127247, 127249, 127261,

127271, 127277, 127289, 127291, 127297, 127301, 127321, 127331,
127343, 127363, 127373, 127399, 127403, 127423, 127447, 127453,
127481, 127487, 127493, 127507, 127529, 127541, 127549, 127579,
127583, 127591, 127597, 127601, 127607, 127609, 127637, 127643,
127649, 127657, 127663, 127669, 127679, 127681, 127691, 127703,
127709, 127711, 127717, 127727, 127733, 127739, 127747, 127763,
127781, 127807, 127817, 127819, 127837, 127843, 127849, 127859,
127867, 127873, 127877, 127913, 127921, 127931, 127951, 127973,
127979, 127997, 128021, 128033, 128047, 128053, 128099, 128111,
128113, 128119, 128147, 128153, 128159, 128173, 128189, 128201,
128203, 128213, 128221, 128237, 128239, 128257, 128273, 128287,
128291, 128311, 128321, 128327, 128339, 128341, 128347, 128351,
128377, 128389, 128393, 128399, 128411, 128413, 128431, 128437,
128449, 128461, 128467, 128473, 128477, 128483, 128489, 128509,
128519, 128521, 128549, 128551, 128563, 128591, 128599, 128603,
128621, 128629, 128657, 128659, 128663, 128669, 128677, 128683,
128693, 128717, 128747, 128749, 128761, 128767, 128813, 128819,
128831, 128833, 128837, 128857, 128861, 128873, 128879, 128903,
128923, 128939, 128941, 128951, 128959, 128969, 128971, 128981,
128983, 128987, 128993, 129001, 129011, 129023, 129037, 129049,
129061, 129083, 129089, 129097, 129113, 129119, 129121, 129127,
129169, 129187, 129193, 129197, 129209, 129221, 129223, 129229,
129263, 129277, 129281, 129287, 129289, 129293, 129313, 129341,
129347, 129361, 129379, 129401, 129403, 129419, 129439, 129443,
129449, 129457, 129461, 129469, 129491, 129497, 129499, 129509,
129517, 129527, 129529, 129533, 129539, 129553, 129581, 129587,
129589, 129593, 129607, 129629, 129631, 129641, 129643, 129671,
129707, 129719, 129733, 129737, 129749, 129757, 129763, 129769,
129793, 129803, 129841, 129853, 129887, 129893, 129901, 129917,
129919, 129937, 129953, 129959, 129967, 129971, 130003, 130021,
130027, 130043, 130051, 130057, 130069, 130073, 130079, 130087,
130099, 130121, 130127, 130147, 130171, 130183, 130199, 130201,
130211, 130223, 130241, 130253, 130259, 130261, 130267, 130279,
130303, 130307, 130337, 130343, 130349, 130363, 130367, 130369,
130379, 130399, 130409, 130411, 130423, 130439, 130447, 130457,
130469, 130477, 130483, 130489, 130513, 130517, 130523, 130531,
130547, 130553, 130579, 130589, 130619, 130621, 130631, 130633,
130639, 130643, 130649, 130651, 130657, 130681, 130687, 130693,
130699, 130729, 130769, 130783, 130787, 130807, 130811, 130817,
130829, 130841, 130843, 130859, 130873, 130927, 130957, 130969,
130973, 130981, 130987, 131009, 131011, 131023, 131041, 131059,
131063, 131071, 131101, 131111, 131113, 131129, 131143, 131149,
131171, 131203, 131213, 131221, 131231, 131249, 131251, 131267,
131293, 131297, 131303, 131311, 131317, 131321, 131357, 131363,
131371, 131381, 131413, 131431, 131437, 131441, 131447, 131449,
131477, 131479, 131489, 131497, 131501, 131507, 131519, 131543,
131561, 131581, 131591, 131611, 131617, 131627, 131639, 131641,
131671, 131687, 131701, 131707, 131711, 131713, 131731, 131743,

   Die ersten hunderttausend Primzahlen

131749, 131759, 131771, 131777, 131779, 131783, 131797, 131837,
131839, 131849, 131861, 131891, 131893, 131899, 131909, 131927,
131933, 131939, 131941, 131947, 131959, 131969, 132001, 132019,
132047, 132049, 132059, 132071, 132103, 132109, 132113, 132137,
132151, 132157, 132169, 132173, 132199, 132229, 132233, 132241,
132247, 132257, 132263, 132283, 132287, 132299, 132313, 132329,
132331, 132347, 132361, 132367, 132371, 132383, 132403, 132409,
132421, 132437, 132439, 132469, 132491, 132499, 132511, 132523,
132527, 132529, 132533, 132541, 132547, 132589, 132607, 132611,
132619, 132623, 132631, 132637, 132647, 132661, 132667, 132679,
132689, 132697, 132701, 132707, 132709, 132721, 132739, 132749,
132751, 132757, 132761, 132763, 132817, 132833, 132851, 132857,
132859, 132863, 132887, 132893, 132911, 132929, 132947, 132949,
132953, 132961, 132967, 132971, 132989, 133013, 133033, 133039,
133051, 133069, 133073, 133087, 133097, 133103, 133109, 133117,
133121, 133153, 133157, 133169, 133183, 133187, 133201, 133213,
133241, 133253, 133261, 133271, 133277, 133279, 133283, 133303,
133319, 133321, 133327, 133337, 133349, 133351, 133379, 133387,
133391, 133403, 133417, 133439, 133447, 133451, 133481, 133493,
133499, 133519, 133541, 133543, 133559, 133571, 133583, 133597,
133631, 133633, 133649, 133657, 133669, 133673, 133691, 133697,
133709, 133711, 133717, 133723, 133733, 133769, 133781, 133801,
133811, 133813, 133831, 133843, 133853, 133873, 133877, 133919,
133949, 133963, 133967, 133979, 133981, 133993, 133999, 134033,
134039, 134047, 134053, 134059, 134077, 134081, 134087, 134089,
134093, 134129, 134153, 134161, 134171, 134177, 134191, 134207,
134213, 134219, 134227, 134243, 134257, 134263, 134269, 134287,
134291, 134293, 134327, 134333, 134339, 134341, 134353, 134359,
134363, 134369, 134371, 134399, 134401, 134417, 134437, 134443,
134471, 134489, 134503, 134507, 134513, 134581, 134587, 134591,
134593, 134597, 134609, 134639, 134669, 134677, 134681, 134683,
134699, 134707, 134731, 134741, 134753, 134777, 134789, 134807,
134837, 134839, 134851, 134857, 134867, 134873, 134887, 134909,
134917, 134921, 134923, 134947, 134951, 134989, 134999, 135007,
135017, 135019, 135029, 135043, 135049, 135059, 135077, 135089,
135101, 135119, 135131, 135151, 135173, 135181, 135193, 135197,
135209, 135211, 135221, 135241, 135257, 135271, 135277, 135281,
135283, 135301, 135319, 135329, 135347, 135349, 135353, 135367,
135389, 135391, 135403, 135409, 135427, 135431, 135433, 135449,
135461, 135463, 135467, 135469, 135479, 135497, 135511, 135533,
135559, 135571, 135581, 135589, 135593, 135599, 135601, 135607,
135613, 135617, 135623, 135637, 135647, 135649, 135661, 135671,
135697, 135701, 135719, 135721, 135727, 135731, 135743, 135757,
135781, 135787, 135799, 135829, 135841, 135851, 135859, 135887,
135893, 135899, 135911, 135913, 135929, 135937, 135977, 135979,
136013, 136027, 136033, 136043, 136057, 136067, 136069, 136093,
136099, 136111, 136133, 136139, 136163, 136177, 136189, 136193,
136207, 136217, 136223, 136237, 136247, 136261, 136273, 136277,

136303, 136309, 136319, 136327, 136333, 136337, 136343, 136351,
136361, 136373, 136379, 136393, 136397, 136399, 136403, 136417,
136421, 136429, 136447, 136453, 136463, 136471, 136481, 136483,
136501, 136511, 136519, 136523, 136531, 136537, 136541, 136547,
136559, 136573, 136601, 136603, 136607, 136621, 136649, 136651,
136657, 136691, 136693, 136709, 136711, 136727, 136733, 136739,
136751, 136753, 136769, 136777, 136811, 136813, 136841, 136849,
136859, 136861, 136879, 136883, 136889, 136897, 136943, 136949,
136951, 136963, 136973, 136979, 136987, 136991, 136993, 136999,
137029, 137077, 137087, 137089, 137117, 137119, 137131, 137143,
137147, 137153, 137177, 137183, 137191, 137197, 137201, 137209,
137219, 137239, 137251, 137273, 137279, 137303, 137321, 137339,
137341, 137353, 137359, 137363, 137369, 137383, 137387, 137393,
137399, 137413, 137437, 137443, 137447, 137453, 137477, 137483,
137491, 137507, 137519, 137537, 137567, 137573, 137587, 137593,
137597, 137623, 137633, 137639, 137653, 137659, 137699, 137707,
137713, 137723, 137737, 137743, 137771, 137777, 137791, 137803,
137827, 137831, 137849, 137867, 137869, 137873, 137909, 137911,
137927, 137933, 137941, 137947, 137957, 137983, 137993, 137999,
138007, 138041, 138053, 138059, 138071, 138077, 138079, 138101,
138107, 138113, 138139, 138143, 138157, 138163, 138179, 138181,
138191, 138197, 138209, 138239, 138241, 138247, 138251, 138283,
138289, 138311, 138319, 138323, 138337, 138349, 138371, 138373,
138389, 138401, 138403, 138407, 138427, 138433, 138449, 138451,
138461, 138469, 138493, 138497, 138511, 138517, 138547, 138559,
138563, 138569, 138571, 138577, 138581, 138587, 138599, 138617,
138629, 138637, 138641, 138647, 138661, 138679, 138683, 138727,
138731, 138739, 138763, 138793, 138797, 138799, 138821, 138829,
138841, 138863, 138869, 138883, 138889, 138893, 138899, 138917,
138923, 138937, 138959, 138967, 138977, 139021, 139033, 139067,
139079, 139091, 139109, 139121, 139123, 139133, 139169, 139177,
139187, 139199, 139201, 139241, 139267, 139273, 139291, 139297,
139301, 139303, 139309, 139313, 139333, 139339, 139343, 139361,
139367, 139369, 139387, 139393, 139397, 139409, 139423, 139429,
139439, 139457, 139459, 139483, 139487, 139493, 139501, 139511,
139537, 139547, 139571, 139589, 139591, 139597, 139609, 139619,
139627, 139661, 139663, 139681, 139697, 139703, 139709, 139721,
139729, 139739, 139747, 139753, 139759, 139787, 139801, 139813,
139831, 139837, 139861, 139871, 139883, 139891, 139901, 139907,
139921, 139939, 139943, 139967, 139969, 139981, 139987, 139991,
139999, 140009, 140053, 140057, 140069, 140071, 140111, 140123,
140143, 140159, 140167, 140171, 140177, 140191, 140197, 140207,
140221, 140227, 140237, 140249, 140263, 140269, 140281, 140297,
140317, 140321, 140333, 140339, 140351, 140363, 140381, 140401,
140407, 140411, 140417, 140419, 140423, 140443, 140449, 140453,
140473, 140477, 140521, 140527, 140533, 140549, 140551, 140557,
140587, 140593, 140603, 140611, 140617, 140627, 140629, 140639,
140659, 140663, 140677, 140681, 140683, 140689, 140717, 140729,

 Die ersten hunderttausend Primzahlen

140731, 140741, 140759, 140761, 140773, 140779, 140797, 140813,
140827, 140831, 140837, 140839, 140863, 140867, 140869, 140891,
140893, 140897, 140909, 140929, 140939, 140977, 140983, 140989,
141023, 141041, 141061, 141067, 141073, 141079, 141101, 141107,
141121, 141131, 141157, 141161, 141179, 141181, 141199, 141209,
141221, 141223, 141233, 141241, 141257, 141263, 141269, 141277,
141283, 141301, 141307, 141311, 141319, 141353, 141359, 141371,
141397, 141403, 141413, 141439, 141443, 141461, 141481, 141497,
141499, 141509, 141511, 141529, 141539, 141551, 141587, 141601,
141613, 141619, 141623, 141629, 141637, 141649, 141653, 141667,
141671, 141677, 141679, 141689, 141697, 141707, 141709, 141719,
141731, 141761, 141767, 141769, 141773, 141793, 141803, 141811,
141829, 141833, 141851, 141853, 141863, 141871, 141907, 141917,
141931, 141937, 141941, 141959, 141961, 141971, 141991, 142007,
142019, 142031, 142039, 142049, 142057, 142061, 142067, 142097,
142099, 142111, 142123, 142151, 142157, 142159, 142169, 142183,
142189, 142193, 142211, 142217, 142223, 142231, 142237, 142271,
142297, 142319, 142327, 142357, 142369, 142381, 142391, 142403,
142421, 142427, 142433, 142453, 142469, 142501, 142529, 142537,
142543, 142547, 142553, 142559, 142567, 142573, 142589, 142591,
142601, 142607, 142609, 142619, 142657, 142673, 142697, 142699,
142711, 142733, 142757, 142759, 142771, 142787, 142789, 142799,
142811, 142837, 142841, 142867, 142871, 142873, 142897, 142903,
142907, 142939, 142949, 142963, 142969, 142973, 142979, 142981,
142993, 143053, 143063, 143093, 143107, 143111, 143113, 143137,
143141, 143159, 143177, 143197, 143239, 143243, 143249, 143257,
143261, 143263, 143281, 143287, 143291, 143329, 143333, 143357,
143387, 143401, 143413, 143419, 143443, 143461, 143467, 143477,
143483, 143489, 143501, 143503, 143509, 143513, 143519, 143527,
143537, 143551, 143567, 143569, 143573, 143593, 143609, 143617,
143629, 143651, 143653, 143669, 143677, 143687, 143699, 143711,
143719, 143729, 143743, 143779, 143791, 143797, 143807, 143813,
143821, 143827, 143831, 143833, 143873, 143879, 143881, 143909,
143947, 143953, 143971, 143977, 143981, 143999, 144013, 144031,
144037, 144061, 144071, 144073, 144103, 144139, 144161, 144163,
144167, 144169, 144173, 144203, 144223, 144241, 144247, 144253,
144259, 144271, 144289, 144299, 144307, 144311, 144323, 144341,
144349, 144379, 144383, 144407, 144409, 144413, 144427, 144439,
144451, 144461, 144479, 144481, 144497, 144511, 144539, 144541,
144563, 144569, 144577, 144583, 144589, 144593, 144611, 144629,
144659, 144667, 144671, 144701, 144709, 144719, 144731, 144737,
144751, 144757, 144763, 144773, 144779, 144791, 144817, 144829,
144839, 144847, 144883, 144887, 144889, 144899, 144917, 144931,
144941, 144961, 144967, 144973, 144983, 145007, 145009, 145021,
145031, 145037, 145043, 145063, 145069, 145091, 145109, 145121,
145133, 145139, 145177, 145193, 145207, 145213, 145219, 145253,
145259, 145267, 145283, 145289, 145303, 145307, 145349, 145361,
145381, 145391, 145399, 145417, 145423, 145433, 145441, 145451,

145459, 145463, 145471, 145477, 145487, 145501, 145511, 145513,
145517, 145531, 145543, 145547, 145549, 145577, 145589, 145601,
145603, 145633, 145637, 145643, 145661, 145679, 145681, 145687,
145703, 145709, 145721, 145723, 145753, 145757, 145759, 145771,
145777, 145799, 145807, 145819, 145823, 145829, 145861, 145879,
145897, 145903, 145931, 145933, 145949, 145963, 145967, 145969,
145987, 145991, 146009, 146011, 146021, 146023, 146033, 146051,
146057, 146059, 146063, 146077, 146093, 146099, 146117, 146141,
146161, 146173, 146191, 146197, 146203, 146213, 146221, 146239,
146249, 146273, 146291, 146297, 146299, 146309, 146317, 146323,
146347, 146359, 146369, 146381, 146383, 146389, 146407, 146417,
146423, 146437, 146449, 146477, 146513, 146519, 146521, 146527,
146539, 146543, 146563, 146581, 146603, 146609, 146617, 146639,
146647, 146669, 146677, 146681, 146683, 146701, 146719, 146743,
146749, 146767, 146777, 146801, 146807, 146819, 146833, 146837,
146843, 146849, 146857, 146891, 146893, 146917, 146921, 146933,
146941, 146953, 146977, 146983, 146987, 146989, 147011, 147029,
147031, 147047, 147073, 147083, 147089, 147097, 147107, 147137,
147139, 147151, 147163, 147179, 147197, 147209, 147211, 147221,
147227, 147229, 147253, 147263, 147283, 147289, 147293, 147299,
147311, 147319, 147331, 147341, 147347, 147353, 147377, 147391,
147397, 147401, 147409, 147419, 147449, 147451, 147457, 147481,
147487, 147503, 147517, 147541, 147547, 147551, 147557, 147571,
147583, 147607, 147613, 147617, 147629, 147647, 147661, 147671,
147673, 147689, 147703, 147709, 147727, 147739, 147743, 147761,
147769, 147773, 147779, 147787, 147793, 147799, 147811, 147827,
147853, 147859, 147863, 147881, 147919, 147937, 147949, 147977,
147997, 148013, 148021, 148061, 148063, 148073, 148079, 148091,
148123, 148139, 148147, 148151, 148153, 148157, 148171, 148193,
148199, 148201, 148207, 148229, 148243, 148249, 148279, 148301,
148303, 148331, 148339, 148361, 148367, 148381, 148387, 148399,
148403, 148411, 148429, 148439, 148457, 148469, 148471, 148483,
148501, 148513, 148517, 148531, 148537, 148549, 148573, 148579,
148609, 148627, 148633, 148639, 148663, 148667, 148669, 148691,
148693, 148711, 148721, 148723, 148727, 148747, 148763, 148781,
148783, 148793, 148817, 148829, 148853, 148859, 148861, 148867,
148873, 148891, 148913, 148921, 148927, 148931, 148933,
148949, 148957, 148961, 148991, 148997, 149011, 149021, 149027,
149033, 149053, 149057, 149059, 149069, 149077, 149087, 149099,
149101, 149111, 149113, 149119, 149143, 149153, 149159, 149161,
149173, 149183, 149197, 149213, 149239, 149249, 149251, 149257,
149269, 149287, 149297, 149309, 149323, 149333, 149341, 149351,
149371, 149377, 149381, 149393, 149399, 149411, 149417, 149419,
149423, 149441, 149459, 149489, 149491, 149497, 149503, 149519,
149521, 149531, 149533, 149543, 149551, 149561, 149563, 149579,
149603, 149623, 149627, 149629, 149689, 149711, 149713, 149717,
149729, 149731, 149749, 149759, 149767, 149771, 149791, 149803,
149827, 149837, 149839, 149861, 149867, 149873, 149893, 149899,

          Die ersten hunderttausend Primzahlen

149909, 149911, 149921, 149939, 149953, 149969, 149971, 149993,
150001, 150011, 150041, 150053, 150061, 150067, 150077, 150083,
150089, 150091, 150097, 150107, 150131, 150151, 150169, 150193,
150197, 150203, 150209, 150211, 150217, 150221, 150223, 150239,
150247, 150287, 150299, 150301, 150323, 150329, 150343, 150373,
150377, 150379, 150383, 150401, 150407, 150413, 150427, 150431,
150439, 150473, 150497, 150503, 150517, 150523, 150533, 150551,
150559, 150571, 150583, 150587, 150589, 150607, 150611, 150617,
150649, 150659, 150697, 150707, 150721, 150743, 150767, 150769,
150779, 150791, 150797, 150827, 150833, 150847, 150869, 150881,
150883, 150889, 150893, 150901, 150907, 150919, 150929, 150959,
150961, 150967, 150979, 150989, 150991, 151007, 151009, 151013,
151027, 151049, 151051, 151057, 151091, 151121, 151141, 151153,
151157, 151163, 151169, 151171, 151189, 151201, 151213, 151237,
151241, 151243, 151247, 151253, 151273, 151279, 151289, 151303,
151337, 151339, 151343, 151357, 151379, 151381, 151391, 151397,
151423, 151429, 151433, 151451, 151471, 151477, 151483, 151499,
151507, 151517, 151523, 151531, 151537, 151549, 151553, 151561,
151573, 151579, 151597, 151603, 151607, 151609, 151631, 151637,
151643, 151651, 151667, 151673, 151681, 151687, 151693, 151703,
151717, 151729, 151733, 151769, 151771, 151783, 151787, 151799,
151813, 151817, 151841, 151847, 151849, 151871, 151883, 151897,
151901, 151903, 151909, 151937, 151939, 151967, 151969, 152003,
152017, 152027, 152029, 152039, 152041, 152063, 152077, 152081,
152083, 152093, 152111, 152123, 152147, 152183, 152189, 152197,
152203, 152213, 152219, 152231, 152239, 152249, 152267, 152287,
152293, 152297, 152311, 152363, 152377, 152381, 152389, 152393,
152407, 152417, 152419, 152423, 152429, 152441, 152443, 152459,
152461, 152501, 152519, 152531, 152533, 152539, 152563, 152567,
152597, 152599, 152617, 152623, 152629, 152639, 152641, 152657,
152671, 152681, 152717, 152723, 152729, 152753, 152767, 152777,
152783, 152791, 152809, 152819, 152821, 152833, 152837, 152839,
152843, 152851, 152857, 152879, 152897, 152899, 152909, 152939,
152941, 152947, 152953, 152959, 152981, 152989, 152993, 153001,
153059, 153067, 153071, 153073, 153077, 153089, 153107, 153113,
153133, 153137, 153151, 153191, 153247, 153259, 153269, 153271,
153277, 153281, 153287, 153313, 153319, 153337, 153343, 153353,
153359, 153371, 153379, 153407, 153409, 153421, 153427, 153437,
153443, 153449, 153457, 153469, 153487, 153499, 153509, 153511,
153521, 153523, 153529, 153533, 153557, 153563, 153589, 153607,
153611, 153623, 153641, 153649, 153689, 153701, 153719, 153733,
153739, 153743, 153749, 153757, 153763, 153817, 153841, 153871,
153877, 153887, 153889, 153911, 153913, 153929, 153941, 153947,
153949, 153953, 153991, 153997, 154001, 154027, 154043, 154057,
154061, 154067, 154073, 154079, 154081, 154087, 154097, 154111,
154127, 154153, 154157, 154159, 154181, 154183, 154211, 154213,
154229, 154243, 154247, 154267, 154277, 154279, 154291, 154303,
154313, 154321, 154333, 154339, 154351, 154369, 154373, 154387,

154409, 154417, 154423, 154439, 154459, 154487, 154493, 154501,
154523, 154543, 154571, 154573, 154579, 154589, 154591, 154613,
154619, 154621, 154643, 154667, 154669, 154681, 154691, 154699,
154723, 154727, 154733, 154747, 154753, 154769, 154787, 154789,
154799, 154807, 154823, 154841, 154849, 154871, 154873, 154877,
154883, 154897, 154927, 154933, 154937, 154943, 154981, 154991,
155003, 155009, 155017, 155027, 155047, 155069, 155081, 155083,
155087, 155119, 155137, 155153, 155161, 155167, 155171, 155191,
155201, 155203, 155209, 155219, 155231, 155251, 155269, 155291,
155299, 155303, 155317, 155327, 155333, 155371, 155377, 155381,
155383, 155387, 155399, 155413, 155423, 155443, 155453, 155461,
155473, 155501, 155509, 155521, 155537, 155539, 155557, 155569,
155579, 155581, 155593, 155599, 155609, 155621, 155627, 155653,
155657, 155663, 155671, 155689, 155693, 155699, 155707, 155717,
155719, 155723, 155731, 155741, 155747, 155773, 155777, 155783,
155797, 155801, 155809, 155821, 155833, 155849, 155851, 155861,
155863, 155887, 155891, 155893, 155921, 156007, 156011, 156019,
156041, 156059, 156061, 156071, 156089, 156109, 156119, 156127,
156131, 156139, 156151, 156157, 156217, 156227, 156229, 156241,
156253, 156257, 156259, 156269, 156307, 156319, 156329, 156347,
156353, 156361, 156371, 156419, 156421, 156437, 156467, 156487,
156491, 156493, 156511, 156521, 156539, 156577, 156589, 156593,
156601, 156619, 156623, 156631, 156641, 156659, 156671, 156677,
156679, 156683, 156691, 156703, 156707, 156719, 156727, 156733,
156749, 156781, 156797, 156799, 156817, 156823, 156833, 156841,
156887, 156899, 156901, 156913, 156941, 156943, 156967, 156971,
156979, 157007, 157013, 157019, 157037, 157049, 157051, 157057,
157061, 157081, 157103, 157109, 157127, 157133, 157141, 157163,
157177, 157181, 157189, 157207, 157211, 157217, 157219, 157229,
157231, 157243, 157247, 157253, 157259, 157271, 157273, 157277,
157279, 157291, 157303, 157307, 157321, 157327, 157349, 157351,
157363, 157393, 157411, 157427, 157429, 157433, 157457, 157477,
157483, 157489, 157513, 157519, 157523, 157543, 157559, 157561,
157571, 157579, 157627, 157637, 157639, 157649, 157667, 157669,
157679, 157721, 157733, 157739, 157747, 157769, 157771, 157793,
157799, 157813, 157823, 157831, 157837, 157841, 157867, 157877,
157889, 157897, 157901, 157907, 157931, 157933, 157951, 157991,
157999, 158003, 158009, 158017, 158029, 158047, 158071, 158077,
158113, 158129, 158141, 158143, 158161, 158189, 158201, 158209,
158227, 158231, 158233, 158243, 158261, 158269, 158293, 158303,
158329, 158341, 158351, 158357, 158359, 158363, 158371, 158393,
158407, 158419, 158429, 158443, 158449, 158489, 158507, 158519,
158527, 158537, 158551, 158563, 158567, 158573, 158581, 158591,
158597, 158611, 158617, 158621, 158633, 158647, 158657, 158663,
158699, 158731, 158747, 158749, 158759, 158761, 158771, 158777,
158791, 158803, 158843, 158849, 158863, 158867, 158881, 158909,
158923, 158927, 158941, 158959, 158981, 158993, 159013, 159017,
159023, 159059, 159073, 159079, 159097, 159113, 159119, 159157,

Die ersten hunderttausend Primzahlen

159161, 159167, 159169, 159179, 159191, 159193, 159199, 159209,
159223, 159227, 159233, 159287, 159293, 159311, 159319, 159337,
159347, 159349, 159361, 159389, 159403, 159407, 159421, 159431,
159437, 159457, 159463, 159469, 159473, 159491, 159499, 159503,
159521, 159539, 159541, 159553, 159563, 159569, 159571, 159589,
159617, 159623, 159629, 159631, 159667, 159671, 159673, 159683,
159697, 159701, 159707, 159721, 159737, 159739, 159763, 159769,
159773, 159779, 159787, 159791, 159793, 159799, 159811, 159833,
159839, 159853, 159857, 159869, 159871, 159899, 159911, 159931,
159937, 159977, 159979, 160001, 160009, 160019, 160031, 160033,
160049, 160073, 160079, 160081, 160087, 160091, 160093, 160117,
160141, 160159, 160163, 160169, 160183, 160201, 160207, 160217,
160231, 160243, 160253, 160309, 160313, 160319, 160343, 160357,
160367, 160373, 160387, 160397, 160403, 160409, 160423, 160441,
160453, 160481, 160483, 160499, 160507, 160541, 160553, 160579,
160583, 160591, 160603, 160619, 160621, 160627, 160637, 160639,
160649, 160651, 160663, 160669, 160681, 160687, 160697, 160709,
160711, 160723, 160739, 160751, 160753, 160757, 160781, 160789,
160807, 160813, 160817, 160829, 160841, 160861, 160877, 160879,
160883, 160903, 160907, 160933, 160967, 160969, 160981, 160997,
161009, 161017, 161033, 161039, 161047, 161053, 161059, 161071,
161087, 161093, 161123, 161137, 161141, 161149, 161159, 161167,
161201, 161221, 161233, 161237, 161263, 161267, 161281, 161303,
161309, 161323, 161333, 161339, 161341, 161363, 161377, 161387,
161407, 161411, 161453, 161459, 161461, 161471, 161503, 161507,
161521, 161527, 161531, 161543, 161561, 161563, 161569, 161573,
161591, 161599, 161611, 161627, 161639, 161641, 161659, 161683,
161717, 161729, 161731, 161741, 161743, 161753, 161761, 161771,
161773, 161779, 161783, 161807, 161831, 161839, 161869, 161873,
161879, 161881, 161911, 161921, 161923, 161947, 161957, 161969,
161971, 161977, 161983, 161999, 162007, 162011, 162017, 162053,
162059, 162079, 162091, 162109, 162119, 162143, 162209, 162221,
162229, 162251, 162257, 162263, 162269, 162277, 162287, 162289,
162293, 162343, 162359, 162389, 162391, 162413, 162419, 162439,
162451, 162457, 162473, 162493, 162499, 162517, 162523, 162527,
162529, 162553, 162557, 162563, 162577, 162593, 162601, 162611,
162623, 162629, 162641, 162649, 162671, 162677, 162683, 162691,
162703, 162709, 162713, 162727, 162731, 162739, 162749, 162751,
162779, 162787, 162791, 162821, 162823, 162829, 162839, 162847,
162853, 162859, 162881, 162889, 162901, 162907, 162917, 162937,
162947, 162971, 162973, 162989, 162997, 163003, 163019, 163021,
163027, 163061, 163063, 163109, 163117, 163127, 163129, 163147,
163151, 163169, 163171, 163181, 163193, 163199, 163211, 163223,
163243, 163249, 163259, 163307, 163309, 163321, 163327, 163337,
163351, 163363, 163367, 163393, 163403, 163409, 163411, 163417,
163433, 163469, 163477, 163481, 163483, 163487, 163517, 163543,
163561, 163567, 163573, 163601, 163613, 163621, 163627, 163633,
163637, 163643, 163661, 163673, 163679, 163697, 163729,

163733, 163741, 163753, 163771, 163781, 163789, 163811, 163819,
163841, 163847, 163853, 163859, 163861, 163871, 163883, 163901,
163909, 163927, 163973, 163979, 163981, 163987, 163991, 163993,
163997, 164011, 164023, 164039, 164051, 164057, 164071, 164089,
164093, 164113, 164117, 164147, 164149, 164173, 164183, 164191,
164201, 164209, 164231, 164233, 164239, 164249, 164251, 164267,
164279, 164291, 164299, 164309, 164321, 164341, 164357, 164363,
164371, 164377, 164387, 164413, 164419, 164429, 164431, 164443,
164447, 164449, 164471, 164477, 164503, 164513, 164531, 164569,
164581, 164587, 164599, 164617, 164621, 164623, 164627, 164653,
164663, 164677, 164683, 164701, 164707, 164729, 164743, 164767,
164771, 164789, 164809, 164821, 164831, 164837, 164839, 164881,
164893, 164911, 164953, 164963, 164987, 164999, 165001, 165037,
165041, 165047, 165049, 165059, 165079, 165083, 165089, 165103,
165133, 165161, 165173, 165181, 165203, 165211, 165229, 165233,
165247, 165287, 165293, 165311, 165313, 165317, 165331, 165343,
165349, 165367, 165379, 165383, 165391, 165397, 165437, 165443,
165449, 165457, 165463, 165469, 165479, 165511, 165523, 165527,
165533, 165541, 165551, 165553, 165559, 165569, 165587, 165589,
165601, 165611, 165617, 165653, 165667, 165673, 165701, 165703,
165707, 165709, 165713, 165719, 165721, 165749, 165779, 165799,
165811, 165817, 165829, 165833, 165857, 165877, 165883, 165887,
165901, 165931, 165941, 165947, 165961, 165983, 166013, 166021,
166027, 166031, 166043, 166063, 166081, 166099, 166147, 166151,
166157, 166169, 166183, 166189, 166207, 166219, 166237, 166247,
166259, 166273, 166289, 166297, 166301, 166303, 166319, 166349,
166351, 166357, 166363, 166393, 166399, 166403, 166409, 166417,
166429, 166457, 166471, 166487, 166541, 166561, 166567, 166571,
166597, 166601, 166603, 166609, 166613, 166619, 166627, 166631,
166643, 166657, 166667, 166669, 166679, 166693, 166703, 166723,
166739, 166741, 166781, 166783, 166799, 166807, 166823, 166841,
166843, 166847, 166849, 166853, 166861, 166867, 166871, 166909,
166919, 166931, 166949, 166967, 166973, 166979, 166987, 167009,
167017, 167021, 167023, 167033, 167039, 167047, 167051, 167071,
167077, 167081, 167087, 167099, 167107, 167113, 167117, 167119,
167149, 167159, 167173, 167177, 167191, 167197, 167213, 167221,
167249, 167261, 167267, 167269, 167309, 167311, 167317, 167329,
167339, 167341, 167381, 167393, 167407, 167413, 167423, 167429,
167437, 167441, 167443, 167449, 167471, 167483, 167491, 167521,
167537, 167543, 167593, 167597, 167611, 167621, 167623, 167627,
167633, 167641, 167663, 167677, 167683, 167711, 167729, 167747,
167759, 167771, 167777, 167779, 167801, 167809, 167861, 167863,
167873, 167879, 167887, 167891, 167899, 167911, 167917, 167953,
167971, 167987, 168013, 168023, 168029, 168037, 168043, 168067,
168071, 168083, 168089, 168109, 168127, 168143, 168151, 168193,
168197, 168211, 168227, 168247, 168253, 168263, 168269, 168277,
168281, 168293, 168323, 168331, 168347, 168353, 168391, 168409,
168433, 168449, 168451, 168457, 168463, 168481, 168491, 168499,

168523, 168527, 168533, 168541, 168559, 168599, 168601, 168617,
168629, 168631, 168643, 168673, 168677, 168697, 168713, 168719,
168731, 168737, 168743, 168761, 168769, 168781, 168803, 168851,
168863, 168869, 168887, 168893, 168899, 168901, 168913, 168937,
168943, 168977, 168991, 169003, 169007, 169009, 169019, 169049,
169063, 169067, 169069, 169079, 169093, 169097, 169111, 169129,
169151, 169159, 169177, 169181, 169199, 169217, 169219, 169241,
169243, 169249, 169259, 169283, 169307, 169313, 169319, 169321,
169327, 169339, 169343, 169361, 169369, 169373, 169399, 169409,
169427, 169457, 169471, 169483, 169489, 169493, 169501, 169523,
169531, 169553, 169567, 169583, 169591, 169607, 169627, 169633,
169639, 169649, 169657, 169661, 169667, 169681, 169691, 169693,
169709, 169733, 169751, 169753, 169769, 169777, 169783, 169789,
169817, 169823, 169831, 169837, 169843, 169859, 169889, 169891,
169909, 169913, 169919, 169933, 169937, 169943, 169951, 169957,
169987, 169991, 170003, 170021, 170029, 170047, 170057, 170063,
170081, 170099, 170101, 170111, 170123, 170141, 170167, 170179,
170189, 170197, 170207, 170213, 170227, 170231, 170239, 170243,
170249, 170263, 170267, 170279, 170293, 170299, 170327, 170341,
170347, 170351, 170353, 170363, 170369, 170371, 170383, 170389,
170393, 170413, 170441, 170447, 170473, 170483, 170497, 170503,
170509, 170537, 170539, 170551, 170557, 170579, 170603, 170609,
170627, 170633, 170641, 170647, 170669, 170689, 170701, 170707,
170711, 170741, 170749, 170759, 170761, 170767, 170773, 170777,
170801, 170809, 170813, 170827, 170837, 170843, 170851, 170857,
170873, 170881, 170887, 170899, 170921, 170927, 170953, 170957,
170971, 171007, 171023, 171029, 171043, 171047, 171049, 171053,
171077, 171079, 171091, 171103, 171131, 171161, 171163, 171167,
171169, 171179, 171203, 171233, 171251, 171253, 171263, 171271,
171293, 171299, 171317, 171329, 171341, 171383, 171401, 171403,
171427, 171439, 171449, 171467, 171469, 171473, 171481, 171491,
171517, 171529, 171539, 171541, 171553, 171559, 171571, 171583,
171617, 171629, 171637, 171641, 171653, 171659, 171671, 171673,
171679, 171697, 171707, 171713, 171719, 171733, 171757, 171761,
171763, 171793, 171799, 171803, 171811, 171823, 171827, 171851,
171863, 171869, 171877, 171881, 171889, 171917, 171923, 171929,
171937, 171947, 172001, 172009, 172021, 172027, 172031, 172049,
172069, 172079, 172093, 172097, 172127, 172147, 172153, 172157,
172169, 172171, 172181, 172199, 172213, 172217, 172219, 172223,
172243, 172259, 172279, 172283, 172297, 172307, 172313, 172321,
172331, 172343, 172351, 172357, 172373, 172399, 172411, 172421,
172423, 172427, 172433, 172439, 172441, 172489, 172507, 172517,
172519, 172541, 172553, 172561, 172573, 172583, 172589, 172597,
172603, 172607, 172619, 172633, 172643, 172649, 172657, 172663,
172673, 172681, 172687, 172709, 172717, 172721, 172741, 172751,
172759, 172787, 172801, 172807, 172829, 172849, 172853, 172859,
172867, 172871, 172877, 172883, 172933, 172969, 172973, 172981,
172987, 172993, 172999, 173021, 173023, 173039, 173053, 173059,

173081, 173087, 173099, 173137, 173141, 173149, 173177, 173183,
173189, 173191, 173207, 173209, 173219, 173249, 173263, 173267,
173273, 173291, 173293, 173297, 173309, 173347, 173357, 173359,
173429, 173431, 173473, 173483, 173491, 173497, 173501, 173531,
173539, 173543, 173549, 173561, 173573, 173599, 173617, 173629,
173647, 173651, 173659, 173669, 173671, 173683, 173687, 173699,
173707, 173713, 173729, 173741, 173743, 173773, 173777, 173779,
173783, 173807, 173819, 173827, 173839, 173851, 173861, 173867,
173891, 173897, 173909, 173917, 173923, 173933, 173969, 173977,
173981, 173993, 174007, 174017, 174019, 174047, 174049, 174061,
174067, 174071, 174077, 174079, 174091, 174101, 174121, 174137,
174143, 174149, 174157, 174169, 174197, 174221, 174241, 174257,
174259, 174263, 174281, 174289, 174299, 174311, 174329, 174331,
174337, 174347, 174367, 174389, 174407, 174413, 174431, 174443,
174457, 174467, 174469, 174481, 174487, 174491, 174527, 174533,
174569, 174571, 174583, 174599, 174613, 174617, 174631, 174637,
174649, 174653, 174659, 174673, 174679, 174703, 174721, 174737,
174749, 174761, 174763, 174767, 174773, 174799, 174821, 174829,
174851, 174859, 174877, 174893, 174901, 174907, 174917, 174929,
174931, 174943, 174959, 174989, 174991, 175003, 175013, 175039,
175061, 175067, 175069, 175079, 175081, 175103, 175129, 175141,
175211, 175229, 175261, 175267, 175277, 175291, 175303, 175309,
175327, 175333, 175349, 175361, 175391, 175393, 175403, 175411,
175433, 175447, 175453, 175463, 175481, 175493, 175499, 175519,
175523, 175543, 175573, 175601, 175621, 175631, 175633, 175649,
175663, 175673, 175687, 175691, 175699, 175709, 175723, 175727,
175753, 175757, 175759, 175781, 175783, 175811, 175829, 175837,
175843, 175853, 175859, 175873, 175891, 175897, 175909, 175919,
175937, 175939, 175949, 175961, 175963, 175979, 175991, 175993,
176017, 176021, 176023, 176041, 176047, 176051, 176053, 176063,
176081, 176087, 176089, 176123, 176129, 176153, 176159, 176161,
176179, 176191, 176201, 176207, 176213, 176221, 176227, 176237,
176243, 176261, 176299, 176303, 176317, 176321, 176327, 176329,
176333, 176347, 176353, 176357, 176369, 176383, 176389, 176401,
176413, 176417, 176419, 176431, 176459, 176461, 176467, 176489,
176497, 176503, 176507, 176509, 176521, 176531, 176537, 176549,
176551, 176557, 176573, 176591, 176597, 176599, 176609, 176611,
176629, 176641, 176651, 176677, 176699, 176711, 176713, 176741,
176747, 176753, 176777, 176779, 176789, 176791, 176797, 176807,
176809, 176819, 176849, 176857, 176887, 176899, 176903, 176921,
176923, 176927, 176933, 176951, 176977, 176983, 176989, 177007,
177011, 177013, 177019, 177043, 177091, 177101, 177109, 177113,
177127, 177131, 177167, 177173, 177209, 177211, 177217, 177223,
177239, 177257, 177269, 177283, 177301, 177319, 177323, 177337,
177347, 177379, 177383, 177409, 177421, 177427, 177431, 177433,
177467, 177473, 177481, 177487, 177493, 177511, 177533, 177539,
177553, 177589, 177601, 177623, 177647, 177677, 177679, 177691,
177739, 177743, 177761, 177763, 177787, 177791, 177797, 177811,

     Die ersten hunderttausend Primzahlen

177823, 177839, 177841, 177883, 177887, 177889, 177893, 177907,
177913, 177917, 177929, 177943, 177949, 177953, 177967, 177979,
178001, 178021, 178037, 178039, 178067, 178069, 178091, 178093,
178103, 178117, 178127, 178141, 178151, 178169, 178183, 178187,
178207, 178223, 178231, 178247, 178249, 178259, 178261, 178289,
178301, 178307, 178327, 178333, 178349, 178351, 178361, 178393,
178397, 178403, 178417, 178439, 178441, 178447, 178469, 178481,
178487, 178489, 178501, 178513, 178531, 178537, 178559, 178561,
178567, 178571, 178597, 178601, 178603, 178609, 178613, 178621,
178627, 178639, 178643, 178681, 178691, 178693, 178697, 178753,
178757, 178781, 178793, 178799, 178807, 178813, 178817,
178819, 178831, 178853, 178859, 178873, 178877, 178889, 178897,
178903, 178907, 178909, 178921, 178931, 178933, 178939, 178951,
178973, 178987, 179021, 179029, 179033, 179041, 179051, 179057,
179083, 179089, 179099, 179107, 179111, 179119, 179143, 179161,
179167, 179173, 179203, 179209, 179213, 179233, 179243, 179261,
179269, 179281, 179287, 179317, 179321, 179327, 179351, 179357,
179369, 179381, 179383, 179393, 179407, 179411, 179429, 179437,
179441, 179453, 179461, 179471, 179479, 179483, 179497, 179519,
179527, 179533, 179549, 179563, 179573, 179579, 179581, 179591,
179593, 179603, 179623, 179633, 179651, 179657, 179659, 179671,
179687, 179689, 179693, 179717, 179719, 179737, 179743, 179749,
179779, 179801, 179807, 179813, 179819, 179821, 179827, 179833,
179849, 179897, 179899, 179903, 179909, 179917, 179923, 179939,
179947, 179951, 179953, 179957, 179969, 179981, 179989, 179999,
180001, 180007, 180023, 180043, 180053, 180071, 180073, 180077,
180097, 180137, 180161, 180179, 180181, 180211, 180221, 180233,
180239, 180241, 180247, 180259, 180263, 180281, 180287, 180289,
180307, 180311, 180317, 180331, 180337, 180347, 180361, 180371,
180379, 180391, 180413, 180419, 180437, 180463, 180473, 180491,
180497, 180503, 180511, 180533, 180539, 180541, 180547, 180563,
180569, 180617, 180623, 180629, 180647, 180667, 180679, 180701,
180731, 180749, 180751, 180773, 180779, 180793, 180797, 180799,
180811, 180847, 180871, 180883, 180907, 180949, 180959, 181001,
181003, 181019, 181031, 181039, 181061, 181063, 181081, 181087,
181123, 181141, 181157, 181183, 181193, 181199, 181201, 181211,
181213, 181219, 181243, 181253, 181273, 181277, 181283, 181297,
181301, 181303, 181361, 181387, 181397, 181399, 181409, 181421,
181439, 181457, 181459, 181499, 181501, 181513, 181523, 181537,
181549, 181553, 181603, 181607, 181609, 181619, 181639, 181667,
181669, 181693, 181711, 181717, 181721, 181729, 181739, 181751,
181757, 181759, 181763, 181777, 181787, 181789, 181813, 181837,
181871, 181873, 181889, 181891, 181903, 181913, 181919, 181927,
181931, 181943, 181957, 181967, 181981, 181997, 182009, 182011,
182027, 182029, 182041, 182047, 182057, 182059, 182089, 182099,
182101, 182107, 182111, 182123, 182129, 182131, 182141, 182159,
182167, 182177, 182179, 182201, 182209, 182233, 182239, 182243,
182261, 182279, 182297, 182309, 182333, 182339, 182341, 182353,

182387, 182389, 182417, 182423, 182431, 182443, 182453, 182467,
182471, 182473, 182489, 182503, 182509, 182519, 182537, 182549,
182561, 182579, 182587, 182593, 182599, 182603, 182617, 182627,
182639, 182641, 182653, 182657, 182659, 182681, 182687, 182701,
182711, 182713, 182747, 182773, 182779, 182789, 182803, 182813,
182821, 182839, 182851, 182857, 182867, 182887, 182893, 182899,
182921, 182927, 182929, 182933, 182953, 182957, 182969, 182981,
182999, 183023, 183037, 183041, 183047, 183059, 183067, 183089,
183091, 183119, 183151, 183167, 183191, 183203, 183247, 183259,
183263, 183283, 183289, 183299, 183301, 183307, 183317, 183319,
183329, 183343, 183349, 183361, 183373, 183377, 183383, 183389,
183397, 183437, 183439, 183451, 183461, 183473, 183479, 183487,
183497, 183499, 183503, 183509, 183511, 183523, 183527, 183569,
183571, 183577, 183581, 183587, 183593, 183611, 183637, 183661,
183683, 183691, 183697, 183707, 183709, 183713, 183761, 183763,
183797, 183809, 183823, 183829, 183871, 183877, 183881, 183907,
183917, 183919, 183943, 183949, 183959, 183971, 183973, 183979,
184003, 184007, 184013, 184031, 184039, 184043, 184057, 184073,
184081, 184087, 184111, 184117, 184133, 184153, 184157, 184181,
184187, 184189, 184199, 184211, 184231, 184241, 184259, 184271,
184273, 184279, 184291, 184309, 184321, 184333, 184337, 184351,
184369, 184409, 184417, 184441, 184447, 184463, 184477, 184487,
184489, 184511, 184517, 184523, 184553, 184559, 184567, 184571,
184577, 184607, 184609, 184627, 184631, 184633, 184649, 184651,
184669, 184687, 184693, 184703, 184711, 184721, 184727, 184733,
184753, 184777, 184823, 184829, 184831, 184837, 184843, 184859,
184879, 184901, 184903, 184913, 184949, 184957, 184967, 184969,
184993, 184997, 184999, 185021, 185027, 185051, 185057, 185063,
185069, 185071, 185077, 185089, 185099, 185123, 185131, 185137,
185149, 185153, 185161, 185167, 185177, 185183, 185189, 185221,
185233, 185243, 185267, 185291, 185299, 185303, 185309, 185323,
185327, 185359, 185363, 185369, 185371, 185401, 185429, 185441,
185467, 185477, 185483, 185491, 185519, 185527, 185531, 185533,
185539, 185543, 185551, 185557, 185567, 185569, 185593, 185599,
185621, 185641, 185651, 185677, 185681, 185683, 185693, 185699,
185707, 185711, 185723, 185737, 185747, 185749, 185753, 185767,
185789, 185797, 185813, 185819, 185821, 185831, 185833, 185849,
185869, 185873, 185893, 185897, 185903, 185917, 185923, 185947,
185951, 185957, 185959, 185971, 185987, 185993, 186007, 186013,
186019, 186023, 186037, 186041, 186049, 186071, 186097, 186103,
186107, 186113, 186119, 186149, 186157, 186161, 186163, 186187,
186191, 186211, 186227, 186229, 186239, 186247, 186253, 186259,
186271, 186283, 186299, 186301, 186311, 186317, 186343, 186377,
186379, 186391, 186397, 186419, 186437, 186451, 186469, 186479,
186481, 186551, 186569, 186581, 186583, 186587, 186601, 186619,
186629, 186647, 186649, 186653, 186671, 186679, 186689, 186701,
186707, 186709, 186727, 186733, 186743, 186757, 186761, 186763,
186773, 186793, 186799, 186841, 186859, 186869, 186871, 186877,

     Die ersten hunderttausend Primzahlen

186883, 186889, 186917, 186947, 186959, 187003, 187009, 187027,
187043, 187049, 187067, 187069, 187073, 187081, 187091, 187111,
187123, 187127, 187129, 187133, 187139, 187141, 187163, 187171,
187177, 187181, 187189, 187193, 187211, 187217, 187219, 187223,
187237, 187273, 187277, 187303, 187337, 187339, 187349, 187361,
187367, 187373, 187379, 187387, 187393, 187409, 187417, 187423,
187433, 187441, 187463, 187469, 187471, 187477, 187507, 187513,
187531, 187547, 187559, 187573, 187597, 187631, 187633, 187637,
187639, 187651, 187661, 187669, 187687, 187699, 187711, 187721,
187751, 187763, 187787, 187793, 187823, 187843, 187861, 187871,
187877, 187883, 187897, 187907, 187909, 187921, 187927, 187931,
187951, 187963, 187973, 187987, 188011, 188017, 188021, 188029,
188107, 188137, 188143, 188147, 188159, 188171, 188179, 188189,
188197, 188249, 188261, 188273, 188281, 188291, 188299, 188303,
188311, 188317, 188323, 188333, 188351, 188359, 188369, 188389,
188401, 188407, 188417, 188431, 188437, 188443, 188459, 188473,
188483, 188491, 188519, 188527, 188533, 188563, 188579, 188603,
188609, 188621, 188633, 188653, 188677, 188681, 188687, 188693,
188701, 188707, 188711, 188719, 188729, 188753, 188767, 188779,
188791, 188801, 188827, 188831, 188833, 188843, 188857, 188861,
188863, 188869, 188891, 188911, 188927, 188933, 188939, 188941,
188953, 188957, 188983, 188999, 189011, 189017, 189019, 189041,
189043, 189061, 189067, 189127, 189139, 189149, 189151, 189169,
189187, 189199, 189223, 189229, 189239, 189251, 189253, 189257,
189271, 189307, 189311, 189337, 189347, 189349, 189353, 189361,
189377, 189389, 189391, 189401, 189407, 189421, 189433, 189437,
189439, 189463, 189467, 189473, 189479, 189491, 189493, 189509,
189517, 189523, 189529, 189547, 189559, 189583, 189593, 189599,
189613, 189617, 189619, 189643, 189653, 189661, 189671, 189691,
189697, 189701, 189713, 189733, 189743, 189757, 189767, 189797,
189799, 189817, 189823, 189851, 189853, 189859, 189877, 189881,
189887, 189901, 189913, 189929, 189947, 189949, 189961, 189967,
189977, 189983, 189989, 189997, 190027, 190031, 190051, 190063,
190093, 190097, 190121, 190129, 190147, 190159, 190181, 190207,
190243, 190249, 190261, 190271, 190283, 190297, 190301, 190313,
190321, 190331, 190339, 190357, 190367, 190369, 190387, 190391,
190403, 190409, 190471, 190507, 190523, 190529, 190537, 190543,
190573, 190577, 190579, 190583, 190591, 190607, 190613, 190633,
190639, 190649, 190657, 190667, 190669, 190699, 190709, 190711,
190717, 190753, 190759, 190763, 190769, 190783, 190787, 190793,
190807, 190811, 190823, 190829, 190837, 190843, 190871, 190889,
190891, 190901, 190909, 190913, 190921, 190979, 190997, 191021,
191027, 191033, 191039, 191047, 191057, 191071, 191089, 191099,
191119, 191123, 191137, 191141, 191143, 191161, 191173, 191189,
191227, 191231, 191237, 191249, 191251, 191281, 191297, 191299,
191339, 191341, 191353, 191413, 191441, 191447, 191449, 191453,
191459, 191461, 191467, 191473, 191491, 191497, 191507, 191509,
191519, 191531, 191533, 191537, 191551, 191561, 191563, 191579,

191599, 191621, 191627, 191657, 191669, 191671, 191677, 191689,
191693, 191699, 191707, 191717, 191747, 191749, 191773, 191783,
191791, 191801, 191803, 191827, 191831, 191833, 191837, 191861,
191899, 191903, 191911, 191929, 191953, 191969, 191977, 191999,
192007, 192013, 192029, 192037, 192043, 192047, 192053, 192091,
192097, 192103, 192113, 192121, 192133, 192149, 192161, 192173,
192187, 192191, 192193, 192229, 192233, 192239, 192251, 192259,
192263, 192271, 192307, 192317, 192319, 192323, 192341, 192343,
192347, 192373, 192377, 192383, 192391, 192407, 192431, 192461,
192463, 192497, 192499, 192529, 192539, 192547, 192553, 192557,
192571, 192581, 192583, 192587, 192601, 192611, 192613, 192617,
192629, 192631, 192637, 192667, 192677, 192697, 192737, 192743,
192749, 192757, 192767, 192781, 192791, 192799, 192811, 192817,
192833, 192847, 192853, 192859, 192877, 192883, 192887, 192889,
192917, 192923, 192931, 192949, 192961, 192971, 192977, 192979,
192991, 193003, 193009, 193013, 193031, 193043, 193051, 193057,
193073, 193093, 193133, 193139, 193147, 193153, 193163, 193181,
193183, 193189, 193201, 193243, 193247, 193261, 193283, 193301,
193327, 193337, 193357, 193367, 193373, 193379, 193381, 193387,
193393, 193423, 193433, 193441, 193447, 193451, 193463, 193469,
193493, 193507, 193513, 193541, 193549, 193559, 193573, 193577,
193597, 193601, 193603, 193607, 193619, 193649, 193663, 193679,
193703, 193723, 193727, 193741, 193751, 193757, 193763, 193771,
193789, 193793, 193799, 193811, 193813, 193841, 193847, 193859,
193861, 193871, 193873, 193877, 193883, 193891, 193937, 193939,
193943, 193951, 193957, 193979, 193993, 194003, 194017, 194027,
194057, 194069, 194071, 194083, 194087, 194093, 194101, 194113,
194119, 194141, 194149, 194167, 194179, 194197, 194203, 194239,
194263, 194267, 194269, 194309, 194323, 194353, 194371, 194377,
194413, 194431, 194443, 194471, 194479, 194483, 194507, 194521,
194527, 194543, 194569, 194581, 194591, 194609, 194647, 194653,
194659, 194671, 194681, 194683, 194687, 194707, 194713, 194717,
194723, 194729, 194749, 194767, 194771, 194809, 194813, 194819,
194827, 194839, 194861, 194863, 194867, 194869, 194891, 194899,
194911, 194917, 194933, 194963, 194977, 194981, 194989, 195023,
195029, 195043, 195047, 195049, 195053, 195071, 195077, 195089,
195103, 195121, 195127, 195131, 195137, 195157, 195161, 195163,
195193, 195197, 195203, 195229, 195241, 195253, 195259, 195271,
195277, 195281, 195311, 195319, 195329, 195341, 195343, 195353,
195359, 195389, 195401, 195407, 195413, 195427, 195443, 195457,
195469, 195479, 195493, 195497, 195511, 195527, 195539, 195541,
195581, 195593, 195599, 195659, 195677, 195691, 195697, 195709,
195731, 195733, 195737, 195739, 195743, 195751, 195761, 195781,
195787, 195791, 195809, 195817, 195863, 195869, 195883, 195887,
195893, 195907, 195913, 195919, 195929, 195931, 195967, 195971,
195973, 195977, 195991, 195997, 196003, 196033, 196039, 196043,
196051, 196073, 196081, 196087, 196111, 196117, 196139, 196159,
196169, 196171, 196177, 196181, 196187, 196193, 196201, 196247,

Die ersten hunderttausend Primzahlen

196271, 196277, 196279, 196291, 196303, 196307, 196331, 196337,
196379, 196387, 196429, 196439, 196453, 196459, 196477, 196499,
196501, 196519, 196523, 196541, 196543, 196549, 196561, 196579,
196583, 196597, 196613, 196643, 196657, 196661, 196663, 196681,
196687, 196699, 196709, 196717, 196727, 196739, 196751, 196769,
196771, 196799, 196817, 196831, 196837, 196853, 196871, 196873,
196879, 196901, 196907, 196919, 196927, 196961, 196991, 196993,
197003, 197009, 197023, 197033, 197059, 197063, 197077, 197083,
197089, 197101, 197117, 197123, 197137, 197147, 197159, 197161,
197203, 197207, 197221, 197233, 197243, 197257, 197261, 197269,
197273, 197279, 197293, 197297, 197299, 197311, 197339, 197341,
197347, 197359, 197369, 197371, 197381, 197383, 197389, 197419,
197423, 197441, 197453, 197479, 197507, 197521, 197539, 197551,
197567, 197569, 197573, 197597, 197599, 197609, 197621, 197641,
197647, 197651, 197677, 197683, 197689, 197699, 197711, 197713,
197741, 197753, 197759, 197767, 197773, 197779, 197803, 197807,
197831, 197837, 197887, 197891, 197893, 197909, 197921, 197927,
197933, 197947, 197957, 197959, 197963, 197969, 197971, 198013,
198017, 198031, 198043, 198047, 198073, 198083, 198091, 198097,
198109, 198127, 198139, 198173, 198179, 198193, 198197, 198221,
198223, 198241, 198251, 198257, 198259, 198277, 198281, 198301,
198313, 198323, 198337, 198347, 198349, 198377, 198391, 198397,
198409, 198413, 198427, 198437, 198439, 198461, 198463, 198469,
198479, 198491, 198503, 198529, 198533, 198553, 198571, 198589,
198593, 198599, 198613, 198623, 198637, 198641, 198647, 198659,
198673, 198689, 198701, 198719, 198733, 198761, 198769, 198811,
198817, 198823, 198827, 198829, 198833, 198839, 198841, 198851,
198859, 198899, 198901, 198929, 198937, 198941, 198943, 198953,
198959, 198967, 198971, 198977, 198997, 199021, 199033, 199037,
199039, 199049, 199081, 199103, 199109, 199151, 199153, 199181,
199193, 199207, 199211, 199247, 199261, 199267, 199289, 199313,
199321, 199337, 199343, 199357, 199373, 199379, 199399, 199403,
199411, 199417, 199429, 199447, 199453, 199457, 199483, 199487,
199489, 199499, 199501, 199523, 199559, 199567, 199583, 199601,
199603, 199621, 199637, 199657, 199669, 199673, 199679, 199687,
199697, 199721, 199729, 199739, 199741, 199751, 199753, 199777,
199783, 199799, 199807, 199811, 199813, 199819, 199831, 199853,
199873, 199877, 199889, 199909, 199921, 199931, 199933, 199961,
199967, 199999, 200003, 200009, 200017, 200023, 200029, 200033,
200041, 200063, 200087, 200117, 200131, 200153, 200159, 200171,
200177, 200183, 200191, 200201, 200227, 200231, 200237, 200257,
200273, 200293, 200297, 200323, 200329, 200341, 200351, 200357,
200363, 200371, 200381, 200383, 200401, 200407, 200437, 200443,
200461, 200467, 200483, 200513, 200569, 200573, 200579, 200587,
200591, 200597, 200609, 200639, 200657, 200671, 200689, 200699,
200713, 200723, 200731, 200771, 200779, 200789, 200797, 200807,
200843, 200861, 200867, 200869, 200881, 200891, 200899, 200903,
200909, 200927, 200929, 200971, 200983, 200987, 200989, 201007,

201011, 201031, 201037, 201049, 201073, 201101, 201107, 201119,
201121, 201139, 201151, 201163, 201167, 201193, 201203, 201209,
201211, 201233, 201247, 201251, 201281, 201287, 201307, 201329,
201337, 201359, 201389, 201401, 201403, 201413, 201437, 201449,
201451, 201473, 201491, 201493, 201497, 201499, 201511, 201517,
201547, 201557, 201577, 201581, 201589, 201599, 201611, 201623,
201629, 201653, 201661, 201667, 201673, 201683, 201701, 201709,
201731, 201743, 201757, 201767, 201769, 201781, 201787, 201791,
201797, 201809, 201821, 201823, 201827, 201829, 201833, 201847,
201881, 201889, 201893, 201907, 201911, 201919, 201923, 201937,
201947, 201953, 201961, 201973, 201979, 201997, 202001, 202021,
202031, 202049, 202061, 202063, 202067, 202087, 202099, 202109,
202121, 202127, 202129, 202183, 202187, 202201, 202219, 202231,
202243, 202277, 202289, 202291, 202309, 202327, 202339, 202343,
202357, 202361, 202381, 202387, 202393, 202403, 202409, 202441,
202471, 202481, 202493, 202519, 202529, 202549, 202567, 202577,
202591, 202613, 202621, 202627, 202637, 202639, 202661, 202667,
202679, 202693, 202717, 202729, 202733, 202747, 202751, 202753,
202757, 202777, 202799, 202817, 202823, 202841, 202859, 202877,
202879, 202889, 202907, 202921, 202931, 202933, 202949, 202967,
202973, 202981, 202987, 202999, 203011, 203017, 203023, 203039,
203051, 203057, 203117, 203141, 203173, 203183, 203207, 203209,
203213, 203221, 203227, 203233, 203249, 203279, 203293, 203309,
203311, 203317, 203321, 203323, 203339, 203341, 203351, 203353,
203363, 203381, 203383, 203387, 203393, 203417, 203419, 203429,
203431, 203449, 203459, 203461, 203531, 203549, 203563, 203569,
203579, 203591, 203617, 203627, 203641, 203653, 203657, 203659,
203663, 203669, 203713, 203761, 203767, 203771, 203773, 203789,
203807, 203809, 203821, 203843, 203857, 203869, 203873, 203897,
203909, 203911, 203921, 203947, 203953, 203969, 203971, 203977,
203989, 203999, 204007, 204013, 204019, 204023, 204047, 204059,
204067, 204101, 204107, 204133, 204137, 204143, 204151, 204161,
204163, 204173, 204233, 204251, 204299, 204301, 204311, 204319,
204329, 204331, 204353, 204359, 204361, 204367, 204371, 204377,
204397, 204427, 204431, 204437, 204439, 204443, 204461, 204481,
204487, 204509, 204511, 204517, 204521, 204557, 204563, 204583,
204587, 204599, 204601, 204613, 204623, 204641, 204667, 204679,
204707, 204719, 204733, 204749, 204751, 204781, 204791, 204793,
204797, 204803, 204821, 204857, 204859, 204871, 204887, 204913,
204917, 204923, 204931, 204947, 204973, 204979, 204983, 205019,
205031, 205033, 205043, 205063, 205069, 205081, 205097, 205103,
205111, 205129, 205133, 205141, 205151, 205157, 205171, 205187,
205201, 205211, 205213, 205223, 205237, 205253, 205267, 205297,
205307, 205319, 205327, 205339, 205357, 205391, 205397, 205399,
205417, 205421, 205423, 205427, 205433, 205441, 205453, 205463,
205477, 205483, 205487, 205493, 205507, 205519, 205529, 205537,
205549, 205553, 205559, 205589, 205603, 205607, 205619, 205627,
205633, 205651, 205657, 205661, 205663, 205703, 205721, 205759,

 Die ersten hunderttausend Primzahlen

205763, 205783, 205817, 205823, 205837, 205847, 205879, 205883,
205913, 205937, 205949, 205951, 205957, 205963, 205967, 205981,
205991, 205993, 206009, 206021, 206027, 206033, 206039, 206047,
206051, 206069, 206077, 206081, 206083, 206123, 206153, 206177,
206179, 206183, 206191, 206197, 206203, 206209, 206221, 206233,
206237, 206249, 206251, 206263, 206273, 206279, 206281, 206291,
206299, 206303, 206341, 206347, 206351, 206369, 206383, 206399,
206407, 206411, 206413, 206419, 206447, 206461, 206467, 206477,
206483, 206489, 206501, 206519, 206527, 206543, 206551, 206593,
206597, 206603, 206623, 206627, 206639, 206641, 206651, 206699,
206749, 206779, 206783, 206803, 206807, 206813, 206819, 206821,
206827, 206879, 206887, 206897, 206909, 206911, 206917, 206923,
206933, 206939, 206951, 206953, 206993, 207013, 207017, 207029,
207037, 207041, 207061, 207073, 207079, 207113, 207121, 207127,
207139, 207169, 207187, 207191, 207197, 207199, 207227, 207239,
207241, 207257, 207269, 207287, 207293, 207301, 207307, 207329,
207331, 207341, 207343, 207367, 207371, 207377, 207401, 207409,
207433, 207443, 207457, 207463, 207469, 207479, 207481, 207491,
207497, 207509, 207511, 207517, 207521, 207523, 207541, 207547,
207551, 207563, 207569, 207589, 207593, 207619, 207629, 207643,
207653, 207661, 207671, 207673, 207679, 207709, 207719, 207721,
207743, 207763, 207769, 207797, 207799, 207811, 207821, 207833,
207847, 207869, 207877, 207923, 207931, 207941, 207947, 207953,
207967, 207971, 207973, 207997, 208001, 208003, 208009, 208037,
208049, 208057, 208067, 208073, 208099, 208111, 208121, 208129,
208139, 208141, 208147, 208189, 208207, 208213, 208217, 208223,
208231, 208253, 208261, 208277, 208279, 208283, 208291, 208309,
208319, 208333, 208337, 208367, 208379, 208387, 208391, 208393,
208409, 208433, 208441, 208457, 208459, 208463, 208469, 208489,
208493, 208499, 208501, 208511, 208513, 208519, 208529, 208553,
208577, 208589, 208591, 208609, 208627, 208631, 208657, 208667,
208673, 208687, 208697, 208699, 208721, 208729, 208739,
208759, 208787, 208799, 208807, 208837, 208843, 208877, 208889,
208891, 208907, 208927, 208931, 208933, 208961, 208963, 208991,
208993, 208997, 209021, 209029, 209039, 209063, 209071, 209089,
209123, 209147, 209159, 209173, 209179, 209189, 209201, 209203,
209213, 209221, 209227, 209233, 209249, 209257, 209263, 209267,
209269, 209299, 209311, 209317, 209327, 209333, 209347, 209353,
209357, 209359, 209371, 209381, 209393, 209401, 209431, 209441,
209449, 209459, 209471, 209477, 209497, 209519, 209533, 209543,
209549, 209563, 209567, 209569, 209579, 209581, 209597, 209621,
209623, 209639, 209647, 209659, 209669, 209687, 209701, 209707,
209717, 209719, 209743, 209767, 209771, 209789, 209801, 209809,
209813, 209819, 209821, 209837, 209851, 209857, 209861, 209887,
209917, 209927, 209929, 209939, 209953, 209959, 209971, 209977,
209983, 209987, 210011, 210019, 210031, 210037, 210053, 210071,
210097, 210101, 210109, 210113, 210127, 210131, 210139, 210143,
210157, 210169, 210173, 210187, 210191, 210193, 210209, 210229,

210233, 210241, 210247, 210257, 210263, 210277, 210283, 210299,
210317, 210319, 210323, 210347, 210359, 210361, 210391, 210401,
210403, 210407, 210421, 210437, 210461, 210467, 210481, 210487,
210491, 210499, 210523, 210527, 210533, 210557, 210599, 210601,
210619, 210631, 210643, 210659, 210671, 210709, 210713, 210719,
210731, 210739, 210761, 210773, 210803, 210809, 210811, 210823,
210827, 210839, 210853, 210857, 210869, 210901, 210907, 210911,
210913, 210923, 210929, 210943, 210961, 210967, 211007, 211039,
211049, 211051, 211061, 211063, 211067, 211073, 211093, 211097,
211129, 211151, 211153, 211177, 211187, 211193, 211199, 211213,
211217, 211219, 211229, 211231, 211241, 211247, 211271, 211283,
211291, 211297, 211313, 211319, 211333, 211339, 211349, 211369,
211373, 211403, 211427, 211433, 211441, 211457, 211469, 211493,
211499, 211501, 211507, 211543, 211559, 211571, 211573, 211583,
211597, 211619, 211639, 211643, 211657, 211661, 211663, 211681,
211691, 211693, 211711, 211723, 211727, 211741, 211747, 211777,
211781, 211789, 211801, 211811, 211817, 211859, 211867, 211873,
211877, 211879, 211889, 211891, 211927, 211931, 211933, 211943,
211949, 211969, 211979, 211997, 212029, 212039, 212057, 212081,
212099, 212117, 212123, 212131, 212141, 212161, 212167, 212183,
212203, 212207, 212209, 212227, 212239, 212243, 212281, 212293,
212297, 212353, 212369, 212383, 212411, 212419, 212423, 212437,
212447, 212453, 212461, 212467, 212479, 212501, 212507, 212557,
212561, 212573, 212579, 212587, 212593, 212627, 212633, 212651,
212669, 212671, 212677, 212683, 212701, 212777, 212791, 212801,
212827, 212837, 212843, 212851, 212867, 212869, 212873, 212881,
212897, 212903, 212909, 212917, 212923, 212969, 212981, 212987,
212999, 213019, 213023, 213029, 213043, 213067, 213079, 213091,
213097, 213119, 213131, 213133, 213139, 213149, 213173, 213181,
213193, 213203, 213209, 213217, 213223, 213229, 213247, 213253,
213263, 213281, 213287, 213289, 213307, 213319, 213329, 213337,
213349, 213359, 213361, 213383, 213391, 213397, 213407, 213449,
213461, 213467, 213481, 213491, 213523, 213533, 213539, 213553,
213557, 213589, 213599, 213611, 213613, 213623, 213637, 213641,
213649, 213659, 213713, 213721, 213727, 213737, 213751, 213791,
213799, 213821, 213827, 213833, 213847, 213859, 213881, 213887,
213901, 213919, 213929, 213943, 213947, 213949, 213953, 213973,
213977, 213989, 214003, 214007, 214009, 214021, 214031, 214033,
214043, 214051, 214063, 214069, 214087, 214091, 214129, 214133,
214141, 214147, 214163, 214177, 214189, 214211, 214213, 214219,
214237, 214243, 214259, 214283, 214297, 214309, 214351, 214363,
214373, 214381, 214391, 214399, 214433, 214439, 214451, 214457,
214463, 214469, 214481, 214483, 214499, 214507, 214517, 214519,
214531, 214541, 214559, 214561, 214589, 214603, 214607, 214631,
214639, 214651, 214657, 214663, 214667, 214673, 214691, 214723,
214729, 214733, 214741, 214759, 214763, 214771, 214783, 214787,
214789, 214807, 214811, 214817, 214831, 214849, 214853, 214867,
214883, 214891, 214913, 214939, 214943, 214967, 214987, 214993,

 Die ersten hunderttausend Primzahlen

215051, 215063, 215077, 215087, 215123, 215141, 215143, 215153,
215161, 215179, 215183, 215191, 215197, 215239, 215249, 215261,
215273, 215279, 215297, 215309, 215317, 215329, 215351, 215353,
215359, 215381, 215389, 215393, 215399, 215417, 215443, 215447,
215459, 215461, 215471, 215483, 215497, 215503, 215507, 215521,
215531, 215563, 215573, 215587, 215617, 215653, 215659, 215681,
215687, 215689, 215693, 215723, 215737, 215753, 215767, 215771,
215797, 215801, 215827, 215833, 215843, 215851, 215857, 215863,
215893, 215899, 215909, 215921, 215927, 215939, 215953, 215959,
215981, 215983, 216023, 216037, 216061, 216071, 216091, 216103,
216107, 216113, 216119, 216127, 216133, 216149, 216157, 216173,
216179, 216211, 216217, 216233, 216259, 216263, 216289, 216317,
216319, 216329, 216347, 216371, 216373, 216379, 216397, 216401,
216421, 216431, 216451, 216481, 216493, 216509, 216523, 216551,
216553, 216569, 216571, 216577, 216607, 216617, 216641, 216647,
216649, 216653, 216661, 216679, 216703, 216719, 216731, 216743,
216751, 216757, 216761, 216779, 216781, 216787, 216791, 216803,
216829, 216841, 216851, 216859, 216877, 216899, 216901, 216911,
216917, 216919, 216947, 216967, 216973, 216991, 217001, 217003,
217027, 217033, 217057, 217069, 217081, 217111, 217117, 217121,
217157, 217163, 217169, 217199, 217201, 217207, 217219, 217223,
217229, 217241, 217253, 217271, 217307, 217309, 217313, 217319,
217333, 217337, 217339, 217351, 217361, 217363, 217367, 217369,
217387, 217397, 217409, 217411, 217421, 217429, 217439, 217457,
217463, 217489, 217499, 217517, 217519, 217559, 217561, 217573,
217577, 217579, 217619, 217643, 217661, 217667, 217681, 217687,
217691, 217697, 217717, 217727, 217733, 217739, 217747, 217771,
217781, 217793, 217823, 217829, 217849, 217859, 217901, 217907,
217909, 217933, 217937, 217969, 217979, 217981, 218003, 218021,
218047, 218069, 218077, 218081, 218083, 218087, 218107, 218111,
218117, 218131, 218137, 218143, 218149, 218171, 218191, 218213,
218227, 218233, 218249, 218279, 218287, 218357, 218363, 218371,
218381, 218389, 218401, 218417, 218419, 218423, 218437, 218447,
218453, 218459, 218461, 218479, 218509, 218513, 218521, 218527,
218531, 218549, 218551, 218579, 218591, 218599, 218611, 218623,
218627, 218629, 218641, 218651, 218657, 218677, 218681, 218711,
218717, 218719, 218723, 218737, 218749, 218761, 218783, 218797,
218809, 218819, 218833, 218839, 218843, 218849, 218857, 218873,
218887, 218923, 218941, 218947, 218963, 218969, 218971, 218987,
218989, 218993, 219001, 219017, 219019, 219031, 219041, 219053,
219059, 219071, 219083, 219091, 219097, 219103, 219119, 219133,
219143, 219169, 219187, 219217, 219223, 219251, 219277, 219281,
219293, 219301, 219311, 219313, 219353, 219361, 219371, 219377,
219389, 219407, 219409, 219433, 219437, 219451, 219463, 219467,
219491, 219503, 219517, 219523, 219529, 219533, 219547, 219577,
219587, 219599, 219607, 219613, 219619, 219629, 219647, 219649,
219677, 219679, 219683, 219689, 219707, 219721, 219727, 219731,
219749, 219757, 219761, 219763, 219767, 219787, 219797, 219799,

219809, 219823, 219829, 219839, 219847, 219851, 219871, 219881,
219889, 219911, 219917, 219931, 219937, 219941, 219943, 219953,
219959, 219971, 219977, 219979, 219983, 220009, 220013, 220019,
220021, 220057, 220063, 220123, 220141, 220147, 220151, 220163,
220169, 220177, 220189, 220217, 220243, 220279, 220291, 220301,
220307, 220327, 220333, 220351, 220357, 220361, 220369, 220373,
220391, 220399, 220403, 220411, 220421, 220447, 220469, 220471,
220511, 220513, 220529, 220537, 220543, 220553, 220559, 220573,
220579, 220589, 220613, 220663, 220667, 220673, 220681, 220687,
220699, 220709, 220721, 220747, 220757, 220771, 220783, 220789,
220793, 220807, 220811, 220841, 220859, 220861, 220873, 220877,
220879, 220889, 220897, 220901, 220903, 220907, 220919, 220931,
220933, 220939, 220973, 221021, 221047, 221059, 221069, 221071,
221077, 221083, 221087, 221093, 221101, 221159, 221171, 221173,
221197, 221201, 221203, 221209, 221219, 221227, 221233, 221239,
221251, 221261, 221281, 221303, 221311, 221317, 221327, 221393,
221399, 221401, 221411, 221413, 221447, 221453, 221461, 221471,
221477, 221489, 221497, 221509, 221537, 221539, 221549, 221567,
221581, 221587, 221603, 221621, 221623, 221653, 221657, 221659,
221671, 221677, 221707, 221713, 221717, 221719, 221723, 221729,
221737, 221747, 221773, 221797, 221807, 221813, 221827, 221831,
221849, 221873, 221891, 221909, 221941, 221951, 221953, 221957,
221987, 221989, 221999, 222007, 222011, 222023, 222029, 222041,
222043, 222059, 222067, 222073, 222107, 222109, 222113, 222127,
222137, 222149, 222151, 222161, 222163, 222193, 222197, 222199,
222247, 222269, 222289, 222293, 222311, 222317, 222323, 222329,
222337, 222347, 222349, 222361, 222367, 222379, 222389, 222403,
222419, 222437, 222461, 222493, 222499, 222511, 222527, 222533,
222553, 222557, 222587, 222601, 222613, 222619, 222643, 222647,
222659, 222679, 222707, 222713, 222731, 222773, 222779, 222787,
222791, 222793, 222799, 222823, 222839, 222841, 222857, 222863,
222877, 222883, 222913, 222919, 222931, 222941, 222947, 222953,
222967, 222977, 222979, 222991, 223007, 223009, 223019, 223037,
223049, 223051, 223061, 223063, 223087, 223099, 223103, 223129,
223133, 223151, 223207, 223211, 223217, 223219, 223229, 223241,
223243, 223247, 223253, 223259, 223273, 223277, 223283, 223291,
223303, 223313, 223319, 223331, 223337, 223339, 223361, 223367,
223381, 223403, 223423, 223429, 223439, 223441, 223463, 223469,
223481, 223493, 223507, 223529, 223543, 223547, 223549, 223577,
223589, 223621, 223633, 223637, 223667, 223679, 223681, 223697,
223711, 223747, 223753, 223757, 223759, 223781, 223823, 223829,
223831, 223837, 223841, 223843, 223849, 223903, 223919, 223921,
223939, 223963, 223969, 223999, 224011, 224027, 224033,
224041, 224047, 224057, 224069, 224071, 224101, 224113, 224129,
224131, 224149, 224153, 224171, 224177, 224197, 224201, 224209,
224221, 224233, 224239, 224251, 224261, 224267, 224291, 224299,
224303, 224309, 224317, 224327, 224351, 224359, 224363, 224401,
224423, 224429, 224443, 224449, 224461, 224467, 224473, 224491,

 Die ersten hunderttausend Primzahlen

224501, 224513, 224527, 224563, 224569, 224579, 224591, 224603,
224611, 224617, 224629, 224633, 224669, 224677, 224683, 224699,
224711, 224717, 224729, 224737, 224743, 224759, 224771, 224797,
224813, 224831, 224863, 224869, 224881, 224891, 224897, 224909,
224911, 224921, 224929, 224947, 224951, 224969, 224977, 224993,
225023, 225037, 225061, 225067, 225077, 225079, 225089, 225109,
225119, 225133, 225143, 225149, 225157, 225161, 225163, 225167,
225217, 225221, 225223, 225227, 225241, 225257, 225263, 225287,
225289, 225299, 225307, 225341, 225343, 225347, 225349, 225353,
225371, 225373, 225383, 225427, 225431, 225457, 225461, 225479,
225493, 225499, 225503, 225509, 225523, 225527, 225529, 225569,
225581, 225583, 225601, 225611, 225613, 225619, 225629, 225637,
225671, 225683, 225689, 225697, 225721, 225733, 225749, 225751,
225767, 225769, 225779, 225781, 225809, 225821, 225829, 225839,
225859, 225871, 225889, 225919, 225931, 225941, 225943, 225949,
225961, 225977, 225983, 225989, 226001, 226007, 226013, 226027,
226063, 226087, 226099, 226103, 226123, 226129, 226133, 226141,
226169, 226183, 226189, 226199, 226201, 226217, 226231, 226241,
226267, 226283, 226307, 226313, 226337, 226357, 226367, 226379,
226381, 226397, 226409, 226427, 226433, 226451, 226453, 226463,
226483, 226487, 226511, 226531, 226547, 226549, 226553, 226571,
226601, 226609, 226621, 226631, 226637, 226643, 226649, 226657,
226663, 226669, 226691, 226697, 226741, 226753, 226769, 226777,
226783, 226789, 226799, 226813, 226817, 226819, 226823, 226843,
226871, 226901, 226903, 226907, 226913, 226937, 226943, 226991,
227011, 227027, 227053, 227081, 227089, 227093, 227111, 227113,
227131, 227147, 227153, 227159, 227167, 227177, 227189, 227191,
227207, 227219, 227231, 227233, 227251, 227257, 227267, 227281,
227299, 227303, 227363, 227371, 227377, 227387, 227393, 227399,
227407, 227419, 227431, 227453, 227459, 227467, 227471, 227473,
227489, 227497, 227501, 227519, 227531, 227533, 227537, 227561,
227567, 227569, 227581, 227593, 227597, 227603, 227609, 227611,
227627, 227629, 227651, 227653, 227663, 227671, 227693, 227699,
227707, 227719, 227729, 227743, 227789, 227797, 227827, 227849,
227869, 227873, 227893, 227947, 227951, 227977, 227989, 227993,
228013, 228023, 228049, 228061, 228077, 228097, 228103, 228113,
228127, 228131, 228139, 228181, 228197, 228199, 228203, 228211,
228223, 228233, 228251, 228257, 228281, 228299, 228301, 228307,
228311, 228331, 228337, 228341, 228353, 228359, 228383, 228409,
228419, 228421, 228427, 228443, 228451, 228457, 228461, 228469,
228479, 228509, 228511, 228517, 228521, 228523, 228539, 228559,
228577, 228581, 228587, 228593, 228601, 228611, 228617, 228619,
228637, 228647, 228677, 228707, 228713, 228731, 228733, 228737,
228751, 228757, 228773, 228793, 228797, 228799, 228829, 228841,
228847, 228853, 228859, 228869, 228881, 228883, 228887, 228901,
228911, 228913, 228923, 228929, 228953, 228959, 228961, 228983,
228989, 229003, 229027, 229037, 229081, 229093, 229123, 229127,
229133, 229139, 229153, 229157, 229171, 229181, 229189, 229199,

229213, 229217, 229223, 229237, 229247, 229249, 229253, 229261,
229267, 229283, 229309, 229321, 229343, 229351, 229373, 229393,
229399, 229403, 229409, 229423, 229433, 229459, 229469, 229487,
229499, 229507, 229519, 229529, 229547, 229549, 229553, 229561,
229583, 229589, 229591, 229601, 229613, 229627, 229631, 229637,
229639, 229681, 229693, 229699, 229703, 229711, 229717, 229727,
229739, 229751, 229753, 229759, 229763, 229769, 229771, 229777,
229781, 229799, 229813, 229819, 229837, 229841, 229847, 229849,
229897, 229903, 229937, 229939, 229949, 229961, 229963, 229979,
229981, 230003, 230017, 230047, 230059, 230063, 230077, 230081,
230089, 230101, 230107, 230117, 230123, 230137, 230143, 230149,
230189, 230203, 230213, 230221, 230227, 230233, 230239, 230257,
230273, 230281, 230291, 230303, 230309, 230311, 230327, 230339,
230341, 230353, 230357, 230369, 230383, 230387, 230389, 230393,
230431, 230449, 230453, 230467, 230471, 230479, 230501, 230507,
230539, 230551, 230561, 230563, 230567, 230597, 230611, 230647,
230653, 230663, 230683, 230693, 230719, 230729, 230743, 230761,
230767, 230771, 230773, 230779, 230807, 230819, 230827, 230833,
230849, 230861, 230863, 230873, 230891, 230929, 230933, 230939,
230941, 230959, 230969, 230977, 230999, 231001, 231017, 231019,
231031, 231041, 231053, 231067, 231079, 231107, 231109, 231131,
231169, 231197, 231223, 231241, 231269, 231271, 231277, 231289,
231293, 231299, 231317, 231323, 231331, 231347, 231349, 231359,
231367, 231379, 231409, 231419, 231431, 231433, 231443, 231461,
231463, 231479, 231481, 231493, 231503, 231529, 231533, 231547,
231551, 231559, 231563, 231571, 231589, 231599, 231607, 231611,
231613, 231631, 231643, 231661, 231677, 231701, 231709, 231719,
231779, 231799, 231809, 231821, 231823, 231827, 231839, 231841,
231859, 231871, 231877, 231893, 231901, 231919, 231923, 231943,
231947, 231961, 231967, 232003, 232007, 232013, 232049, 232051,
232073, 232079, 232081, 232091, 232103, 232109, 232117, 232129,
232153, 232171, 232187, 232189, 232207, 232217, 232259, 232303,
232307, 232333, 232357, 232363, 232367, 232381, 232391, 232409,
232411, 232417, 232433, 232439, 232451, 232457, 232459, 232487,
232499, 232513, 232523, 232549, 232567, 232571, 232591, 232597,
232607, 232621, 232633, 232643, 232663, 232669, 232681, 232699,
232709, 232711, 232741, 232751, 232753, 232777, 232801, 232811,
232819, 232823, 232847, 232853, 232861, 232871, 232877, 232891,
232901, 232907, 232919, 232937, 232961, 232963, 232987, 233021,
233069, 233071, 233083, 233113, 233117, 233141, 233143, 233159,
233161, 233173, 233183, 233201, 233221, 233231, 233239, 233251,
233267, 233279, 233293, 233297, 233323, 233327, 233329, 233341,
233347, 233353, 233357, 233371, 233407, 233417, 233419, 233423,
233437, 233477, 233489, 233509, 233549, 233551, 233557, 233591,
233599, 233609, 233617, 233621, 233641, 233663, 233669, 233683,
233687, 233689, 233693, 233713, 233743, 233747, 233759, 233777,
233837, 233851, 233861, 233879, 233881, 233911, 233917, 233921,
233923, 233939, 233941, 233969, 233983, 233993, 234007, 234029,

     Die ersten hunderttausend Primzahlen

234043, 234067, 234083, 234089, 234103, 234121, 234131, 234139,
234149, 234161, 234167, 234181, 234187, 234191, 234193, 234197,
234203, 234211, 234217, 234239, 234259, 234271, 234281, 234287,
234293, 234317, 234319, 234323, 234331, 234341, 234343, 234361,
234383, 234431, 234457, 234461, 234463, 234467, 234473, 234499,
234511, 234527, 234529, 234539, 234541, 234547, 234571, 234587,
234589, 234599, 234613, 234629, 234653, 234659, 234673, 234683,
234713, 234721, 234727, 234733, 234743, 234749, 234769, 234781,
234791, 234799, 234803, 234809, 234811, 234833, 234847, 234851,
234863, 234869, 234893, 234907, 234917, 234931, 234947, 234959,
234961, 234967, 234977, 234979, 234989, 235003, 235007, 235009,
235013, 235043, 235051, 235057, 235069, 235091, 235099, 235111,
235117, 235159, 235171, 235177, 235181, 235199, 235211, 235231,
235241, 235243, 235273, 235289, 235307, 235309, 235337, 235349,
235369, 235397, 235439, 235441, 235447, 235483, 235489, 235493,
235513, 235519, 235523, 235537, 235541, 235553, 235559, 235577,
235591, 235601, 235607, 235621, 235661, 235663, 235673, 235679,
235699, 235723, 235747, 235751, 235783, 235787, 235789, 235793,
235811, 235813, 235849, 235871, 235877, 235889, 235891, 235901,
235919, 235927, 235951, 235967, 235979, 235997, 236017, 236021,
236053, 236063, 236069, 236077, 236087, 236107, 236111, 236129,
236143, 236153, 236167, 236207, 236209, 236219, 236231, 236261,
236287, 236293, 236297, 236323, 236329, 236333, 236339, 236377,
236381, 236387, 236399, 236407, 236429, 236449, 236461, 236471,
236477, 236479, 236503, 236507, 236519, 236527, 236549, 236563,
236573, 236609, 236627, 236641, 236653, 236659, 236681, 236699,
236701, 236707, 236713, 236723, 236729, 236737, 236749, 236771,
236773, 236779, 236783, 236807, 236813, 236867, 236869, 236879,
236881, 236891, 236893, 236897, 236909, 236917, 236947, 236981,
236983, 236993, 237011, 237019, 237043, 237053, 237067, 237071,
237073, 237089, 237091, 237137, 237143, 237151, 237157, 237161,
237163, 237173, 237179, 237203, 237217, 237233, 237257, 237271,
237277, 237283, 237287, 237301, 237313, 237319, 237331, 237343,
237361, 237373, 237379, 237401, 237409, 237467, 237487, 237509,
237547, 237563, 237571, 237581, 237607, 237619, 237631, 237673,
237683, 237689, 237691, 237701, 237707, 237733, 237737, 237749,
237763, 237767, 237781, 237791, 237821, 237851, 237857, 237859,
237877, 237883, 237901, 237911, 237929, 237959, 237967, 237971,
237973, 237977, 237997, 238001, 238009, 238019, 238031, 238037,
238039, 238079, 238081, 238093, 238099, 238103, 238109, 238141,
238151, 238157, 238159, 238163, 238171, 238181, 238201, 238207,
238213, 238223, 238229, 238237, 238247, 238261, 238267, 238291,
238307, 238313, 238321, 238331, 238339, 238361, 238363, 238369,
238373, 238397, 238417, 238423, 238439, 238451, 238463, 238471,
238477, 238481, 238499, 238519, 238529, 238531, 238547, 238573,
238591, 238627, 238639, 238649, 238657, 238673, 238681, 238691,
238703, 238709, 238723, 238727, 238729, 238747, 238759, 238781,
238789, 238801, 238829, 238837, 238841, 238853, 238859, 238877,

238879, 238883, 238897, 238919, 238921, 238939, 238943, 238949,
238967, 238991, 239017, 239023, 239027, 239053, 239069, 239081,
239087, 239119, 239137,
239147, 239167, 239171, 239179, 239201, 239231, 239233, 239237,
239243, 239251, 239263, 239273, 239287, 239297, 239329, 239333,
239347, 239357, 239383, 239387, 239389, 239417, 239423, 239429,
239431, 239441, 239461, 239489, 239509, 239521, 239527, 239531,
239539, 239543, 239557, 239567, 239579, 239587, 239597, 239611,
239623, 239633, 239641, 239671, 239689, 239699, 239711, 239713,
239731, 239737, 239753, 239779, 239783, 239803, 239807, 239831,
239843, 239849, 239851, 239857, 239873, 239879, 239893, 239929,
239933, 239947, 239957, 239963, 239977, 239999, 240007, 240011,
240017, 240041, 240043, 240047, 240049, 240059, 240073, 240089,
240101, 240109, 240113, 240131, 240139, 240151, 240169, 240173,
240197, 240203, 240209, 240257, 240259, 240263, 240271, 240283,
240287, 240319, 240341, 240347, 240349, 240353, 240371, 240379,
240421, 240433, 240437, 240473, 240479, 240491, 240503, 240509,
240517, 240551, 240571, 240587, 240589, 240599, 240607, 240623,
240631, 240641, 240659, 240677, 240701, 240707, 240719, 240727,
240733, 240739, 240743, 240763, 240769, 240797, 240811, 240829,
240841, 240853, 240859, 240869, 240881, 240883, 240893, 240899,
240913, 240943, 240953, 240959, 240967, 240997, 241013, 241027,
241037, 241049, 241051, 241061, 241067, 241069, 241079, 241093,
241117, 241127, 241141, 241169, 241177, 241183, 241207, 241229,
241249, 241253, 241259, 241261, 241271, 241291, 241303, 241313,
241321, 241327, 241333, 241337, 241343, 241361, 241363, 241391,
241393, 241421, 241429, 241441, 241453, 241463, 241469, 241489,
241511, 241513, 241517, 241537, 241543, 241559, 241561, 241567,
241589, 241597, 241601, 241603, 241639, 241643, 241651, 241663,
241667, 241679, 241687, 241691, 241711, 241727, 241739, 241771,
241781, 241783, 241793, 241807, 241811, 241817, 241823, 241847,
241861, 241867, 241873, 241877, 241883, 241903, 241907, 241919,
241921, 241931, 241939, 241951, 241963, 241973, 241979, 241981,
241993, 242009, 242057, 242059, 242069, 242083, 242093, 242101,
242119, 242129, 242147, 242161, 242171, 242173, 242197, 242201,
242227, 242243, 242257, 242261, 242273, 242279, 242309, 242329,
242357, 242371, 242377, 242393, 242399, 242413, 242419, 242441,
242447, 242449, 242453, 242467, 242479, 242483, 242491, 242509,
242519, 242521, 242533, 242551, 242591, 242603, 242617, 242621,
242629, 242633, 242639, 242647, 242659, 242677, 242681, 242689,
242713, 242729, 242731, 242747, 242773, 242779, 242789, 242797,
242807, 242813, 242819, 242863, 242867, 242873, 242887, 242911,
242923, 242927, 242971, 242989, 242999, 243011, 243031, 243073,
243077, 243091, 243101, 243109, 243119, 243121, 243137, 243149,
243157, 243161, 243167, 243197, 243203, 243209, 243227, 243233,
243239, 243259, 243263, 243301, 243311, 243343, 243367, 243391,
243401, 243403, 243421, 243431, 243433, 243437, 243461, 243469,
243473, 243479, 243487, 243517, 243521, 243527, 243533, 243539,

    Die ersten hunderttausend Primzahlen

243553, 243577, 243583, 243587, 243589, 243613, 243623, 243631,
243643, 243647, 243671, 243673, 243701, 243703, 243707, 243709,
243769, 243781, 243787, 243799, 243809, 243829, 243839, 243851,
243857, 243863, 243871, 243889, 243911, 243917, 243931, 243953,
243973, 243989, 244003, 244009, 244021, 244033, 244043, 244087,
244091, 244109, 244121, 244129, 244141, 244147, 244157, 244159,
244177, 244199, 244217, 244219, 244243, 244247, 244253, 244261,
244291, 244297, 244301, 244303, 244313, 244333, 244339, 244351,
244357, 244367, 244379, 244381, 244393, 244399, 244403, 244411,
244423, 244429, 244451, 244457, 244463, 244471, 244481, 244493,
244507, 244529, 244547, 244553, 244561, 244567, 244583, 244589,
244597, 244603, 244619, 244633, 244637, 244639, 244667, 244669,
244687, 244691, 244703, 244711, 244721, 244733, 244747, 244753,
244759, 244781, 244787, 244813, 244837, 244841, 244843, 244859,
244861, 244873, 244877, 244889, 244897, 244901, 244939, 244943,
244957, 244997, 245023, 245029, 245033, 245039, 245071, 245083,
245087, 245107, 245129, 245131, 245149, 245171, 245173, 245177,
245183, 245209, 245251, 245257, 245261, 245269, 245279, 245291,
245299, 245317, 245321, 245339, 245383, 245389, 245407, 245411,
245417, 245419, 245437, 245471, 245473, 245477, 245501, 245513,
245519, 245521, 245527, 245533, 245561, 245563, 245587, 245591,
245593, 245621, 245627, 245629, 245639, 245653, 245671, 245681,
245683, 245711, 245719, 245723, 245741, 245747, 245753, 245759,
245771, 245783, 245789, 245821, 245849, 245851, 245863, 245881,
245897, 245899, 245909, 245911, 245941, 245963, 245977, 245981,
245983, 245989, 246011, 246017, 246049, 246073, 246097, 246119,
246121, 246131, 246133, 246151, 246167, 246173, 246187, 246193,
246203, 246209, 246217, 246223, 246241, 246247, 246251, 246271,
246277, 246289, 246317, 246319, 246329, 246343, 246349, 246361,
246371, 246391, 246403, 246439, 246469, 246473, 246497, 246509,
246511, 246523, 246527, 246539, 246557, 246569, 246577, 246599,
246607, 246611, 246613, 246637, 246641, 246643, 246661, 246683,
246689, 246707, 246709, 246713, 246731, 246739, 246769, 246773,
246781, 246787, 246793, 246803, 246809, 246811, 246817, 246833,
246839, 246889, 246899, 246907, 246913, 246919, 246923, 246929,
246931, 246937, 246941, 246947, 246971, 246979, 247001, 247007,
247031, 247067, 247069, 247073, 247087, 247099, 247141, 247183,
247193, 247201, 247223, 247229, 247241, 247249, 247259, 247279,
247301, 247309, 247337, 247339, 247343, 247363, 247369, 247381,
247391, 247393, 247409, 247421, 247433, 247439, 247451, 247463,
247501, 247519, 247529, 247531, 247547, 247553, 247579, 247591,
247601, 247603, 247607, 247609, 247613, 247633, 247649, 247651,
247691, 247693, 247697, 247711, 247717, 247729, 247739, 247759,
247769, 247771, 247781, 247799, 247811, 247813, 247829, 247847,
247853, 247873, 247879, 247889, 247901, 247913, 247939, 247943,
247957, 247991, 247993, 247997, 247999, 248021, 248033, 248041,
248051, 248057, 248063, 248071, 248077, 248089, 248099, 248117,
248119, 248137, 248141, 248161, 248167, 248177, 248179, 248189,

248201, 248203, 248231, 248243, 248257, 248267, 248291, 248293,
248299, 248309, 248317, 248323, 248351, 248357, 248371, 248389,
248401, 248407, 248431, 248441, 248447, 248461, 248473, 248477,
248483, 248509, 248533, 248537, 248543, 248569, 248579, 248587,
248593, 248597, 248609, 248621, 248627, 248639, 248641, 248657,
248683, 248701, 248707, 248719, 248723, 248737, 248749, 248753,
248779, 248783, 248789, 248797, 248813, 248821, 248827, 248839,
248851, 248861, 248867, 248869, 248879, 248887, 248891, 248893,
248903, 248909, 248971, 248981, 248987, 249017, 249037, 249059,
249079, 249089, 249097, 249103, 249107, 249127, 249131, 249133,
249143, 249181, 249187, 249199, 249211, 249217, 249229, 249233,
249253, 249257, 249287, 249311, 249317, 249329, 249341, 249367,
249377, 249383, 249397, 249419, 249421, 249427, 249433, 249437,
249439, 249449, 249463, 249497, 249499, 249503, 249517, 249521,
249533, 249539, 249541, 249563, 249583, 249589, 249593, 249607,
249647, 249659, 249671, 249677, 249703, 249721, 249727, 249737,
249749, 249763, 249779, 249797, 249811, 249827, 249833, 249853,
249857, 249859, 249863, 249871, 249881, 249911, 249923, 249943,
249947, 249967, 249971, 249973, 249989, 250007, 250013, 250027,
250031, 250037, 250043, 250049, 250051, 250057, 250073, 250091,
250109, 250123, 250147, 250153, 250169, 250199, 250253, 250259,
250267, 250279, 250301, 250307, 250343, 250361, 250403, 250409,
250423, 250433, 250441, 250451, 250489, 250499, 250501, 250543,
250583, 250619, 250643, 250673, 250681, 250687, 250693, 250703,
250709, 250721, 250727, 250739, 250741, 250751, 250753, 250777,
250787, 250793, 250799, 250807, 250813, 250829, 250837, 250841,
250853, 250867, 250871, 250889, 250919, 250949, 250951, 250963,
250967, 250969, 250979, 250993, 251003, 251033, 251051, 251057,
251059, 251063, 251071, 251081, 251087, 251099, 251117, 251143,
251149, 251159, 251171, 251177, 251179, 251191, 251197, 251201,
251203, 251219, 251221, 251231, 251233, 251257, 251261, 251263,
251287, 251291, 251297, 251323, 251347, 251353, 251359, 251387,
251393, 251417, 251429, 251431, 251437, 251443, 251467, 251473,
251477, 251483, 251491, 251501, 251513, 251519, 251527, 251533,
251539, 251543, 251561, 251567, 251609, 251611, 251621, 251623,
251639, 251653, 251663, 251677, 251701, 251707, 251737, 251761,
251789, 251791, 251809, 251831, 251833, 251843, 251857, 251861,
251879, 251887, 251893, 251897, 251903, 251917, 251939, 251941,
251947, 251969, 251971, 251983, 252001, 252013, 252017, 252029,
252037, 252079, 252101, 252139, 252143, 252151, 252157, 252163,
252169, 252173, 252181, 252193, 252209, 252223, 252233, 252253,
252277, 252283, 252289, 252293, 252313, 252319, 252323, 252341,
252359, 252383, 252391, 252401, 252409, 252419, 252431, 252443,
252449, 252457, 252463, 252481, 252509, 252533, 252541, 252559,
252583, 252589, 252607, 252611, 252617, 252641, 252667, 252691,
252709, 252713, 252727, 252731, 252737, 252761, 252767, 252779,
252817, 252823, 252827, 252829, 252869, 252877, 252881, 252887,
252893, 252899, 252911, 252913, 252919, 252937, 252949, 252971,

          Die ersten hunderttausend Primzahlen

252979, 252983, 253003, 253013, 253049, 253063, 253081, 253103,
253109, 253133, 253153, 253157, 253159, 253229, 253243, 253247,
253273, 253307, 253321, 253343, 253349, 253361, 253367, 253369,
253381, 253387, 253417, 253423, 253427, 253433, 253439, 253447,
253469, 253481, 253493, 253501, 253507, 253531, 253537, 253543,
253553, 253567, 253573, 253601, 253607, 253609, 253613, 253633,
253637, 253639, 253651, 253661, 253679, 253681, 253703, 253717,
253733, 253741, 253751, 253763, 253769, 253777, 253787, 253789,
253801, 253811, 253819, 253823, 253853,
253867, 253871, 253879, 253901, 253907, 253909, 253919, 253937,
253949, 253951, 253969, 253987, 253993, 253999, 254003, 254021,
254027, 254039, 254041, 254047, 254053, 254071, 254083, 254119,
254141, 254147, 254161, 254179, 254197, 254207, 254209, 254213,
254249, 254257, 254279, 254281, 254291, 254299, 254329, 254369,
254377, 254383, 254389, 254407, 254413, 254437, 254447, 254461,
254489, 254491, 254519, 254537, 254557, 254593, 254623, 254627,
254647, 254659, 254663, 254699, 254713, 254729, 254731, 254741,
254747, 254753, 254773, 254777, 254783, 254791, 254803, 254827,
254831, 254833, 254857, 254869, 254873, 254879, 254887, 254899,
254911, 254927, 254929, 254941, 254959, 254963, 254971, 254977,
254987, 254993, 255007, 255019, 255023, 255043, 255049, 255053,
255071, 255077, 255083, 255097, 255107, 255121, 255127, 255133,
255137, 255149, 255173, 255179, 255181, 255191, 255193, 255197,
255209, 255217, 255239, 255247, 255251, 255253, 255259, 255313,
255329, 255349, 255361, 255371, 255383, 255413, 255419, 255443,
255457, 255467, 255469, 255473, 255487, 255499, 255503, 255511,
255517, 255523, 255551, 255571, 255587, 255589, 255613, 255617,
255637, 255641, 255649, 255653, 255659, 255667, 255679, 255709,
255713, 255733, 255743, 255757, 255763, 255767, 255803, 255839,
255841, 255847, 255851, 255859, 255869, 255877, 255887, 255907,
255917, 255919, 255923, 255947, 255961, 255971, 255973, 255977,
255989, 256019, 256021, 256031, 256033, 256049, 256057, 256079,
256093, 256117, 256121, 256129, 256133, 256147, 256163, 256169,
256181, 256187, 256189, 256199, 256211, 256219, 256279, 256301,
256307, 256313, 256337, 256349, 256363, 256369, 256391, 256393,
256423, 256441, 256469, 256471, 256483, 256489, 256493, 256499,
256517, 256541, 256561, 256567, 256577, 256579, 256589, 256603,
256609, 256639, 256643, 256651, 256661, 256687, 256699, 256721,
256723, 256757, 256771, 256799, 256801, 256813, 256831, 256873,
256877, 256889, 256901, 256903, 256931, 256939, 256957, 256967,
256981, 257003, 257017, 257053, 257069, 257077, 257093, 257099,
257107, 257123, 257141, 257161, 257171, 257177, 257189, 257219,
257221, 257239, 257249, 257263, 257273, 257281, 257287, 257293,
257297, 257311, 257321, 257339, 257351, 257353, 257371, 257381,
257399, 257401, 257407, 257437, 257443, 257447, 257459, 257473,
257489, 257497, 257501, 257503, 257519, 257539, 257561, 257591,
257611, 257627, 257639, 257657, 257671, 257687, 257689, 257707,
257711, 257713, 257717, 257731, 257783, 257791, 257797, 257837,

257857, 257861, 257863, 257867, 257869, 257879, 257893, 257903,
257921, 257947, 257953, 257981, 257987, 257989, 257993, 258019,
258023, 258031, 258061, 258067, 258101, 258107, 258109, 258113,
258119, 258127, 258131, 258143, 258157, 258161, 258173, 258197,
258211, 258233, 258241, 258253, 258277, 258283, 258299, 258317,
258319, 258329, 258331, 258337, 258353, 258373, 258389, 258403,
258407, 258413, 258421, 258437, 258443, 258449, 258469, 258487,
258491, 258499, 258521, 258527, 258539, 258551, 258563, 258569,
258581, 258607, 258611, 258613, 258617, 258623, 258631, 258637,
258659, 258673, 258677, 258691, 258697, 258703, 258707, 258721,
258733, 258737, 258743, 258763, 258779, 258787, 258803, 258809,
258827, 258847, 258871, 258887, 258917, 258919, 258949, 258959,
258967, 258971, 258977, 258983, 258991, 259001, 259009, 259019,
259033, 259099, 259121, 259123, 259151, 259157, 259159, 259163,
259169, 259177, 259183, 259201, 259211, 259213, 259219, 259229,
259271, 259277, 259309, 259321, 259339, 259379, 259381, 259387,
259397, 259411, 259421, 259429, 259451, 259453, 259459, 259499,
259507, 259517, 259531, 259537, 259547, 259577, 259583, 259603,
259619, 259621, 259627, 259631, 259639, 259643, 259657, 259667,
259681, 259691, 259697, 259717, 259723, 259733, 259751, 259771,
259781, 259783, 259801, 259813, 259823, 259829, 259837, 259841,
259867, 259907, 259933, 259937, 259943, 259949, 259967, 259991,
259993, 260003, 260009, 260011, 260017, 260023, 260047, 260081,
260089, 260111, 260137, 260171, 260179, 260189, 260191, 260201,
260207, 260209, 260213, 260231, 260263, 260269, 260317, 260329,
260339, 260363, 260387, 260399, 260411, 260413, 260417, 260419,
260441, 260453, 260461, 260467, 260483, 260489, 260527, 260539,
260543, 260549, 260551, 260569, 260573, 260581, 260587, 260609,
260629, 260647, 260651, 260671, 260677, 260713, 260717, 260723,
260747, 260753, 260761, 260773, 260791, 260807, 260809, 260849,
260857, 260861, 260863, 260873, 260879, 260893, 260921, 260941,
260951, 260959, 260969, 260983, 260987, 260999, 261011, 261013,
261017, 261031, 261043, 261059, 261061, 261071, 261077, 261089,
261101, 261127, 261167, 261169, 261223, 261229, 261241, 261251,
261271, 261281, 261301, 261323, 261329, 261337, 261347, 261353,
261379, 261389, 261407, 261427, 261431, 261433, 261439, 261451,
261463, 261467, 261509, 261523, 261529, 261557, 261563, 261577,
261581, 261587, 261593, 261601, 261619, 261631, 261637, 261641,
261643, 261673, 261697, 261707, 261713, 261721, 261739, 261757,
261761, 261773, 261787, 261791, 261799, 261823, 261847, 261881,
261887, 261917, 261959, 261971, 261973, 261977, 261983, 262007,
262027, 262049, 262051, 262069, 262079, 262103, 262109, 262111,
262121, 262127, 262133, 262139, 262147, 262151, 262153, 262187,
262193, 262217, 262231, 262237, 262253, 262261, 262271, 262303,
262313, 262321, 262331, 262337, 262349, 262351, 262369, 262387,
262391, 262399, 262411, 262433, 262459, 262469, 262489, 262501,
262511, 262513, 262519, 262541, 262543, 262553, 262567, 262583,
262597, 262621, 262627, 262643, 262649, 262651, 262657, 262681,

     Die ersten hunderttausend Primzahlen

262693, 262697, 262709, 262723, 262733, 262739, 262741, 262747,
262781, 262783, 262807, 262819, 262853, 262877, 262883, 262897,
262901, 262909, 262937, 262949, 262957, 262981, 263009, 263023,
263047, 263063, 263071, 263077, 263083, 263089, 263101, 263111,
263119, 263129, 263167, 263171, 263183, 263191, 263201, 263209,
263213, 263227, 263239, 263257, 263267, 263269, 263273, 263287,
263293, 263303, 263323, 263369, 263383, 263387, 263399, 263401,
263411, 263423, 263429, 263437, 263443, 263489, 263491, 263503,
263513, 263519, 263521, 263533, 263537, 263561, 263567, 263573,
263591, 263597, 263609, 263611, 263621, 263647, 263651, 263657,
263677, 263723, 263729, 263737, 263759, 263761, 263803, 263819,
263821, 263827, 263843, 263849, 263863, 263867, 263869, 263881,
263899, 263909, 263911, 263927, 263933, 263941, 263951, 263953,
263957, 263983, 264007, 264013, 264029, 264031, 264053, 264059,
264071, 264083, 264091, 264101, 264113, 264127, 264133, 264137,
264139, 264167, 264169, 264179, 264211, 264221, 264263, 264269,
264283, 264289, 264301, 264323, 264331, 264343, 264349, 264353,
264359, 264371, 264391, 264403, 264437, 264443, 264463, 264487,
264527, 264529, 264553, 264559, 264577, 264581, 264599, 264601,
264619, 264631, 264637, 264643, 264659, 264697, 264731, 264739,
264743, 264749, 264757, 264763, 264769, 264779, 264787, 264791,
264793, 264811, 264827, 264829, 264839, 264871, 264881, 264889,
264893, 264899, 264919, 264931, 264949, 264959, 264961, 264977,
264991, 264997, 265003, 265007, 265021, 265037, 265079, 265091,
265093, 265117, 265123, 265129, 265141, 265151, 265157, 265163,
265169, 265193, 265207, 265231, 265241, 265247, 265249, 265261,
265271, 265273, 265277, 265313, 265333, 265337, 265339, 265381,
265399, 265403, 265417, 265423, 265427, 265451, 265459, 265471,
265483, 265493, 265511, 265513, 265541, 265543, 265547, 265561,
265567, 265571, 265579, 265607, 265613, 265619, 265621, 265703,
265709, 265711, 265717, 265729, 265739, 265747, 265757, 265781,
265787, 265807, 265813, 265819, 265831, 265841, 265847, 265861,
265871, 265873, 265883, 265891, 265921, 265957, 265961, 265987,
266003, 266009, 266023, 266027, 266029, 266047, 266051, 266053,
266059, 266081, 266083, 266089, 266093, 266099, 266111, 266117,
266129, 266137, 266153, 266159, 266177, 266183, 266221, 266239,
266261, 266269, 266281, 266291, 266293, 266297, 266333, 266351,
266353, 266359, 266369, 266381, 266401, 266411, 266417, 266447,
266449, 266477, 266479, 266489, 266491, 266521, 266549, 266587,
266599, 266603, 266633, 266641, 266647, 266663, 266671, 266677,
266681, 266683, 266687, 266689, 266701, 266711, 266719, 266759,
266767, 266797, 266801, 266821, 266837, 266839, 266863, 266867,
266891, 266897, 266899, 266909, 266921, 266927, 266933, 266947,
266953, 266957, 266971, 266977, 266983, 266993, 266999, 267017,
267037, 267049, 267097, 267131, 267133, 267139, 267143, 267167,
267187, 267193, 267199, 267203, 267217, 267227, 267229, 267233,
267259, 267271, 267277, 267299, 267301, 267307, 267317, 267341,
267353, 267373, 267389, 267391, 267401, 267403, 267413, 267419,

267431, 267433, 267439, 267451, 267469, 267479, 267481, 267493,
267497, 267511, 267517, 267521, 267523, 267541, 267551, 267557,
267569, 267581, 267587, 267593, 267601, 267611, 267613, 267629,
267637, 267643, 267647, 267649, 267661, 267667, 267671, 267677,
267679, 267713, 267719, 267721, 267727, 267737, 267739, 267749,
267763, 267781, 267791, 267797, 267803, 267811, 267829, 267833,
267857, 267863, 267877, 267887, 267893, 267899, 267901, 267907,
267913, 267929, 267941, 267959, 267961, 268003, 268013, 268043,
268049, 268063, 268069, 268091, 268123, 268133, 268153, 268171,
268189, 268199, 268207, 268211, 268237, 268253, 268267, 268271,
268283, 268291, 268297, 268343, 268403, 268439, 268459, 268487,
268493, 268501, 268507, 268517, 268519, 268529, 268531, 268537,
268547, 268573, 268607, 268613, 268637, 268643, 268661, 268693,
268721, 268729, 268733, 268747, 268757, 268759, 268771, 268777,
268781, 268783, 268789, 268811, 268813, 268817, 268819, 268823,
268841, 268843, 268861, 268883, 268897, 268909, 268913, 268921,
268927, 268937, 268969,
268973, 268979, 268993, 268997, 268999, 269023, 269029, 269039,
269041, 269057, 269063, 269069, 269089, 269117, 269131, 269141,
269167, 269177, 269179, 269183, 269189, 269201, 269209, 269219,
269221, 269231, 269237, 269251, 269257, 269281, 269317, 269327,
269333, 269341, 269351, 269377, 269383, 269387, 269389, 269393,
269413, 269419, 269429, 269431, 269441, 269461, 269473, 269513,
269519, 269527, 269539, 269543, 269561, 269573, 269579, 269597,
269617, 269623, 269641, 269651, 269663, 269683, 269701, 269713,
269719, 269723, 269741, 269749, 269761, 269779, 269783, 269791,
269851, 269879, 269887, 269891, 269897, 269923, 269939, 269947,
269953, 269981, 269987, 270001, 270029, 270031, 270037, 270059,
270071, 270073, 270097, 270121, 270131, 270133, 270143, 270157,
270163, 270167, 270191, 270209, 270217, 270223, 270229, 270239,
270241, 270269, 270271, 270287, 270299, 270307, 270311, 270323,
270329, 270337, 270343, 270371, 270379, 270407, 270421, 270437,
270443, 270451, 270461, 270463, 270493, 270509, 270527, 270539,
270547, 270551, 270553, 270563, 270577, 270583, 270587, 270593,
270601, 270619, 270631, 270653, 270659, 270667, 270679, 270689,
270701, 270709, 270719, 270737, 270749, 270761, 270763, 270791,
270797, 270799, 270821, 270833, 270841, 270859, 270899, 270913,
270923, 270931, 270937, 270953, 270961, 270967, 270973, 271003,
271013, 271021, 271027, 271043, 271057, 271067, 271079, 271097,
271109, 271127, 271129, 271163, 271169, 271177, 271181, 271211,
271217, 271231, 271241, 271253, 271261, 271273, 271277, 271279,
271289, 271333, 271351, 271357, 271363, 271367, 271393, 271409,
271429, 271451, 271463, 271471, 271483, 271489, 271499, 271501,
271517, 271549, 271553, 271571, 271573, 271597, 271603, 271619,
271637, 271639, 271651, 271657, 271693, 271703, 271723, 271729,
271753, 271769, 271771, 271787, 271807, 271811, 271829, 271841,
271849, 271853, 271861, 271867, 271879, 271897, 271903, 271919,
271927, 271939, 271967, 271969, 271981, 272003, 272009, 272011,

     Die ersten hunderttausend Primzahlen

272029, 272039, 272053, 272059, 272093, 272131, 272141, 272171,
272179, 272183, 272189, 272191, 272201, 272203, 272227, 272231,
272249, 272257, 272263, 272267, 272269, 272287, 272299, 272317,
272329, 272333, 272341, 272347, 272351, 272353, 272359, 272369,
272381, 272383, 272399, 272407, 272411, 272417, 272423, 272449,
272453, 272477, 272507, 272533, 272537, 272539, 272549, 272563,
272567, 272581, 272603, 272621, 272651, 272659, 272683, 272693,
272717, 272719, 272737, 272759, 272761, 272771, 272777, 272807,
272809, 272813, 272863, 272879, 272887, 272903, 272911, 272917,
272927, 272933, 272959, 272971, 272981, 272983, 272989, 272999,
273001, 273029, 273043, 273047, 273059, 273061, 273067, 273073,
273083, 273107, 273113, 273127, 273131, 273149, 273157, 273181,
273187, 273193, 273233, 273253, 273269, 273271, 273281, 273283,
273289, 273311, 273313, 273323, 273349, 273359, 273367, 273433,
273457, 273473, 273503, 273517, 273521, 273527, 273551, 273569,
273601, 273613, 273617, 273629, 273641, 273643, 273653, 273697,
273709, 273719, 273727, 273739, 273773, 273787, 273797, 273803,
273821, 273827, 273857, 273881, 273899, 273901, 273913, 273919,
273929, 273941, 273943, 273967, 273971, 273979, 273997, 274007,
274019, 274033, 274061, 274069, 274081, 274093, 274103, 274117,
274121, 274123, 274139, 274147, 274163, 274171, 274177, 274187,
274199, 274201, 274213, 274223, 274237, 274243, 274259, 274271,
274277, 274283, 274301, 274333, 274349, 274357, 274361, 274403,
274423, 274441, 274451, 274453, 274457, 274471, 274489, 274517,
274529, 274579, 274583, 274591, 274609, 274627, 274661, 274667,
274679, 274693, 274697, 274709, 274711, 274723, 274739, 274751,
274777, 274783, 274787, 274811, 274817, 274829, 274831, 274837,
274843, 274847, 274853, 274861, 274867, 274871, 274889, 274909,
274931, 274943, 274951, 274957, 274961, 274973, 274993, 275003,
275027, 275039, 275047, 275053, 275059, 275083, 275087, 275129,
275131, 275147, 275153, 275159, 275161, 275167, 275183, 275201,
275207, 275227, 275251, 275263, 275269, 275299, 275309, 275321,
275323, 275339, 275357, 275371, 275389, 275393, 275399, 275419,
275423, 275447, 275449, 275453, 275459, 275461, 275489, 275491,
275503, 275521, 275531, 275543, 275549, 275573, 275579, 275581,
275591, 275593, 275599, 275623, 275641, 275651, 275657, 275669,
275677, 275699, 275711, 275719, 275729, 275741, 275767, 275773,
275783, 275813, 275827, 275837, 275881, 275897, 275911, 275917,
275921, 275923, 275929, 275939, 275941, 275963, 275969, 275981,
275987, 275999, 276007, 276011, 276019, 276037, 276041, 276043,
276047, 276049, 276079, 276083, 276091, 276113, 276137, 276151,
276173, 276181, 276187, 276191, 276209, 276229, 276239, 276247,
276251, 276257, 276277, 276293, 276319, 276323, 276337, 276343,
276347, 276359, 276371, 276373, 276389, 276401, 276439, 276443,
276449, 276461, 276467, 276487, 276499, 276503, 276517, 276527,
276553, 276557, 276581, 276587, 276589, 276593, 276599, 276623,
276629, 276637, 276671, 276673, 276707, 276721, 276739, 276763,
276767, 276779, 276781, 276817, 276821, 276823, 276827, 276833,

276839, 276847, 276869, 276883, 276901, 276907, 276917, 276919,
276929, 276949, 276953, 276961, 276977, 277003, 277007, 277021,
277051, 277063, 277073, 277087, 277097, 277099, 277157, 277163,
277169, 277177, 277183, 277213, 277217, 277223, 277231, 277247,
277259, 277261, 277273, 277279, 277297, 277301, 277309, 277331,
277363, 277373, 277411, 277421, 277427, 277429, 277483, 277493,
277499, 277513, 277531, 277547, 277549, 277567, 277577, 277579,
277597, 277601, 277603, 277637, 277639, 277643, 277657, 277663,
277687, 277691, 277703, 277741, 277747, 277751, 277757, 277787,
277789, 277793, 277813, 277829, 277847, 277859, 277883, 277889,
277891, 277897, 277903, 277919, 277961, 277993, 277999, 278017,
278029, 278041, 278051, 278063, 278071, 278087, 278111, 278119,
278123, 278143, 278147, 278149, 278177, 278191, 278207, 278209,
278219, 278227, 278233, 278237, 278261, 278269, 278279, 278321,
278329, 278347, 278353, 278363, 278387, 278393, 278413, 278437,
278459, 278479, 278489, 278491, 278497, 278501, 278503, 278543,
278549, 278557, 278561, 278563, 278581, 278591, 278609, 278611,
278617, 278623, 278627, 278639, 278651, 278671, 278687, 278689,
278701, 278717, 278741, 278743, 278753, 278767, 278801, 278807,
278809, 278813, 278819, 278827, 278843, 278849, 278867, 278879,
278881, 278891, 278903, 278909, 278911, 278917, 278947, 278981,
279001, 279007, 279023, 279029, 279047, 279073, 279109, 279119,
279121, 279127, 279131, 279137, 279143, 279173, 279179, 279187,
279203, 279211, 279221, 279269, 279311, 279317, 279329, 279337,
279353, 279397, 279407, 279413, 279421, 279431, 279443, 279451,
279479, 279481, 279511, 279523, 279541, 279551, 279553, 279557,
279571, 279577, 279583, 279593, 279607, 279613, 279619, 279637,
279641, 279649, 279659, 279679, 279689, 279707, 279709, 279731,
279751, 279761, 279767, 279779, 279817, 279823, 279847, 279857,
279863, 279883, 279913, 279919, 279941, 279949, 279967, 279977,
279991, 280001, 280009, 280013, 280031, 280037, 280061, 280069,
280097, 280099, 280103, 280121, 280129, 280139, 280183, 280187,
280199, 280207, 280219, 280223, 280229, 280243, 280249, 280253,
280277, 280297, 280303, 280321, 280327, 280337, 280339, 280351,
280373, 280409, 280411, 280451, 280463, 280487, 280499, 280507,
280513, 280537, 280541, 280547, 280549, 280561, 280583, 280589,
280591, 280597, 280603, 280607, 280613, 280627, 280639, 280673,
280681, 280697, 280699, 280703, 280711, 280717, 280729, 280751,
280759, 280769, 280771, 280811, 280817, 280837, 280843, 280859,
280871, 280879, 280883, 280897, 280909, 280913, 280921, 280927,
280933, 280939, 280949, 280957, 280963, 280967, 280979, 280997,
281023, 281033, 281053, 281063, 281069, 281081, 281117, 281131,
281153, 281159, 281167, 281189, 281191, 281207, 281227, 281233,
281243, 281249, 281251, 281273, 281279, 281291, 281297, 281317,
281321, 281327, 281339, 281353, 281357, 281363, 281381, 281419,
281423, 281429, 281431, 281509, 281527, 281531, 281539, 281549,
281551, 281557, 281563, 281579, 281581, 281609, 281621, 281623,
281627, 281641, 281647, 281651, 281653, 281663, 281669, 281683,

         Die ersten hunderttausend Primzahlen

281717, 281719, 281737, 281747, 281761, 281767, 281777, 281783,
281791, 281797, 281803, 281807, 281833, 281837, 281839, 281849,
281857, 281867, 281887, 281893, 281921, 281923, 281927, 281933,
281947, 281959, 281971, 281989, 281993, 282001, 282011, 282019,
282053, 282059, 282071, 282089, 282091, 282097, 282101, 282103,
282127, 282143, 282157, 282167, 282221, 282229, 282239, 282241,
282253, 282281, 282287, 282299, 282307, 282311, 282313, 282349,
282377, 282383, 282389, 282391, 282407, 282409, 282413, 282427,
282439, 282461, 282481, 282487, 282493, 282559, 282563, 282571,
282577, 282589, 282599, 282617, 282661, 282671, 282677, 282679,
282683, 282691, 282697, 282703, 282707, 282713, 282767, 282769,
282773, 282797, 282809, 282827, 282833, 282847, 282851, 282869,
282881, 282889, 282907, 282911, 282913, 282917, 282959, 282973,
282977, 282991, 283001, 283007, 283009, 283027, 283051, 283079,
283093, 283097, 283099, 283111, 283117, 283121, 283133, 283139,
283159, 283163, 283181, 283183, 283193, 283207, 283211, 283267,
283277, 283289, 283303, 283369, 283397, 283403, 283411, 283447,
283463, 283487, 283489, 283501, 283511, 283519, 283541, 283553,
283571, 283573, 283579, 283583, 283601, 283607, 283609, 283631,
283637, 283639, 283669, 283687, 283697, 283721, 283741, 283763,
283769, 283771, 283793, 283799, 283807, 283813, 283817, 283831,
283837, 283859, 283861, 283873, 283909, 283937, 283949, 283957,
283961, 283979, 284003, 284023, 284041,
284051, 284057, 284059, 284083, 284093, 284111, 284117, 284129,
284131, 284149, 284153, 284159, 284161, 284173, 284191, 284201,
284227, 284231, 284233, 284237, 284243, 284261, 284267, 284269,
284293, 284311, 284341, 284357, 284369, 284377, 284387, 284407,
284413, 284423, 284429, 284447, 284467, 284477, 284483, 284489,
284507, 284509, 284521, 284527, 284539, 284551, 284561, 284573,
284587, 284591, 284593, 284623, 284633, 284651, 284657, 284659,
284681, 284689, 284701, 284707, 284723, 284729, 284731, 284737,
284741, 284743, 284747, 284749, 284759, 284777, 284783, 284803,
284807, 284813, 284819, 284831, 284833, 284839, 284857, 284881,
284897, 284899, 284917, 284927, 284957, 284969, 284989, 285007,
285023, 285031, 285049, 285071, 285079, 285091, 285101, 285113,
285119, 285121, 285139, 285151, 285161, 285179, 285191, 285199,
285221, 285227, 285251, 285281, 285283, 285287, 285289, 285301,
285317, 285343, 285377, 285421, 285433, 285451, 285457, 285463,
285469, 285473, 285497, 285517, 285521, 285533, 285539, 285553,
285557, 285559, 285569, 285599, 285611, 285613, 285629, 285631,
285641, 285643, 285661, 285667, 285673, 285697, 285707, 285709,
285721, 285731, 285749, 285757, 285763, 285767, 285773, 285781,
285823, 285827, 285839, 285841, 285871, 285937, 285949, 285953,
285977, 285979, 285983, 285997, 286001, 286009, 286019, 286043,
286049, 286061, 286063, 286073, 286103, 286129, 286163, 286171,
286199, 286243, 286249, 286289, 286301, 286333, 286367, 286369,
286381, 286393, 286397, 286411, 286421, 286427, 286453, 286457,
286459, 286469, 286477, 286483, 286487, 286493, 286499, 286513,

286519, 286541, 286543, 286547, 286553, 286589, 286591, 286609,
286613, 286619, 286633, 286651, 286673, 286687, 286697, 286703,
286711, 286721, 286733, 286751, 286753, 286763, 286771, 286777,
286789, 286801, 286813, 286831, 286859, 286873, 286927, 286973,
286981, 286987, 286999, 287003, 287047, 287057, 287059, 287087,
287093, 287099, 287107, 287117, 287137, 287141, 287149, 287159,
287167, 287173, 287179, 287191, 287219, 287233, 287237, 287239,
287251, 287257, 287269, 287279, 287281, 287291, 287297, 287321,
287327, 287333, 287341, 287347, 287383, 287387, 287393, 287437,
287449, 287491, 287501, 287503, 287537, 287549, 287557, 287579,
287597, 287611, 287629, 287669, 287671, 287681, 287689, 287701,
287731, 287747, 287783, 287789, 287801, 287813, 287821, 287849,
287851, 287857, 287863, 287867, 287873, 287887, 287921, 287933,
287939, 287977, 288007, 288023, 288049, 288053, 288061, 288077,
288089, 288109, 288137, 288179, 288181, 288191, 288199, 288203,
288209, 288227, 288241, 288247, 288257, 288283, 288293, 288307,
288313, 288317, 288349, 288359, 288361, 288383, 288389, 288403,
288413, 288427, 288433, 288461, 288467, 288481, 288493, 288499,
288527, 288529, 288539, 288551, 288559, 288571, 288577, 288583,
288647, 288649, 288653, 288661, 288679, 288683, 288689, 288697,
288731, 288733, 288751, 288767, 288773, 288803, 288817, 288823,
288833, 288839, 288851, 288853, 288877, 288907, 288913, 288929,
288931, 288947, 288973, 288979, 288989, 288991, 288997, 289001,
289019, 289021, 289031, 289033, 289039, 289049, 289063, 289067,
289099, 289103, 289109, 289111, 289127, 289129, 289139, 289141,
289151, 289169, 289171, 289181, 289189, 289193, 289213, 289241,
289243, 289249, 289253, 289273, 289283, 289291, 289297, 289309,
289319, 289343, 289349, 289361, 289369, 289381, 289397, 289417,
289423, 289439, 289453, 289463, 289469, 289477, 289489, 289511,
289543, 289559, 289573, 289577, 289589, 289603, 289607, 289637,
289643, 289657, 289669, 289717, 289721, 289727, 289733, 289741,
289759, 289763, 289771, 289789, 289837, 289841, 289843, 289847,
289853, 289859, 289871, 289889, 289897, 289937, 289951, 289957,
289967, 289973, 289987, 289999, 290011, 290021, 290023, 290027,
290033, 290039, 290041, 290047, 290057, 290083, 290107, 290113,
290119, 290137, 290141, 290161, 290183, 290189, 290201, 290209,
290219, 290233, 290243, 290249, 290317, 290327, 290347, 290351,
290359, 290369, 290383, 290393, 290399, 290419, 290429, 290441,
290443, 290447, 290471, 290473, 290489, 290497, 290509, 290527,
290531, 290533, 290539, 290557, 290593, 290597, 290611, 290617,
290621, 290623, 290627, 290657, 290659, 290663, 290669, 290671,
290677, 290701, 290707, 290711, 290737, 290761, 290767, 290791,
290803, 290821, 290827, 290837, 290839, 290861, 290869, 290879,
290897, 290923, 290959, 290963, 290971, 290987, 290993, 290999,
291007, 291013, 291037, 291041, 291043, 291077, 291089, 291101,
291103, 291107, 291113, 291143, 291167, 291169, 291173, 291191,
291199, 291209, 291217, 291253, 291257, 291271, 291287, 291293,
291299, 291331, 291337, 291349, 291359, 291367, 291371, 291373,

Die ersten hunderttausend Primzahlen

291377, 291419, 291437, 291439, 291443, 291457, 291481, 291491,
291503, 291509, 291521, 291539, 291547, 291559, 291563, 291569,
291619, 291647, 291649, 291661, 291677, 291689, 291691, 291701,
291721, 291727, 291743, 291751, 291779, 291791, 291817, 291829,
291833, 291853, 291857, 291869, 291877, 291887, 291899, 291901,
291923, 291971, 291979, 291983, 291997, 292021, 292027, 292037,
292057, 292069, 292079, 292081, 292091, 292093, 292133, 292141,
292147, 292157, 292181, 292183, 292223, 292231, 292241, 292249,
292267, 292283, 292301, 292309, 292319, 292343, 292351, 292363,
292367, 292381, 292393, 292427, 292441, 292459, 292469, 292471,
292477, 292483, 292489, 292493, 292517, 292531, 292541, 292549,
292561, 292573, 292577, 292601, 292627, 292631, 292661, 292667,
292673, 292679, 292693, 292703, 292709, 292711, 292717, 292727,
292753, 292759, 292777, 292793, 292801, 292807, 292819, 292837,
292841, 292849, 292867, 292879, 292909, 292921, 292933, 292969,
292973, 292979, 292993, 293021, 293071, 293081, 293087, 293093,
293099, 293107, 293123, 293129, 293147, 293149, 293173, 293177,
293179, 293201, 293207, 293213, 293221, 293257, 293261, 293263,
293269, 293311, 293329, 293339, 293351, 293357, 293399, 293413,
293431, 293441, 293453, 293459, 293467, 293473, 293483, 293507,
293543, 293599, 293603, 293617, 293621, 293633, 293639, 293651,
293659, 293677, 293681, 293701, 293717, 293723, 293729, 293749,
293767, 293773, 293791, 293803, 293827, 293831, 293861, 293863,
293893, 293899, 293941, 293957, 293983, 293989, 293999, 294001,
294013, 294023, 294029, 294043, 294053, 294059, 294067, 294103,
294127, 294131, 294149, 294157, 294167, 294169, 294179, 294181,
294199, 294211, 294223, 294227, 294241, 294247, 294251, 294269,
294277, 294289, 294293, 294311, 294313, 294317, 294319, 294337,
294341, 294347, 294353, 294383, 294391, 294397, 294403, 294431,
294439, 294461, 294467, 294479, 294499, 294509, 294523, 294529,
294551, 294563, 294629, 294641, 294647, 294649, 294659, 294673,
294703, 294731, 294751, 294757, 294761, 294773, 294781, 294787,
294793, 294799, 294803, 294809, 294821, 294829, 294859, 294869,
294887, 294893, 294911, 294919, 294923, 294947, 294949, 294953,
294979, 294989, 294991, 294997, 295007, 295033, 295037, 295039,
295049, 295073, 295079, 295081, 295111, 295123, 295129, 295153,
295187, 295199, 295201, 295219, 295237, 295247, 295259, 295271,
295277, 295283, 295291, 295313, 295319, 295333, 295357, 295363,
295387, 295411, 295417, 295429, 295433, 295439, 295441, 295459,
295513, 295517, 295541, 295553, 295567, 295571, 295591, 295601,
295663, 295693, 295699, 295703, 295727, 295751, 295759, 295769,
295777, 295787, 295819, 295831, 295837, 295843, 295847, 295853,
295861, 295871, 295873, 295877, 295879, 295901, 295903, 295909,
295937, 295943, 295949, 295951, 295961, 295973, 295993, 296011,
296017, 296027, 296041, 296047, 296071, 296083, 296099, 296117,
296129, 296137, 296159, 296183, 296201, 296213, 296221, 296237,
296243, 296249, 296251, 296269, 296273, 296279, 296287, 296299,
296347, 296353, 296363, 296369, 296377, 296437, 296441, 296473,

296477, 296479, 296489, 296503, 296507, 296509, 296519, 296551,
296557, 296561, 296563, 296579, 296581, 296587, 296591, 296627,
296651, 296663, 296669, 296683, 296687, 296693, 296713, 296719,
296729, 296731, 296741, 296749, 296753, 296767, 296771, 296773,
296797, 296801, 296819, 296827, 296831, 296833, 296843, 296909,
296911, 296921, 296929, 296941, 296969, 296971, 296981, 296983,
296987, 297019, 297023, 297049, 297061, 297067, 297079, 297083,
297097, 297113, 297133, 297151, 297161, 297169, 297191, 297233,
297247, 297251, 297257, 297263, 297289, 297317, 297359, 297371,
297377, 297391, 297397, 297403, 297421, 297439, 297457, 297467,
297469, 297481, 297487, 297503, 297509, 297523, 297533, 297581,
297589, 297601, 297607, 297613, 297617, 297623, 297629, 297641,
297659, 297683, 297691, 297707, 297719, 297727, 297757, 297779,
297793, 297797, 297809, 297811, 297833, 297841, 297853, 297881,
297889, 297893, 297907, 297911, 297931, 297953, 297967, 297971,
297989, 297991, 298013, 298021, 298031, 298043, 298049, 298063,
298087, 298093, 298099, 298153, 298157, 298159, 298169, 298171,
298187, 298201, 298211, 298213, 298223, 298237, 298247, 298261,
298283, 298303, 298307, 298327, 298339, 298343, 298349, 298369,
298373, 298399, 298409, 298411, 298427, 298451, 298477, 298483,
298513, 298559, 298579, 298583, 298589, 298601, 298607, 298621,
298631, 298651, 298667, 298679, 298681, 298687, 298691, 298693,
298709, 298723, 298733, 298757, 298759, 298777, 298799, 298801,
298817, 298819, 298841, 298847, 298853, 298861, 298897, 298937,
298943, 298993, 298999, 299011, 299017, 299027, 299029, 299053,
299059, 299063, 299087, 299099, 299107, 299113, 299137, 299147,
299171, 299179, 299191, 299197, 299213, 299239, 299261, 299281,
299287, 299311, 299317, 299329, 299333, 299357, 299359, 299363,
299371, 299389, 299393, 299401, 299417, 299419, 299447, 299471,
299473, 299477, 299479, 299501, 299513, 299521, 299527, 299539,
299567, 299569, 299603,
299617, 299623, 299653, 299671, 299681, 299683, 299699, 299701,
299711, 299723, 299731, 299743, 299749, 299771, 299777, 299807,
299843, 299857, 299861, 299881, 299891, 299903, 299909, 299933,
299941, 299951, 299969, 299977, 299983, 299993, 300007, 300017,
300023, 300043, 300073, 300089, 300109, 300119, 300137, 300149,
300151, 300163, 300187, 300191, 300193, 300221, 300229, 300233,
300239, 300247, 300277, 300299, 300301, 300317, 300319, 300323,
300331, 300343, 300347, 300367, 300397, 300413, 300427, 300431,
300439, 300463, 300481, 300491, 300493, 300497, 300499, 300511,
300557, 300569, 300581, 300583, 300589, 300593, 300623, 300631,
300647, 300649, 300661, 300667, 300673, 300683, 300691, 300719,
300721, 300733, 300739, 300743, 300749, 300757, 300761, 300779,
300787, 300799, 300809, 300821, 300823, 300851, 300857, 300869,
300877, 300889, 300893, 300929, 300931, 300953, 300961, 300967,
300973, 300977, 300997, 301013, 301027, 301039, 301051, 301057,
301073, 301079, 301123, 301127, 301141, 301153, 301159, 301177,
301181, 301183, 301211, 301219, 301237, 301241, 301243, 301247,

     Die ersten hunderttausend Primzahlen

301267, 301303, 301319, 301331, 301333, 301349, 301361, 301363,
301381, 301403, 301409, 301423, 301429, 301447, 301459, 301463,
301471, 301487, 301489, 301493, 301501, 301531, 301577, 301579,
301583, 301591, 301601, 301619, 301627, 301643, 301649, 301657,
301669, 301673, 301681, 301703, 301711, 301747, 301751, 301753,
301759, 301789, 301793, 301813, 301831, 301841, 301843, 301867,
301877, 301897, 301901, 301907, 301913, 301927, 301933, 301943,
301949, 301979, 301991, 301993, 301997, 301999, 302009, 302053,
302111, 302123, 302143, 302167, 302171, 302173, 302189, 302191,
302213, 302221, 302227, 302261, 302273, 302279, 302287, 302297,
302299, 302317, 302329, 302399, 302411, 302417, 302429, 302443,
302459, 302483, 302507, 302513, 302551, 302563, 302567, 302573,
302579, 302581, 302587, 302593, 302597, 302609, 302629, 302647,
302663, 302681, 302711, 302723, 302747, 302759, 302767, 302779,
302791, 302801, 302831, 302833, 302837, 302843, 302851, 302857,
302873, 302891, 302903, 302909, 302921, 302927, 302941, 302959,
302969, 302971, 302977, 302983, 302989, 302999, 303007, 303011,
303013, 303019, 303029, 303049, 303053, 303073, 303089, 303091,
303097, 303119, 303139, 303143, 303151, 303157, 303187, 303217,
303257, 303271, 303283, 303287, 303293, 303299, 303307, 303313,
303323, 303337, 303341, 303361, 303367, 303371, 303377, 303379,
303389, 303409, 303421, 303431, 303463, 303469, 303473, 303491,
303493, 303497, 303529, 303539, 303547, 303551, 303553, 303571,
303581, 303587, 303593, 303613, 303617, 303619, 303643, 303647,
303649, 303679, 303683, 303689, 303691, 303703, 303713, 303727,
303731, 303749, 303767, 303781, 303803, 303817, 303827, 303839,
303859, 303871, 303889, 303907, 303917, 303931, 303937, 303959,
303983, 303997, 304009, 304013, 304021, 304033, 304039, 304049,
304063, 304067, 304069, 304081, 304091, 304099, 304127, 304151,
304153, 304163, 304169, 304193, 304211, 304217, 304223, 304253,
304259, 304279, 304301, 304303, 304331, 304349, 304357, 304363,
304373, 304391, 304393, 304411, 304417, 304429, 304433, 304439,
304457, 304459, 304477, 304481, 304489, 304501, 304511, 304517,
304523, 304537, 304541, 304553, 304559, 304561, 304597, 304609,
304631, 304643, 304651, 304663, 304687, 304709, 304723, 304729,
304739, 304751, 304757, 304763, 304771, 304781, 304789, 304807,
304813, 304831, 304847, 304849, 304867, 304879, 304883, 304897,
304901, 304903, 304907, 304933, 304937, 304943, 304949, 304961,
304979, 304981, 305017, 305021, 305023, 305029, 305033, 305047,
305069, 305093, 305101, 305111, 305113, 305119, 305131, 305143,
305147, 305209, 305219, 305231, 305237, 305243, 305267, 305281,
305297, 305329, 305339, 305351, 305353, 305363, 305369, 305377,
305401, 305407, 305411, 305413, 305419, 305423, 305441, 305449,
305471, 305477, 305479, 305483, 305489, 305497, 305521, 305533,
305551, 305563, 305581, 305593, 305597, 305603, 305611, 305621,
305633, 305639, 305663, 305717, 305719, 305741, 305743, 305749,
305759, 305761, 305771, 305783, 305803, 305821, 305839, 305849,
305857, 305861, 305867, 305873, 305917, 305927, 305933, 305947,

305971, 305999, 306011, 306023, 306029, 306041, 306049, 306083,
306091, 306121, 306133, 306139, 306149, 306157, 306167, 306169,
306191, 306193, 306209, 306239, 306247, 306253, 306259, 306263,
306301, 306329, 306331, 306347, 306349, 306359, 306367, 306377,
306389, 306407, 306419, 306421, 306431, 306437, 306457, 306463,
306473, 306479, 306491, 306503, 306511, 306517, 306529, 306533,
306541, 306563, 306577, 306587, 306589, 306643, 306653, 306661,
306689, 306701, 306703, 306707, 306727, 306739, 306749, 306763,
306781, 306809, 306821, 306827, 306829, 306847, 306853, 306857,
306871, 306877, 306883, 306893, 306899, 306913, 306919, 306941,
306947, 306949, 306953, 306991, 307009, 307019, 307031, 307033,
307067, 307079, 307091, 307093, 307103, 307121, 307129, 307147,
307163, 307169, 307171, 307187, 307189, 307201, 307243, 307253,
307259, 307261, 307267, 307273, 307277, 307283, 307289, 307301,
307337, 307339, 307361, 307367, 307381, 307397, 307399, 307409,
307423, 307451, 307471, 307481, 307511, 307523, 307529, 307537,
307543, 307577, 307583, 307589, 307609, 307627, 307631, 307633,
307639, 307651, 307669, 307687, 307691, 307693, 307711, 307733,
307759, 307817, 307823, 307831, 307843, 307859, 307871, 307873,
307891, 307903, 307919, 307939, 307969, 308003, 308017, 308027,
308041, 308051, 308081, 308093, 308101, 308107, 308117, 308129,
308137, 308141, 308149, 308153, 308213, 308219, 308249, 308263,
308291, 308293, 308303, 308309, 308311, 308317, 308323, 308327,
308333, 308359, 308383, 308411, 308423, 308437, 308447, 308467,
308489, 308491, 308501, 308507, 308509, 308519, 308521, 308527,
308537, 308551, 308569, 308573, 308587, 308597, 308621, 308639,
308641, 308663, 308681, 308701, 308713, 308723, 308761, 308773,
308801, 308809, 308813, 308827, 308849, 308851, 308857, 308887,
308899, 308923, 308927, 308929, 308933, 308939, 308951, 308989,
308999, 309007, 309011, 309013, 309019, 309031, 309037, 309059,
309079, 309083, 309091, 309107, 309109, 309121, 309131, 309137,
309157, 309167, 309173, 309193, 309223, 309241, 309251, 309259,
309269, 309271, 309277, 309289, 309293, 309311, 309313, 309317,
309359, 309367, 309371, 309391, 309403, 309433, 309437, 309457,
309461, 309469, 309479, 309481, 309493, 309503, 309521, 309523,
309539, 309541, 309559, 309571, 309577, 309583, 309599, 309623,
309629, 309637, 309667, 309671, 309677, 309707, 309713, 309731,
309737, 309769, 309779, 309781, 309797, 309811, 309823, 309851,
309853, 309857, 309877, 309899, 309929, 309931, 309937, 309977,
309989, 310019, 310021, 310027, 310043, 310049, 310081, 310087,
310091, 310111, 310117, 310127, 310129, 310169, 310181, 310187,
310223, 310229, 310231, 310237, 310243, 310273, 310283, 310291,
310313, 310333, 310357, 310361, 310363, 310379, 310397, 310423,
310433, 310439, 310447, 310459, 310463, 310481, 310489, 310501,
310507, 310511, 310547, 310553, 310559, 310567, 310571, 310577,
310591, 310627, 310643, 310663, 310693, 310697, 310711, 310721,
310727, 310729, 310733, 310741, 310747, 310771, 310781, 310789,
310801, 310819, 310823, 310829, 310831, 310861, 310867, 310883,

     Die ersten hunderttausend Primzahlen

310889, 310901, 310927, 310931, 310949, 310969, 310987, 310997,
311009, 311021, 311027, 311033, 311041, 311099, 311111, 311123,
311137, 311153, 311173, 311177, 311183, 311189, 311197, 311203,
311237, 311279, 311291, 311293, 311299, 311303, 311323, 311329,
311341, 311347, 311359, 311371, 311393, 311407, 311419, 311447,
311453, 311473, 311533, 311537, 311539, 311551, 311557, 311561,
311567, 311569, 311603, 311609, 311653, 311659, 311677, 311681,
311683, 311687, 311711, 311713, 311737, 311743, 311747, 311749,
311791, 311803, 311807, 311821, 311827, 311867, 311869, 311881,
311897, 311951, 311957, 311963, 311981, 312007, 312023, 312029,
312031, 312043, 312047, 312071, 312073, 312083, 312089, 312101,
312107, 312121, 312161, 312197, 312199, 312203, 312209, 312211,
312217, 312229, 312233, 312241, 312251, 312253, 312269, 312281,
312283, 312289, 312311, 312313, 312331, 312343, 312349, 312353,
312371, 312383, 312397, 312401, 312407, 312413, 312427, 312451,
312469, 312509, 312517, 312527, 312551, 312553, 312563, 312581,
312583, 312589, 312601, 312617, 312619, 312623, 312643, 312673,
312677, 312679, 312701, 312703, 312709, 312727, 312737, 312743,
312757, 312773, 312779, 312799, 312839, 312841, 312857, 312863,
312887, 312899, 312929, 312931, 312937, 312941, 312943, 312967,
312971, 312979, 312989, 313003, 313009, 313031, 313037, 313081,
313087, 313109, 313127, 313129, 313133, 313147, 313151, 313153,
313163, 313207, 313211, 313219, 313241, 313249, 313267, 313273,
313289, 313297, 313301, 313307, 313321, 313331, 313333, 313343,
313351, 313373, 313381, 313387, 313399, 313409, 313471, 313477,
313507, 313517, 313543, 313549, 313553, 313561, 313567, 313571,
313583, 313589, 313597, 313603, 313613, 313619, 313637, 313639,
313661, 313669, 313679, 313699, 313711, 313717, 313721, 313727,
313739, 313741, 313763, 313777, 313783, 313829, 313849, 313853,
313879, 313883, 313889, 313897, 313909, 313921, 313931, 313933,
313949, 313961, 313969, 313979, 313981, 313987, 313991, 313993,
313997, 314003, 314021, 314059, 314063, 314077, 314107, 314113,
314117, 314129, 314137, 314159, 314161, 314173, 314189, 314213,
314219, 314227, 314233, 314239, 314243, 314257, 314261, 314263,
314267, 314299, 314329, 314339, 314351, 314357, 314359, 314399,
314401, 314407, 314423, 314441, 314453, 314467, 314491, 314497,
314513, 314527, 314543, 314549, 314569,
314581, 314591, 314597, 314599, 314603, 314623, 314627, 314641,
314651, 314693, 314707, 314711, 314719, 314723, 314747, 314761,
314771, 314777, 314779, 314807, 314813, 314827, 314851, 314879,
314903, 314917, 314927, 314933, 314953, 314957, 314983, 314989,
315011, 315013, 315037, 315047, 315059, 315067, 315083, 315097,
315103, 315109, 315127, 315179, 315181, 315193, 315199, 315223,
315247, 315251, 315257, 315269, 315281, 315313, 315349, 315361,
315373, 315377, 315389, 315407, 315409, 315421, 315437, 315449,
315451, 315461, 315467, 315481, 315493, 315517, 315521, 315527,
315529, 315547, 315551, 315559, 315569, 315589, 315593, 315599,
315613, 315617, 315631, 315643, 315671, 315677, 315691, 315697,

315701, 315703, 315739, 315743, 315751, 315779, 315803, 315811,
315829, 315851, 315857, 315881, 315883, 315893, 315899, 315907,
315937, 315949, 315961, 315967, 315977, 316003, 316031, 316033,
316037, 316051, 316067, 316073, 316087, 316097, 316109, 316133,
316139, 316153, 316177, 316189, 316193, 316201, 316213, 316219,
316223, 316241, 316243, 316259, 316271, 316291, 316297, 316301,
316321, 316339, 316343, 316363, 316373, 316391, 316403, 316423,
316429, 316439, 316453, 316469, 316471, 316493, 316499, 316501,
316507, 316531, 316567, 316571, 316577, 316583, 316621, 316633,
316637, 316649, 316661, 316663, 316681, 316691, 316697, 316699,
316703, 316717, 316753, 316759, 316769, 316777, 316783, 316793,
316801, 316817, 316819, 316847, 316853, 316859, 316861, 316879,
316891, 316903, 316907, 316919, 316937, 316951, 316957, 316961,
316991, 317003, 317011, 317021, 317029, 317047, 317063, 317071,
317077, 317087, 317089, 317123, 317159, 317171, 317179, 317189,
317197, 317209, 317227, 317257, 317263, 317267, 317269, 317279,
317321, 317323, 317327, 317333, 317351, 317353, 317363, 317371,
317399, 317411, 317419, 317431, 317437, 317453, 317459, 317483,
317489, 317491, 317503, 317539, 317557, 317563, 317587, 317591,
317593, 317599, 317609, 317617, 317621, 317651, 317663, 317671,
317693, 317701, 317711, 317717, 317729, 317731, 317741, 317743,
317771, 317773, 317777, 317783, 317789, 317797, 317827, 317831,
317839, 317857, 317887, 317903, 317921, 317923, 317957, 317959,
317963, 317969, 317971, 317983, 317987, 318001, 318007, 318023,
318077, 318103, 318107, 318127, 318137, 318161, 318173, 318179,
318181, 318191, 318203, 318209, 318211, 318229, 318233, 318247,
318259, 318271, 318281, 318287, 318289, 318299, 318301, 318313,
318319, 318323, 318337, 318347, 318349, 318377, 318403, 318407,
318419, 318431, 318443, 318457, 318467, 318473, 318503, 318523,
318557, 318559, 318569, 318581, 318589, 318601, 318629, 318641,
318653, 318671, 318677, 318679, 318683, 318691, 318701, 318713,
318737, 318743, 318749, 318751, 318781, 318793, 318809, 318811,
318817, 318823, 318833, 318841, 318863, 318881, 318883, 318889,
318907, 318911, 318917, 318919, 318949, 318979, 319001, 319027,
319031, 319037, 319049, 319057, 319061, 319069, 319093, 319097,
319117, 319127, 319129, 319133, 319147, 319159, 319169, 319183,
319201, 319211, 319223, 319237, 319259, 319279, 319289, 319313,
319321, 319327, 319339, 319343, 319351, 319357, 319387, 319391,
319399, 319411, 319427, 319433, 319439, 319441, 319453, 319469,
319477, 319483, 319489, 319499, 319511, 319519, 319541, 319547,
319567, 319577, 319589, 319591, 319601, 319607, 319639, 319673,
319679, 319681, 319687, 319691, 319699, 319727, 319729, 319733,
319747, 319757, 319763, 319811, 319817, 319819, 319829, 319831,
319849, 319883, 319897, 319901, 319919, 319927, 319931, 319937,
319967, 319973, 319981, 319993, 320009, 320011, 320027, 320039,
320041, 320053, 320057, 320063, 320081, 320083, 320101, 320107,
320113, 320119, 320141, 320143, 320149, 320153, 320179, 320209,
320213, 320219, 320237, 320239, 320267, 320269, 320273, 320291,

        Die ersten hunderttausend Primzahlen

320293, 320303, 320317, 320329, 320339, 320377, 320387, 320389,
320401, 320417, 320431, 320449, 320471, 320477, 320483, 320513,
320521, 320533, 320539, 320561, 320563, 320591, 320609, 320611,
320627, 320647, 320657, 320659, 320669, 320687, 320693, 320699,
320713, 320741, 320759, 320767, 320791, 320821, 320833, 320839,
320843, 320851, 320861, 320867, 320899, 320911, 320923, 320927,
320939, 320941, 320953, 321007, 321017, 321031, 321037, 321047,
321053, 321073, 321077, 321091, 321109, 321143, 321163, 321169,
321187, 321193, 321199, 321203, 321221, 321227, 321239, 321247,
321289, 321301, 321311, 321313, 321319, 321323, 321329, 321331,
321341, 321359, 321367, 321371, 321383, 321397, 321403, 321413,
321427, 321443, 321449, 321467, 321469, 321509, 321547, 321553,
321569, 321571, 321577, 321593, 321611, 321617, 321619, 321631,
321647, 321661, 321679, 321707, 321709, 321721, 321733, 321743,
321751, 321757, 321779, 321799, 321817, 321821, 321823, 321829,
321833, 321847, 321851, 321889, 321901, 321911, 321947, 321949,
321961, 321983, 321991, 322001, 322009, 322013, 322037, 322039,
322051, 322057, 322067, 322073, 322079, 322093, 322097, 322109,
322111, 322139, 322169, 322171, 322193, 322213, 322229, 322237,
322243, 322247, 322249, 322261, 322271, 322319, 322327, 322339,
322349, 322351, 322397, 322403, 322409, 322417, 322429, 322433,
322459, 322463, 322501, 322513, 322519, 322523, 322537, 322549,
322559, 322571, 322573, 322583, 322589, 322591, 322607, 322613,
322627, 322631, 322633, 322649, 322669, 322709, 322727, 322747,
322757, 322769, 322771, 322781, 322783, 322807, 322849, 322859,
322871, 322877, 322891, 322901, 322919, 322921, 322939, 322951,
322963, 322969, 322997, 322999, 323003, 323009, 323027, 323053,
323077, 323083, 323087, 323093, 323101, 323123, 323131, 323137,
323149, 323201, 323207, 323233, 323243, 323249, 323251, 323273,
323333, 323339, 323341, 323359, 323369, 323371, 323377, 323381,
323383, 323413, 323419, 323441, 323443, 323467, 323471, 323473,
323507, 323509, 323537, 323549, 323567, 323579, 323581, 323591,
323597, 323599, 323623, 323641, 323647, 323651, 323699, 323707,
323711, 323717, 323759, 323767, 323789, 323797, 323801, 323803,
323819, 323837, 323879, 323899, 323903, 323923, 323927, 323933,
323951, 323957, 323987, 324011, 324031, 324053, 324067, 324073,
324089, 324097, 324101, 324113, 324119, 324131, 324143, 324151,
324161, 324179, 324199, 324209, 324211, 324217, 324223, 324239,
324251, 324293, 324299, 324301, 324319, 324329, 324341, 324361,
324391, 324397, 324403, 324419, 324427, 324431, 324437, 324439,
324449, 324451, 324469, 324473, 324491, 324497, 324503, 324517,
324523, 324529, 324557, 324587, 324589, 324593, 324617, 324619,
324637, 324641, 324647, 324661, 324673, 324689, 324697, 324707,
324733, 324743, 324757, 324763, 324773, 324781, 324791, 324799,
324809, 324811, 324839, 324847, 324869, 324871, 324889, 324893,
324901, 324931, 324941, 324949, 324953, 324977, 324979, 324983,
324991, 324997, 325001, 325009, 325019, 325021, 325027, 325043,
325051, 325063, 325079, 325081, 325093, 325133, 325153, 325163,

325181, 325187, 325189, 325201, 325217, 325219, 325229, 325231,
325249, 325271, 325301, 325307, 325309, 325319, 325333, 325343,
325349, 325379, 325411, 325421, 325439, 325447, 325453, 325459,
325463, 325477, 325487, 325513, 325517, 325537, 325541, 325543,
325571, 325597, 325607, 325627, 325631, 325643, 325667, 325673,
325681, 325691, 325693, 325697, 325709, 325723, 325729, 325747,
325751, 325753, 325769, 325777, 325781, 325783, 325807, 325813,
325849, 325861, 325877, 325883, 325889, 325891, 325901, 325921,
325939, 325943, 325951, 325957, 325987, 325993, 325999, 326023,
326057, 326063, 326083, 326087, 326099, 326101, 326113, 326119,
326141, 326143, 326147, 326149, 326153, 326159, 326171, 326189,
326203, 326219, 326251, 326257, 326309, 326323, 326351, 326353,
326369, 326437, 326441, 326449, 326467, 326479, 326497, 326503,
326537, 326539, 326549, 326561, 326563, 326567, 326581, 326593,
326597, 326609, 326611, 326617, 326633, 326657, 326659, 326663,
326681, 326687, 326693, 326701, 326707, 326737, 326741, 326773,
326779, 326831, 326863, 326867, 326869, 326873, 326881, 326903,
326923, 326939, 326941, 326947, 326951, 326983, 326993, 326999,
327001, 327007, 327011, 327017, 327023, 327059, 327071, 327079,
327127, 327133, 327163, 327179, 327193, 327203, 327209, 327211,
327247, 327251, 327263, 327277, 327289, 327307, 327311, 327317,
327319, 327331, 327337, 327343, 327347, 327401, 327407, 327409,
327419, 327421, 327433, 327443, 327463, 327469, 327473, 327479,
327491, 327493, 327499, 327511, 327517, 327529, 327553, 327557,
327559, 327571, 327581, 327583, 327599, 327619, 327629, 327647,
327661, 327667, 327673, 327689, 327707, 327721, 327737, 327739,
327757, 327779, 327797, 327799, 327809, 327823, 327827, 327829,
327839, 327851, 327853, 327869, 327871, 327881, 327889, 327917,
327923, 327941, 327953, 327967, 327979, 327983, 328007, 328037,
328043, 328051, 328061, 328063, 328067, 328093, 328103, 328109,
328121, 328127, 328129, 328171, 328177, 328213, 328243, 328249,
328271, 328277, 328283, 328291, 328303, 328327, 328331, 328333,
328343, 328357, 328373, 328379, 328381, 328397, 328411, 328421,
328429, 328439, 328481, 328511, 328513, 328519, 328543, 328579,
328589, 328591, 328619, 328621, 328633, 328637, 328639, 328651,
328667, 328687, 328709, 328721, 328753, 328777, 328781, 328787,
328789, 328813, 328829, 328837, 328847, 328849, 328883, 328891,
328897, 328901, 328919, 328921, 328931, 328961, 328981, 329009,
329027, 329053, 329059, 329081, 329083, 329089, 329101, 329111,
329123, 329143, 329167, 329177, 329191, 329201, 329207, 329209,
329233, 329243, 329257, 329267, 329269, 329281, 329293, 329297,
329299, 329309, 329317, 329321, 329333, 329347, 329387, 329393,
329401, 329419, 329431, 329471, 329473, 329489, 329503, 329519,
329533, 329551, 329557, 329587, 329591, 329597, 329603, 329617,
329627, 329629, 329639,
329657, 329663, 329671, 329677, 329683, 329687, 329711, 329717,
329723, 329729, 329761, 329773, 329779, 329789, 329801, 329803,
329863, 329867, 329873, 329891, 329899, 329941, 329947, 329951,

          Die ersten hunderttausend Primzahlen

329957, 329969, 329977, 329993, 329999, 330017, 330019, 330037,
330041, 330047, 330053, 330061, 330067, 330097, 330103, 330131,
330133, 330139, 330149, 330167, 330199, 330203, 330217, 330227,
330229, 330233, 330241, 330247, 330271, 330287, 330289, 330311,
330313, 330329, 330331, 330347, 330359, 330383, 330389, 330409,
330413, 330427, 330431, 330433, 330439, 330469, 330509, 330557,
330563, 330569, 330587, 330607, 330611, 330623, 330641, 330643,
330653, 330661, 330679, 330683, 330689, 330697, 330703, 330719,
330721, 330731, 330749, 330767, 330787, 330791, 330793, 330821,
330823, 330839, 330853, 330857, 330859, 330877, 330887, 330899,
330907, 330917, 330943, 330983, 330997, 331013, 331027, 331031,
331043, 331063, 331081, 331099, 331127, 331141, 331147, 331153,
331159, 331171, 331183, 331207, 331213, 331217, 331231, 331241,
331249, 331259, 331277, 331283, 331301, 331307, 331319, 331333,
331337, 331339, 331349, 331367, 331369, 331391, 331399, 331423,
331447, 331451, 331489, 331501, 331511, 331519, 331523, 331537,
331543, 331547, 331549, 331553, 331577, 331579, 331589, 331603,
331609, 331613, 331651, 331663, 331691, 331693, 331697, 331711,
331739, 331753, 331769, 331777, 331781, 331801, 331819, 331841,
331843, 331871, 331883, 331889, 331897, 331907, 331909, 331921,
331937, 331943, 331957, 331967, 331973, 331997, 331999, 332009,
332011, 332039, 332053, 332069, 332081, 332099, 332113, 332117,
332147, 332159, 332161, 332179, 332183, 332191, 332201, 332203,
332207, 332219, 332221, 332251, 332263, 332273, 332287, 332303,
332309, 332317, 332393, 332399, 332411, 332417, 332441, 332447,
332461, 332467, 332471, 332473, 332477, 332489, 332509, 332513,
332561, 332567, 332569, 332573, 332611, 332617, 332623, 332641,
332687, 332699, 332711, 332729, 332743, 332749, 332767, 332779,
332791, 332803, 332837, 332851, 332873, 332881, 332887, 332903,
332921, 332933, 332947, 332951, 332987, 332989, 332993, 333019,
333023, 333029, 333031, 333041, 333049, 333071, 333097, 333101,
333103, 333107, 333131, 333139, 333161, 333187, 333197, 333209,
333227, 333233, 333253, 333269, 333271, 333283, 333287, 333299,
333323, 333331, 333337, 333341, 333349, 333367, 333383, 333397,
333419, 333427, 333433, 333439, 333449, 333451, 333457, 333479,
333491, 333493, 333497, 333503, 333517, 333533, 333539, 333563,
333581, 333589, 333623, 333631, 333647, 333667, 333673, 333679,
333691, 333701, 333713, 333719, 333721, 333737, 333757, 333769,
333779, 333787, 333791, 333793, 333803, 333821, 333857, 333871,
333911, 333923, 333929, 333941, 333959, 333973, 333989, 333997,
334021, 334031, 334043, 334049, 334057, 334069, 334093, 334099,
334127, 334133, 334157, 334171, 334177, 334183, 334189, 334199,
334231, 334247, 334261, 334289, 334297, 334319, 334331, 334333,
334349, 334363, 334379, 334387, 334393, 334403, 334421, 334423,
334427, 334429, 334447, 334487, 334493, 334507, 334511, 334513,
334541, 334547, 334549, 334561, 334603, 334619, 334637, 334643,
334651, 334661, 334667, 334681, 334693, 334699, 334717, 334721,
334727, 334751, 334753, 334759, 334771, 334777, 334783, 334787,

334793, 334843, 334861, 334877, 334889, 334891, 334897, 334931,
334963, 334973, 334987, 334991, 334993, 335009, 335021, 335029,
335033, 335047, 335051, 335057, 335077, 335081, 335089, 335107,
335113, 335117, 335123, 335131, 335149, 335161, 335171, 335173,
335207, 335213, 335221, 335249, 335261, 335273, 335281, 335299,
335323, 335341, 335347, 335381, 335383, 335411, 335417, 335429,
335449, 335453, 335459, 335473, 335477, 335507, 335519, 335527,
335539, 335557, 335567, 335579, 335591, 335609, 335633, 335641,
335653, 335663, 335669, 335681, 335689, 335693, 335719, 335729,
335743, 335747, 335771, 335807, 335809, 335813, 335821, 335833,
335843, 335857, 335879, 335893, 335897, 335917, 335941, 335953,
335957, 335999, 336029, 336031, 336041, 336059, 336079, 336101,
336103, 336109, 336113, 336121, 336143, 336151, 336157, 336163,
336181, 336199, 336211, 336221, 336223, 336227, 336239, 336247,
336251, 336253, 336263, 336307, 336317, 336353, 336361, 336373,
336397, 336403, 336419, 336437, 336463, 336491, 336499, 336503,
336521, 336527, 336529, 336533, 336551, 336563, 336571, 336577,
336587, 336593, 336599, 336613, 336631, 336643, 336649, 336653,
336667, 336671, 336683, 336689, 336703, 336727, 336757, 336761,
336767, 336769, 336773, 336793, 336799, 336803, 336823, 336827,
336829, 336857, 336863, 336871, 336887, 336899, 336901, 336911,
336929, 336961, 336977, 336983, 336989, 336997, 337013, 337021,
337031, 337039, 337049, 337069, 337081, 337091, 337097, 337121,
337153, 337189, 337201, 337213, 337217, 337219, 337223, 337261,
337277, 337279, 337283, 337291, 337301, 337313, 337327, 337339,
337343, 337349, 337361, 337367, 337369, 337397, 337411, 337427,
337453, 337457, 337487, 337489, 337511, 337517, 337529, 337537,
337541, 337543, 337583, 337607, 337609, 337627, 337633, 337639,
337651, 337661, 337669, 337681, 337691, 337697, 337721, 337741,
337751, 337759, 337781, 337793, 337817, 337837, 337853, 337859,
337861, 337867, 337871, 337873, 337891, 337901, 337903, 337907,
337919, 337949, 337957, 337969, 337973, 337999, 338017, 338027,
338033, 338119, 338137, 338141, 338153, 338159, 338161, 338167,
338171, 338183, 338197, 338203, 338207, 338213, 338231, 338237,
338251, 338263, 338267, 338269, 338279, 338287, 338293, 338297,
338309, 338321, 338323, 338339, 338341, 338347, 338369, 338383,
338389, 338407, 338411, 338413, 338423, 338431, 338449, 338461,
338473, 338477, 338497, 338531, 338543, 338563, 338567, 338573,
338579, 338581, 338609, 338659, 338669, 338683, 338687, 338707,
338717, 338731, 338747, 338753, 338761, 338773, 338777, 338791,
338803, 338839, 338851, 338857, 338867, 338893, 338909, 338927,
338959, 338993, 338999, 339023, 339049, 339067, 339071, 339091,
339103, 339107, 339121, 339127, 339137, 339139, 339151, 339161,
339173, 339187, 339211, 339223, 339239, 339247, 339257, 339263,
339289, 339307, 339323, 339331, 339341, 339373, 339389, 339413,
339433, 339467, 339491, 339517, 339527, 339539, 339557, 339583,
339589, 339601, 339613, 339617, 339631, 339637, 339649, 339653,
339659, 339671, 339673, 339679, 339707, 339727, 339749, 339751,

   Die ersten hunderttausend Primzahlen

339761, 339769, 339799, 339811, 339817, 339821, 339827, 339839,
339841, 339863, 339887, 339907, 339943, 339959, 339991, 340007,
340027, 340031, 340037, 340049, 340057, 340061, 340063, 340073,
340079, 340103, 340111, 340117, 340121, 340127, 340129, 340169,
340183, 340201, 340211, 340237, 340261, 340267, 340283, 340297,
340321, 340337, 340339, 340369, 340381, 340387, 340393, 340397,
340409, 340429, 340447, 340451, 340453, 340477, 340481, 340519,
340541, 340559, 340573, 340577, 340579, 340583, 340591, 340601,
340619, 340633, 340643, 340649, 340657, 340661, 340687, 340693,
340709, 340723, 340757, 340777, 340787, 340789, 340793, 340801,
340811, 340819, 340849, 340859, 340877, 340889, 340897, 340903,
340909, 340913, 340919, 340927, 340931, 340933, 340937, 340939,
340957, 340979, 340999, 341017, 341027, 341041, 341057, 341059,
341063, 341083, 341087, 341123, 341141, 341171, 341179, 341191,
341203, 341219, 341227, 341233, 341269, 341273, 341281, 341287,
341293, 341303, 341311, 341321, 341323, 341333, 341339, 341347,
341357, 341423, 341443, 341447, 341459, 341461, 341477, 341491,
341501, 341507, 341521, 341543, 341557, 341569, 341587, 341597,
341603, 341617, 341623, 341629, 341641, 341647, 341659, 341681,
341687, 341701, 341729, 341743, 341749, 341771, 341773, 341777,
341813, 341821, 341827, 341839, 341851, 341863, 341879, 341911,
341927, 341947, 341951, 341953, 341959, 341963, 341983, 341993,
342037, 342047, 342049, 342059, 342061, 342071, 342073, 342077,
342101, 342107, 342131, 342143, 342179, 342187, 342191, 342197,
342203, 342211, 342233, 342239, 342241, 342257, 342281, 342283,
342299, 342319, 342337, 342341, 342343, 342347, 342359, 342371,
342373, 342379, 342389, 342413, 342421, 342449, 342451, 342467,
342469, 342481, 342497, 342521, 342527, 342547, 342553, 342569,
342593, 342599, 342607, 342647, 342653, 342659, 342673, 342679,
342691, 342697, 342733, 342757, 342761, 342791, 342799, 342803,
342821, 342833, 342841, 342847, 342863, 342869, 342871, 342889,
342899, 342929, 342949, 342971, 342989, 343019, 343037, 343051,
343061, 343073, 343081, 343087, 343127, 343141, 343153, 343163,
343169, 343177, 343193, 343199, 343219, 343237, 343243, 343253,
343261, 343267, 343289, 343303, 343307, 343309, 343313, 343327,
343333, 343337, 343373, 343379, 343381, 343391, 343393, 343411,
343423, 343433, 343481, 343489, 343517, 343529, 343531, 343543,
343547, 343559, 343561, 343579, 343583, 343589, 343591, 343601,
343627, 343631, 343639, 343649, 343661, 343667, 343687, 343709,
343727, 343769, 343771, 343787, 343799, 343801, 343813, 343817,
343823, 343829, 343831, 343891, 343897, 343901, 343913, 343933,
343939, 343943, 343951, 343963, 343997, 344017, 344021, 344039,
344053, 344083, 344111, 344117, 344153, 344161, 344167, 344171,
344173, 344177, 344189, 344207, 344209, 344213, 344221, 344231,
344237, 344243, 344249, 344251, 344257, 344263, 344269, 344273,
344291, 344293, 344321, 344327, 344347, 344353, 344363, 344371,
344417, 344423, 344429, 344453, 344479, 344483, 344497, 344543,
344567, 344587, 344599, 344611, 344621, 344629, 344639, 344653,

344671, 344681, 344683, 344693, 344719, 344749, 344753, 344759,
344791, 344797, 344801, 344807, 344819, 344821, 344843, 344857,
344863, 344873, 344887, 344893, 344909,
344917, 344921, 344941, 344957, 344959, 344963, 344969, 344987,
345001, 345011, 345017, 345019, 345041, 345047, 345067, 345089,
345109, 345133, 345139, 345143, 345181, 345193, 345221, 345227,
345229, 345259, 345263, 345271, 345307, 345311, 345329, 345379,
345413, 345431, 345451, 345461, 345463, 345473, 345479, 345487,
345511, 345517, 345533, 345547, 345551, 345571, 345577, 345581,
345599, 345601, 345607, 345637, 345643, 345647, 345659, 345673,
345679, 345689, 345701, 345707, 345727, 345731, 345733, 345739,
345749, 345757, 345769, 345773, 345791, 345803, 345811, 345817,
345823, 345853, 345869, 345881, 345887, 345889, 345907, 345923,
345937, 345953, 345979, 345997, 346013, 346039, 346043, 346051,
346079, 346091, 346097, 346111, 346117, 346133, 346139, 346141,
346147, 346169, 346187, 346201, 346207, 346217, 346223, 346259,
346261, 346277, 346303, 346309, 346321, 346331, 346337, 346349,
346361, 346369, 346373, 346391, 346393, 346397, 346399, 346417,
346421, 346429, 346433, 346439, 346441, 346447, 346453, 346469,
346501, 346529, 346543, 346547, 346553, 346559, 346561, 346589,
346601, 346607, 346627, 346639, 346649, 346651, 346657, 346667,
346669, 346699, 346711, 346721, 346739, 346751, 346763, 346793,
346831, 346849, 346867, 346873, 346877, 346891, 346903, 346933,
346939, 346943, 346961, 346963, 347003, 347033, 347041, 347051,
347057, 347059, 347063, 347069, 347071, 347099, 347129, 347131,
347141, 347143, 347161, 347167, 347173, 347177, 347183, 347197,
347201, 347209, 347227, 347233, 347239, 347251, 347257, 347287,
347297, 347299, 347317, 347329, 347341, 347359, 347401, 347411,
347437, 347443, 347489, 347509, 347513, 347519, 347533, 347539,
347561, 347563, 347579, 347587, 347591, 347609, 347621, 347629,
347651, 347671, 347707, 347717, 347729, 347731, 347747, 347759,
347771, 347773, 347779, 347801, 347813, 347821, 347849, 347873,
347887, 347891, 347899, 347929, 347933, 347951, 347957, 347959,
347969, 347981, 347983, 347987, 347989, 347993, 348001, 348011,
348017, 348031, 348043, 348053, 348077, 348083, 348097, 348149,
348163, 348181, 348191, 348209, 348217, 348221, 348239, 348241,
348247, 348253, 348259, 348269, 348287, 348307, 348323, 348353,
348367, 348389, 348401, 348407, 348419, 348421, 348431, 348433,
348437, 348443, 348451, 348457, 348461, 348463, 348487, 348527,
348547, 348553, 348559, 348563, 348571, 348583, 348587, 348617,
348629, 348637, 348643, 348661, 348671, 348709, 348731, 348739,
348757, 348763, 348769, 348779, 348811, 348827, 348833, 348839,
348851, 348883, 348889, 348911, 348917, 348919, 348923, 348937,
348949, 348989, 348991, 349007, 349039, 349043, 349051, 349079,
349081, 349093, 349099, 349109, 349121, 349133, 349171, 349177,
349183, 349187, 349199, 349207, 349211, 349241, 349291, 349303,
349313, 349331, 349337, 349343, 349357, 349369, 349373, 349379,
349381, 349387, 349397, 349399, 349403, 349409, 349411, 349423,

349471, 349477, 349483, 349493, 349499, 349507, 349519, 349529,
349553, 349567, 349579, 349589, 349603, 349637, 349663, 349667,
349697, 349709, 349717, 349729, 349753, 349759, 349787, 349793,
349801, 349813, 349819, 349829, 349831, 349837, 349841, 349849,
349871, 349903, 349907, 349913, 349919, 349927, 349931, 349933,
349939, 349949, 349963, 349967, 349981, 350003, 350029, 350033,
350039, 350087, 350089, 350093, 350107, 350111, 350137, 350159,
350179, 350191, 350213, 350219, 350237, 350249, 350257, 350281,
350293, 350347, 350351, 350377, 350381, 350411, 350423, 350429,
350431, 350437, 350443, 350447, 350453, 350459, 350503, 350521,
350549, 350561, 350563, 350587, 350593, 350617, 350621, 350629,
350657, 350663, 350677, 350699, 350711, 350719, 350729, 350731,
350737, 350741, 350747, 350767, 350771, 350783, 350789, 350803,
350809, 350843, 350851, 350869, 350881, 350887, 350891, 350899,
350941, 350947, 350963, 350971, 350981, 350983, 350989, 351011,
351023, 351031, 351037, 351041, 351047, 351053, 351059, 351061,
351077, 351079, 351097, 351121, 351133, 351151, 351157, 351179,
351217, 351223, 351229, 351257, 351259, 351269, 351287, 351289,
351293, 351301, 351311, 351341, 351343, 351347, 351359, 351361,
351383, 351391, 351397, 351401, 351413, 351427, 351437, 351457,
351469, 351479, 351497, 351503, 351517, 351529, 351551, 351563,
351587, 351599, 351643, 351653, 351661, 351667, 351691, 351707,
351727, 351731, 351733, 351749, 351751, 351763, 351773, 351779,
351797, 351803, 351811, 351829, 351847, 351851, 351859, 351863,
351887, 351913, 351919, 351929, 351931, 351959, 351971, 351991,
352007, 352021, 352043, 352049, 352057, 352069, 352073, 352081,
352097, 352109, 352111, 352123, 352133, 352181, 352193, 352201,
352217, 352229, 352237, 352249, 352267, 352271, 352273, 352301,
352309, 352327, 352333, 352349, 352357, 352361, 352367, 352369,
352381, 352399, 352403, 352409, 352411, 352421, 352423, 352441,
352459, 352463, 352481, 352483, 352489, 352493, 352511, 352523,
352543, 352549, 352579, 352589, 352601, 352607, 352619, 352633,
352637, 352661, 352691, 352711, 352739, 352741, 352753, 352757,
352771, 352813, 352817, 352819, 352831, 352837, 352841, 352853,
352867, 352883, 352907, 352909, 352931, 352939, 352949, 352951,
352973, 352991, 353011, 353021, 353047, 353053, 353057, 353069,
353081, 353099, 353117, 353123, 353137, 353147, 353149, 353161,
353173, 353179, 353201, 353203, 353237, 353263, 353293, 353317,
353321, 353329, 353333, 353341, 353359, 353389, 353401, 353411,
353429, 353443, 353453, 353459, 353471, 353473, 353489, 353501,
353527, 353531, 353557, 353567, 353603, 353611, 353621, 353627,
353629, 353641, 353653, 353657, 353677, 353681, 353687, 353699,
353711, 353737, 353747, 353767, 353777, 353783, 353797, 353807,
353813, 353819, 353833, 353867, 353869, 353879, 353891, 353897,
353911, 353917, 353921, 353929, 353939, 353963, 354001, 354007,
354017, 354023, 354031, 354037, 354041, 354043, 354047, 354073,
354091, 354097, 354121, 354139, 354143, 354149, 354163, 354169,
354181, 354209, 354247, 354251, 354253, 354257, 354259, 354271,

354301, 354307, 354313, 354317, 354323, 354329, 354337, 354353,
354371, 354373, 354377, 354383, 354391, 354401, 354421, 354439,
354443, 354451, 354461, 354463, 354469, 354479, 354533, 354539,
354551, 354553, 354581, 354587, 354619, 354643, 354647, 354661,
354667, 354677, 354689, 354701, 354703, 354727, 354737, 354743,
354751, 354763, 354779, 354791, 354799, 354829, 354833, 354839,
354847, 354869, 354877, 354881, 354883, 354911, 354953, 354961,
354971, 354973, 354979, 354983, 354997, 355007, 355009, 355027,
355031, 355037, 355039, 355049, 355057, 355063, 355073, 355087,
355093, 355099, 355109, 355111, 355127, 355139, 355171, 355193,
355211, 355261, 355297, 355307, 355321, 355331, 355339, 355343,
355361, 355363, 355379, 355417, 355427, 355441, 355457, 355463,
355483, 355499, 355501, 355507, 355513, 355517, 355519, 355529,
355541, 355549, 355559, 355571, 355573, 355591, 355609, 355633,
355643, 355651, 355669, 355679, 355697, 355717, 355721, 355723,
355753, 355763, 355777, 355783, 355799, 355811, 355819, 355841,
355847, 355853, 355867, 355891, 355909, 355913, 355933, 355937,
355939, 355951, 355967, 355969, 356023, 356039, 356077, 356093,
356101, 356113, 356123, 356129, 356137, 356141, 356143, 356171,
356173, 356197, 356219, 356243, 356261, 356263, 356287, 356299,
356311, 356327, 356333, 356351, 356387, 356399, 356441, 356443,
356449, 356453, 356467, 356479, 356501, 356509, 356533, 356549,
356561, 356563, 356567, 356579, 356591, 356621, 356647, 356663,
356693, 356701, 356731, 356737, 356749, 356761, 356803, 356819,
356821, 356831, 356869, 356887, 356893, 356927, 356929, 356933,
356947, 356959, 356969, 356977, 356981, 356989, 356999, 357031,
357047, 357073, 357079, 357083, 357103, 357107, 357109, 357131,
357139, 357169, 357179, 357197, 357199, 357211, 357229, 357239,
357241, 357263, 357271, 357281, 357283, 357293, 357319, 357347,
357349, 357353, 357359, 357377, 357389, 357421, 357431, 357437,
357473, 357503, 357509, 357517, 357551, 357559, 357563, 357569,
357571, 357583, 357587, 357593, 357611, 357613, 357619, 357649,
357653, 357659, 357661, 357667, 357671, 357677, 357683, 357689,
357703, 357727, 357733, 357737, 357739, 357767, 357779, 357781,
357787, 357793, 357809, 357817, 357823, 357829, 357839, 357859,
357883, 357913, 357967, 357977, 357983, 357989, 357997, 358031,
358051, 358069, 358073, 358079, 358103, 358109, 358153, 358157,
358159, 358181, 358201, 358213, 358219, 358223, 358229, 358243,
358273, 358277, 358279, 358289, 358291, 358297, 358301, 358313,
358327, 358331, 358349, 358373, 358417, 358427, 358429, 358441,
358447, 358459, 358471, 358483, 358487, 358499, 358531, 358541,
358571, 358573, 358591, 358597, 358601, 358607, 358613, 358637,
358667, 358669, 358681, 358691, 358697, 358703, 358711, 358723,
358727, 358733, 358747, 358753, 358769, 358783, 358793, 358811,
358829, 358847, 358859, 358861, 358867, 358877, 358879, 358901,
358903, 358907, 358909, 358931, 358951, 358973, 358979, 358987,
358993, 358999, 359003, 359017, 359027, 359041, 359063, 359069,
359101, 359111, 359129, 359137, 359143, 359147, 359153, 359167,

     Die ersten hunderttausend Primzahlen

359171, 359207, 359209, 359231, 359243, 359263, 359267, 359279,
359291, 359297, 359299, 359311, 359323, 359327, 359353, 359357,
359377, 359389, 359407, 359417, 359419, 359441, 359449, 359477,
359479, 359483, 359501, 359509, 359539, 359549, 359561, 359563,
359581, 359587, 359599, 359621, 359633, 359641, 359657, 359663,
359701, 359713, 359719, 359731, 359747, 359753, 359761, 359767,
359783, 359837, 359851, 359869, 359897, 359911, 359929, 359981,
359987, 360007, 360023, 360037, 360049, 360053, 360071, 360089,
360091, 360163, 360167, 360169, 360181, 360187, 360193, 360197,
360223, 360229, 360233, 360257, 360271, 360277, 360287, 360289,
360293, 360307, 360317,
360323, 360337, 360391, 360407, 360421, 360439, 360457, 360461,
360497, 360509, 360511, 360541, 360551, 360589, 360593, 360611,
360637, 360649, 360653, 360749, 360769, 360779, 360781, 360803,
360817, 360821, 360823, 360827, 360851, 360853, 360863, 360869,
360901, 360907, 360947, 360949, 360953, 360959, 360973, 360977,
360979, 360989, 361001, 361003, 361013, 361033, 361069, 361091,
361093, 361111, 361159, 361183, 361211, 361213, 361217, 361219,
361223, 361237, 361241, 361271, 361279, 361313, 361321, 361327,
361337, 361349, 361351, 361357, 361363, 361373, 361409, 361411,
361421, 361433, 361441, 361447, 361451, 361463, 361469, 361481,
361499, 361507, 361511, 361523, 361531, 361541, 361549, 361561,
361577, 361637, 361643, 361649, 361651, 361663, 361679, 361687,
361723, 361727, 361747, 361763, 361769, 361787, 361789, 361793,
361799, 361807, 361843, 361871, 361873, 361877, 361901, 361903,
361909, 361919, 361927, 361943, 361961, 361967, 361973, 361979,
361993, 362003, 362027, 362051, 362053, 362059, 362069, 362081,
362093, 362099, 362107, 362137, 362143, 362147, 362161, 362177,
362191, 362203, 362213, 362221, 362233, 362237, 362281, 362291,
362293, 362303, 362309, 362333, 362339, 362347, 362353, 362357,
362363, 362371, 362377, 362381, 362393, 362407, 362419, 362429,
362431, 362443, 362449, 362459, 362473, 362521, 362561, 362569,
362581, 362599, 362629, 362633, 362657, 362693, 362707, 362717,
362723, 362741, 362743, 362749, 362753, 362759, 362801, 362851,
362863, 362867, 362897, 362903, 362911, 362927, 362941, 362951,
362953, 362969, 362977, 362983, 362987, 363017, 363019, 363037,
363043, 363047, 363059, 363061, 363067, 363119, 363149, 363151,
363157, 363161, 363173, 363179, 363199, 363211, 363217, 363257,
363269, 363271, 363277, 363313, 363317, 363329, 363343, 363359,
363361, 363367, 363371, 363373, 363379, 363397, 363401, 363403,
363431, 363437, 363439, 363463, 363481, 363491, 363497, 363523,
363529, 363533, 363541, 363551, 363557, 363563, 363569, 363577,
363581, 363589, 363611, 363619, 363659, 363677, 363683, 363691,
363719, 363731, 363751, 363757, 363761, 363767, 363773, 363799,
363809, 363829, 363833, 363841, 363871, 363887, 363889, 363901,
363911, 363917, 363941, 363947, 363949, 363959, 363967, 363977,
363989, 364027, 364031, 364069, 364073, 364079, 364103, 364127,
364129, 364141, 364171, 364183, 364187, 364193, 364213, 364223,

364241, 364267, 364271, 364289, 364291, 364303, 364313, 364321,
364333, 364337, 364349, 364373, 364379, 364393, 364411, 364417,
364423, 364433, 364447, 364451, 364459, 364471, 364499, 364513,
364523, 364537, 364541, 364543, 364571, 364583, 364601, 364607,
364621, 364627, 364643, 364657, 364669, 364687, 364691, 364699,
364717, 364739, 364747, 364751, 364753, 364759, 364801, 364829,
364853, 364873, 364879, 364883, 364891, 364909, 364919, 364921,
364937, 364943, 364961, 364979, 364993, 364997, 365003, 365017,
365021, 365039, 365063, 365069, 365089, 365107, 365119, 365129,
365137, 365147, 365159, 365173, 365179, 365201, 365213, 365231,
365249, 365251, 365257, 365291, 365293, 365297, 365303, 365327,
365333, 365357, 365369, 365377, 365411, 365413, 365419, 365423,
365441, 365461, 365467, 365471, 365473, 365479, 365489, 365507,
365509, 365513, 365527, 365531, 365537, 365557, 365567, 365569,
365587, 365591, 365611, 365627, 365639, 365641, 365669, 365683,
365689, 365699, 365747, 365749, 365759, 365773, 365779, 365791,
365797, 365809, 365837, 365839, 365851, 365903, 365929, 365933,
365941, 365969, 365983, 366001, 366013, 366019, 366029, 366031,
366053, 366077, 366097, 366103, 366127, 366133, 366139, 366161,
366167, 366169, 366173, 366181, 366193, 366199, 366211, 366217,
366221, 366227, 366239, 366259, 366269, 366277, 366287, 366293,
366307, 366313, 366329, 366341, 366343, 366347, 366383, 366397,
366409, 366419, 366433, 366437, 366439, 366461, 366463, 366467,
366479, 366497, 366511, 366517, 366521, 366547, 366593, 366599,
366607, 366631, 366677, 366683, 366697, 366701, 366703, 366713,
366721, 366727, 366733, 366787, 366791, 366811, 366829, 366841,
366851, 366853, 366859, 366869, 366881, 366889, 366901, 366907,
366917, 366923, 366941, 366953, 366967, 366973, 366983, 366997,
367001, 367007, 367019, 367021, 367027, 367033, 367049, 367069,
367097, 367121, 367123, 367127, 367139, 367163, 367181, 367189,
367201, 367207, 367219, 367229, 367231, 367243, 367259, 367261,
367273, 367277, 367307, 367309, 367313, 367321, 367357, 367369,
367391, 367397, 367427, 367453, 367457, 367469, 367501, 367519,
367531, 367541, 367547, 367559, 367561, 367573, 367597, 367603,
367613, 367621, 367637, 367649, 367651, 367663, 367673, 367687,
367699, 367711, 367721, 367733, 367739, 367751, 367771, 367777,
367781, 367789, 367819, 367823, 367831, 367841, 367849, 367853,
367867, 367879, 367883, 367889, 367909, 367949, 367957, 368021,
368029, 368047, 368059, 368077, 368083, 368089, 368099, 368107,
368111, 368117, 368129, 368141, 368149, 368153, 368171, 368189,
368197, 368227, 368231, 368233, 368243, 368273, 368279, 368287,
368293, 368323, 368327, 368359, 368363, 368369, 368399, 368411,
368443, 368447, 368453, 368471, 368491, 368507, 368513, 368521,
368531, 368539, 368551, 368579, 368593, 368597, 368609, 368633,
368647, 368651, 368653, 368689, 368717, 368729, 368737, 368743,
368773, 368783, 368789, 368791, 368801, 368803, 368833, 368857,
368873, 368881, 368899, 368911, 368939, 368947, 368957, 369007,
369013, 369023, 369029, 369067, 369071, 369077, 369079, 369097,

          Die ersten hunderttausend Primzahlen

369119, 369133, 369137, 369143, 369169, 369181, 369191, 369197,
369211, 369247, 369253, 369263, 369269, 369283, 369293, 369301,
369319, 369331, 369353, 369361, 369407, 369409, 369419, 369469,
369487, 369491, 369539, 369553, 369557, 369581, 369637, 369647,
369659, 369661, 369673, 369703, 369709, 369731, 369739, 369751,
369791, 369793, 369821, 369827, 369829, 369833, 369841, 369851,
369877, 369893, 369913, 369917, 369947, 369959, 369961, 369979,
369983, 369991, 369997, 370003, 370009, 370021, 370033, 370057,
370061, 370067, 370081, 370091, 370103, 370121, 370133, 370147,
370159, 370169, 370193, 370199, 370207, 370213, 370217, 370241,
370247, 370261, 370373, 370387, 370399, 370411, 370421, 370423,
370427, 370439, 370441, 370451, 370463, 370471, 370477, 370483,
370493, 370511, 370529, 370537, 370547, 370561, 370571, 370597,
370603, 370609, 370613, 370619, 370631, 370661, 370663, 370673,
370679, 370687, 370693, 370723, 370759, 370793, 370801, 370813,
370837, 370871, 370873, 370879, 370883, 370891, 370897, 370919,
370949, 371027, 371029, 371057, 371069, 371071, 371083, 371087,
371099, 371131, 371141, 371143, 371153, 371177, 371179, 371191,
371213, 371227, 371233, 371237, 371249, 371251, 371257, 371281,
371291, 371299, 371303, 371311, 371321, 371333, 371339, 371341,
371353, 371359, 371383, 371387, 371389, 371417, 371447, 371453,
371471, 371479, 371491, 371509, 371513, 371549, 371561, 371573,
371587, 371617, 371627, 371633, 371639, 371663, 371669, 371699,
371719, 371737, 371779, 371797, 371831, 371837, 371843, 371851,
371857, 371869, 371873, 371897, 371927, 371929, 371939, 371941,
371951, 371957, 371971, 371981, 371999, 372013, 372023, 372037,
372049, 372059, 372061, 372067, 372107, 372121, 372131, 372137,
372149, 372167, 372173, 372179, 372223, 372241, 372263, 372269,
372271, 372277, 372289, 372293, 372299, 372311, 372313, 372353,
372367, 372371, 372377, 372397, 372401, 372409, 372413, 372443,
372451, 372461, 372473, 372481, 372497, 372511, 372523, 372539,
372607, 372611, 372613, 372629, 372637, 372653, 372661, 372667,
372677, 372689, 372707, 372709, 372719, 372733, 372739, 372751,
372763, 372769, 372773, 372797, 372803, 372809, 372817, 372829,
372833, 372839, 372847, 372859, 372871, 372877, 372881, 372901,
372917, 372941, 372943, 372971, 372973, 372979, 373003, 373007,
373019, 373049, 373063, 373073, 373091, 373127, 373151, 373157,
373171, 373181, 373183, 373187, 373193, 373199, 373207, 373211,
373213, 373229, 373231, 373273, 373291, 373297, 373301, 373327,
373339, 373343, 373349, 373357, 373361, 373363, 373379, 373393,
373447, 373453, 373459, 373463, 373487, 373489, 373501, 373517,
373553, 373561, 373567, 373613, 373621, 373631, 373649, 373657,
373661, 373669, 373693, 373717, 373721, 373753, 373757, 373777,
373783, 373823, 373837, 373859, 373861, 373903, 373909, 373937,
373943, 373951, 373963, 373969, 373981, 373987, 373999, 374009,
374029, 374039, 374041, 374047, 374063, 374069, 374083, 374089,
374093, 374111, 374117, 374123, 374137, 374149, 374159, 374173,
374177, 374189, 374203, 374219, 374239, 374287, 374291, 374293,

374299, 374317, 374321, 374333, 374347, 374351, 374359, 374389,
374399, 374441, 374443, 374447, 374461, 374483, 374501, 374531,
374537, 374557, 374587, 374603, 374639, 374641, 374653, 374669,
374677, 374681, 374683, 374687, 374701, 374713, 374719, 374729,
374741, 374753, 374761, 374771, 374783, 374789, 374797, 374807,
374819, 374837, 374839, 374849, 374879, 374887, 374893, 374903,
374909, 374929, 374939, 374953, 374977, 374981, 374987, 374989,
374993, 375017, 375019, 375029, 375043, 375049, 375059, 375083,
375091, 375097, 375101, 375103, 375113, 375119, 375121, 375127,
375149, 375157, 375163, 375169, 375203, 375209, 375223, 375227,
375233, 375247, 375251, 375253, 375257, 375259, 375281, 375283,
375311, 375341, 375359, 375367, 375371, 375373, 375391, 375407,
375413, 375443, 375449, 375451, 375457, 375467, 375481, 375509,
375511, 375523, 375527, 375533, 375553, 375559, 375563, 375569,
375593, 375607, 375623, 375631, 375643, 375647, 375667, 375673,
375703, 375707, 375709, 375743, 375757, 375761, 375773, 375779,
375787, 375799, 375833, 375841, 375857, 375899, 375901, 375923,
375931, 375967, 375971, 375979,
375983, 375997, 376001, 376003, 376009, 376021, 376039, 376049,
376063, 376081, 376097, 376099, 376127, 376133, 376147, 376153,
376171, 376183, 376199, 376231, 376237, 376241, 376283, 376291,
376297, 376307, 376351, 376373, 376393, 376399, 376417, 376463,
376469, 376471, 376477, 376483, 376501, 376511, 376529, 376531,
376547, 376573, 376577, 376583, 376589, 376603, 376609, 376627,
376631, 376633, 376639, 376657, 376679, 376687, 376699, 376709,
376721, 376729, 376757, 376759, 376769, 376787, 376793, 376801,
376807, 376811, 376819, 376823, 376837, 376841, 376847, 376853,
376889, 376891, 376897, 376921, 376927, 376931, 376933, 376949,
376963, 376969, 377011, 377021, 377051, 377059, 377071, 377099,
377123, 377129, 377137, 377147, 377171, 377173, 377183, 377197,
377219, 377231, 377257, 377263, 377287, 377291, 377297, 377327,
377329, 377339, 377347, 377353, 377369, 377371, 377387, 377393,
377459, 377471, 377477, 377491, 377513, 377521, 377527, 377537,
377543, 377557, 377561, 377563, 377581, 377593, 377599, 377617,
377623, 377633, 377653, 377681, 377687, 377711, 377717, 377737,
377749, 377761, 377771, 377779, 377789, 377801, 377809, 377827,
377831, 377843, 377851, 377873, 377887, 377911, 377963, 377981,
377999, 378011, 378019, 378023, 378041, 378071, 378083, 378089,
378101, 378127, 378137, 378149, 378151, 378163, 378167, 378179,
378193, 378223, 378229, 378239, 378241, 378253, 378269, 378277,
378283, 378289, 378317, 378353, 378361, 378379, 378401, 378407,
378439, 378449, 378463, 378467, 378493, 378503, 378509, 378523,
378533, 378551, 378559, 378569, 378571, 378583, 378593, 378601,
378619, 378629, 378661, 378667, 378671, 378683, 378691, 378713,
378733, 378739, 378757, 378761, 378779, 378793, 378809, 378817,
378821, 378823, 378869, 378883, 378893, 378901, 378919, 378929,
378941, 378949, 378953, 378967, 378977, 378997, 379007, 379009,
379013, 379033, 379039, 379073, 379081, 379087, 379097, 379103,

          Die ersten hunderttausend Primzahlen

379123, 379133, 379147, 379157, 379163, 379177, 379187, 379189,
379199, 379207, 379273, 379277, 379283, 379289, 379307, 379319,
379333, 379343, 379369, 379387, 379391, 379397, 379399, 379417,
379433, 379439, 379441, 379451, 379459, 379499, 379501, 379513,
379531, 379541, 379549, 379571, 379573, 379579, 379597, 379607,
379633, 379649, 379663, 379667, 379679, 379681, 379693, 379699,
379703, 379721, 379723, 379727, 379751, 379777, 379787, 379811,
379817, 379837, 379849, 379853, 379859, 379877, 379889, 379903,
379909, 379913, 379927, 379931, 379963, 379979, 379993, 379997,
379999, 380041, 380047, 380059, 380071, 380117, 380129, 380131,
380141, 380147, 380179, 380189, 380197, 380201, 380203, 380207,
380231, 380251, 380267, 380269, 380287, 380291, 380299, 380309,
380311, 380327, 380329, 380333, 380363, 380377, 380383, 380417,
380423, 380441, 380447, 380453, 380459, 380461, 380483, 380503,
380533, 380557, 380563, 380591, 380621, 380623, 380629, 380641,
380651, 380657, 380707, 380713, 380729, 380753, 380777, 380797,
380803, 380819, 380837, 380839, 380843, 380867, 380869, 380879,
380881, 380909, 380917, 380929, 380951, 380957, 380971, 380977,
380983, 381001, 381011, 381019, 381037, 381047, 381061, 381071,
381077, 381097, 381103, 381167, 381169, 381181, 381209, 381221,
381223, 381233, 381239, 381253, 381287, 381289, 381301, 381319,
381323, 381343, 381347, 381371, 381373, 381377, 381383, 381389,
381401, 381413, 381419, 381439, 381443, 381461, 381467, 381481,
381487, 381509, 381523, 381527, 381529, 381533, 381541, 381559,
381569, 381607, 381629, 381631, 381637, 381659, 381673, 381697,
381707, 381713, 381737, 381739, 381749, 381757, 381761, 381791,
381793, 381817, 381841, 381853, 381859, 381911, 381917, 381937,
381943, 381949, 381977, 381989, 381991, 382001, 382003, 382021,
382037, 382061, 382069, 382073, 382087, 382103, 382117, 382163,
382171, 382189, 382229, 382231, 382241, 382253, 382267, 382271,
382303, 382331, 382351, 382357, 382363, 382373, 382391, 382427,
382429, 382457, 382463, 382493, 382507, 382511, 382519, 382541,
382549, 382553, 382567, 382579, 382583, 382589, 382601, 382621,
382631, 382643, 382649, 382661, 382663, 382693, 382703, 382709,
382727, 382729, 382747, 382751, 382763, 382769, 382777, 382801,
382807, 382813, 382843, 382847, 382861, 382867, 382871, 382873,
382883, 382919, 382933, 382939, 382961, 382979, 382999, 383011,
383023, 383029, 383041, 383051, 383069, 383077, 383081, 383083,
383099, 383101, 383107, 383113, 383143, 383147, 383153, 383171,
383179, 383219, 383221, 383261, 383267, 383281, 383291, 383297,
383303, 383321, 383347, 383371, 383393, 383399, 383417, 383419,
383429, 383459, 383483, 383489, 383519, 383521, 383527, 383533,
383549, 383557, 383573, 383587, 383609, 383611, 383623, 383627,
383633, 383651, 383657, 383659, 383681, 383683, 383693, 383723,
383729, 383753, 383759, 383767, 383777, 383791, 383797, 383807,
383813, 383821, 383833, 383837, 383839, 383869, 383891, 383909,
383917, 383923, 383941, 383951, 383963, 383969, 383983, 383987,
384001, 384017, 384029, 384049, 384061, 384067, 384079, 384089,

384107, 384113, 384133, 384143, 384151, 384157, 384173, 384187,
384193, 384203, 384227, 384247, 384253, 384257, 384259, 384277,
384287, 384289, 384299, 384301, 384317, 384331, 384343, 384359,
384367, 384383, 384403, 384407, 384437, 384469, 384473, 384479,
384481, 384487, 384497, 384509, 384533, 384547, 384577, 384581,
384589, 384599, 384611, 384619, 384623, 384641, 384673, 384691,
384697, 384701, 384719, 384733, 384737, 384751, 384757, 384773,
384779, 384817, 384821, 384827, 384841, 384847, 384851, 384889,
384907, 384913, 384919, 384941, 384961, 384973, 385001, 385013,
385027, 385039, 385057, 385069, 385079, 385081, 385087, 385109,
385127, 385129, 385139, 385141, 385153, 385159, 385171, 385193,
385199, 385223, 385249, 385261, 385267, 385279, 385289, 385291,
385321, 385327, 385331, 385351, 385379, 385391, 385393, 385397,
385403, 385417, 385433, 385471, 385481, 385493, 385501, 385519,
385531, 385537, 385559, 385571, 385573, 385579, 385589, 385591,
385597, 385607, 385621, 385631, 385639, 385657, 385661, 385663,
385709, 385739, 385741, 385771, 385783, 385793, 385811, 385817,
385831, 385837, 385843, 385859, 385877, 385897, 385901, 385907,
385927, 385939, 385943, 385967, 385991, 385997, 386017, 386039,
386041, 386047, 386051, 386083, 386093, 386117, 386119, 386129,
386131, 386143, 386149, 386153, 386159, 386161, 386173, 386219,
386227, 386233, 386237, 386249, 386263, 386279, 386297, 386299,
386303, 386329, 386333, 386339, 386363, 386369, 386371, 386381,
386383, 386401, 386411, 386413, 386429, 386431, 386437, 386471,
386489, 386501, 386521, 386537, 386543, 386549, 386569, 386587,
386609, 386611, 386621, 386629, 386641, 386647, 386651, 386677,
386689, 386693, 386713, 386719, 386723, 386731, 386747, 386777,
386809, 386839, 386851, 386887, 386891, 386921, 386927, 386963,
386977, 386987, 386989, 386993, 387007, 387017, 387031, 387047,
387071, 387077, 387083, 387089, 387109, 387137, 387151, 387161,
387169, 387173, 387187, 387197, 387199, 387203, 387227, 387253,
387263, 387269, 387281, 387307, 387313, 387329, 387341, 387371,
387397, 387403, 387433, 387437, 387449, 387463, 387493, 387503,
387509, 387529, 387551, 387577, 387587, 387613, 387623, 387631,
387641, 387659, 387677, 387679, 387683, 387707, 387721, 387727,
387743, 387749, 387763, 387781, 387791, 387799, 387839, 387853,
387857, 387911, 387913, 387917, 387953, 387967, 387971, 387973,
387977, 388009, 388051, 388057, 388067, 388081, 388099, 388109,
388111, 388117, 388133, 388159, 388163, 388169, 388177, 388181,
388183, 388187, 388211, 388231, 388237, 388253, 388259, 388273,
388277, 388301, 388313, 388319, 388351, 388363, 388369, 388373,
388391, 388403, 388459, 388471, 388477, 388481, 388483, 388489,
388499, 388519, 388529, 388541, 388567, 388573, 388621, 388651,
388657, 388673, 388691, 388693, 388697, 388699, 388711, 388727,
388757, 388777, 388781, 388789, 388793, 388813, 388823, 388837,
388859, 388879, 388891, 388897, 388901, 388903, 388931, 388933,
388937, 388961, 388963, 388991, 389003, 389023, 389027, 389029,
389041, 389047, 389057, 389083, 389089, 389099, 389111, 389117,

          Die ersten hunderttausend Primzahlen

389141, 389149, 389161, 389167, 389171, 389173, 389189, 389219,
389227, 389231, 389269, 389273, 389287, 389297, 389299, 389303,
389357, 389369, 389381, 389399, 389401, 389437, 389447, 389461,
389479, 389483, 389507, 389513, 389527, 389531, 389533, 389539,
389561, 389563, 389567, 389569, 389579, 389591, 389621, 389629,
389651, 389659, 389663, 389687, 389699, 389713, 389723, 389743,
389749, 389761, 389773, 389783, 389791, 389797, 389819, 389839,
389849, 389867, 389891, 389897, 389903, 389911, 389923, 389927,
389941, 389947, 389953, 389957, 389971, 389981, 389989, 389999,
390001, 390043, 390067, 390077, 390083, 390097, 390101, 390107,
390109, 390113, 390119, 390151, 390157, 390161, 390191, 390193,
390199, 390209, 390211, 390223, 390263, 390281, 390289, 390307,
390323, 390343, 390347, 390353, 390359, 390367, 390373, 390389,
390391, 390407, 390413, 390419, 390421, 390433, 390437, 390449,
390463, 390479, 390487, 390491, 390493, 390499, 390503, 390527,
390539, 390553, 390581, 390647, 390653, 390671, 390673, 390703,
390707, 390721, 390727, 390737, 390739, 390743, 390751, 390763,
390781, 390791, 390809, 390821, 390829, 390851, 390869, 390877,
390883, 390889, 390893, 390953, 390959, 390961, 390967, 390989,
390991, 391009, 391019, 391021, 391031, 391049, 391057, 391063,
391067, 391073, 391103, 391117, 391133, 391151, 391159, 391163,
391177, 391199, 391217, 391219, 391231, 391247, 391249, 391273,
391283, 391291, 391301, 391331, 391337, 391351, 391367, 391373,
391379, 391387, 391393, 391397, 391399, 391403, 391441, 391451,
391453, 391487, 391519, 391537,
391553, 391579, 391613, 391619, 391627, 391631, 391639, 391661,
391679, 391691, 391693, 391711, 391717, 391733, 391739, 391751,
391753, 391757, 391789, 391801, 391817, 391823, 391847, 391861,
391873, 391879, 391889, 391891, 391903, 391907, 391921, 391939,
391961, 391967, 391987, 391999, 392011, 392033, 392053, 392059,
392069, 392087, 392099, 392101, 392111, 392113, 392131, 392143,
392149, 392153, 392159, 392177, 392201, 392209, 392213, 392221,
392233, 392239, 392251, 392261, 392263, 392267, 392269, 392279,
392281, 392297, 392299, 392321, 392333, 392339, 392347, 392351,
392363, 392383, 392389, 392423, 392437, 392443, 392467, 392473,
392477, 392489, 392503, 392519, 392531, 392543, 392549, 392569,
392593, 392599, 392611, 392629, 392647, 392663, 392669, 392699,
392723, 392737, 392741, 392759, 392761, 392767, 392803, 392807,
392809, 392827, 392831, 392837, 392849, 392851, 392857, 392879,
392893, 392911, 392923, 392927, 392929, 392957, 392963, 392969,
392981, 392983, 393007, 393013, 393017, 393031, 393059, 393073,
393077, 393079, 393083, 393097, 393103, 393109, 393121, 393137,
393143, 393157, 393161, 393181, 393187, 393191, 393203, 393209,
393241, 393247, 393257, 393271, 393287, 393299, 393301, 393311,
393331, 393361, 393373, 393377, 393383, 393401, 393403, 393413,
393451, 393473, 393479, 393487, 393517, 393521, 393539, 393541,
393551, 393557, 393571, 393577, 393581, 393583, 393587, 393593,
393611, 393629, 393637, 393649, 393667, 393671, 393677, 393683,

393697, 393709, 393713, 393721, 393727, 393739, 393749, 393761,
393779, 393797, 393847, 393853, 393857, 393859, 393863, 393871,
393901, 393919, 393929, 393931, 393947, 393961, 393977, 393989,
393997, 394007, 394019, 394039, 394049, 394063, 394073, 394099,
394123, 394129, 394153, 394157, 394169, 394187, 394201, 394211,
394223, 394241, 394249, 394259, 394271, 394291, 394319, 394327,
394357, 394363, 394367, 394369, 394393, 394409, 394411, 394453,
394481, 394489, 394501, 394507, 394523, 394529, 394549, 394571,
394577, 394579, 394601, 394619, 394631, 394633, 394637, 394643,
394673, 394699, 394717, 394721, 394727, 394729, 394733, 394739,
394747, 394759, 394787, 394811, 394813, 394817, 394819, 394829,
394837, 394861, 394879, 394897, 394931, 394943, 394963, 394967,
394969, 394981, 394987, 394993, 395023, 395027, 395039, 395047,
395069, 395089, 395093, 395107, 395111, 395113, 395119, 395137,
395141, 395147, 395159, 395173, 395189, 395191, 395201, 395231,
395243, 395251, 395261, 395273, 395287, 395293, 395303, 395309,
395321, 395323, 395377, 395383, 395407, 395429, 395431, 395443,
395449, 395453, 395459, 395491, 395509, 395513, 395533, 395537,
395543, 395581, 395597, 395611, 395621, 395627, 395657, 395671,
395677, 395687, 395701, 395719, 395737, 395741, 395749, 395767,
395803, 395849, 395851, 395873, 395887, 395891, 395897, 395909,
395921, 395953, 395959, 395971, 396001, 396029, 396031, 396041,
396043, 396061, 396079, 396091, 396103, 396107, 396119, 396157,
396173, 396181, 396197, 396199, 396203, 396217, 396239, 396247,
396259, 396269, 396293, 396299, 396301, 396311, 396323, 396349,
396353, 396373, 396377, 396379, 396413, 396427, 396437, 396443,
396449, 396479, 396509, 396523, 396527, 396533, 396541, 396547,
396563, 396577, 396581, 396601, 396619, 396623, 396629, 396631,
396637, 396647, 396667, 396679, 396703, 396709, 396713, 396719,
396733, 396833, 396871, 396881, 396883, 396887, 396919, 396931,
396937, 396943, 396947, 396953, 396971, 396983, 396997, 397013,
397027, 397037, 397051, 397057, 397063, 397073, 397093, 397099,
397127, 397151, 397153, 397181, 397183, 397211, 397217, 397223,
397237, 397253, 397259, 397283, 397289, 397297, 397301, 397303,
397337, 397351, 397357, 397361, 397373, 397379, 397427, 397429,
397433, 397459, 397469, 397489, 397493, 397517, 397519, 397541,
397543, 397547, 397549, 397567, 397589, 397591, 397597, 397633,
397643, 397673, 397687, 397697, 397721, 397723, 397729, 397751,
397753, 397757, 397759, 397763, 397799, 397807, 397811, 397829,
397849, 397867, 397897, 397907, 397921, 397939, 397951, 397963,
397973, 397981, 398011, 398023, 398029, 398033, 398039, 398053,
398059, 398063, 398077, 398087, 398113, 398117, 398119, 398129,
398143, 398149, 398171, 398207, 398213, 398219, 398227, 398249,
398261, 398267, 398273, 398287, 398303, 398311, 398323, 398339,
398341, 398347, 398353, 398357, 398369, 398393, 398407, 398417,
398423, 398441, 398459, 398467, 398471, 398473, 398477, 398491,
398509, 398539, 398543, 398549, 398557, 398569, 398581, 398591,
398609, 398611, 398621, 398627, 398669, 398681, 398683, 398693,

    Die ersten hunderttausend Primzahlen

398711, 398729, 398731, 398759, 398771, 398813, 398819, 398821,
398833, 398857, 398863, 398887, 398903, 398917, 398921, 398933,
398941, 398969, 398977, 398989, 399023, 399031, 399043, 399059,
399067, 399071, 399079, 399097, 399101, 399107, 399131, 399137,
399149, 399151, 399163, 399173, 399181, 399197, 399221, 399227,
399239, 399241, 399263, 399271, 399277, 399281, 399283, 399353,
399379, 399389, 399391, 399401, 399403, 399409, 399433, 399439,
399473, 399481, 399491, 399493, 399499, 399523, 399527, 399541,
399557, 399571, 399577, 399583, 399587, 399601, 399613, 399617,
399643, 399647, 399667, 399677, 399689, 399691, 399719, 399727,
399731, 399739, 399757, 399761, 399769, 399781, 399787, 399793,
399851, 399853, 399871, 399887, 399899, 399911, 399913, 399937,
399941, 399953, 399979, 399983, 399989, 400009, 400031, 400033,
400051, 400067, 400069, 400087, 400093, 400109, 400123, 400151,
400157, 400187, 400199, 400207, 400217, 400237, 400243, 400247,
400249, 400261, 400277, 400291, 400297, 400307, 400313, 400321,
400331, 400339, 400381, 400391, 400409, 400417, 400429, 400441,
400457, 400471, 400481, 400523, 400559, 400579, 400597, 400601,
400607, 400619, 400643, 400651, 400657, 400679, 400681, 400703,
400711, 400721, 400723, 400739, 400753, 400759, 400823, 400837,
400849, 400853, 400859, 400871, 400903, 400927, 400931, 400943,
400949, 400963, 400997, 401017, 401029, 401039, 401053, 401057,
401069, 401077, 401087, 401101, 401113, 401119, 401161, 401173,
401179, 401201, 401209, 401231, 401237, 401243, 401279, 401287,
401309, 401311, 401321, 401329, 401341, 401347, 401371, 401381,
401393, 401407, 401411, 401417, 401473, 401477, 401507, 401519,
401537, 401539, 401551, 401567, 401587, 401593, 401627, 401629,
401651, 401669, 401671, 401689, 401707, 401711, 401743, 401771,
401773, 401809, 401813, 401827, 401839, 401861, 401867, 401887,
401903, 401909, 401917, 401939, 401953, 401957, 401959, 401981,
401987, 401993, 402023, 402029, 402037, 402043, 402049, 402053,
402071, 402089, 402091, 402107, 402131, 402133, 402137, 402139,
402197, 402221, 402223, 402239, 402253, 402263, 402277, 402299,
402307, 402313, 402329, 402331, 402341, 402343, 402359, 402361,
402371, 402379, 402383, 402403, 402419, 402443, 402487, 402503,
402511, 402517, 402527, 402529, 402541, 402551, 402559, 402581,
402583, 402587, 402593, 402601, 402613, 402631, 402691, 402697,
402739, 402751, 402757, 402761, 402763, 402767, 402769, 402797,
402803, 402817, 402823, 402847, 402851, 402859, 402863, 402869,
402881, 402923, 402943, 402947, 402949, 402991, 403001, 403003,
403037, 403043, 403049, 403057, 403061, 403063, 403079, 403097,
403103, 403133, 403141, 403159, 403163, 403181, 403219, 403241,
403243, 403253, 403261, 403267, 403289, 403301, 403309, 403327,
403331, 403339, 403363, 403369, 403387, 403391, 403433, 403439,
403483, 403499, 403511, 403537, 403547, 403549, 403553, 403567,
403577, 403591, 403603, 403607, 403621, 403649, 403661, 403679,
403681, 403687, 403703, 403717, 403721, 403729, 403757, 403783,
403787, 403817, 403829, 403831, 403849, 403861, 403867, 403877,

403889, 403901, 403933, 403951, 403957, 403969, 403979, 403981,
403993, 404009, 404011, 404017, 404021, 404029, 404051, 404081,
404099, 404113, 404119, 404123, 404161, 404167, 404177, 404189,
404191, 404197, 404213, 404221, 404249, 404251, 404267, 404269,
404273, 404291, 404309, 404321, 404323, 404357, 404381, 404387,
404389, 404399, 404419, 404423, 404429, 404431, 404449, 404461,
404483, 404489, 404497, 404507, 404513, 404527, 404531, 404533,
404539, 404557, 404597, 404671, 404693, 404699, 404713, 404773,
404779, 404783, 404819, 404827, 404837, 404843, 404849, 404851,
404941, 404951, 404959, 404969, 404977, 404981, 404983, 405001,
405011, 405029, 405037, 405047, 405049, 405071, 405073, 405089,
405091, 405143, 405157, 405179, 405199, 405211, 405221, 405227,
405239, 405241, 405247, 405253, 405269, 405277, 405287, 405299,
405323, 405341, 405343, 405347, 405373, 405401, 405407, 405413,
405437, 405439, 405473, 405487, 405491, 405497, 405499, 405521,
405527, 405529, 405541, 405553, 405577, 405599, 405607, 405611,
405641, 405659, 405667, 405677, 405679, 405683, 405689, 405701,
405703, 405709, 405719, 405731, 405749, 405763, 405767, 405781,
405799, 405817, 405827, 405829, 405857, 405863, 405869, 405871,
405893, 405901, 405917, 405947, 405949, 405959, 405967, 405989,
405991, 405997, 406013, 406027, 406037, 406067, 406073, 406093,
406117, 406123, 406169, 406171, 406177, 406183, 406207, 406247,
406253, 406267, 406271, 406309, 406313, 406327, 406331, 406339,
406349, 406361, 406381, 406397, 406403, 406423, 406447, 406481,
406499, 406501, 406507, 406513, 406517, 406531, 406547, 406559,
406561, 406573, 406577, 406579, 406583, 406591, 406631, 406633,
406649, 406661, 406673, 406697, 406699, 406717, 406729, 406739,
406789, 406807, 406811, 406817, 406837, 406859, 406873, 406883,
406907, 406951, 406969, 406981, 406993, 407023, 407047, 407059,
407083, 407119, 407137, 407149, 407153, 407177, 407179, 407191,
407203, 407207, 407219, 407221, 407233, 407249, 407257, 407263,
407273, 407287, 407291, 407299,
407311, 407317, 407321, 407347, 407357, 407359, 407369, 407377,
407383, 407401, 407437, 407471, 407483, 407489, 407501, 407503,
407509, 407521, 407527, 407567, 407573, 407579, 407587, 407599,
407621, 407633, 407639, 407651, 407657, 407669, 407699, 407707,
407713, 407717, 407723, 407741, 407747, 407783, 407789, 407791,
407801, 407807, 407821, 407833, 407843, 407857, 407861, 407879,
407893, 407899, 407917, 407923, 407947, 407959, 407969, 407971,
407977, 407993, 408011, 408019, 408041, 408049, 408071, 408077,
408091, 408127, 408131, 408137, 408169, 408173, 408197, 408203,
408209, 408211, 408217, 408223, 408229, 408241, 408251, 408263,
408271, 408283, 408311, 408337, 408341, 408347, 408361, 408379,
408389, 408403, 408413, 408427, 408431, 408433, 408437, 408461,
408469, 408479, 408491, 408497, 408533, 408539, 408553, 408563,
408607, 408623, 408631, 408637, 408643, 408659, 408677, 408689,
408691, 408701, 408703, 408713, 408719, 408743, 408763, 408769,
408773, 408787, 408803, 408809, 408817, 408841, 408857, 408869,

          Die ersten hunderttausend Primzahlen

408911, 408913, 408923, 408943, 408953, 408959, 408971, 408979,
408997, 409007, 409021, 409027, 409033, 409043, 409063, 409069,
409081, 409099, 409121, 409153, 409163, 409177, 409187, 409217,
409237, 409259, 409261, 409267, 409271, 409289, 409291, 409327,
409333, 409337, 409349, 409351, 409369, 409379, 409391, 409397,
409429, 409433, 409441, 409463, 409471, 409477, 409483, 409499,
409517, 409523, 409529, 409543, 409573, 409579, 409589, 409597,
409609, 409639, 409657, 409691, 409693, 409709, 409711, 409723,
409729, 409733, 409753, 409769, 409777, 409781, 409813, 409817,
409823, 409831, 409841, 409861, 409867, 409879, 409889, 409891,
409897, 409901, 409909, 409933, 409943, 409951, 409961, 409967,
409987, 409993, 409999, 410009, 410029, 410063, 410087, 410093,
410117, 410119, 410141, 410143, 410149, 410171, 410173, 410203,
410231, 410233, 410239, 410243, 410257, 410279, 410281, 410299,
410317, 410323, 410339, 410341, 410353, 410359, 410383, 410387,
410393, 410401, 410411, 410413, 410453, 410461, 410477, 410489,
410491, 410497, 410507, 410513, 410519, 410551, 410561, 410587,
410617, 410621, 410623, 410629, 410651, 410659, 410671, 410687,
410701, 410717, 410731, 410741, 410747, 410749, 410759, 410783,
410789, 410801, 410807, 410819, 410833, 410857, 410899, 410903,
410929, 410953, 410983, 410999, 411001, 411007, 411011, 411013,
411031, 411041, 411049, 411067, 411071, 411083, 411101, 411113,
411119, 411127, 411143, 411157, 411167, 411193, 411197, 411211,
411233, 411241, 411251, 411253, 411259, 411287, 411311, 411337,
411347, 411361, 411371, 411379, 411409, 411421, 411443, 411449,
411469, 411473, 411479, 411491, 411503, 411527, 411529, 411557,
411563, 411569, 411577, 411583, 411589, 411611, 411613, 411617,
411637, 411641, 411667, 411679, 411683, 411703, 411707, 411709,
411721, 411727, 411737, 411739, 411743, 411751, 411779, 411799,
411809, 411821, 411823, 411833, 411841, 411883, 411919, 411923,
411937, 411941, 411947, 411967, 411991, 412001, 412007, 412019,
412031, 412033, 412037, 412039, 412051, 412067, 412073, 412081,
412099, 412109, 412123, 412127, 412133, 412147, 412157, 412171,
412187, 412189, 412193, 412201, 412211, 412213, 412219, 412249,
412253, 412273, 412277, 412289, 412303, 412333, 412339, 412343,
412387, 412397, 412411, 412457, 412463, 412481, 412487, 412493,
412537, 412561, 412567, 412571, 412589, 412591, 412603, 412609,
412619, 412627, 412637, 412639, 412651, 412663, 412667, 412717,
412739, 412771, 412793, 412807, 412831, 412849, 412859, 412891,
412901, 412903, 412939, 412943, 412949, 412967, 412987, 413009,
413027, 413033, 413053, 413069, 413071, 413081, 413087, 413089,
413093, 413111, 413113, 413129, 413141, 413143, 413159, 413167,
413183, 413197, 413201, 413207, 413233, 413243, 413251, 413263,
413267, 413293, 413299, 413353, 413411, 413417, 413429, 413443,
413461, 413477, 413521, 413527, 413533, 413537, 413551, 413557,
413579, 413587, 413597, 413629, 413653, 413681, 413683, 413689,
413711, 413713, 413719, 413737, 413753, 413759, 413779, 413783,
413807, 413827, 413849, 413863, 413867, 413869, 413879, 413887,

413911, 413923, 413951, 413981, 414013, 414017, 414019, 414031,
414049, 414053, 414061, 414077, 414083, 414097, 414101, 414107,
414109, 414131, 414157, 414179, 414199, 414203, 414209, 414217,
414221, 414241, 414259, 414269, 414277, 414283, 414311, 414313,
414329, 414331, 414347, 414361, 414367, 414383, 414389, 414397,
414413, 414431, 414433, 414451, 414457, 414461, 414467, 414487,
414503, 414521, 414539, 414553, 414559, 414571, 414577, 414607,
414611, 414629, 414641, 414643, 414653, 414677, 414679, 414683,
414691, 414697, 414703, 414707, 414709, 414721, 414731, 414737,
414763, 414767, 414769, 414773, 414779, 414793, 414803, 414809,
414833, 414857, 414871, 414889, 414893, 414899, 414913, 414923,
414929, 414949, 414959, 414971, 414977, 414991, 415013, 415031,
415039, 415061, 415069, 415073, 415087, 415097, 415109, 415111,
415133, 415141, 415147, 415153, 415159, 415171, 415187, 415189,
415201, 415213, 415231, 415253, 415271, 415273, 415319, 415343,
415379, 415381, 415391, 415409, 415427, 415447, 415469, 415477,
415489, 415507, 415517, 415523, 415543, 415553, 415559, 415567,
415577, 415603, 415607, 415609, 415627, 415631, 415643, 415651,
415661, 415669, 415673, 415687, 415691, 415697, 415717, 415721,
415729, 415759, 415783, 415787, 415799, 415801, 415819, 415823,
415861, 415873, 415879, 415901, 415931, 415937, 415949, 415951,
415957, 415963, 415969, 415979, 415993, 415999, 416011, 416023,
416071, 416077, 416089, 416107, 416147, 416149, 416153, 416159,
416167, 416201, 416219, 416239, 416243, 416249, 416257, 416263,
416281, 416291, 416333, 416359, 416387, 416389, 416393, 416399,
416401, 416407, 416413, 416417, 416419, 416441, 416443, 416459,
416473, 416477, 416491, 416497, 416501, 416503, 416513, 416531,
416543, 416573, 416579, 416593, 416621, 416623, 416629, 416659,
416677, 416693, 416719, 416761, 416797, 416821, 416833, 416839,
416849, 416851, 416873, 416881, 416887, 416947, 416957, 416963,
416989, 417007, 417017, 417019, 417023, 417037, 417089, 417097,
417113, 417119, 417127, 417133, 417161, 417169, 417173, 417181,
417187, 417191, 417203, 417217, 417227, 417239, 417251, 417271,
417283, 417293, 417311, 417317, 417331, 417337, 417371, 417377,
417379, 417383, 417419, 417437, 417451, 417457, 417479, 417491,
417493, 417509, 417511, 417523, 417541, 417553, 417559, 417577,
417581, 417583, 417617, 417623, 417631, 417643, 417649, 417671,
417691, 417719, 417721, 417727, 417731, 417733, 417737, 417751,
417763, 417773, 417793, 417811, 417821, 417839, 417863, 417869,
417881, 417883, 417899, 417931, 417941, 417947, 417953, 417959,
417961, 417983, 417997, 418007, 418009, 418027, 418031, 418043,
418051, 418069, 418073, 418079, 418087, 418109, 418129, 418157,
418169, 418177, 418181, 418189, 418199, 418207, 418219, 418259,
418273, 418279, 418289, 418303, 418321, 418331, 418337, 418339,
418343, 418349, 418351, 418357, 418373, 418381, 418391, 418423,
418427, 418447, 418459, 418471, 418493, 418511, 418553, 418559,
418597, 418601, 418603, 418631, 418633, 418637, 418657, 418667,
418699, 418709, 418721, 418739, 418751, 418763, 418771, 418783,

          Die ersten hunderttausend Primzahlen

418787, 418793, 418799, 418811, 418813, 418819, 418837, 418843,
418849, 418861, 418867, 418871, 418883, 418889, 418909, 418921,
418927, 418933, 418939, 418961, 418981, 418987, 418993, 418997,
419047, 419051, 419053, 419057, 419059, 419087, 419141, 419147,
419161, 419171, 419183, 419189, 419191, 419201, 419231, 419249,
419261, 419281, 419291, 419297, 419303, 419317, 419329, 419351,
419383, 419401, 419417, 419423, 419429, 419443, 419449, 419459,
419467, 419473, 419477, 419483, 419491, 419513, 419527, 419537,
419557, 419561, 419563, 419567, 419579, 419591, 419597, 419599,
419603, 419609, 419623, 419651, 419687, 419693, 419701, 419711,
419743, 419753, 419777, 419789, 419791, 419801, 419803, 419821,
419827, 419831, 419873, 419893, 419921, 419927, 419929, 419933,
419953, 419959, 419999, 420001, 420029, 420037, 420041, 420047,
420073, 420097, 420103, 420149, 420163, 420191, 420193, 420221,
420241, 420253, 420263, 420269, 420271, 420293, 420307, 420313,
420317, 420319, 420323, 420331, 420341, 420349, 420353, 420361,
420367, 420383, 420397, 420419, 420421, 420439, 420457, 420467,
420479, 420481, 420499, 420503, 420521, 420551, 420557, 420569,
420571, 420593, 420599, 420613, 420671, 420677, 420683, 420691,
420731, 420737, 420743, 420757, 420769, 420779, 420781, 420799,
420803, 420809, 420811, 420851, 420853, 420857, 420859, 420899,
420919, 420929, 420941, 420967, 420977, 420997, 421009, 421019,
421033, 421037, 421049, 421079, 421081, 421093, 421103, 421121,
421123, 421133, 421147, 421159, 421163, 421177, 421181, 421189,
421207, 421241, 421273, 421279, 421303, 421313, 421331, 421339,
421349, 421361, 421381, 421397, 421409, 421417, 421423, 421433,
421453, 421459, 421469, 421471, 421483, 421493, 421501, 421517,
421559, 421607, 421609, 421621, 421633, 421639, 421643, 421657,
421661, 421691, 421697, 421699, 421703, 421709, 421711, 421717,
421727, 421739, 421741, 421783, 421801, 421807, 421831, 421847,
421891, 421907, 421913, 421943, 421973, 421987, 421997, 422029,
422041, 422057, 422063, 422069, 422077, 422083, 422087, 422089,
422099, 422101, 422111, 422113, 422129, 422137, 422141, 422183,
422203, 422209, 422231, 422239, 422243, 422249, 422267, 422287,
422291, 422309, 422311, 422321, 422339, 422353, 422363, 422369,
422377, 422393, 422407, 422431, 422453, 422459, 422479, 422537,
422549, 422551, 422557, 422563, 422567, 422573, 422581, 422621,
422627, 422657, 422689, 422701, 422707, 422711, 422749, 422753,
422759, 422761, 422789, 422797,
422803, 422827, 422857, 422861, 422867, 422869, 422879, 422881,
422893, 422897, 422899, 422911, 422923, 422927, 422969, 422987,
423001, 423013, 423019, 423043, 423053, 423061, 423067, 423083,
423091, 423097, 423103, 423109, 423121, 423127, 423133, 423173,
423179, 423191, 423209, 423221, 423229, 423233, 423251, 423257,
423259, 423277, 423281, 423287, 423289, 423299, 423307, 423323,
423341, 423347, 423389, 423403, 423413, 423427, 423431, 423439,
423457, 423461, 423463, 423469, 423481, 423497, 423503, 423509,
423541, 423547, 423557, 423559, 423581, 423587, 423601, 423617,

423649, 423667, 423697, 423707, 423713, 423727, 423749, 423751,
423763, 423769, 423779, 423781, 423791, 423803, 423823, 423847,
423853, 423859, 423869, 423883, 423887, 423931, 423949, 423961,
423977, 423989, 423991, 424001, 424003, 424007, 424019, 424027,
424037, 424079, 424091, 424093, 424103, 424117, 424121, 424129,
424139, 424147, 424157, 424163, 424169, 424187, 424199, 424223,
424231, 424243, 424247, 424261, 424267, 424271, 424273, 424313,
424331, 424339, 424343, 424351, 424397, 424423, 424429, 424433,
424451, 424471, 424481, 424493, 424519, 424537, 424547, 424549,
424559, 424573, 424577, 424597, 424601, 424639, 424661, 424667,
424679, 424687, 424693, 424709, 424727, 424729, 424757, 424769,
424771, 424777, 424811, 424817, 424819, 424829, 424841, 424843,
424849, 424861, 424867, 424889, 424891, 424903, 424909, 424913,
424939, 424961, 424967, 424997, 425003, 425027, 425039, 425057,
425059, 425071, 425083, 425101, 425107, 425123, 425147, 425149,
425189, 425197, 425207, 425233, 425237, 425251, 425273, 425279,
425281, 425291, 425297, 425309, 425317, 425329, 425333, 425363,
425377, 425387, 425393, 425417, 425419, 425423, 425441, 425443,
425471, 425473, 425489, 425501, 425519, 425521, 425533, 425549,
425563, 425591, 425603, 425609, 425641, 425653, 425681, 425701,
425713, 425779, 425783, 425791, 425801, 425813, 425819, 425837,
425839, 425851, 425857, 425861, 425869, 425879, 425899, 425903,
425911, 425939, 425959, 425977, 425987, 425989, 426007, 426011,
426061, 426073, 426077, 426089, 426091, 426103, 426131, 426161,
426163, 426193, 426197, 426211, 426229, 426233, 426253, 426287,
426301, 426311, 426319, 426331, 426353, 426383, 426389, 426401,
426407, 426421, 426427, 426469, 426487, 426527, 426541, 426551,
426553, 426563, 426583, 426611, 426631, 426637, 426641, 426661,
426691, 426697, 426707, 426709, 426731, 426737, 426739, 426743,
426757, 426761, 426763, 426773, 426779, 426787, 426799, 426841,
426859, 426863, 426871, 426889, 426893, 426913, 426917, 426919,
426931, 426941, 426971, 426973, 426997, 427001, 427013, 427039,
427043, 427067, 427069, 427073, 427079, 427081, 427103, 427117,
427151, 427169, 427181, 427213, 427237, 427241, 427243, 427247,
427249, 427279, 427283, 427307, 427309, 427327, 427333, 427351,
427369, 427379, 427381, 427403, 427417, 427421, 427423, 427429,
427433, 427439, 427447, 427451, 427457, 427477, 427513, 427517,
427523, 427529, 427541, 427579, 427591, 427597, 427619, 427621,
427681, 427711, 427717, 427723, 427727, 427733, 427751, 427781,
427787, 427789, 427813, 427849, 427859, 427877, 427879, 427883,
427913, 427919, 427939, 427949, 427951, 427957, 427967, 427969,
427991, 427993, 427997, 428003, 428023, 428027, 428033, 428039,
428041, 428047, 428083, 428093, 428137, 428143, 428147, 428149,
428161, 428167, 428173, 428177, 428221, 428227, 428231, 428249,
428251, 428273, 428297, 428299, 428303, 428339, 428353, 428369,
428401, 428411, 428429, 428471, 428473, 428489, 428503, 428509,
428531, 428539, 428551, 428557, 428563, 428567, 428569, 428579,
428629, 428633, 428639, 428657, 428663, 428671, 428677, 428683,

   Die ersten hunderttausend Primzahlen

428693, 428731, 428741, 428759, 428777, 428797, 428801, 428807,
428809, 428833, 428843, 428851, 428863, 428873, 428899, 428951,
428957, 428977, 429007, 429017, 429043, 429083, 429101, 429109,
429119, 429127, 429137, 429139, 429161, 429181, 429197, 429211,
429217, 429223, 429227, 429241, 429259, 429271, 429277, 429281,
429283, 429329, 429347, 429349, 429361, 429367, 429389, 429397,
429409, 429413, 429427, 429431, 429449, 429463, 429467, 429469,
429487, 429497, 429503, 429509, 429511, 429521, 429529, 429547,
429551, 429563, 429581, 429587, 429589, 429599, 429631, 429643,
429659, 429661, 429673, 429677, 429679, 429683, 429701, 429719,
429727, 429731, 429733, 429773, 429791, 429797, 429817, 429823,
429827, 429851, 429853, 429881, 429887, 429889, 429899, 429901,
429907, 429911, 429917, 429929, 429931, 429937, 429943, 429953,
429971, 429973, 429991, 430007, 430009, 430013, 430019, 430057,
430061, 430081, 430091, 430093, 430121, 430139, 430147, 430193,
430259, 430267, 430277, 430279, 430289, 430303, 430319, 430333,
430343, 430357, 430393, 430411, 430427, 430433, 430453, 430487,
430499, 430511, 430513, 430517, 430543, 430553, 430571, 430579,
430589, 430601, 430603, 430649, 430663, 430691, 430697, 430699,
430709, 430723, 430739, 430741, 430747, 430751, 430753, 430769,
430783, 430789, 430799, 430811, 430819, 430823, 430841, 430847,
430861, 430873, 430879, 430883, 430891, 430897, 430907, 430909,
430921, 430949, 430957, 430979, 430981, 430987, 430999, 431017,
431021, 431029, 431047, 431051, 431063, 431077, 431083, 431099,
431107, 431141, 431147, 431153, 431173, 431191, 431203, 431213,
431219, 431237, 431251, 431257, 431267, 431269, 431287, 431297,
431311, 431329, 431339, 431363, 431369, 431377, 431381, 431399,
431423, 431429, 431441, 431447, 431449, 431479, 431513, 431521,
431533, 431567, 431581, 431597, 431603, 431611, 431617, 431621,
431657, 431659, 431663, 431671, 431693, 431707, 431729, 431731,
431759, 431777, 431797, 431801, 431803, 431807, 431831, 431833,
431857, 431863, 431867, 431869, 431881, 431887, 431891, 431903,
431911, 431929, 431933, 431947, 431983, 431993, 432001, 432007,
432023, 432031, 432037, 432043, 432053, 432059, 432067, 432073,
432097, 432121, 432137, 432139, 432143, 432149, 432161, 432163,
432167, 432199, 432203, 432227, 432241, 432251, 432277, 432281,
432287, 432301, 432317, 432323, 432337, 432343, 432349, 432359,
432373, 432389, 432391, 432401, 432413, 432433, 432437, 432449,
432457, 432479, 432491, 432499, 432503, 432511, 432527, 432539,
432557, 432559, 432569, 432577, 432587, 432589, 432613, 432631,
432637, 432659, 432661, 432713, 432721, 432727, 432737, 432743,
432749, 432781, 432793, 432797, 432799, 432833, 432847, 432857,
432869, 432893, 432907, 432923, 432931, 432959, 432961, 432979,
432983, 432989, 433003, 433033, 433049, 433051, 433061, 433073,
433079, 433087, 433093, 433099, 433117, 433123, 433141, 433151,
433187, 433193, 433201, 433207, 433229, 433241, 433249, 433253,
433259, 433261, 433267, 433271, 433291, 433309, 433319, 433337,
433351, 433357, 433361, 433369, 433373, 433393, 433399, 433421,

433429, 433439, 433453, 433469, 433471, 433501, 433507, 433513,
433549, 433571, 433577, 433607, 433627, 433633, 433639, 433651,
433661, 433663, 433673, 433679, 433681, 433703, 433723, 433729,
433747, 433759, 433777, 433781, 433787, 433813, 433817, 433847,
433859, 433861, 433877, 433883, 433889, 433931, 433943, 433963,
433967, 433981, 434009, 434011, 434029, 434039, 434081, 434087,
434107, 434111, 434113, 434117, 434141, 434167, 434179, 434191,
434201, 434209, 434221, 434237, 434243, 434249, 434261, 434267,
434293, 434297, 434303, 434311, 434323, 434347, 434353, 434363,
434377, 434383, 434387, 434389, 434407, 434411, 434431, 434437,
434459, 434461, 434471, 434479, 434501, 434509, 434521, 434561,
434563, 434573, 434593, 434597, 434611, 434647, 434659, 434683,
434689, 434699, 434717, 434719, 434743, 434761, 434783, 434803,
434807, 434813, 434821, 434827, 434831, 434839, 434849, 434857,
434867, 434873, 434881, 434909, 434921, 434923, 434927, 434933,
434939, 434947, 434957, 434963, 434977, 434981, 434989, 435037,
435041, 435059, 435103, 435107, 435109, 435131, 435139, 435143,
435151, 435161, 435179, 435181, 435187, 435191, 435221, 435223,
435247, 435257, 435263, 435277, 435283, 435287, 435307, 435317,
435343, 435349, 435359, 435371, 435397, 435401, 435403, 435419,
435427, 435437, 435439, 435451, 435481, 435503, 435529, 435541,
435553, 435559, 435563, 435569, 435571, 435577, 435583, 435593,
435619, 435623, 435637, 435641, 435647, 435649, 435653, 435661,
435679, 435709, 435731, 435733, 435739, 435751, 435763, 435769,
435779, 435817, 435839, 435847, 435857, 435859, 435881, 435889,
435893, 435907, 435913, 435923, 435947, 435949, 435973, 435983,
435997, 436003, 436013, 436027, 436061, 436081, 436087, 436091,
436097, 436127, 436147, 436151, 436157, 436171, 436181, 436217,
436231, 436253, 436273, 436279, 436283, 436291, 436307, 436309,
436313, 436343, 436357, 436399, 436417, 436427, 436439, 436459,
436463, 436477, 436481, 436483, 436507, 436523, 436529, 436531,
436547, 436549, 436571, 436591, 436607, 436621, 436627, 436649,
436651, 436673, 436687, 436693, 436717, 436727, 436729, 436739,
436741, 436757, 436801, 436811, 436819, 436831, 436841, 436853,
436871, 436889, 436913, 436957, 436963, 436967, 436973, 436979,
436993, 436999, 437011, 437033, 437071, 437077, 437083, 437093,
437111, 437113, 437137, 437141, 437149, 437153, 437159, 437191,
437201, 437219, 437237, 437243, 437263, 437273, 437279, 437287,
437293, 437321, 437351, 437357, 437363, 437387, 437389, 437401,
437413, 437467, 437471, 437473, 437497, 437501, 437509, 437519,
437527, 437533, 437539, 437543, 437557, 437587, 437629, 437641,
437651, 437653, 437677, 437681, 437687, 437693, 437719, 437729,
437743, 437753, 437771, 437809, 437819, 437837, 437849, 437861,
437867, 437881, 437909, 437923, 437947, 437953, 437959, 437977,
438001, 438017, 438029, 438047, 438049, 438091, 438131, 438133,
438143, 438169, 438203, 438211, 438223, 438233, 438241, 438253,
438259, 438271, 438281,
438287, 438301, 438313, 438329, 438341, 438377, 438391, 438401,

    Die ersten hunderttausend Primzahlen

438409, 438419, 438439, 438443, 438467, 438479, 438499, 438517,
438521, 438523, 438527, 438533, 438551, 438569, 438589, 438601,
438611, 438623, 438631, 438637, 438661, 438667, 438671, 438701,
438707, 438721, 438733, 438761, 438769, 438793, 438827, 438829,
438833, 438847, 438853, 438869, 438877, 438887, 438899, 438913,
438937, 438941, 438953, 438961, 438967, 438979, 438983, 438989,
439007, 439009, 439063, 439081, 439123, 439133, 439141, 439157,
439163, 439171, 439183, 439199, 439217, 439253, 439273, 439279,
439289, 439303, 439339, 439349, 439357, 439367, 439381, 439409,
439421, 439427, 439429, 439441, 439459, 439463, 439471, 439493,
439511, 439519, 439541, 439559, 439567, 439573, 439577, 439583,
439601, 439613, 439631, 439639, 439661, 439667, 439687, 439693,
439697, 439709, 439723, 439729, 439753, 439759, 439763, 439771,
439781, 439787, 439799, 439811, 439823, 439849, 439853, 439861,
439867, 439883, 439891, 439903, 439919, 439949, 439961, 439969,
439973, 439981, 439991, 440009, 440023, 440039, 440047, 440087,
440093, 440101, 440131, 440159, 440171, 440177, 440179, 440183,
440203, 440207, 440221, 440227, 440239, 440261, 440269, 440281,
440303, 440311, 440329, 440333, 440339, 440347, 440371, 440383,
440389, 440393, 440399, 440431, 440441, 440443, 440471, 440497,
440501, 440507, 440509, 440527, 440537, 440543, 440549, 440551,
440567, 440569, 440579, 440581, 440641, 440651, 440653, 440669,
440677, 440681, 440683, 440711, 440717, 440723, 440731, 440753,
440761, 440773, 440807, 440809, 440821, 440831, 440849, 440863,
440893, 440903, 440911, 440939, 440941, 440953, 440959, 440983,
440987, 440989, 441011, 441029, 441041, 441043, 441053, 441073,
441079, 441101, 441107, 441109, 441113, 441121, 441127, 441157,
441169, 441179, 441187, 441191, 441193, 441229, 441247, 441251,
441257, 441263, 441281, 441307, 441319, 441349, 441359, 441361,
441403, 441421, 441443, 441449, 441461, 441479, 441499, 441517,
441523, 441527, 441547, 441557, 441563, 441569, 441587, 441607,
441613, 441619, 441631, 441647, 441667, 441697, 441703, 441713,
441737, 441751, 441787, 441797, 441799, 441811, 441827, 441829,
441839, 441841, 441877, 441887, 441907, 441913, 441923, 441937,
441953, 441971, 442003, 442007, 442009, 442019, 442027, 442031,
442033, 442061, 442069, 442097, 442109, 442121, 442139, 442147,
442151, 442157, 442171, 442177, 442181, 442193, 442201, 442207,
442217, 442229, 442237, 442243, 442271, 442283, 442291, 442319,
442327, 442333, 442363, 442367, 442397, 442399, 442439, 442447,
442457, 442469, 442487, 442489, 442499, 442501, 442517, 442531,
442537, 442571, 442573, 442577, 442579, 442601, 442609, 442619,
442633, 442691, 442699, 442703, 442721, 442733, 442747, 442753,
442763, 442769, 442777, 442781, 442789, 442807, 442817, 442823,
442829, 442831, 442837, 442843, 442861, 442879, 442903, 442919,
442961, 442963, 442973, 442979, 442987, 442991, 442997, 443011,
443017, 443039, 443041, 443057, 443059, 443063, 443077, 443089,
443117, 443123, 443129, 443147, 443153, 443159, 443161, 443167,
443171, 443189, 443203, 443221, 443227, 443231, 443237, 443243,

443249, 443263, 443273, 443281, 443291, 443293, 443341, 443347,
443353, 443363, 443369, 443389, 443407, 443413, 443419, 443423,
443431, 443437, 443453, 443467, 443489, 443501, 443533, 443543,
443551, 443561, 443563, 443567, 443587, 443591, 443603, 443609,
443629, 443659, 443687, 443689, 443701, 443711, 443731, 443749,
443753, 443759, 443761, 443771, 443777, 443791, 443837, 443851,
443867, 443869, 443873, 443879, 443881, 443893, 443899, 443909,
443917, 443939, 443941, 443953, 443983, 443987, 443999, 444001,
444007, 444029, 444043, 444047, 444079, 444089, 444109, 444113,
444121, 444127, 444131, 444151, 444167, 444173, 444179, 444181,
444187, 444209, 444253, 444271, 444281, 444287, 444289, 444293,
444307, 444341, 444343, 444347, 444349, 444401, 444403, 444421,
444443, 444449, 444461, 444463, 444469, 444473, 444487, 444517,
444523, 444527, 444529, 444539, 444547, 444553, 444557, 444569,
444589, 444607, 444623, 444637, 444641, 444649, 444671, 444677,
444701, 444713, 444739, 444767, 444791, 444793, 444803, 444811,
444817, 444833, 444841, 444859, 444863, 444869, 444877, 444883,
444887, 444893, 444901, 444929, 444937, 444953, 444967, 444971,
444979, 445001, 445019, 445021, 445031, 445033, 445069, 445087,
445091, 445097, 445103, 445141, 445157, 445169, 445183, 445187,
445199, 445229, 445261, 445271, 445279, 445283, 445297, 445307,
445321, 445339, 445363, 445427, 445433, 445447, 445453, 445463,
445477, 445499, 445507, 445537, 445541, 445567, 445573, 445583,
445589, 445597, 445619, 445631, 445633, 445649, 445657, 445691,
445699, 445703, 445741, 445747, 445769, 445771, 445789, 445799,
445807, 445829, 445847, 445853, 445871, 445877, 445883, 445891,
445931, 445937, 445943, 445967, 445969, 446003, 446009, 446041,
446053, 446081, 446087, 446111, 446123, 446129, 446141, 446179,
446189, 446191, 446197, 446221, 446227, 446231, 446261, 446263,
446273, 446279, 446293, 446309, 446323, 446333, 446353, 446363,
446387, 446389, 446399, 446401, 446417, 446441, 446447, 446461,
446473, 446477, 446503, 446533, 446549, 446561, 446569, 446597,
446603, 446609, 446647, 446657, 446713, 446717, 446731, 446753,
446759, 446767, 446773, 446819, 446827, 446839, 446863, 446881,
446891, 446893, 446909, 446911, 446921, 446933, 446951, 446969,
446983, 447001, 447011, 447019, 447053, 447067, 447079, 447101,
447107, 447119, 447133, 447137, 447173, 447179, 447193, 447197,
447211, 447217, 447221, 447233, 447247, 447257, 447259, 447263,
447311, 447319, 447323, 447331, 447353, 447401, 447409, 447427,
447439, 447443, 447449, 447451, 447463, 447467, 447481, 447509,
447521, 447527, 447541, 447569, 447571, 447611, 447617, 447637,
447641, 447677, 447683, 447701, 447703, 447743, 447749, 447757,
447779, 447791, 447793, 447817, 447823, 447827, 447829, 447841,
447859, 447877, 447883, 447893, 447901, 447907, 447943, 447961,
447983, 447991, 448003, 448013, 448027, 448031, 448057, 448067,
448073, 448093, 448111, 448121, 448139, 448141, 448157, 448159,
448169, 448177, 448187, 448193, 448199, 448207, 448241, 448249,
448303, 448309, 448313, 448321, 448351, 448363, 448367, 448373,

   Die ersten hunderttausend Primzahlen

448379, 448387, 448397, 448421, 448451, 448519, 448531, 448561,
448597, 448607, 448627, 448631, 448633, 448667, 448687, 448697,
448703, 448727, 448733, 448741, 448769, 448793, 448801, 448807,
448829, 448843, 448853, 448859, 448867, 448871, 448873, 448879,
448883, 448907, 448927, 448939, 448969, 448993, 448997, 448999,
449003, 449011, 449051, 449077, 449083, 449093, 449107, 449117,
449129, 449131, 449149, 449153, 449161, 449171, 449173, 449201,
449203, 449209, 449227, 449243, 449249, 449261, 449263, 449269,
449287, 449299, 449303, 449311, 449321, 449333, 449347, 449353,
449363, 449381, 449399, 449411, 449417, 449419, 449437, 449441,
449459, 449473, 449543, 449549, 449557, 449563, 449567, 449569,
449591, 449609, 449621, 449629, 449653, 449663, 449671, 449677,
449681, 449689, 449693, 449699, 449741, 449759, 449767, 449773,
449783, 449797, 449807, 449821, 449833, 449851, 449879, 449921,
449929, 449941, 449951, 449959, 449963, 449971, 449987, 449989,
450001, 450011, 450019, 450029, 450067, 450071, 450077, 450083,
450101, 450103, 450113, 450127, 450137, 450161, 450169, 450193,
450199, 450209, 450217, 450223, 450227, 450239, 450257, 450259,
450277, 450287, 450293, 450299, 450301, 450311, 450343, 450349,
450361, 450367, 450377, 450383, 450391, 450403, 450413, 450421,
450431, 450451, 450473, 450479, 450481, 450487, 450493, 450503,
450529, 450533, 450557, 450563, 450581, 450587, 450599, 450601,
450617, 450641, 450643, 450649, 450677, 450691, 450707, 450719,
450727, 450761, 450767, 450787, 450797, 450799, 450803, 450809,
450811, 450817, 450829, 450839, 450841, 450847, 450859, 450881,
450883, 450887, 450893, 450899, 450913, 450917, 450929, 450943,
450949, 450971, 450991, 450997, 451013, 451039, 451051, 451057,
451069, 451093, 451097, 451103, 451109, 451159, 451177, 451181,
451183, 451201, 451207, 451249, 451277, 451279, 451301, 451303,
451309, 451313, 451331, 451337, 451343, 451361, 451387, 451397,
451411, 451439, 451441, 451481, 451499, 451519, 451523, 451541,
451547, 451553, 451579, 451601, 451609, 451621, 451637, 451657,
451663, 451667, 451669, 451679, 451681, 451691, 451699, 451709,
451723, 451747, 451753, 451771, 451783, 451793, 451799, 451823,
451831, 451837, 451859, 451873, 451879, 451897, 451901, 451903,
451909, 451921, 451933, 451937, 451939, 451961, 451967, 451987,
452009, 452017, 452027, 452033, 452041, 452077, 452083, 452087,
452131, 452159, 452161, 452171, 452191, 452201, 452213, 452227,
452233, 452239, 452269, 452279, 452293, 452297, 452329, 452363,
452377, 452393, 452401, 452443, 452453, 452497, 452519, 452521,
452531, 452533, 452537, 452539, 452549, 452579, 452587, 452597,
452611, 452629, 452633, 452671, 452687, 452689, 452701, 452731,
452759, 452773, 452797, 452807, 452813, 452821, 452831, 452857,
452869, 452873, 452923, 452953, 452957, 452983, 452989, 453023,
453029, 453053, 453073, 453107, 453119, 453133, 453137, 453143,
453157, 453161, 453181, 453197, 453199, 453209, 453217, 453227,
453239, 453247, 453269, 453289, 453293, 453301, 453311, 453317,
453329, 453347, 453367, 453371, 453377, 453379, 453421, 453451,

453461, 453527, 453553, 453559, 453569, 453571, 453599, 453601,
453617, 453631, 453637, 453641, 453643, 453659, 453667, 453671,
453683, 453703, 453707, 453709, 453737, 453757, 453797, 453799,
453823, 453833, 453847, 453851, 453877, 453889, 453907, 453913,
453923, 453931, 453949, 453961, 453977, 453983, 453991, 454009,
454021, 454031, 454033, 454039,
454061, 454063, 454079, 454109, 454141, 454151, 454159, 454183,
454199, 454211, 454213, 454219, 454229, 454231, 454247, 454253,
454277, 454297, 454303, 454313, 454331, 454351, 454357, 454361,
454379, 454387, 454409, 454417, 454451, 454453, 454483, 454501,
454507, 454513, 454541, 454543, 454547, 454577, 454579, 454603,
454609, 454627, 454637, 454673, 454679, 454709, 454711, 454721,
454723, 454759, 454763, 454777, 454799, 454823, 454843, 454847,
454849, 454859, 454889, 454891, 454907, 454919, 454921, 454931,
454943, 454967, 454969, 454973, 454991, 455003, 455011, 455033,
455047, 455053, 455093, 455099, 455123, 455149, 455159, 455167,
455171, 455177, 455201, 455219, 455227, 455233, 455237, 455261,
455263, 455269, 455291, 455309, 455317, 455321, 455333, 455339,
455341, 455353, 455381, 455393, 455401, 455407, 455419, 455431,
455437, 455443, 455461, 455471, 455473, 455479, 455489, 455491,
455513, 455527, 455531, 455537, 455557, 455573, 455579, 455597,
455599, 455603, 455627, 455647, 455659, 455681, 455683, 455687,
455701, 455711, 455717, 455737, 455761, 455783, 455789, 455809,
455827, 455831, 455849, 455863, 455881, 455899, 455921, 455933,
455941, 455953, 455969, 455977, 455989, 455993, 455999, 456007,
456013, 456023, 456037, 456047, 456061, 456091, 456107, 456109,
456119, 456149, 456151, 456167, 456193, 456223, 456233, 456241,
456283, 456293, 456329, 456349, 456353, 456367, 456377, 456403,
456409, 456427, 456439, 456451, 456457, 456461, 456499, 456503,
456517, 456523, 456529, 456539, 456553, 456557, 456559, 456571,
456581, 456587, 456607, 456611, 456613, 456623, 456641, 456647,
456649, 456653, 456679, 456683, 456697, 456727, 456737, 456763,
456767, 456769, 456791, 456809, 456811, 456821, 456871, 456877,
456881, 456899, 456901, 456923, 456949, 456959, 456979, 456991,
457001, 457003, 457013, 457021, 457043, 457049, 457057, 457087,
457091, 457097, 457099, 457117, 457139, 457151, 457153, 457183,
457189, 457201, 457213, 457229, 457241, 457253, 457267, 457271,
457277, 457279, 457307, 457319, 457333, 457339, 457363, 457367,
457381, 457393, 457397, 457399, 457403, 457411, 457421, 457433,
457459, 457469, 457507, 457511, 457517, 457547, 457553, 457559,
457571, 457607, 457609, 457621, 457643, 457651, 457661, 457669,
457673, 457679, 457687, 457697, 457711, 457739, 457757, 457789,
457799, 457813, 457817, 457829, 457837, 457871, 457889, 457903,
457913, 457943, 457979, 457981, 457987, 458009, 458027, 458039,
458047, 458053, 458057, 458063, 458069, 458119, 458123, 458173,
458179, 458189, 458191, 458197, 458207, 458219, 458239, 458309,
458317, 458323, 458327, 458333, 458357, 458363, 458377, 458399,
458401, 458407, 458449, 458477, 458483, 458501, 458531, 458533,

     Die ersten hunderttausend Primzahlen

458543, 458567, 458569, 458573, 458593, 458599, 458611, 458621,
458629, 458639, 458651, 458663, 458669, 458683, 458701, 458719,
458729, 458747, 458789, 458791, 458797, 458807, 458819, 458849,
458863, 458879, 458891, 458897, 458917, 458921, 458929, 458947,
458957, 458959, 458963, 458971, 458977, 458981, 458987, 458993,
459007, 459013, 459023, 459029, 459031, 459037, 459047, 459089,
459091, 459113, 459127, 459167, 459169, 459181, 459209, 459223,
459229, 459233, 459257, 459271, 459293, 459301, 459313, 459317,
459337, 459341, 459343, 459353, 459373, 459377, 459383, 459397,
459421, 459427, 459443, 459463, 459467, 459469, 459479, 459509,
459521, 459523, 459593, 459607, 459611, 459619, 459623, 459631,
459647, 459649, 459671, 459677, 459691, 459703, 459749, 459763,
459791, 459803, 459817, 459829, 459841, 459847, 459883, 459913,
459923, 459929, 459937, 459961, 460013, 460039, 460051, 460063,
460073, 460079, 460081, 460087, 460091, 460099, 460111, 460127,
460147, 460157, 460171, 460181, 460189, 460211, 460217, 460231,
460247, 460267, 460289, 460297, 460301, 460337, 460349, 460373,
460379, 460387, 460393, 460403, 460409, 460417, 460451, 460463,
460477, 460531, 460543, 460561, 460571, 460589, 460609, 460619,
460627, 460633, 460637, 460643, 460657, 460673, 460697, 460709,
460711, 460721, 460771, 460777, 460787, 460793, 460813, 460829,
460841, 460843, 460871, 460891, 460903, 460907, 460913, 460919,
460937, 460949, 460951, 460969, 460973, 460979, 460981, 460987,
460991, 461009, 461011, 461017, 461051, 461053, 461059, 461093,
461101, 461119, 461143, 461147, 461171, 461183, 461191, 461207,
461233, 461239, 461257, 461269, 461273, 461297, 461299, 461309,
461317, 461323, 461327, 461333, 461359, 461381, 461393, 461407,
461411, 461413, 461437, 461441, 461443, 461467, 461479, 461507,
461521, 461561, 461569, 461581, 461599, 461603, 461609, 461627,
461639, 461653, 461677, 461687, 461689, 461693, 461707, 461717,
461801, 461803, 461819, 461843, 461861, 461887, 461891, 461917,
461921, 461933, 461957, 461971, 461977, 461983, 462013, 462041,
462067, 462073, 462079, 462097, 462103, 462109, 462113, 462131,
462149, 462181, 462191, 462199, 462221, 462239, 462263, 462271,
462307, 462311, 462331, 462337, 462361, 462373, 462377, 462401,
462409, 462419, 462421, 462437, 462443, 462467, 462481, 462491,
462493, 462499, 462529, 462541, 462547, 462557, 462569, 462571,
462577, 462589, 462607, 462629, 462641, 462643, 462653, 462659,
462667, 462673, 462677, 462697, 462713, 462719, 462727, 462733,
462739, 462773, 462827, 462841, 462851, 462863, 462871, 462881,
462887, 462899, 462901, 462911, 462937, 462947, 462953, 462983,
463003, 463031, 463033, 463093, 463103, 463157, 463181, 463189,
463207, 463213, 463219, 463231, 463237, 463247, 463249, 463261,
463283, 463291, 463297, 463303, 463313, 463319, 463321, 463339,
463343, 463363, 463387, 463399, 463433, 463447, 463451, 463453,
463457, 463459, 463483, 463501, 463511, 463513, 463523, 463531,
463537, 463549, 463579, 463613, 463627, 463633, 463643, 463649,
463663, 463679, 463693, 463711, 463717, 463741, 463747, 463753,

463763, 463781, 463787, 463807, 463823, 463829, 463831, 463849,
463861, 463867, 463873, 463889, 463891, 463907, 463919, 463921,
463949, 463963, 463973, 463987, 463993, 464003, 464011, 464021,
464033, 464047, 464069, 464081, 464089, 464119, 464129, 464131,
464137, 464141, 464143, 464171, 464173, 464197, 464201, 464213,
464237, 464251, 464257, 464263, 464279, 464281, 464291, 464309,
464311, 464327, 464351, 464371, 464381, 464383, 464413, 464419,
464437, 464447, 464459, 464467, 464479, 464483, 464521, 464537,
464539, 464549, 464557, 464561, 464587, 464591, 464603, 464617,
464621, 464647, 464663, 464687, 464699, 464741, 464747, 464749,
464753, 464767, 464771, 464773, 464777, 464801, 464803, 464809,
464813, 464819, 464843, 464857, 464879, 464897, 464909, 464917,
464923, 464927, 464939, 464941, 464951, 464953, 464963, 464983,
464993, 464999, 465007, 465011, 465013, 465019, 465041, 465061,
465067, 465071, 465077, 465079, 465089, 465107, 465119, 465133,
465151, 465161, 465163, 465167, 465169, 465173, 465187, 465209,
465211, 465259, 465271, 465277, 465281, 465293, 465299, 465317,
465319, 465331, 465337, 465373, 465379, 465383, 465407, 465419,
465433, 465463, 465469, 465523, 465529, 465541, 465551, 465581,
465587, 465611, 465631, 465643, 465649, 465659, 465679, 465701,
465721, 465739, 465743, 465761, 465781, 465797, 465799, 465809,
465821, 465833, 465841, 465887, 465893, 465901, 465917, 465929,
465931, 465947, 465977, 465989, 466009, 466019, 466027, 466033,
466043, 466061, 466069, 466073, 466079, 466087, 466091, 466121,
466139, 466153, 466171, 466181, 466183, 466201, 466243, 466247,
466261, 466267, 466273, 466283, 466303, 466321, 466331, 466339,
466357, 466369, 466373, 466409, 466423, 466441, 466451, 466483,
466517, 466537, 466547, 466553, 466561, 466567, 466573, 466579,
466603, 466619, 466637, 466649, 466651, 466673, 466717, 466723,
466729, 466733, 466747, 466751, 466777, 466787, 466801, 466819,
466853, 466859, 466897, 466909, 466913, 466919, 466951, 466957,
466997, 467003, 467009, 467017, 467021, 467063, 467081, 467083,
467101, 467119, 467123, 467141, 467147, 467171, 467183, 467197,
467209, 467213, 467237, 467239, 467261, 467293, 467297, 467317,
467329, 467333, 467353, 467371, 467399, 467417, 467431, 467437,
467447, 467471, 467473, 467477, 467479, 467491, 467497, 467503,
467507, 467527, 467531, 467543, 467549, 467557, 467587, 467591,
467611, 467617, 467627, 467629, 467633, 467641, 467651, 467657,
467669, 467671, 467681, 467689, 467699, 467713, 467729, 467737,
467743, 467749, 467773, 467783, 467813, 467827, 467833, 467867,
467869, 467879, 467881, 467893, 467897, 467899, 467903, 467927,
467941, 467953, 467963, 467977, 468001, 468011, 468019, 468029,
468049, 468059, 468067, 468071, 468079, 468107, 468109, 468113,
468121, 468133, 468137, 468151, 468157, 468173, 468187, 468191,
468199, 468239, 468241, 468253, 468271, 468277, 468289, 468319,
468323, 468353, 468359, 468371, 468389, 468421, 468439, 468451,
468463, 468473, 468491, 468493, 468499, 468509, 468527, 468551,
468557, 468577, 468581, 468593, 468599, 468613, 468619, 468623,

     Die ersten hunderttausend Primzahlen

468641, 468647, 468653, 468661, 468667, 468683, 468691, 468697,
468703, 468709, 468719, 468737, 468739, 468761, 468773, 468781,
468803, 468817, 468821, 468841, 468851, 468859, 468869, 468883,
468887, 468889, 468893, 468899, 468913, 468953, 468967, 468973,
468983, 469009, 469031, 469037, 469069, 469099, 469121, 469127,
469141, 469153, 469169, 469193, 469207, 469219, 469229, 469237,
469241, 469253, 469267, 469279, 469283, 469303, 469321, 469331,
469351, 469363, 469367, 469369, 469379, 469397, 469411, 469429,
469439, 469457, 469487, 469501, 469529, 469541, 469543, 469561,
469583, 469589, 469613, 469627, 469631, 469649, 469657, 469673,
469687, 469691, 469717, 469723, 469747, 469753, 469757, 469769,
469787, 469793, 469801, 469811, 469823, 469841, 469849, 469877,
469879, 469891, 469907, 469919,
469939, 469957, 469969, 469979, 469993, 470021, 470039, 470059,
470077, 470081, 470083, 470087, 470089, 470131, 470149, 470153,
470161, 470167, 470179, 470201, 470207, 470209, 470213, 470219,
470227, 470243, 470251, 470263, 470279, 470297, 470299, 470303,
470317, 470333, 470347, 470359, 470389, 470399, 470411, 470413,
470417, 470429, 470443, 470447, 470453, 470461, 470471, 470473,
470489, 470501, 470513, 470521, 470531, 470539, 470551, 470579,
470593, 470597, 470599, 470609, 470621, 470627, 470647, 470651,
470653, 470663, 470669, 470689, 470711, 470719, 470731, 470749,
470779, 470783, 470791, 470819, 470831, 470837, 470863, 470867,
470881, 470887, 470891, 470903, 470927, 470933, 470941, 470947,
470957, 470959, 470993, 470999, 471007, 471041, 471061, 471073,
471089, 471091, 471101, 471137, 471139, 471161, 471173, 471179,
471187, 471193, 471209, 471217, 471241, 471253, 471259, 471277,
471281, 471283, 471299, 471301, 471313, 471353, 471389, 471391,
471403, 471407, 471439, 471451, 471467, 471481, 471487, 471503,
471509, 471521, 471533, 471539, 471553, 471571, 471589, 471593,
471607, 471617, 471619, 471641, 471649, 471659, 471671, 471673,
471677, 471683, 471697, 471703, 471719, 471721, 471749, 471769,
471781, 471791, 471803, 471817, 471841, 471847, 471853, 471871,
471893, 471901, 471907, 471923, 471929, 471931, 471943, 471949,
471959, 471997, 472019, 472027, 472051, 472057, 472063, 472067,
472103, 472111, 472123, 472127, 472133, 472139, 472151, 472159,
472163, 472189, 472193, 472247, 472249, 472253, 472261, 472273,
472289, 472301, 472309, 472319, 472331, 472333, 472349, 472369,
472391, 472393, 472399, 472411, 472421, 472457, 472469, 472477,
472523, 472541, 472543, 472559, 472561, 472573, 472597, 472631,
472639, 472643, 472669, 472687, 472691, 472697, 472709, 472711,
472721, 472741, 472751, 472763, 472793, 472799, 472817, 472831,
472837, 472847, 472859, 472883, 472907, 472909, 472921, 472937,
472939, 472963, 472993, 473009, 473021, 473027, 473089, 473101,
473117, 473141, 473147, 473159, 473167, 473173, 473191, 473197,
473201, 473203, 473219, 473227, 473257, 473279, 473287, 473293,
473311, 473321, 473327, 473351, 473353, 473377, 473381, 473383,
473411, 473419, 473441, 473443, 473453, 473471, 473477, 473479,

473497, 473503, 473507, 473513, 473519, 473527, 473531, 473533,
473549, 473579, 473597, 473611, 473617, 473633, 473647, 473659,
473719, 473723, 473729, 473741, 473743, 473761, 473789, 473833,
473839, 473857, 473861, 473867, 473887, 473899, 473911, 473923,
473927, 473929, 473939, 473951, 473953, 473971, 473981, 473987,
473999, 474017, 474029, 474037, 474043, 474049, 474059, 474073,
474077, 474101, 474119, 474127, 474137, 474143, 474151, 474163,
474169, 474197, 474211, 474223, 474241, 474263, 474289, 474307,
474311, 474319, 474337, 474343, 474347, 474359, 474379, 474389,
474391, 474413, 474433, 474437, 474443, 474479, 474491, 474497,
474499, 474503, 474533, 474541, 474547, 474557, 474569, 474571,
474581, 474583, 474619, 474629, 474647, 474659, 474667, 474671,
474707, 474709, 474737, 474751, 474757, 474769, 474779, 474787,
474809, 474811, 474839, 474847, 474857, 474899, 474907, 474911,
474917, 474923, 474931, 474937, 474941, 474949, 474959, 474977,
474983, 475037, 475051, 475073, 475081, 475091, 475093, 475103,
475109, 475141, 475147, 475151, 475159, 475169, 475207, 475219,
475229, 475243, 475271, 475273, 475283, 475289, 475297, 475301,
475327, 475331, 475333, 475351, 475367, 475369, 475379, 475381,
475403, 475417, 475421, 475427, 475429, 475441, 475457, 475469,
475483, 475511, 475523, 475529, 475549, 475583, 475597, 475613,
475619, 475621, 475637, 475639, 475649, 475669, 475679, 475681,
475691, 475693, 475697, 475721, 475729, 475751, 475753, 475759,
475763, 475777, 475789, 475793, 475807, 475823, 475831, 475837,
475841, 475859, 475877, 475879, 475889, 475897, 475903, 475907,
475921, 475927, 475933, 475957, 475973, 475991, 475997, 476009,
476023, 476027, 476029, 476039, 476041, 476059, 476081, 476087,
476089, 476101, 476107, 476111, 476137, 476143, 476167, 476183,
476219, 476233, 476237, 476243, 476249, 476279, 476299, 476317,
476347, 476351, 476363, 476369, 476381, 476401, 476407, 476419,
476423, 476429, 476467, 476477, 476479, 476507, 476513, 476519,
476579, 476587, 476591, 476599, 476603, 476611, 476633, 476639,
476647, 476659, 476681, 476683, 476701, 476713, 476719, 476737,
476743, 476753, 476759, 476783, 476803, 476831, 476849, 476851,
476863, 476869, 476887, 476891, 476911, 476921, 476929, 476977,
476981, 476989, 477011, 477013, 477017, 477019, 477031, 477047,
477073, 477077, 477091, 477131, 477149, 477163, 477209, 477221,
477229, 477259, 477277, 477293, 477313, 477317, 477329, 477341,
477359, 477361, 477383, 477409, 477439, 477461, 477469, 477497,
477511, 477517, 477523, 477539, 477551, 477553, 477557, 477571,
477577, 477593, 477619, 477623, 477637, 477671, 477677, 477721,
477727, 477731, 477739, 477767, 477769, 477791, 477797, 477809,
477811, 477821, 477823, 477839, 477847, 477857, 477863, 477881,
477899, 477913, 477941, 477947, 477973, 477977, 477991, 478001,
478039, 478063, 478067, 478069, 478087, 478099, 478111, 478129,
478139, 478157, 478169, 478171, 478189, 478199, 478207, 478213,
478241, 478243, 478253, 478259, 478271, 478273, 478321, 478339,
478343, 478351, 478391, 478399, 478403, 478411, 478417, 478421,

     Die ersten hunderttausend Primzahlen

478427, 478433, 478441, 478451, 478453, 478459, 478481, 478483,
478493, 478523, 478531, 478571, 478573, 478579, 478589, 478603,
478627, 478631, 478637, 478651, 478679, 478697, 478711, 478727,
478729, 478739, 478741, 478747, 478763, 478769, 478787, 478801,
478811, 478813, 478823, 478831, 478843, 478853, 478861, 478871,
478879, 478897, 478901, 478913, 478927, 478931, 478937, 478943,
478963, 478967, 478991, 478999, 479023, 479027, 479029, 479041,
479081, 479131, 479137, 479147, 479153, 479189, 479191, 479201,
479209, 479221, 479231, 479239, 479243, 479263, 479267, 479287,
479299, 479309, 479317, 479327, 479357, 479371, 479377, 479387,
479419, 479429, 479431, 479441, 479461, 479473, 479489, 479497,
479509, 479513, 479533, 479543, 479561, 479569, 479581, 479593,
479599, 479623, 479629, 479639, 479701, 479749, 479753, 479761,
479771, 479777, 479783, 479797, 479813, 479821, 479833, 479839,
479861, 479879, 479881, 479891, 479903, 479909, 479939, 479951,
479953, 479957, 479971, 480013, 480017, 480019, 480023, 480043,
480047, 480049, 480059, 480061, 480071, 480091, 480101, 480107,
480113, 480133, 480143, 480157, 480167, 480169, 480203, 480209,
480287, 480299, 480317, 480329, 480341, 480343, 480349, 480367,
480373, 480379, 480383, 480391, 480409, 480419, 480427, 480449,
480451, 480461, 480463, 480499, 480503, 480509, 480517, 480521,
480527, 480533, 480541, 480553, 480563, 480569, 480583, 480587,
480647, 480661, 480707, 480713, 480731, 480737, 480749, 480761,
480773, 480787, 480803, 480827, 480839, 480853, 480881, 480911,
480919, 480929, 480937, 480941, 480959, 480967, 480979, 480989,
481001, 481003, 481009, 481021, 481043, 481051, 481067, 481073,
481087, 481093, 481097, 481109, 481123, 481133, 481141, 481147,
481153, 481157, 481171, 481177, 481181, 481199, 481207, 481211,
481231, 481249, 481297, 481301, 481303, 481307, 481343, 481363,
481373, 481379, 481387, 481409, 481417, 481433, 481447, 481469,
481489, 481501, 481513, 481531, 481549, 481571, 481577, 481589,
481619, 481633, 481639, 481651, 481667, 481673, 481681, 481693,
481697, 481699, 481721, 481751, 481753, 481769, 481787, 481801,
481807, 481813, 481837, 481843, 481847, 481849, 481861, 481867,
481879, 481883, 481909, 481939, 481963, 481997, 482017, 482021,
482029, 482033, 482039, 482051, 482071, 482093, 482099, 482101,
482117, 482123, 482179, 482189, 482203, 482213, 482227, 482231,
482233, 482243, 482263, 482281, 482309, 482323, 482347, 482351,
482359, 482371, 482387, 482393, 482399, 482401, 482407, 482413,
482423, 482437, 482441, 482483, 482501, 482507, 482509, 482513,
482519, 482527, 482539, 482569, 482593, 482597, 482621, 482627,
482633, 482641, 482659, 482663, 482683, 482687, 482689, 482707,
482711, 482717, 482719, 482731, 482743, 482753, 482759, 482767,
482773, 482789, 482803, 482819, 482827, 482837, 482861, 482863,
482873, 482897, 482899, 482917, 482941, 482947, 482957, 482971,
483017, 483031, 483061, 483071, 483097, 483127, 483139, 483163,
483167, 483179, 483209, 483211, 483221, 483229, 483233, 483239,
483247, 483251, 483281, 483289, 483317, 483323, 483337, 483347,

483367, 483377, 483389, 483397, 483407, 483409, 483433, 483443,
483467, 483481, 483491, 483499, 483503, 483523, 483541, 483551,
483557, 483563, 483577, 483611, 483619, 483629, 483643, 483649,
483671, 483697, 483709, 483719, 483727, 483733, 483751, 483757,
483761, 483767, 483773, 483787, 483809, 483811, 483827, 483829,
483839, 483853, 483863, 483869, 483883, 483907, 483929, 483937,
483953, 483971, 483991, 484019, 484027, 484037, 484061, 484067,
484079, 484091, 484111, 484117, 484123, 484129, 484151, 484153,
484171, 484181, 484193, 484201, 484207, 484229, 484243, 484259,
484283, 484301, 484303, 484327, 484339, 484361, 484369, 484373,
484397, 484411, 484417, 484439, 484447, 484457, 484459, 484487,
484489, 484493, 484531, 484543, 484577, 484597, 484607, 484609,
484613, 484621, 484639, 484643, 484691, 484703, 484727, 484733,
484751, 484763, 484769, 484777, 484787, 484829, 484853, 484867,
484927, 484951, 484987, 484999, 485021, 485029, 485041, 485053,
485059, 485063, 485081, 485101, 485113, 485123, 485131, 485137,
485161, 485167, 485171, 485201, 485207, 485209, 485263, 485311,
485347, 485351, 485363, 485371, 485383, 485389, 485411, 485417,
485423, 485437, 485447, 485479, 485497, 485509, 485519, 485543,
485567, 485587, 485593, 485603,
485609, 485647, 485657, 485671, 485689, 485701, 485717, 485729,
485731, 485753, 485777, 485819, 485827, 485831, 485833, 485893,
485899, 485909, 485923, 485941, 485959, 485977, 485993, 486023,
486037, 486041, 486043, 486053, 486061, 486071, 486091, 486103,
486119, 486133, 486139, 486163, 486179, 486181, 486193, 486203,
486221, 486223, 486247, 486281, 486293, 486307, 486313, 486323,
486329, 486331, 486341, 486349, 486377, 486379, 486389, 486391,
486397, 486407, 486433, 486443, 486449, 486481, 486491, 486503,
486509, 486511, 486527, 486539, 486559, 486569, 486583, 486589,
486601, 486617, 486637, 486641, 486643, 486653, 486667, 486671,
486677, 486679, 486683, 486697, 486713, 486721, 486757, 486767,
486769, 486781, 486797, 486817, 486821, 486833, 486839, 486869,
486907, 486923, 486929, 486943, 486947, 486949, 486971, 486977,
486991, 487007, 487013, 487021, 487049, 487051, 487057, 487073,
487079, 487093, 487099, 487111, 487133, 487177, 487183, 487187,
487211, 487213, 487219, 487247, 487261, 487283, 487303, 487307,
487313, 487349, 487363, 487381, 487387, 487391, 487397, 487423,
487427, 487429, 487447, 487457, 487463, 487469, 487471, 487477,
487481, 487489, 487507, 487561, 487589, 487601, 487603, 487607,
487637, 487649, 487651, 487657, 487681, 487691, 487703, 487709,
487717, 487727, 487733, 487741, 487757, 487769, 487783, 487789,
487793, 487811, 487819, 487829, 487831, 487843, 487873, 487889,
487891, 487897, 487933, 487943, 487973, 487979, 487997, 488003,
488009, 488011, 488021, 488051, 488057, 488069, 488119, 488143,
488149, 488153, 488161, 488171, 488197, 488203, 488207, 488209,
488227, 488231, 488233, 488239, 488249, 488261, 488263, 488287,
488303, 488309, 488311, 488317, 488321, 488329, 488333, 488339,
488347, 488353, 488381, 488399, 488401, 488407, 488417, 488419,

     Die ersten hunderttausend Primzahlen

488441, 488459, 488473, 488503, 488513, 488539, 488567, 488573,
488603, 488611, 488617, 488627, 488633, 488639, 488641, 488651,
488687, 488689, 488701, 488711, 488717, 488723, 488729, 488743,
488749, 488759, 488779, 488791, 488797, 488821, 488827, 488833,
488861, 488879, 488893, 488897, 488909, 488921, 488947, 488959,
488981, 488993, 489001, 489011, 489019, 489043, 489053, 489061,
489101, 489109, 489113, 489127, 489133, 489157, 489161, 489179,
489191, 489197, 489217, 489239, 489241, 489257, 489263, 489283,
489299, 489329, 489337, 489343, 489361, 489367, 489389, 489407,
489409, 489427, 489431, 489439, 489449, 489457, 489479, 489487,
489493, 489529, 489539, 489551, 489553, 489557, 489571, 489613,
489631, 489653, 489659, 489673, 489677, 489679, 489689, 489691,
489733, 489743, 489761, 489791, 489793, 489799, 489803, 489817,
489823, 489833, 489847, 489851, 489869, 489871, 489887, 489901,
489911, 489913, 489941, 489943, 489959, 489961, 489977, 489989,
490001, 490003, 490019, 490031, 490033, 490057, 490097, 490103,
490111, 490117, 490121, 490151, 490159, 490169, 490183, 490201,
490207, 490223, 490241, 490247, 490249, 490267, 490271, 490277,
490283, 490309, 490313, 490339, 490367, 490393, 490417, 490421,
490453, 490459, 490463, 490481, 490493, 490499, 490519, 490537,
490541, 490543, 490549, 490559, 490571, 490573, 490577, 490579,
490591, 490619, 490627, 490631, 490643, 490661, 490663, 490697,
490733, 490741, 490769, 490771, 490783, 490829, 490837, 490849,
490859, 490877, 490891, 490913, 490921, 490927, 490937, 490949,
490951, 490957, 490967, 490969, 490991, 490993, 491003, 491039,
491041, 491059, 491081, 491083, 491129, 491137, 491149, 491159,
491167, 491171, 491201, 491213, 491219, 491251, 491261, 491273,
491279, 491297, 491299, 491327, 491329, 491333, 491339, 491341,
491353, 491357, 491371, 491377, 491417, 491423, 491429, 491461,
491483, 491489, 491497, 491501, 491503, 491527, 491531, 491537,
491539, 491581, 491591, 491593, 491611, 491627, 491633, 491639,
491651, 491653, 491669, 491677, 491707, 491719, 491731, 491737,
491747, 491773, 491783, 491789, 491797, 491819, 491833, 491837,
491851, 491857, 491867, 491873, 491899, 491923, 491951, 491969,
491977, 491983, 492007, 492013, 492017, 492029, 492047, 492053,
492059, 492061, 492067, 492077, 492083, 492103, 492113, 492227,
492251, 492253, 492257, 492281, 492293, 492299, 492319, 492377,
492389, 492397, 492403, 492409, 492413, 492421, 492431, 492463,
492467, 492487, 492491, 492511, 492523, 492551, 492563, 492587,
492601, 492617, 492619, 492629, 492631, 492641, 492647, 492659,
492671, 492673, 492707, 492719, 492721, 492731, 492757, 492761,
492763, 492769, 492781, 492799, 492839, 492853, 492871, 492883,
492893, 492901, 492911, 492967, 492979, 493001, 493013, 493021,
493027, 493043, 493049, 493067, 493093, 493109, 493111, 493121,
493123, 493127, 493133, 493139, 493147, 493159, 493169, 493177,
493193, 493201, 493211, 493217, 493219, 493231, 493243, 493249,
493277, 493279, 493291, 493301, 493313, 493333, 493351, 493369,
493393, 493397, 493399, 493403, 493433, 493447, 493457, 493463,

493481, 493523, 493531, 493541, 493567, 493573, 493579, 493583,
493607, 493621, 493627, 493643, 493657, 493693, 493709, 493711,
493721, 493729, 493733, 493747, 493777, 493793, 493807, 493811,
493813, 493817, 493853, 493859, 493873, 493877, 493897, 493919,
493931, 493937, 493939, 493967, 493973, 493979, 493993, 494023,
494029, 494041, 494051, 494069, 494077, 494083, 494093, 494101,
494107, 494129, 494141, 494147, 494167, 494191, 494213, 494237,
494251, 494257, 494267, 494269, 494281, 494287, 494317, 494327,
494341, 494353, 494359, 494369, 494381, 494383, 494387, 494407,
494413, 494441, 494443, 494471, 494497, 494519, 494521, 494539,
494561, 494563, 494567, 494587, 494591, 494609, 494617, 494621,
494639, 494647, 494651, 494671, 494677, 494687, 494693, 494699,
494713, 494719, 494723, 494731, 494737, 494743, 494749, 494759,
494761, 494783, 494789, 494803, 494843, 494849, 494873, 494899,
494903, 494917, 494927, 494933, 494939, 494959, 494987, 495017,
495037, 495041, 495043, 495067, 495071, 495109, 495113, 495119,
495133, 495139, 495149, 495151, 495161, 495181, 495199, 495211,
495221, 495241, 495269, 495277, 495289, 495301, 495307, 495323,
495337, 495343, 495347, 495359, 495361, 495371, 495377, 495389,
495401, 495413, 495421, 495433, 495437, 495449, 495457, 495461,
495491, 495511, 495527, 495557, 495559, 495563, 495569, 495571,
495587, 495589, 495611, 495613, 495617, 495619, 495629, 495637,
495647, 495667, 495679, 495701, 495707, 495713, 495749, 495751,
495757, 495769, 495773, 495787, 495791, 495797, 495799, 495821,
495827, 495829, 495851, 495877, 495893, 495899, 495923, 495931,
495947, 495953, 495959, 495967, 495973, 495983, 496007, 496019,
496039, 496051, 496063, 496073, 496079, 496123, 496127, 496163,
496187, 496193, 496211, 496229, 496231, 496259, 496283, 496289,
496291, 496297, 496303, 496313, 496333, 496339, 496343, 496381,
496399, 496427, 496439, 496453, 496459, 496471, 496477, 496481,
496487, 496493, 496499, 496511, 496549, 496579, 496583, 496609,
496631, 496669, 496681, 496687, 496703, 496711, 496733, 496747,
496763, 496789, 496813, 496817, 496841, 496849, 496871, 496877,
496889, 496891, 496897, 496901, 496913, 496919, 496949, 496963,
496997, 496999, 497011, 497017, 497041, 497047, 497051, 497069,
497093, 497111, 497113, 497117, 497137, 497141, 497153, 497171,
497177, 497197, 497239, 497257, 497261, 497269, 497279, 497281,
497291, 497297, 497303, 497309, 497323, 497339, 497351, 497389,
497411, 497417, 497423, 497449, 497461, 497473, 497479, 497491,
497501, 497507, 497509, 497521, 497537, 497551, 497557, 497561,
497579, 497587, 497597, 497603, 497633, 497659, 497663, 497671,
497677, 497689, 497701, 497711, 497719, 497729, 497737, 497741,
497771, 497773, 497801, 497813, 497831, 497839, 497851, 497867,
497869, 497873, 497899, 497929, 497957, 497963, 497969, 497977,
497989, 497993, 497999, 498013, 498053, 498061, 498073, 498089,
498101, 498103, 498119, 498143, 498163, 498167, 498181, 498209,
498227, 498257, 498259, 498271, 498301, 498331, 498343, 498361,
498367, 498391, 498397, 498401, 498403, 498409, 498439, 498461,

     Die ersten hunderttausend Primzahlen

498467, 498469, 498493, 498497, 498521, 498523, 498527, 498551,
498557, 498577, 498583, 498599, 498611, 498613, 498643, 498647,
498653, 498679, 498689, 498691, 498733, 498739, 498749, 498761,
498767, 498779, 498781, 498787, 498791, 498803, 498833, 498857,
498859, 498881, 498907, 498923, 498931, 498937, 498947, 498961,
498973, 498977, 498989, 499021, 499027, 499033, 499039, 499063,
499067, 499099, 499117, 499127, 499129, 499133, 499139, 499141,
499151, 499157, 499159, 499181, 499183, 499189, 499211, 499229,
499253, 499267, 499277, 499283, 499309, 499321, 499327, 499349,
499361, 499363, 499391, 499397, 499403, 499423, 499439, 499459,
499481, 499483, 499493, 499507, 499519, 499523, 499549, 499559,
499571, 499591, 499601, 499607, 499621, 499633, 499637, 499649,
499661, 499663, 499669, 499673, 499679, 499687, 499691, 499693,
499711, 499717, 499729, 499739, 499747, 499781, 499787, 499801,
499819, 499853, 499879, 499883, 499897, 499903, 499927, 499943,
499957, 499969, 499973, 499979, 500009, 500029, 500041, 500057,
500069, 500083, 500107, 500111, 500113, 500119, 500153, 500167,
500173, 500177, 500179, 500197, 500209, 500231, 500233, 500237,
500239, 500249, 500257, 500287, 500299, 500317, 500321, 500333,
500341, 500363, 500369, 500389, 500393, 500413, 500417, 500431,
500443, 500459, 500471, 500473, 500483, 500501, 500509, 500519,
500527, 500567, 500579, 500587, 500603, 500629, 500671, 500677,
500693, 500699, 500713, 500719, 500723, 500729, 500741, 500777,
500791, 500807, 500809, 500831, 500839, 500861, 500873, 500881,
500887, 500891, 500909, 500911, 500921, 500923, 500933, 500947,
500953, 500957, 500977, 501001, 501013, 501019, 501029, 501031,
501037, 501043, 501077, 501089,

  501103, 501121, 501131, 501133, 501139, 501157, 501173,
501187, 501191, 501197, 501203, 501209, 501217, 501223, 501229,
501233, 501257, 501271, 501287, 501299, 501317, 501341, 501343,
501367, 501383, 501401, 501409, 501419, 501427, 501451, 501463,
501493, 501503, 501511, 501563, 501577, 501593, 501601, 501617,
501623, 501637, 501659, 501691, 501701, 501703, 501707, 501719,
501731, 501769, 501779, 501803, 501817, 501821, 501827, 501829,
501841, 501863, 501889, 501911, 501931, 501947, 501953, 501967,
501971, 501997, 502001, 502013, 502039, 502043, 502057, 502063,
502079, 502081, 502087, 502093, 502121, 502133, 502141, 502171,
502181, 502217, 502237, 502247, 502259, 502261, 502277, 502301,
502321, 502339, 502393, 502409, 502421, 502429, 502441, 502451,
502487, 502499, 502501, 502507, 502517, 502543, 502549, 502553,
502591, 502597, 502613, 502631, 502633, 502643, 502651, 502669,
502687, 502699, 502703, 502717, 502729, 502769, 502771, 502781,
502787, 502807, 502819, 502829, 502841, 502847, 502861, 502883,
502919, 502921, 502937, 502961, 502973, 503003, 503017, 503039,
503053, 503077, 503123, 503131, 503137, 503147, 503159, 503197,
503207, 503213, 503227, 503231, 503233, 503249, 503267, 503287,
503297, 503303, 503317, 503339, 503351, 503359, 503369, 503381,
503383, 503389, 503407, 503413, 503423, 503431, 503441, 503453,

503483, 503501, 503543, 503549, 503551, 503563, 503593, 503599,
503609, 503611, 503621, 503623, 503647, 503653, 503663, 503707,
503717, 503743, 503753, 503771, 503777, 503779, 503791, 503803,
503819, 503821, 503827, 503851, 503857, 503869, 503879, 503911,
503927, 503929, 503939, 503947, 503959, 503963, 503969, 503983,
503989, 504001, 504011, 504017, 504047, 504061, 504073, 504103,
504121, 504139, 504143, 504149, 504151, 504157, 504181, 504187,
504197, 504209, 504221, 504247, 504269, 504289, 504299, 504307,
504311, 504323, 504337, 504349, 504353, 504359, 504377, 504379,
504389, 504403, 504457, 504461, 504473, 504479, 504521, 504523,
504527, 504547, 504563, 504593, 504599, 504607, 504617, 504619,
504631, 504661, 504667, 504671, 504677, 504683, 504727, 504767,
504787, 504797, 504799, 504817, 504821, 504851, 504853, 504857,
504871, 504877, 504893, 504901, 504929, 504937, 504943, 504947,
504953, 504967, 504983, 504989, 504991, 505027, 505031, 505033,
505049, 505051, 505061, 505067, 505073, 505091, 505097, 505111,
505117, 505123, 505129, 505139, 505157, 505159, 505181, 505187,
505201, 505213, 505231, 505237, 505277, 505279, 505283, 505301,
505313, 505319, 505321, 505327, 505339, 505357, 505367, 505369,
505399, 505409, 505411, 505429, 505447, 505459, 505469, 505481,
505493, 505501, 505511, 505513, 505523, 505537, 505559, 505573,
505601, 505607, 505613, 505619, 505633, 505639, 505643, 505657,
505663, 505669, 505691, 505693, 505709, 505711, 505727, 505759,
505763, 505777, 505781, 505811, 505819, 505823, 505867, 505871,
505877, 505907, 505919, 505927, 505949, 505961, 505969, 505979,
506047, 506071, 506083, 506101, 506113, 506119, 506131, 506147,
506171, 506173, 506183, 506201, 506213, 506251, 506263, 506269,
506281, 506291, 506327, 506329, 506333, 506339, 506347, 506351,
506357, 506381, 506393, 506417, 506423, 506449, 506459, 506461,
506479, 506491, 506501, 506507, 506531, 506533, 506537, 506551,
506563, 506573, 506591, 506593, 506599, 506609, 506629, 506647,
506663, 506683, 506687, 506689, 506699, 506729, 506731, 506743,
506773, 506783, 506791, 506797, 506809, 506837, 506843, 506861,
506873, 506887, 506893, 506899, 506903, 506911, 506929, 506941,
506963, 506983, 506993, 506999, 507029, 507049, 507071, 507077,
507079, 507103, 507109, 507113, 507119, 507137, 507139, 507149,
507151, 507163, 507193, 507197, 507217, 507289, 507301, 507313,
507317, 507329, 507347, 507349, 507359, 507361, 507371, 507383,
507401, 507421, 507431, 507461, 507491, 507497, 507499, 507503,
507523, 507557, 507571, 507589, 507593, 507599, 507607, 507631,
507641, 507667, 507673, 507691, 507697, 507713, 507719, 507743,
507757, 507779, 507781, 507797, 507803, 507809, 507821, 507827,
507839, 507883, 507901, 507907, 507917, 507919, 507937, 507953,
507961, 507971, 507979, 508009, 508019, 508021, 508033, 508037,
508073, 508087, 508091, 508097, 508103, 508129, 508159, 508171,
508187, 508213, 508223, 508229, 508237, 508243, 508259, 508271,
508273, 508297, 508301, 508327, 508331, 508349, 508363, 508367,
508373, 508393, 508433, 508439, 508451, 508471, 508477, 508489,

          Die ersten hunderttausend Primzahlen

508499, 508513, 508517, 508531, 508549, 508559, 508567, 508577,
508579, 508583, 508619, 508621, 508637, 508643, 508661, 508693,
508709, 508727, 508771, 508789, 508799, 508811, 508817, 508841,
508847, 508867, 508901, 508903, 508909, 508913, 508919, 508931,
508943, 508951, 508957, 508961, 508969, 508973, 508987, 509023,
509027, 509053, 509063, 509071, 509087, 509101, 509123, 509137,
509147, 509149, 509203, 509221, 509227, 509239, 509263, 509281,
509287, 509293, 509297, 509317, 509329, 509359, 509363, 509389,
509393, 509413, 509417, 509429, 509441, 509449, 509477, 509513,
509521, 509543, 509549, 509557, 509563, 509569, 509573, 509581,
509591, 509603, 509623, 509633, 509647, 509653, 509659, 509681,
509687, 509689, 509693, 509699, 509723, 509731, 509737, 509741,
509767, 509783, 509797, 509801, 509833, 509837, 509843, 509863,
509867, 509879, 509909, 509911, 509921, 509939, 509947, 509959,
509963, 509989, 510007, 510031, 510047, 510049, 510061, 510067,
510073, 510077, 510079, 510089, 510101, 510121, 510127, 510137,
510157, 510179, 510199, 510203, 510217, 510227, 510233, 510241,
510247, 510253, 510271, 510287, 510299, 510311, 510319, 510331,
510361, 510379, 510383, 510401, 510403, 510449, 510451, 510457,
510463, 510481, 510529, 510551, 510553, 510569, 510581, 510583,
510589, 510611, 510613, 510617, 510619, 510677, 510683, 510691,
510707, 510709, 510751, 510767, 510773, 510793, 510803, 510817,
510823, 510827, 510847, 510889, 510907, 510919, 510931, 510941,
510943, 510989, 511001, 511013, 511019, 511033, 511039, 511057,
511061, 511087, 511109, 511111, 511123, 511151, 511153, 511163,
511169, 511171, 511177, 511193, 511201, 511211, 511213, 511223,
511237, 511243, 511261, 511279, 511289, 511297, 511327, 511333,
511337, 511351, 511361, 511387, 511391, 511409, 511417, 511439,
511447, 511453, 511457, 511463, 511477, 511487, 511507, 511519,
511523, 511541, 511549, 511559, 511573, 511579, 511583, 511591,
511603, 511627, 511631, 511633, 511669, 511691, 511703, 511711,
511723, 511757, 511787, 511793, 511801, 511811, 511831, 511843,
511859, 511867, 511873, 511891, 511897, 511909, 511933, 511939,
511961, 511963, 511991, 511997, 512009, 512011, 512021, 512047,
512059, 512093, 512101, 512137, 512147, 512167, 512207, 512249,
512251, 512269, 512287, 512311, 512321, 512333, 512353, 512389,
512419, 512429, 512443, 512467, 512497, 512503, 512507, 512521,
512531, 512537, 512543, 512569, 512573, 512579, 512581, 512591,
512593, 512597, 512609, 512621, 512641, 512657, 512663, 512671,
512683, 512711, 512713, 512717, 512741, 512747, 512761, 512767,
512779, 512797, 512803, 512819, 512821, 512843, 512849, 512891,
512899, 512903, 512917, 512921, 512927, 512929, 512959, 512977,
512989, 512999, 513001, 513013, 513017, 513031, 513041, 513047,
513053, 513059, 513067, 513083, 513101, 513103, 513109, 513131,
513137, 513157, 513167, 513169, 513173, 513203, 513239, 513257,
513269, 513277, 513283, 513307, 513311, 513313, 513319, 513341,
513347, 513353, 513367, 513371, 513397, 513407, 513419, 513427,
513431, 513439, 513473, 513479, 513481, 513509, 513511, 513529,

513533, 513593, 513631, 513641, 513649, 513673, 513679, 513683,
513691, 513697, 513719, 513727, 513731, 513739, 513749, 513761,
513767, 513769, 513781, 513829, 513839, 513841, 513871, 513881,
513899, 513917, 513923, 513937, 513943, 513977, 513991, 514001,
514009, 514013, 514021, 514049, 514051, 514057, 514061, 514079,
514081, 514093, 514103, 514117, 514123, 514127, 514147, 514177,
514187, 514201, 514219, 514229, 514243, 514247, 514249, 514271,
514277, 514289, 514309, 514313, 514333, 514343, 514357, 514361,
514379, 514399, 514417, 514429, 514433, 514453, 514499, 514513,
514519, 514523, 514529, 514531, 514543, 514561, 514571, 514621,
514637, 514639, 514643, 514649, 514651, 514669, 514681, 514711,
514733, 514739, 514741, 514747, 514751, 514757, 514769, 514783,
514793, 514819, 514823, 514831, 514841, 514847, 514853, 514859,
514867, 514873, 514889, 514903, 514933, 514939, 514949, 514967,
515041, 515087, 515089, 515111, 515143, 515149, 515153, 515173,
515191, 515227, 515231, 515233, 515237, 515279, 515293, 515311,
515323, 515351, 515357, 515369, 515371, 515377, 515381, 515401,
515429, 515477, 515507, 515519, 515539, 515563, 515579, 515587,
515597, 515611, 515621, 515639, 515651, 515653, 515663, 515677,
515681, 515687, 515693, 515701, 515737, 515741, 515761, 515771,
515773, 515777, 515783, 515803, 515813, 515839, 515843, 515857,
515861, 515873, 515887, 515917, 515923, 515929, 515941, 515951,
515969, 515993, 516017, 516023, 516049, 516053, 516077, 516091,
516127, 516151, 516157, 516161, 516163, 516169, 516179, 516193,
516199, 516209, 516223, 516227, 516233, 516247, 516251, 516253,
516277, 516283, 516293, 516319, 516323, 516349, 516359, 516361,
516371, 516377, 516391, 516407, 516421, 516431, 516433, 516437,
516449, 516457, 516469, 516493, 516499, 516517, 516521, 516539,
516541, 516563, 516587, 516589, 516599, 516611, 516617, 516619,
516623, 516643, 516653, 516673, 516679, 516689, 516701, 516709,
516713, 516721, 516727, 516757, 516793, 516811, 516821, 516829,
516839, 516847, 516871, 516877, 516883, 516907, 516911, 516931,
516947, 516949, 516959, 516973, 516977, 516979, 516991, 517003,
517043, 517061, 517067, 517073, 517079,
517081, 517087, 517091, 517129, 517151, 517169, 517177, 517183,
517189, 517207, 517211, 517217, 517229, 517241, 517243, 517249,
517261, 517267, 517277, 517289, 517303, 517337, 517343, 517367,
517373, 517381, 517393, 517399, 517403, 517411, 517417, 517457,
517459, 517469, 517471, 517481, 517487, 517499, 517501, 517507,
517511, 517513, 517547, 517549, 517553, 517571, 517577, 517589,
517597, 517603, 517609, 517613, 517619, 517637, 517639, 517711,
517717, 517721, 517729, 517733, 517739, 517747, 517817, 517823,
517831, 517861, 517873, 517877, 517901, 517919, 517927, 517931,
517949, 517967, 517981, 517991, 517999, 518017, 518047, 518057,
518059, 518083, 518099, 518101, 518113, 518123, 518129, 518131,
518137, 518153, 518159, 518171, 518179, 518191, 518207, 518209,
518233, 518237, 518239, 518249, 518261, 518291, 518299, 518311,
518327, 518341, 518387, 518389, 518411, 518417, 518429, 518431,

518447, 518467, 518471, 518473, 518509, 518521, 518533, 518543,
518579, 518587, 518597, 518611, 518621, 518657, 518689, 518699,
518717, 518729, 518737, 518741, 518743, 518747, 518759, 518761,
518767, 518779, 518801, 518803, 518807, 518809, 518813, 518831,
518863, 518867, 518893, 518911, 518933, 518953, 518981, 518983,
518989, 519011, 519031, 519037, 519067, 519083, 519089, 519091,
519097, 519107, 519119, 519121, 519131, 519151, 519161, 519193,
519217, 519227, 519229, 519247, 519257, 519269, 519283, 519287,
519301, 519307, 519349, 519353, 519359, 519371, 519373, 519383,
519391, 519413, 519427, 519433, 519457, 519487, 519499, 519509,
519521, 519523, 519527, 519539, 519551, 519553, 519577, 519581,
519587, 519611, 519619, 519643, 519647, 519667, 519683, 519691,
519703, 519713, 519733, 519737, 519769, 519787, 519793, 519797,
519803, 519817, 519863, 519881, 519889, 519907, 519917, 519919,
519923, 519931, 519943, 519947, 519971, 519989, 519997, 520019,
520021, 520031, 520043, 520063, 520067, 520073, 520103, 520111,
520123, 520129, 520151, 520193, 520213, 520241, 520279, 520291,
520297, 520307, 520309, 520313, 520339, 520349, 520357, 520361,
520363, 520369, 520379, 520381, 520393, 520409, 520411, 520423,
520427, 520433, 520447, 520451, 520529, 520547, 520549, 520567,
520571, 520589, 520607, 520609, 520621, 520631, 520633, 520649,
520679, 520691, 520699, 520703, 520717, 520721, 520747, 520759,
520763, 520787, 520813, 520837, 520841, 520853, 520867, 520889,
520913, 520921, 520943, 520957, 520963, 520967, 520969, 520981,
521009, 521021, 521023, 521039, 521041, 521047, 521051, 521063,
521107, 521119, 521137, 521153, 521161, 521167, 521173, 521177,
521179, 521201, 521231, 521243, 521251, 521267, 521281, 521299,
521309, 521317, 521329, 521357, 521359, 521363, 521369, 521377,
521393, 521399, 521401, 521429, 521447, 521471, 521483, 521491,
521497, 521503, 521519, 521527, 521533, 521537, 521539, 521551,
521557, 521567, 521581, 521603, 521641, 521657, 521659, 521669,
521671, 521693, 521707, 521723, 521743, 521749, 521753, 521767,
521777, 521789, 521791, 521809, 521813, 521819, 521831, 521861,
521869, 521879, 521881, 521887, 521897, 521903, 521923, 521929,
521981, 521993, 521999, 522017, 522037, 522047, 522059, 522061,
522073, 522079, 522083, 522113, 522127, 522157, 522161, 522167,
522191, 522199, 522211, 522227, 522229, 522233, 522239, 522251,
522259, 522281, 522283, 522289, 522317, 522323, 522337, 522371,
522373, 522383, 522391, 522409, 522413, 522439, 522449, 522469,
522479, 522497, 522517, 522521, 522523, 522541, 522553, 522569,
522601, 522623, 522637, 522659, 522661, 522673, 522677, 522679,
522689, 522703, 522707, 522719, 522737, 522749, 522757, 522761,
522763, 522787, 522811, 522827, 522829, 522839, 522853, 522857,
522871, 522881, 522883, 522887, 522919, 522943, 522947, 522959,
522961, 522989, 523007, 523021, 523031, 523049, 523093, 523097,
523109, 523129, 523169, 523177, 523207, 523213, 523219, 523261,
523297, 523307, 523333, 523349, 523351, 523357, 523387, 523403,
523417, 523427, 523433, 523459, 523463, 523487, 523489, 523493,

523511, 523519, 523541, 523543, 523553, 523571, 523573, 523577,
523597, 523603, 523631, 523637, 523639, 523657, 523667, 523669,
523673, 523681, 523717, 523729, 523741, 523759, 523763, 523771,
523777, 523793, 523801, 523829, 523847, 523867, 523877, 523903,
523907, 523927, 523937, 523949, 523969, 523987, 523997, 524047,
524053, 524057, 524063, 524071, 524081, 524087, 524099, 524113,
524119, 524123, 524149, 524171, 524189, 524197, 524201, 524203,
524219, 524221, 524231, 524243, 524257, 524261, 524269, 524287,
524309, 524341, 524347, 524351, 524353, 524369, 524387, 524389,
524411, 524413, 524429, 524453, 524497, 524507, 524509, 524519,
524521, 524591, 524593, 524599, 524633, 524669, 524681, 524683,
524701, 524707, 524731, 524743, 524789, 524801, 524803, 524827,
524831, 524857, 524863, 524869, 524873, 524893, 524899, 524921,
524933, 524939, 524941, 524947, 524957, 524959, 524963, 524969,
524971, 524981, 524983, 524999, 525001, 525013, 525017, 525029,
525043, 525101, 525127, 525137, 525143, 525157, 525163, 525167,
525191, 525193, 525199, 525209, 525221, 525241, 525247, 525253,
525257, 525299, 525313, 525353, 525359, 525361, 525373, 525377,
525379, 525391, 525397, 525409, 525431, 525433, 525439, 525457,
525461, 525467, 525491, 525493, 525517, 525529, 525533, 525541,
525571, 525583, 525593, 525599, 525607, 525641, 525649, 525671,
525677, 525697, 525709, 525713, 525719, 525727, 525731, 525739,
525769, 525773, 525781, 525809, 525817, 525839, 525869, 525871,
525887, 525893, 525913, 525923, 525937, 525947, 525949, 525953,
525961, 525979, 525983, 526027, 526037, 526049, 526051, 526063,
526067, 526069, 526073, 526087, 526117, 526121, 526139, 526157,
526159, 526189, 526193, 526199, 526213, 526223, 526231, 526249,
526271, 526283, 526289, 526291, 526297, 526307, 526367, 526373,
526381, 526387, 526391, 526397, 526423, 526429, 526441, 526453,
526459, 526483, 526499, 526501, 526511, 526531, 526543, 526571,
526573, 526583, 526601, 526619, 526627, 526633, 526637, 526649,
526651, 526657, 526667, 526679, 526681, 526703, 526709, 526717,
526733, 526739, 526741, 526759, 526763, 526777, 526781, 526829,
526831, 526837, 526853, 526859, 526871, 526909, 526913, 526931,
526937, 526943, 526951, 526957, 526963, 526993, 526997, 527053,
527057, 527063, 527069, 527071, 527081, 527099, 527123, 527129,
527143, 527159, 527161, 527173, 527179, 527203, 527207, 527209,
527237, 527251, 527273, 527281, 527291, 527327, 527333, 527347,
527353, 527377, 527381, 527393, 527399, 527407, 527411, 527419,
527441, 527447, 527453, 527489, 527507, 527533, 527557, 527563,
527581, 527591, 527599, 527603, 527623, 527627, 527633, 527671,
527699, 527701, 527729, 527741, 527749, 527753, 527789, 527803,
527809, 527819, 527843, 527851, 527869, 527881, 527897, 527909,
527921, 527929, 527941, 527981, 527983, 527987, 527993, 528001,
528013, 528041, 528043, 528053, 528091, 528097, 528107, 528127,
528131, 528137, 528163, 528167, 528191, 528197, 528217, 528223,
528247, 528263, 528289, 528299, 528313, 528317, 528329, 528373,
528383, 528391, 528401, 528403, 528413, 528419, 528433, 528469,

 Die ersten hunderttausend Primzahlen

528487, 528491, 528509, 528511, 528527, 528559, 528611, 528623,
528629, 528631, 528659, 528667, 528673, 528679, 528691, 528707,
528709, 528719, 528763, 528779, 528791, 528799, 528811, 528821,
528823, 528833, 528863, 528877, 528881, 528883, 528911, 528929,
528947, 528967, 528971, 528973, 528991, 529003, 529007, 529027,
529033, 529037, 529043, 529049, 529051, 529097, 529103, 529117,
529121, 529127, 529129, 529153, 529157, 529181, 529183, 529213,
529229, 529237, 529241, 529259, 529271, 529273, 529301, 529307,
529313, 529327, 529343, 529349, 529357, 529381, 529393, 529411,
529421, 529423, 529471, 529489, 529513, 529517, 529519, 529531,
529547, 529577, 529579, 529603, 529619, 529637, 529649, 529657,
529673, 529681, 529687, 529691, 529693, 529709, 529723, 529741,
529747, 529751, 529807, 529811, 529813, 529819, 529829, 529847,
529871, 529927, 529933, 529939, 529957, 529961, 529973, 529979,
529981, 529987, 529999, 530017, 530021, 530027, 530041, 530051,
530063, 530087, 530093, 530129, 530137, 530143, 530177, 530183,
530197, 530203, 530209, 530227, 530237, 530249, 530251, 530261,
530267, 530279, 530293, 530297, 530303, 530329, 530333, 530339,
530353, 530359, 530389, 530393, 530401, 530429, 530443, 530447,
530501, 530507, 530513, 530527, 530531, 530533, 530539, 530549,
530567, 530597, 530599, 530603, 530609, 530641, 530653, 530659,
530669, 530693, 530701, 530711, 530713, 530731, 530741, 530743,
530753, 530767, 530773, 530797, 530807, 530833, 530837, 530843,
530851, 530857, 530861, 530869, 530897, 530911, 530947, 530969,
530977, 530983, 530989, 531017, 531023, 531043, 531071, 531079,
531101, 531103, 531121, 531133, 531143, 531163, 531169, 531173,
531197, 531203, 531229, 531239, 531253, 531263, 531281, 531287,
531299, 531331, 531337, 531343, 531347, 531353, 531359, 531383,
531457, 531481, 531497, 531521, 531547, 531551, 531569, 531571,
531581, 531589, 531611, 531613, 531623, 531631, 531637, 531667,
531673, 531689, 531701, 531731, 531793, 531799, 531821, 531823,
531827, 531833, 531841, 531847, 531857, 531863, 531871, 531877,
531901, 531911, 531919, 531977, 531983, 531989, 531997, 532001,
532009, 532027, 532033, 532061, 532069, 532093, 532099, 532141,
532153, 532159, 532163, 532183, 532187, 532193, 532199, 532241,
532249, 532261, 532267, 532277, 532283, 532307, 532313, 532327,
532331, 532333, 532349, 532373, 532379, 532391, 532403, 532417,
532421, 532439, 532447, 532451, 532453, 532489, 532501, 532523,
532529, 532531, 532537, 532547, 532561, 532601, 532603, 532607,
532619, 532621, 532633, 532639, 532663, 532669, 532687, 532691,
532709, 532733, 532739, 532751,
532757, 532771, 532781, 532783, 532789, 532801, 532811, 532823,
532849, 532853, 532867, 532907, 532919, 532949, 532951, 532981,
532993, 532999, 533003, 533009, 533011, 533033, 533051, 533053,
533063, 533077, 533089, 533111, 533129, 533149, 533167, 533177,
533189, 533191, 533213, 533219, 533227, 533237, 533249, 533257,
533261, 533263, 533297, 533303, 533317, 533321, 533327, 533353,
533363, 533371, 533389, 533399, 533413, 533447, 533453, 533459,

533509, 533543, 533549, 533573, 533581, 533593, 533633, 533641,
533671, 533693, 533711, 533713, 533719, 533723, 533737, 533747,
533777, 533801, 533809, 533821, 533831, 533837, 533857, 533879,
533887, 533893, 533909, 533921, 533927, 533959, 533963, 533969,
533971, 533989, 533993, 533999, 534007, 534013, 534019, 534029,
534043, 534047, 534049, 534059, 534073, 534077, 534091, 534101,
534113, 534137, 534167, 534173, 534199, 534203, 534211, 534229,
534241, 534253, 534283, 534301, 534307, 534311, 534323, 534329,
534341, 534367, 534371, 534403, 534407, 534431, 534439, 534473,
534491, 534511, 534529, 534553, 534571, 534577, 534581, 534601,
534607, 534617, 534629, 534631, 534637, 534647, 534649, 534659,
534661, 534671, 534697, 534707, 534739, 534799, 534811, 534827,
534839, 534841, 534851, 534857, 534883, 534889, 534913, 534923,
534931, 534943, 534949, 534971, 535013, 535019, 535033, 535037,
535061, 535099, 535103, 535123, 535133, 535151, 535159, 535169,
535181, 535193, 535207, 535219, 535229, 535237, 535243, 535273,
535303, 535319, 535333, 535349, 535351, 535361, 535387, 535391,
535399, 535481, 535487, 535489, 535499, 535511, 535523, 535529,
535547, 535571, 535573, 535589, 535607, 535609, 535627, 535637,
535663, 535669, 535673, 535679, 535697, 535709, 535727, 535741,
535751, 535757, 535771, 535783, 535793, 535811, 535849, 535859,
535861, 535879, 535919, 535937, 535939, 535943, 535957, 535967,
535973, 535991, 535999, 536017, 536023, 536051, 536057, 536059,
536069, 536087, 536099, 536101, 536111, 536141, 536147, 536149,
536189, 536191, 536203, 536213, 536219, 536227, 536233, 536243,
536267, 536273, 536279, 536281, 536287, 536293, 536311, 536323,
536353, 536357, 536377, 536399, 536407, 536423, 536441, 536443,
536447, 536449, 536453, 536461, 536467, 536479, 536491, 536509,
536513, 536531, 536533, 536561, 536563, 536593, 536609, 536621,
536633, 536651, 536671, 536677, 536687, 536699, 536717, 536719,
536729, 536743, 536749, 536771, 536773, 536777, 536779, 536791,
536801, 536803, 536839, 536849, 536857, 536867, 536869, 536891,
536909, 536917, 536923, 536929, 536933, 536947, 536953, 536971,
536989, 536999, 537001, 537007, 537011, 537023, 537029, 537037,
537041, 537067, 537071, 537079, 537091, 537127, 537133, 537143,
537157, 537169, 537181, 537191, 537197, 537221, 537233, 537241,
537269, 537281, 537287, 537307, 537331, 537343, 537347, 537373,
537379, 537401, 537403, 537413, 537497, 537527, 537547, 537569,
537583, 537587, 537599, 537611, 537637, 537661, 537673, 537679,
537703, 537709, 537739, 537743, 537749, 537769, 537773, 537781,
537787, 537793, 537811, 537841, 537847, 537853, 537877, 537883,
537899, 537913, 537919, 537941, 537991, 538001, 538019, 538049,
538051, 538073, 538079, 538093, 538117, 538121, 538123, 538127,
538147, 538151, 538157, 538159, 538163, 538199, 538201, 538247,
538249, 538259, 538267, 538283, 538297, 538301, 538303, 538309,
538331, 538333, 538357, 538367, 538397, 538399, 538411, 538423,
538457, 538471, 538481, 538487, 538511, 538513, 538519, 538523,
538529, 538553, 538561, 538567, 538579, 538589, 538597, 538621,

     Die ersten hunderttausend Primzahlen

538649, 538651, 538697, 538709, 538711, 538721, 538723, 538739,
538751, 538763, 538771, 538777, 538789, 538799, 538801, 538817,
538823, 538829, 538841, 538871, 538877, 538921, 538927, 538931,
538939, 538943, 538987, 539003, 539009, 539039, 539047, 539089,
539093, 539101, 539107, 539111, 539113, 539129, 539141, 539153,
539159, 539167, 539171, 539207, 539219, 539233, 539237, 539261,
539267, 539269, 539293, 539303, 539309, 539311, 539321, 539323,
539339, 539347, 539351, 539389, 539401, 539447, 539449, 539479,
539501, 539503, 539507, 539509, 539533, 539573, 539621, 539629,
539633, 539639, 539641, 539653, 539663, 539677, 539687, 539711,
539713, 539723, 539729, 539743, 539761, 539783, 539797, 539837,
539839, 539843, 539849, 539863, 539881, 539897, 539899, 539921,
539947, 539993, 540041, 540061, 540079, 540101, 540119, 540121,
540139, 540149, 540157, 540167, 540173, 540179, 540181, 540187,
540203, 540217, 540233, 540251, 540269, 540271, 540283, 540301,
540307, 540343, 540347, 540349, 540367, 540373, 540377, 540383,
540389, 540391, 540433, 540437, 540461, 540469, 540509, 540511,
540517, 540539, 540541, 540557, 540559, 540577, 540587, 540599,
540611, 540613, 540619, 540629, 540677, 540679, 540689, 540691,
540697, 540703, 540713, 540751, 540769, 540773, 540779, 540781,
540803, 540809, 540823, 540851, 540863, 540871, 540877, 540901,
540907, 540961, 540989, 541001, 541007, 541027, 541049, 541061,
541087, 541097, 541129, 541133, 541141, 541153, 541181, 541193,
541201, 541217, 541231, 541237, 541249, 541267, 541271, 541283,
541301, 541309, 541339, 541349, 541361, 541363, 541369, 541381,
541391, 541417, 541439, 541447, 541469, 541483, 541507, 541511,
541523, 541529, 541531, 541537, 541543, 541547, 541549, 541571,
541577, 541579, 541589, 541613, 541631, 541657, 541661, 541669,
541693, 541699, 541711, 541721, 541727, 541759, 541763, 541771,
541777, 541781, 541799, 541817, 541831, 541837, 541859, 541889,
541901, 541927, 541951, 541967, 541987, 541991, 541993, 541999,
542021, 542023, 542027, 542053, 542063, 542071, 542081, 542083,
542093, 542111, 542117, 542119, 542123, 542131, 542141, 542149,
542153, 542167, 542183, 542189, 542197, 542207, 542219, 542237,
542251, 542261, 542263, 542281, 542293, 542299, 542323, 542371,
542401, 542441, 542447, 542461, 542467, 542483, 542489, 542497,
542519, 542533, 542537, 542539, 542551, 542557, 542567, 542579,
542587, 542599, 542603, 542683, 542687, 542693, 542713, 542719,
542723, 542747, 542761, 542771, 542783, 542791, 542797, 542821,
542831, 542837, 542873, 542891, 542911, 542921, 542923, 542933,
542939, 542947, 542951, 542981, 542987, 542999, 543017, 543019,
543029, 543061, 543097, 543113, 543131, 543139, 543143, 543149,
543157, 543161, 543163, 543187, 543203, 543217, 543223, 543227,
543233, 543241, 543253, 543259, 543281, 543287, 543289, 543299,
543307, 543311, 543313, 543341, 543349, 543353, 543359, 543379,
543383, 543407, 543427, 543463, 543497, 543503, 543509, 543539,
543551, 543553, 543593, 543601, 543607, 543611, 543617, 543637,
543659, 543661, 543671, 543679, 543689, 543703, 543707, 543713,

543769, 543773, 543787, 543791, 543793, 543797, 543811, 543827,
543841, 543853, 543857, 543859, 543871, 543877, 543883, 543887,
543889, 543901, 543911, 543929, 543967, 543971, 543997, 544001,
544007, 544009, 544013, 544021, 544031, 544097, 544099, 544109,
544123, 544129, 544133, 544139, 544171, 544177, 544183, 544199,
544223, 544259, 544273, 544277, 544279, 544367, 544373, 544399,
544403, 544429, 544451, 544471, 544477, 544487, 544501, 544513,
544517, 544543, 544549, 544601, 544613, 544627, 544631, 544651,
544667, 544699, 544717, 544721, 544723, 544727, 544757, 544759,
544771, 544781, 544793, 544807, 544813, 544837, 544861, 544877,
544879, 544883, 544889, 544897, 544903, 544919, 544927, 544937,
544961, 544963, 544979, 545023, 545029, 545033, 545057, 545063,
545087, 545089, 545093, 545117, 545131, 545141, 545143, 545161,
545189, 545203, 545213, 545231, 545239, 545257, 545267, 545291,
545329, 545371, 545387, 545429, 545437, 545443, 545449, 545473,
545477, 545483, 545497, 545521, 545527, 545533, 545543, 545549,
545551, 545579, 545599, 545609, 545617, 545621, 545641, 545647,
545651, 545663, 545711, 545723, 545731, 545747, 545749, 545759,
545773, 545789, 545791, 545827, 545843, 545863, 545873, 545893,
545899, 545911, 545917, 545929, 545933, 545939, 545947, 545959,
546001, 546017, 546019, 546031, 546047, 546053, 546067, 546071,
546097, 546101, 546103, 546109, 546137, 546149, 546151, 546173,
546179, 546197, 546211, 546233, 546239, 546241, 546253, 546263,
546283, 546289, 546317, 546323, 546341, 546349, 546353, 546361,
546367, 546373, 546391, 546461, 546467, 546479, 546509, 546523,
546547, 546569, 546583, 546587, 546599, 546613, 546617, 546619,
546631, 546643, 546661, 546671, 546677, 546683, 546691, 546709,
546719, 546731, 546739, 546781, 546841, 546859, 546863, 546869,
546881, 546893, 546919, 546937, 546943, 546947, 546961, 546967,
546977, 547007, 547021, 547037, 547061, 547087, 547093, 547097,
547103, 547121, 547133, 547139, 547171, 547223, 547229, 547237,
547241, 547249, 547271, 547273, 547291, 547301, 547321, 547357,
547361, 547363, 547369, 547373, 547387, 547397, 547399, 547411,
547441, 547453, 547471, 547483, 547487, 547493, 547499, 547501,
547513, 547529, 547537, 547559, 547567, 547577, 547583, 547601,
547609, 547619, 547627, 547639, 547643, 547661, 547663, 547681,
547709, 547727, 547741, 547747, 547753, 547763, 547769, 547787,
547817, 547819, 547823, 547831, 547849, 547853, 547871, 547889,
547901, 547909, 547951, 547957, 547999, 548003, 548039, 548059,
548069, 548083, 548089, 548099, 548117, 548123, 548143, 548153,
548189, 548201, 548213, 548221, 548227, 548239, 548243, 548263,
548291, 548309, 548323, 548347, 548351, 548363, 548371, 548393,
548399, 548407, 548417, 548423, 548441, 548453, 548459, 548461,
548489, 548501, 548503, 548519, 548521, 548533, 548543, 548557,
548567, 548579, 548591, 548623, 548629, 548657, 548671, 548677,
548687, 548693, 548707, 548719, 548749, 548753, 548761, 548771,
548783, 548791, 548827, 548831, 548833, 548837, 548843, 548851,
548861, 548869, 548893, 548897,

　Die ersten hunderttausend Primzahlen

548903, 548909, 548927, 548953, 548957, 548963, 549001, 549011,
549013, 549019, 549023, 549037, 549071, 549089, 549091, 549097,
549121, 549139, 549149, 549161, 549163, 549167, 549169, 549193,
549203, 549221, 549229, 549247, 549257, 549259, 549281, 549313,
549319, 549323, 549331, 549379, 549391, 549403, 549421, 549431,
549443, 549449, 549481, 549503, 549509, 549511, 549517, 549533,
549547, 549551, 549553, 549569, 549587, 549589, 549607, 549623,
549641, 549643, 549649, 549667, 549683, 549691, 549701, 549707,
549713, 549719, 549733, 549737, 549739, 549749, 549751, 549767,
549817, 549833, 549839, 549863, 549877, 549883, 549911, 549937,
549943, 549949, 549977, 549979, 550007, 550009, 550027, 550049,
550061, 550063, 550073, 550111, 550117, 550127, 550129, 550139,
550163, 550169, 550177, 550181, 550189, 550211, 550213, 550241,
550267, 550279, 550283, 550289, 550309, 550337, 550351, 550369,
550379, 550427, 550439, 550441, 550447, 550457, 550469, 550471,
550489, 550513, 550519, 550531, 550541, 550553, 550577, 550607,
550609, 550621, 550631, 550637, 550651, 550657, 550661, 550663,
550679, 550691, 550703, 550717, 550721, 550733, 550757, 550763,
550789, 550801, 550811, 550813, 550831, 550841, 550843, 550859,
550861, 550903, 550909, 550937, 550939, 550951, 550961, 550969,
550973, 550993, 550997, 551003, 551017, 551027, 551039, 551059,
551063, 551069, 551093, 551099, 551107, 551113, 551129, 551143,
551179, 551197, 551207, 551219, 551231, 551233, 551269, 551281,
551297, 551311, 551321, 551339, 551347, 551363, 551381, 551387,
551407, 551423, 551443, 551461, 551483, 551489, 551503, 551519,
551539, 551543, 551549, 551557, 551569, 551581, 551587, 551597,
551651, 551653, 551659, 551671, 551689, 551693, 551713, 551717,
551723, 551729, 551731, 551743, 551753, 551767, 551773, 551801,
551809, 551813, 551843, 551849, 551861, 551909, 551911, 551917,
551927, 551933, 551951, 551959, 551963, 551981, 552001, 552011,
552029, 552031, 552047, 552053, 552059, 552089, 552091, 552103,
552107, 552113, 552127, 552137, 552179, 552193, 552217, 552239,
552241, 552259, 552263, 552271, 552283, 552301, 552317, 552341,
552353, 552379, 552397, 552401, 552403, 552469, 552473, 552481,
552491, 552493, 552511, 552523, 552527, 552553, 552581, 552583,
552589, 552611, 552649, 552659, 552677, 552703, 552707, 552709,
552731, 552749, 552751, 552757, 552787, 552791, 552793, 552809,
552821, 552833, 552841, 552847, 552859, 552883, 552887, 552899,
552913, 552917, 552971, 552983, 552991, 553013, 553037, 553043,
553051, 553057, 553067, 553073, 553093, 553097, 553099, 553103,
553123, 553139, 553141, 553153, 553171, 553181, 553193, 553207,
553211, 553229, 553249, 553253, 553277, 553279, 553309, 553351,
553363, 553369, 553411, 553417, 553433, 553439, 553447, 553457,
553463, 553471, 553481, 553507, 553513, 553517, 553529, 553543,
553549, 553561, 553573, 553583, 553589, 553591, 553601, 553607,
553627, 553643, 553649, 553667, 553681, 553687, 553699, 553703,
553727, 553733, 553747, 553757, 553759, 553769, 553789, 553811,
553837, 553849, 553867, 553873, 553897, 553901, 553919, 553921,

553933, 553961, 553963, 553981, 553991, 554003, 554011, 554017,
554051, 554077, 554087, 554089, 554117, 554123, 554129, 554137,
554167, 554171, 554179, 554189, 554207, 554209, 554233, 554237,
554263, 554269, 554293, 554299, 554303, 554317, 554347, 554377,
554383, 554417, 554419, 554431, 554447, 554453, 554467, 554503,
554527, 554531, 554569, 554573, 554597, 554611, 554627, 554633,
554639, 554641, 554663, 554669, 554677, 554699, 554707, 554711,
554731, 554747, 554753, 554759, 554767, 554779, 554789, 554791,
554797, 554803, 554821, 554833, 554837, 554839, 554843, 554849,
554887, 554891, 554893, 554899, 554923, 554927, 554951, 554959,
554969, 554977, 555029, 555041, 555043, 555053, 555073, 555077,
555083, 555091, 555097, 555109, 555119, 555143, 555167, 555209,
555221, 555251, 555253, 555257, 555277, 555287, 555293, 555301,
555307, 555337, 555349, 555361, 555383, 555391, 555419, 555421,
555439, 555461, 555487, 555491, 555521, 555523, 555557, 555589,
555593, 555637, 555661, 555671, 555677, 555683, 555691, 555697,
555707, 555739, 555743, 555761, 555767, 555823, 555827, 555829,
555853, 555857, 555871, 555931, 555941, 555953, 555967, 556007,
556021, 556027, 556037, 556043, 556051, 556067, 556069, 556093,
556103, 556123, 556159, 556177, 556181, 556211, 556219, 556229,
556243, 556253, 556261, 556267, 556271, 556273, 556279, 556289,
556313, 556321, 556327, 556331, 556343, 556351, 556373, 556399,
556403, 556441, 556459, 556477, 556483, 556487, 556513, 556519,
556537, 556559, 556573, 556579, 556583, 556601, 556607, 556609,
556613, 556627, 556639, 556651, 556679, 556687, 556691, 556693,
556697, 556709, 556723, 556727, 556741, 556753, 556763, 556769,
556781, 556789, 556793, 556799, 556811, 556817, 556819, 556823,
556841, 556849, 556859, 556861, 556867, 556883, 556891, 556931,
556939, 556943, 556957, 556967, 556981, 556987, 556999, 557017,
557021, 557027, 557033, 557041, 557057, 557059, 557069, 557087,
557093, 557153, 557159, 557197, 557201, 557261, 557269, 557273,
557281, 557303, 557309, 557321, 557329, 557339, 557369, 557371,
557377, 557423, 557443, 557449, 557461, 557483, 557489, 557519,
557521, 557533, 557537, 557551, 557567, 557573, 557591, 557611,
557633, 557639, 557663, 557671, 557693, 557717, 557729, 557731,
557741, 557743, 557747, 557759, 557761, 557779, 557789, 557801,
557803, 557831, 557857, 557861, 557863, 557891, 557899, 557903,
557927, 557981, 557987, 558007, 558017, 558029, 558053, 558067,
558083, 558091, 558109, 558113, 558121, 558139, 558149, 558167,
558179, 558197, 558203, 558209, 558223, 558241, 558251, 558253,
558287, 558289, 558307, 558319, 558343, 558401, 558413, 558421,
558427, 558431, 558457, 558469, 558473, 558479, 558491, 558497,
558499, 558521, 558529, 558533, 558539, 558541, 558563, 558583,
558587, 558599, 558611, 558629, 558643, 558661, 558683, 558703,
558721, 558731, 558757, 558769, 558781, 558787, 558791, 558793,
558827, 558829, 558863, 558869, 558881, 558893, 558913, 558931,
558937, 558947, 558973, 558979, 558997, 559001, 559049, 559051,
559067, 559081, 559093, 559099, 559123, 559133, 559157, 559177,

     Die ersten hunderttausend Primzahlen

559183, 559201, 559211, 559213, 559217, 559219, 559231, 559243,
559259, 559277, 559297, 559313, 559319, 559343, 559357, 559367,
559369, 559397, 559421, 559451, 559459, 559469, 559483, 559511,
559513, 559523, 559529, 559541, 559547, 559549, 559561, 559571,
559577, 559583, 559591, 559597, 559631, 559633, 559639, 559649,
559667, 559673, 559679, 559687, 559703, 559709, 559739, 559747,
559777, 559781, 559799, 559807, 559813, 559831, 559841, 559849,
559859, 559877, 559883, 559901, 559907, 559913, 559939, 559967,
559973, 559991, 560017, 560023, 560029, 560039, 560047, 560081,
560083, 560089, 560093, 560107, 560113, 560117, 560123, 560137,
560149, 560159, 560171, 560173, 560179, 560191, 560207, 560213,
560221, 560227, 560233, 560237, 560239, 560243, 560249, 560281,
560293, 560297, 560299, 560311, 560317, 560341, 560353, 560393,
560411, 560437, 560447, 560459, 560471, 560477, 560479, 560489,
560491, 560501, 560503, 560531, 560543, 560551, 560561, 560597,
560617, 560621, 560639, 560641, 560653, 560669, 560683, 560689,
560701, 560719, 560737, 560753, 560761, 560767, 560771, 560783,
560797, 560803, 560827, 560837, 560863, 560869, 560873, 560887,
560891, 560893, 560897, 560929, 560939, 560941, 560969, 560977,
561019, 561047, 561053, 561059, 561061, 561079, 561083, 561091,
561097, 561101, 561103, 561109, 561161, 561173, 561181, 561191,
561199, 561229, 561251, 561277, 561307, 561313, 561343, 561347,
561359, 561367, 561373, 561377, 561389, 561409, 561419, 561439,
561461, 561521, 561529, 561551, 561553, 561559, 561599, 561607,
561667, 561703, 561713, 561733, 561761, 561767, 561787, 561797,
561809, 561829, 561839, 561907, 561917, 561923, 561931, 561943,
561947, 561961, 561973, 561983, 561997, 562007, 562019, 562021,
562043, 562091, 562103, 562129, 562147, 562169, 562181, 562193,
562201, 562231, 562259, 562271, 562273, 562283, 562291, 562297,
562301, 562307, 562313, 562333, 562337, 562349, 562351, 562357,
562361, 562399, 562403, 562409, 562417, 562421, 562427, 562439,
562459, 562477, 562493, 562501, 562517, 562519, 562537, 562577,
562579, 562589, 562591, 562607, 562613, 562621, 562631, 562633,
562651, 562663, 562669, 562673, 562691, 562693, 562699, 562703,
562711, 562721, 562739, 562753, 562759, 562763, 562781, 562789,
562813, 562831, 562841, 562871, 562897, 562901, 562909, 562931,
562943, 562949, 562963, 562967, 562973, 562979, 562987, 562997,
563009, 563011, 563021, 563039, 563041, 563047, 563051, 563077,
563081, 563099, 563113, 563117, 563119, 563131, 563149, 563153,
563183, 563197, 563219, 563249, 563263, 563287, 563327, 563351,
563357, 563359, 563377, 563401, 563411, 563413, 563417, 563419,
563447, 563449, 563467, 563489, 563501, 563503, 563543, 563551,
563561, 563587, 563593, 563599, 563623, 563657, 563663, 563723,
563743, 563747, 563777, 563809, 563813, 563821, 563831, 563837,
563851, 563869, 563881, 563887, 563897, 563929, 563933, 563947,
563971, 563987, 563999, 564013, 564017, 564041, 564049, 564059,
564061, 564089, 564097, 564103, 564127, 564133, 564149, 564163,
564173, 564191, 564197, 564227, 564229, 564233, 564251, 564257,

564269, 564271, 564299, 564301, 564307, 564313, 564323, 564353,
564359, 564367, 564371, 564373, 564391, 564401, 564407, 564409,
564419, 564437, 564449, 564457, 564463, 564467, 564491, 564497,
564523, 564533, 564593, 564607, 564617, 564643, 564653, 564667,
564671, 564679, 564701, 564703, 564709, 564713, 564761, 564779,
564793, 564797, 564827, 564871, 564881, 564899, 564917, 564919,
564923, 564937, 564959, 564973,
564979, 564983, 564989, 564997, 565013, 565039, 565049, 565057,
565069, 565109, 565111, 565127, 565163, 565171, 565177, 565183,
565189, 565207, 565237, 565241, 565247, 565259, 565261, 565273,
565283, 565289, 565303, 565319, 565333, 565337, 565343, 565361,
565379, 565381, 565387, 565391, 565393, 565427, 565429, 565441,
565451, 565463, 565469, 565483, 565489, 565507, 565511, 565517,
565519, 565549, 565553, 565559, 565567, 565571, 565583, 565589,
565597, 565603, 565613, 565637, 565651, 565661, 565667, 565723,
565727, 565769, 565771, 565787, 565793, 565813, 565849, 565867,
565889, 565891, 565907, 565909, 565919, 565921, 565937, 565973,
565979, 565997, 566011, 566023, 566047, 566057, 566077, 566089,
566101, 566107, 566131, 566149, 566161, 566173, 566179, 566183,
566201, 566213, 566227, 566231, 566233, 566273, 566311, 566323,
566347, 566387, 566393, 566413, 566417, 566429, 566431, 566437,
566441, 566443, 566453, 566521, 566537, 566539, 566543, 566549,
566551, 566557, 566563, 566567, 566617, 566633, 566639, 566653,
566659, 566677, 566681, 566693, 566701, 566707, 566717, 566719,
566723, 566737, 566759, 566767, 566791, 566821, 566833, 566851,
566857, 566879, 566911, 566939, 566947, 566963, 566971, 566977,
566987, 566999, 567011, 567013, 567031, 567053, 567059, 567067,
567097, 567101, 567107, 567121, 567143, 567179, 567181, 567187,
567209, 567257, 567263, 567277, 567319, 567323, 567367, 567377,
567383, 567389, 567401, 567407, 567439, 567449, 567451, 567467,
567487, 567493, 567499, 567527, 567529, 567533, 567569, 567601,
567607, 567631, 567649, 567653, 567659, 567661, 567667, 567673,
567689, 567719, 567737, 567751, 567761, 567767, 567779, 567793,
567811, 567829, 567841, 567857, 567863, 567871, 567877, 567881,
567883, 567899, 567937, 567943, 567947, 567949, 567961, 567979,
567991, 567997, 568019, 568027, 568033, 568049, 568069, 568091,
568097, 568109, 568133, 568151, 568153, 568163, 568171, 568177,
568187, 568189, 568193, 568201, 568207, 568231, 568237, 568241,
568273, 568279, 568289, 568303, 568349, 568363, 568367, 568387,
568391, 568433, 568439, 568441, 568453, 568471, 568481, 568493,
568523, 568541, 568549, 568577, 568609, 568619, 568627, 568643,
568657, 568669, 568679, 568691, 568699, 568709, 568723, 568751,
568783, 568787, 568807, 568823, 568831, 568853, 568877, 568891,
568903, 568907, 568913, 568921, 568963, 568979, 568987, 568991,
568999, 569003, 569011, 569021, 569047, 569053, 569057, 569071,
569077, 569081, 569083, 569111, 569117, 569137, 569141, 569159,
569161, 569189, 569197, 569201, 569209, 569213, 569237, 569243,
569249, 569251, 569263, 569267, 569269, 569321, 569323, 569369,

     Die ersten hunderttausend Primzahlen

569417, 569419, 569423, 569431, 569447, 569461, 569479, 569497,
569507, 569533, 569573, 569579, 569581, 569599, 569603, 569609,
569617, 569623, 569659, 569663, 569671, 569683, 569711, 569713,
569717, 569729, 569731, 569747, 569759, 569771, 569773, 569797,
569809, 569813, 569819, 569831, 569839, 569843, 569851, 569861,
569869, 569887, 569893, 569897, 569903, 569927, 569939, 569957,
569983, 570001, 570013, 570029, 570041, 570043, 570047, 570049,
570071, 570077, 570079, 570083, 570091, 570107, 570109, 570113,
570131, 570139, 570161, 570173, 570181, 570191, 570217, 570221,
570233, 570253, 570329, 570359, 570373, 570379, 570389, 570391,
570403, 570407, 570413, 570419, 570421, 570461, 570463, 570467,
570487, 570491, 570497, 570499, 570509, 570511, 570527, 570529,
570539, 570547, 570553, 570569, 570587, 570601, 570613, 570637,
570643, 570649, 570659, 570667, 570671, 570677, 570683, 570697,
570719, 570733, 570737, 570743, 570781, 570821, 570827, 570839,
570841, 570851, 570853, 570859, 570881, 570887, 570901, 570919,
570937, 570949, 570959, 570961, 570967, 570991, 571001, 571019,
571031, 571037, 571049, 571069, 571093, 571099, 571111, 571133,
571147, 571157, 571163, 571199, 571201, 571211, 571223, 571229,
571231, 571261, 571267, 571279, 571303, 571321, 571331, 571339,
571369, 571381, 571397, 571399, 571409, 571433, 571453, 571471,
571477, 571531, 571541, 571579, 571583, 571589, 571601, 571603,
571633, 571657, 571673, 571679, 571699, 571709, 571717, 571721,
571741, 571751, 571759, 571777, 571783, 571789, 571799, 571801,
571811, 571841, 571847, 571853, 571861, 571867, 571871, 571873,
571877, 571903, 571933, 571939, 571969, 571973, 572023, 572027,
572041, 572051, 572053, 572059, 572063, 572069, 572087, 572093,
572107, 572137, 572161, 572177, 572179, 572183, 572207, 572233,
572239, 572251, 572269, 572281, 572303, 572311, 572321, 572323,
572329, 572333, 572357, 572387, 572399, 572417, 572419, 572423,
572437, 572449, 572461, 572471, 572479, 572491, 572497, 572519,
572521, 572549, 572567, 572573, 572581, 572587, 572597, 572599,
572609, 572629, 572633, 572639, 572651, 572653, 572657, 572659,
572683, 572687, 572699, 572707, 572711, 572749, 572777, 572791,
572801, 572807, 572813, 572821, 572827, 572833, 572843, 572867,
572879, 572881, 572903, 572909, 572927, 572933, 572939, 572941,
572963, 572969, 572993, 573007, 573031, 573047, 573101, 573107,
573109, 573119, 573143, 573161, 573163, 573179, 573197, 573247,
573253, 573263, 573277, 573289, 573299, 573317, 573329, 573341,
573343, 573371, 573379, 573383, 573409, 573437, 573451, 573457,
573473, 573479, 573481, 573487, 573493, 573497, 573509, 573511,
573523, 573527, 573557, 573569, 573571, 573637, 573647, 573673,
573679, 573691, 573719, 573737, 573739, 573757, 573761, 573763,
573787, 573791, 573809, 573817, 573829, 573847, 573851, 573863,
573871, 573883, 573887, 573899, 573901, 573929, 573941, 573953,
573967, 573973, 573977, 574003, 574031, 574033, 574051, 574061,
574081, 574099, 574109, 574127, 574157, 574159, 574163, 574169,
574181, 574183, 574201, 574219, 574261, 574279, 574283, 574289,

574297, 574307, 574309, 574363, 574367, 574373, 574393, 574423,
574429, 574433, 574439, 574477, 574489, 574493, 574501, 574507,
574529, 574543, 574547, 574597, 574619, 574621, 574627, 574631,
574643, 574657, 574667, 574687, 574699, 574703, 574711, 574723,
574727, 574733, 574741, 574789, 574799, 574801, 574813, 574817,
574859, 574907, 574913, 574933, 574939, 574949, 574963, 574967,
574969, 575009, 575027, 575033, 575053, 575063, 575077, 575087,
575119, 575123, 575129, 575131, 575137, 575153, 575173, 575177,
575203, 575213, 575219, 575231, 575243, 575249, 575251, 575257,
575261, 575303, 575317, 575359, 575369, 575371, 575401, 575417,
575429, 575431, 575441, 575473, 575479, 575489, 575503, 575513,
575551, 575557, 575573, 575579, 575581, 575591, 575593, 575611,
575623, 575647, 575651, 575669, 575677, 575689, 575693, 575699,
575711, 575717, 575723, 575747, 575753, 575777, 575791, 575821,
575837, 575849, 575857, 575863, 575867, 575893, 575903, 575921,
575923, 575941, 575957, 575959, 575963, 575987, 576001, 576013,
576019, 576029, 576031, 576041, 576049, 576089, 576101, 576119,
576131, 576151, 576161, 576167, 576179, 576193, 576203, 576211,
576217, 576221, 576223, 576227, 576287, 576293, 576299, 576313,
576319, 576341, 576377, 576379, 576391, 576421, 576427, 576431,
576439, 576461, 576469, 576473, 576493, 576509, 576523, 576529,
576533, 576539, 576551, 576553, 576577, 576581, 576613, 576617,
576637, 576647, 576649, 576659, 576671, 576677, 576683, 576689,
576701, 576703, 576721, 576727, 576731, 576739, 576743, 576749,
576757, 576769, 576787, 576791, 576881, 576883, 576889, 576899,
576943, 576949, 576967, 576977, 577007, 577009, 577033, 577043,
577063, 577067, 577069, 577081, 577097, 577111, 577123, 577147,
577151, 577153, 577169, 577177, 577193, 577219, 577249, 577259,
577271, 577279, 577307, 577327, 577331, 577333, 577349, 577351,
577363, 577387, 577397, 577399, 577427, 577453, 577457, 577463,
577471, 577483, 577513, 577517, 577523, 577529, 577531, 577537,
577547, 577559, 577573, 577589, 577601, 577613, 577627, 577637,
577639, 577667, 577721, 577739, 577751, 577757, 577781, 577799,
577807, 577817, 577831, 577849, 577867, 577873, 577879, 577897,
577901, 577909, 577919, 577931, 577937, 577939, 577957, 577979,
577981, 578021, 578029, 578041, 578047, 578063, 578077, 578093,
578117, 578131, 578167, 578183, 578191, 578203, 578209, 578213,
578251, 578267, 578297, 578299, 578309, 578311, 578317, 578327,
578353, 578363, 578371, 578399, 578401, 578407, 578419, 578441,
578453, 578467, 578477, 578483, 578489, 578497, 578503, 578509,
578533, 578537, 578563, 578573, 578581, 578587, 578597, 578603,
578609, 578621, 578647, 578659, 578687, 578689, 578693, 578701,
578719, 578729, 578741, 578777, 578779, 578789, 578803, 578819,
578821, 578827, 578839, 578843, 578857, 578861, 578881, 578917,
578923, 578957, 578959, 578971, 578999, 579011, 579017, 579023,
579053, 579079, 579083, 579107, 579113, 579119, 579133, 579179,
579197, 579199, 579239, 579251, 579259, 579263, 579277, 579281,
579283, 579287, 579311, 579331, 579353, 579379, 579407, 579409,

     Die ersten hunderttausend Primzahlen

579427, 579433, 579451, 579473, 579497, 579499, 579503, 579517,
579521, 579529, 579533, 579539, 579541, 579563, 579569, 579571,
579583, 579587, 579611, 579613, 579629, 579637, 579641, 579643,
579653, 579673, 579701, 579707, 579713, 579721, 579737, 579757,
579763, 579773, 579779, 579809, 579829, 579851, 579869, 579877,
579881, 579883, 579893, 579907, 579947, 579949, 579961, 579967,
579973, 579983, 580001, 580031, 580033, 580079, 580081, 580093,
580133, 580163, 580169, 580183, 580187, 580201, 580213, 580219,
580231, 580259, 580291, 580301, 580303, 580331, 580339, 580343,
580357, 580361, 580373, 580379, 580381, 580409, 580417, 580471,
580477, 580487, 580513, 580529, 580549, 580553, 580561, 580577,
580607, 580627, 580631, 580633, 580639, 580663, 580673, 580687,
580691, 580693, 580711, 580717, 580733, 580747, 580757, 580759,
580763, 580787, 580793, 580807,
580813, 580837, 580843, 580859, 580871, 580889, 580891, 580901,
580913, 580919, 580927, 580939, 580969, 580981, 580997, 581029,
581041, 581047, 581069, 581071, 581089, 581099, 581101, 581137,
581143, 581149, 581171, 581173, 581177, 581183, 581197, 581201,
581227, 581237, 581239, 581261, 581263, 581293, 581303, 581311,
581323, 581333, 581341, 581351, 581353, 581369, 581377, 581393,
581407, 581411, 581429, 581443, 581447, 581459, 581473, 581491,
581521, 581527, 581549, 581551, 581557, 581573, 581597, 581599,
581617, 581639, 581657, 581663, 581683, 581687, 581699, 581701,
581729, 581731, 581743, 581753, 581767, 581773, 581797, 581809,
581821, 581843, 581857, 581863, 581869, 581873, 581891, 581909,
581921, 581941, 581947, 581953, 581981, 581983, 582011, 582013,
582017, 582031, 582037, 582067, 582083, 582119, 582137, 582139,
582157, 582161, 582167, 582173, 582181, 582203, 582209, 582221,
582223, 582227, 582247, 582251, 582299, 582317, 582319, 582371,
582391, 582409, 582419, 582427, 582433, 582451, 582457, 582469,
582499, 582509, 582511, 582541, 582551, 582563, 582587, 582601,
582623, 582643, 582649, 582677, 582689, 582691, 582719, 582721,
582727, 582731, 582737, 582761, 582763, 582767, 582773, 582781,
582793, 582809, 582821, 582851, 582853, 582859, 582887, 582899,
582931, 582937, 582949, 582961, 582971, 582973, 582983, 583007,
583013, 583019, 583021, 583031, 583069, 583087, 583127, 583139,
583147, 583153, 583169, 583171, 583181, 583189, 583207, 583213,
583229, 583237, 583249, 583267, 583273, 583279, 583291, 583301,
583337, 583339, 583351, 583367, 583391, 583397, 583403, 583409,
583417, 583421, 583447, 583459, 583469, 583481, 583493, 583501,
583511, 583519, 583523, 583537, 583543, 583577, 583603, 583613,
583619, 583621, 583631, 583651, 583657, 583669, 583673, 583697,
583727, 583733, 583753, 583769, 583777, 583783, 583789, 583801,
583841, 583853, 583859, 583861, 583873, 583879, 583903, 583909,
583937, 583969, 583981, 583991, 583997, 584011, 584027, 584033,
584053, 584057, 584063, 584081, 584099, 584141, 584153, 584167,
584183, 584203, 584249, 584261, 584279, 584281, 584303, 584347,
584357, 584359, 584377, 584387, 584393, 584399, 584411, 584417,

584429, 584447, 584471, 584473, 584509, 584531, 584557, 584561,
584587, 584593, 584599, 584603, 584609, 584621, 584627, 584659,
584663, 584677, 584693, 584699, 584707, 584713, 584719, 584723,
584737, 584767, 584777, 584789, 584791, 584809, 584849, 584863,
584869, 584873, 584879, 584897, 584911, 584917, 584923, 584951,
584963, 584971, 584981, 584993, 584999, 585019, 585023, 585031,
585037, 585041, 585043, 585049, 585061, 585071, 585073, 585077,
585107, 585113, 585119, 585131, 585149, 585163, 585199, 585217,
585251, 585269, 585271, 585283, 585289, 585313, 585317, 585337,
585341, 585367, 585383, 585391, 585413, 585437, 585443, 585461,
585467, 585493, 585503, 585517, 585547, 585551, 585569, 585577,
585581, 585587, 585593, 585601, 585619, 585643, 585653, 585671,
585677, 585691, 585721, 585727, 585733, 585737, 585743, 585749,
585757, 585779, 585791, 585799, 585839, 585841, 585847, 585853,
585857, 585863, 585877, 585881, 585883, 585889, 585899, 585911,
585913, 585917, 585919, 585953, 585989, 585997, 586009, 586037,
586051, 586057, 586067, 586073, 586087, 586111, 586121, 586123,
586129, 586139, 586147, 586153, 586189, 586213, 586237, 586273,
586277, 586291, 586301, 586309, 586319, 586349, 586361, 586363,
586367, 586387, 586403, 586429, 586433, 586457, 586459, 586463,
586471, 586493, 586499, 586501, 586541, 586543, 586567, 586571,
586577, 586589, 586601, 586603, 586609, 586627, 586631, 586633,
586667, 586679, 586693, 586711, 586723, 586741, 586769, 586787,
586793, 586801, 586811, 586813, 586819, 586837, 586841, 586849,
586871, 586897, 586903, 586909, 586919, 586921, 586933, 586939,
586951, 586961, 586973, 586979, 586981, 587017, 587021, 587033,
587051, 587053, 587057, 587063, 587087, 587101, 587107, 587117,
587123, 587131, 587137, 587143, 587149, 587173, 587179, 587189,
587201, 587219, 587263, 587267, 587269, 587281, 587287, 587297,
587303, 587341, 587371, 587381, 587387, 587413, 587417, 587429,
587437, 587441, 587459, 587467, 587473, 587497, 587513, 587519,
587527, 587533, 587539, 587549, 587551, 587563, 587579, 587599,
587603, 587617, 587621, 587623, 587633, 587659, 587669, 587677,
587687, 587693, 587711, 587731, 587737, 587747, 587749, 587753,
587771, 587773, 587789, 587813, 587827, 587833, 587849, 587863,
587887, 587891, 587897, 587927, 587933, 587947, 587959, 587969,
587971, 587987, 587989, 587999, 588011, 588019, 588037, 588043,
588061, 588073, 588079, 588083, 588097, 588113, 588121, 588131,
588151, 588167, 588169, 588173, 588191, 588199, 588229, 588239,
588241, 588257, 588277, 588293, 588311, 588347, 588359, 588361,
588383, 588389, 588397, 588403, 588433, 588437, 588463, 588481,
588493, 588503, 588509, 588517, 588521, 588529, 588569, 588571,
588619, 588631, 588641, 588647, 588649, 588667, 588673, 588683,
588703, 588733, 588737, 588743, 588767, 588773, 588779, 588811,
588827, 588839, 588871, 588877, 588881, 588893, 588911, 588937,
588941, 588947, 588949, 588953, 588977, 589021, 589027, 589049,
589063, 589109, 589111, 589123, 589139, 589159, 589163, 589181,
589187, 589189, 589207, 589213, 589219, 589231, 589241, 589243,

     Die ersten hunderttausend Primzahlen

589273, 589289, 589291, 589297, 589327, 589331, 589349, 589357,
589387, 589409, 589439, 589451, 589453, 589471, 589481, 589493,
589507, 589529, 589531, 589579, 589583, 589591, 589601, 589607,
589609, 589639, 589643, 589681, 589711, 589717, 589751, 589753,
589759, 589763, 589783, 589793, 589807, 589811, 589829, 589847,
589859, 589861, 589873, 589877, 589903, 589921, 589933, 589993,
589997, 590021, 590027, 590033, 590041, 590071, 590077, 590099,
590119, 590123, 590129, 590131, 590137, 590141, 590153, 590171,
590201, 590207, 590243, 590251, 590263, 590267, 590269, 590279,
590309, 590321, 590323, 590327, 590357, 590363, 590377, 590383,
590389, 590399, 590407, 590431, 590437, 590489, 590537, 590543,
590567, 590573, 590593, 590599, 590609, 590627, 590641, 590647,
590657, 590659, 590669, 590713, 590717, 590719, 590741, 590753,
590771, 590797, 590809, 590813, 590819, 590833, 590839, 590867,
590899, 590921, 590923, 590929, 590959, 590963, 590983, 590987,
591023, 591053, 591061, 591067, 591079, 591089, 591091, 591113,
591127, 591131, 591137, 591161, 591163, 591181, 591193, 591233,
591259, 591271, 591287, 591289, 591301, 591317, 591319, 591341,
591377, 591391, 591403, 591407, 591421, 591431, 591443, 591457,
591469, 591499, 591509, 591523, 591553, 591559, 591581, 591599,
591601, 591611, 591623, 591649, 591653, 591659, 591673, 591691,
591709, 591739, 591743, 591749, 591751, 591757, 591779, 591791,
591827, 591841, 591847, 591863, 591881, 591887, 591893, 591901,
591937, 591959, 591973, 592019, 592027, 592049, 592057, 592061,
592073, 592087, 592099, 592121, 592129, 592133, 592139, 592157,
592199, 592217, 592219, 592223, 592237, 592261, 592289, 592303,
592307, 592309, 592321, 592337, 592343, 592351, 592357, 592367,
592369, 592387, 592391, 592393, 592429, 592451, 592453, 592463,
592469, 592483, 592489, 592507, 592517, 592531, 592547, 592561,
592577, 592589, 592597, 592601, 592609, 592621, 592639, 592643,
592649, 592661, 592663, 592681, 592693, 592723, 592727, 592741,
592747, 592759, 592763, 592793, 592843, 592849, 592853, 592861,
592873, 592877, 592897, 592903, 592919, 592931, 592939, 592967,
592973, 592987, 592993, 593003, 593029, 593041, 593051, 593059,
593071, 593081, 593083, 593111, 593119, 593141, 593143, 593149,
593171, 593179, 593183, 593207, 593209, 593213, 593227, 593231,
593233, 593251, 593261, 593273, 593291, 593293, 593297, 593321,
593323, 593353, 593381, 593387, 593399, 593401, 593407, 593429,
593447, 593449, 593473, 593479, 593491, 593497, 593501, 593507,
593513, 593519, 593531, 593539, 593573, 593587, 593597, 593603,
593627, 593629, 593633, 593641, 593647, 593651, 593689, 593707,
593711, 593767, 593777, 593783, 593839, 593851, 593863, 593869,
593899, 593903, 593933, 593951, 593969, 593977, 593987, 593993,
594023, 594037, 594047, 594091, 594103, 594107, 594119, 594137,
594151, 594157, 594161, 594163, 594179, 594193, 594203, 594211,
594227, 594241, 594271, 594281, 594283, 594287, 594299, 594311,
594313, 594329, 594359, 594367, 594379, 594397, 594401, 594403,
594421, 594427, 594449, 594457, 594467, 594469, 594499, 594511,

594521, 594523, 594533, 594551, 594563, 594569, 594571, 594577,
594617, 594637, 594641, 594653, 594667, 594679, 594697, 594709,
594721, 594739, 594749, 594751, 594773, 594793, 594821, 594823,
594827, 594829, 594857, 594889, 594899, 594911, 594917, 594929,
594931, 594953, 594959, 594961, 594977, 594989, 595003, 595037,
595039, 595043, 595057, 595069, 595073, 595081, 595087, 595093,
595097, 595117, 595123, 595129, 595139, 595141, 595157, 595159,
595181, 595183, 595201, 595207, 595229, 595247, 595253, 595261,
595267, 595271, 595277, 595291, 595303, 595313, 595319, 595333,
595339, 595351, 595363, 595373, 595379, 595381, 595411, 595451,
595453, 595481, 595513, 595519, 595523, 595547, 595549, 595571,
595577, 595579, 595613, 595627, 595687, 595703, 595709, 595711,
595717, 595733, 595741, 595801, 595807, 595817, 595843, 595873,
595877, 595927, 595939, 595943, 595949, 595951, 595957, 595961,
595963, 595967, 595981, 596009, 596021, 596027, 596047, 596053,
596059, 596069, 596081, 596083, 596093, 596117, 596119, 596143,
596147, 596159, 596179, 596209, 596227, 596231, 596243, 596251,
596257, 596261, 596273, 596279, 596291, 596293, 596317, 596341,
596363, 596369, 596399, 596419, 596423, 596461, 596489, 596503,
596507, 596537, 596569, 596573, 596579, 596587, 596593, 596599,
596611, 596623, 596633, 596653,
596663, 596669, 596671, 596693, 596707, 596737, 596741, 596749,
596767, 596779, 596789, 596803, 596821, 596831, 596839, 596851,
596857, 596861, 596863, 596879, 596899, 596917, 596927, 596929,
596933, 596941, 596963, 596977, 596983, 596987, 597031, 597049,
597053, 597059, 597073, 597127, 597131, 597133, 597137, 597169,
597209, 597221, 597239, 597253, 597263, 597269, 597271, 597301,
597307, 597349, 597353, 597361, 597367, 597383, 597391, 597403,
597407, 597409, 597419, 597433, 597437, 597451, 597473, 597497,
597521, 597523, 597539, 597551, 597559, 597577, 597581, 597589,
597593, 597599, 597613, 597637, 597643, 597659, 597671, 597673,
597677, 597679, 597689, 597697, 597757, 597761, 597767, 597769,
597781, 597803, 597823, 597827, 597833, 597853, 597859, 597869,
597889, 597899, 597901, 597923, 597929, 597967, 597997, 598007,
598049, 598051, 598057, 598079, 598093, 598099, 598123, 598127,
598141, 598151, 598159, 598163, 598187, 598189, 598193, 598219,
598229, 598261, 598303, 598307, 598333, 598363, 598369, 598379,
598387, 598399, 598421, 598427, 598439, 598447, 598457, 598463,
598487, 598489, 598501, 598537, 598541, 598571, 598613, 598643,
598649, 598651, 598657, 598669, 598681, 598687, 598691, 598711,
598721, 598727, 598729, 598777, 598783, 598789, 598799, 598817,
598841, 598853, 598867, 598877, 598883, 598891, 598903, 598931,
598933, 598963, 598967, 598973, 598981, 598987, 598999, 599003,
599009, 599021, 599023, 599069, 599087, 599117, 599143, 599147,
599149, 599153, 599191, 599213, 599231, 599243, 599251, 599273,
599281, 599303, 599309, 599321, 599341, 599353, 599359, 599371,
599383, 599387, 599399, 599407, 599413, 599419, 599429, 599477,
599479, 599491, 599513, 599519, 599537, 599551, 599561, 599591,

     Die ersten hunderttausend Primzahlen

599597, 599603, 599611, 599623, 599629, 599657, 599663, 599681,
599693, 599699, 599701, 599713, 599719, 599741, 599759, 599779,
599783, 599803, 599831, 599843, 599857, 599869, 599891, 599899,
599927, 599933, 599939, 599941, 599959, 599983, 599993, 599999,
600011, 600043, 600053, 600071, 600073, 600091, 600101, 600109,
600167, 600169, 600203, 600217, 600221, 600233, 600239, 600241,
600247, 600269, 600283, 600289, 600293, 600307, 600311, 600317,
600319, 600337, 600359, 600361, 600367, 600371, 600401, 600403,
600407, 600421, 600433, 600449, 600451, 600463, 600469, 600487,
600517, 600529, 600557, 600569, 600577, 600601, 600623, 600631,
600641, 600659, 600673, 600689, 600697, 600701, 600703, 600727,
600751, 600791, 600823, 600827, 600833, 600841, 600857, 600877,
600881, 600883, 600889, 600893, 600931, 600947, 600949, 600959,
600961, 600973, 600979, 600983, 601021, 601031, 601037, 601039,
601043, 601061, 601067, 601079, 601093, 601127, 601147, 601187,
601189, 601193, 601201, 601207, 601219, 601231, 601241, 601247,
601259, 601267, 601283, 601291, 601297, 601309, 601313, 601319,
601333, 601339, 601357, 601379, 601397, 601411, 601423, 601439,
601451, 601457, 601487, 601507, 601541, 601543, 601589, 601591,
601607, 601631, 601651, 601669, 601687, 601697, 601717, 601747,
601751, 601759, 601763, 601771, 601801, 601807, 601813, 601819,
601823, 601831, 601849, 601873, 601883, 601889, 601897, 601903,
601943, 601949, 601961, 601969, 601981, 602029, 602033, 602039,
602047, 602057, 602081, 602083, 602087, 602093, 602099, 602111,
602137, 602141, 602143, 602153, 602179, 602197, 602201, 602221,
602227, 602233, 602257, 602267, 602269, 602279, 602297, 602309,
602311, 602317, 602321, 602333, 602341, 602351, 602377, 602383,
602401, 602411, 602431, 602453, 602461, 602477, 602479, 602489,
602501, 602513, 602521, 602543, 602551, 602593, 602597, 602603,
602621, 602627, 602639, 602647, 602677, 602687, 602689, 602711,
602713, 602717, 602729, 602743, 602753, 602759, 602773, 602779,
602801, 602821, 602831, 602839, 602867, 602873, 602887, 602891,
602909, 602929, 602947, 602951, 602971, 602977, 602983, 602999,
603011, 603013, 603023, 603047, 603077, 603091, 603101, 603103,
603131, 603133, 603149, 603173, 603191, 603203, 603209, 603217,
603227, 603257, 603283, 603311, 603319, 603349, 603389, 603391,
603401, 603431, 603443, 603457, 603467, 603487, 603503, 603521,
603523, 603529, 603541, 603553, 603557, 603563, 603569, 603607,
603613, 603623, 603641, 603667, 603679, 603689, 603719, 603731,
603739, 603749, 603761, 603769, 603781, 603791, 603793, 603817,
603821, 603833, 603847, 603851, 603853, 603859, 603881, 603893,
603899, 603901, 603907, 603913, 603917, 603919, 603923, 603931,
603937, 603947, 603949, 603989, 604001, 604007, 604013, 604031,
604057, 604063, 604069, 604073, 604171, 604189, 604223, 604237,
604243, 604249, 604259, 604277, 604291, 604309, 604313, 604319,
604339, 604343, 604349, 604361, 604369, 604379, 604397, 604411,
604427, 604433, 604441, 604477, 604481, 604517, 604529, 604547,
604559, 604579, 604589, 604603, 604609, 604613, 604619, 604649,

604651, 604661, 604697, 604699, 604711, 604727, 604729, 604733,
604753, 604759, 604781, 604787, 604801, 604811, 604819, 604823,
604829, 604837, 604859, 604861, 604867, 604883, 604907, 604931,
604939, 604949, 604957, 604973, 604997, 605009, 605021, 605023,
605039, 605051, 605069, 605071, 605113, 605117, 605123, 605147,
605167, 605173, 605177, 605191, 605221, 605233, 605237, 605239,
605249, 605257, 605261, 605309, 605323, 605329, 605333, 605347,
605369, 605393, 605401, 605411, 605413, 605443, 605471, 605477,
605497, 605503, 605509, 605531, 605533, 605543, 605551, 605573,
605593, 605597, 605599, 605603, 605609, 605617, 605629, 605639,
605641, 605687, 605707, 605719, 605779, 605789, 605809, 605837,
605849, 605861, 605867, 605873, 605879, 605887, 605893, 605909,
605921, 605933, 605947, 605953, 605977, 605987, 605993, 606017,
606029, 606031, 606037, 606041, 606049, 606059, 606077, 606079,
606083, 606091, 606113, 606121, 606131, 606173, 606181, 606223,
606241, 606247, 606251, 606299, 606301, 606311, 606313, 606323,
606341, 606379, 606383, 606413, 606433, 606443, 606449, 606493,
606497, 606503, 606521, 606527, 606539, 606559, 606569, 606581,
606587, 606589, 606607, 606643, 606649, 606653, 606659, 606673,
606721, 606731, 606733, 606737, 606743, 606757, 606791, 606811,
606829, 606833, 606839, 606847, 606857, 606863, 606899, 606913,
606919, 606943, 606959, 606961, 606967, 606971, 606997, 607001,
607003, 607007, 607037, 607043, 607049, 607063, 607067, 607081,
607091, 607093, 607097, 607109, 607127, 607129, 607147, 607151,
607153, 607157, 607163, 607181, 607199, 607213, 607219, 607249,
607253, 607261, 607301, 607303, 607307, 607309, 607319, 607331,
607337, 607339, 607349, 607357, 607363, 607417, 607421, 607423,
607471, 607493, 607517, 607531, 607549, 607573, 607583, 607619,
607627, 607667, 607669, 607681, 607697, 607703, 607721, 607723,
607727, 607741, 607769, 607813, 607819, 607823, 607837, 607843,
607861, 607883, 607889, 607909, 607921, 607931, 607933, 607939,
607951, 607961, 607967, 607991, 607993, 608011, 608029, 608033,
608087, 608089, 608099, 608117, 608123, 608129, 608131, 608147,
608161, 608177, 608191, 608207, 608213, 608269, 608273, 608297,
608299, 608303, 608339, 608347, 608357, 608359, 608369, 608371,
608383, 608389, 608393, 608401, 608411, 608423, 608429, 608431,
608459, 608471, 608483, 608497, 608519, 608521, 608527, 608581,
608591, 608593, 608609, 608611, 608633, 608653, 608659, 608669,
608677, 608693, 608701, 608737, 608743, 608749, 608759, 608767,
608789, 608819, 608831, 608843, 608851, 608857, 608863, 608873,
608887, 608897, 608899, 608903, 608941, 608947, 608953, 608977,
608987, 608989, 608999, 609043, 609047, 609067, 609071, 609079,
609101, 609107, 609113, 609143, 609149, 609163, 609173, 609179,
609199, 609209, 609221, 609227, 609233, 609241, 609253, 609269,
609277, 609283, 609289, 609307, 609313, 609337, 609359, 609361,
609373, 609379, 609391, 609397, 609403, 609407, 609421, 609437,
609443, 609461, 609487, 609503, 609509, 609517, 609527, 609533,
609541, 609571, 609589, 609593, 609599, 609601, 609607, 609613,

     Die ersten hunderttausend Primzahlen

609617, 609619, 609641, 609673, 609683, 609701, 609709, 609743,
609751, 609757, 609779, 609781, 609803, 609809, 609821, 609859,
609877, 609887, 609907, 609911, 609913, 609923, 609929, 609979,
609989, 609991, 609997, 610031, 610063, 610081, 610123, 610157,
610163, 610187, 610193, 610199, 610217, 610219, 610229, 610243,
610271, 610279, 610289, 610301, 610327, 610331, 610339, 610391,
610409, 610417, 610429, 610439, 610447, 610457, 610469, 610501,
610523, 610541, 610543, 610553, 610559, 610567, 610579, 610583,
610619, 610633, 610639, 610651, 610661, 610667, 610681, 610699,
610703, 610721, 610733, 610739, 610741, 610763, 610781, 610783,
610787, 610801, 610817, 610823, 610829, 610837, 610843, 610847,
610849, 610867, 610877, 610879, 610891, 610913, 610919, 610921,
610933, 610957, 610969, 610993, 611011, 611027, 611033, 611057,
611069, 611071, 611081, 611101, 611111, 611113, 611131, 611137,
611147, 611189, 611207, 611213, 611257, 611263, 611279, 611293,
611297, 611323, 611333, 611389, 611393, 611411, 611419, 611441,
611449, 611453, 611459, 611467, 611483, 611497, 611531, 611543,
611549, 611551, 611557, 611561, 611587, 611603, 611621, 611641,
611657, 611671, 611693, 611707, 611729, 611753, 611791, 611801,
611803, 611827, 611833, 611837, 611839, 611873, 611879, 611887,
611903, 611921, 611927, 611939, 611951, 611953, 611957, 611969,
611977, 611993, 611999, 612011, 612023, 612037, 612041, 612043,
612049, 612061, 612067, 612071, 612083, 612107, 612109, 612113,
612133, 612137, 612149, 612169, 612173, 612181, 612193, 612217,
612223, 612229, 612259, 612263, 612301, 612307, 612317, 612319,
612331, 612341, 612349, 612371, 612373, 612377, 612383, 612401,
612407, 612439, 612481, 612497, 612511, 612553, 612583, 612589,
612611, 612613, 612637, 612643,
612649, 612671, 612679, 612713, 612719, 612727, 612737, 612751,
612763, 612791, 612797, 612809, 612811, 612817, 612823, 612841,
612847, 612853, 612869, 612877, 612889, 612923, 612929, 612947,
612967, 612971, 612977, 613007, 613009, 613013, 613049, 613061,
613097, 613099, 613141, 613153, 613163, 613169, 613177, 613181,
613189, 613199, 613213, 613219, 613229, 613231, 613243, 613247,
613253, 613267, 613279, 613289, 613297, 613337, 613357, 613363,
613367, 613381, 613421, 613427, 613439, 613441, 613447, 613451,
613463, 613469, 613471, 613493, 613499, 613507, 613523, 613549,
613559, 613573, 613577, 613597, 613607, 613609, 613633, 613637,
613651, 613661, 613667, 613673, 613699, 613733, 613741, 613747,
613759, 613763, 613807, 613813, 613817, 613829, 613841, 613849,
613861, 613883, 613889, 613903, 613957, 613967, 613969, 613981,
613993, 613999, 614041, 614051, 614063, 614071, 614093, 614101,
614113, 614129, 614143, 614147, 614153, 614167, 614177, 614179,
614183, 614219, 614267, 614279, 614291, 614293, 614297, 614321,
614333, 614377, 614387, 614413, 614417, 614437, 614477, 614483,
614503, 614527, 614531, 614543, 614561, 614563, 614569, 614609,
614611, 614617, 614623, 614633, 614639, 614657, 614659, 614671,
614683, 614687, 614693, 614701, 614717, 614729, 614741, 614743,

614749, 614753, 614759, 614773, 614827, 614843, 614849, 614851,
614863, 614881, 614893, 614909, 614917, 614927, 614963, 614981,
614983, 615019, 615031, 615047, 615053, 615067, 615101, 615103,
615107, 615137, 615151, 615161, 615187, 615229, 615233, 615253,
615259, 615269, 615289, 615299, 615313, 615337, 615341, 615343,
615367, 615379, 615389, 615401, 615403, 615413, 615427, 615431,
615437, 615449, 615473, 615479, 615491, 615493, 615497, 615509,
615521, 615539, 615557, 615577, 615599, 615607, 615617, 615623,
615661, 615677, 615679, 615709, 615721, 615731, 615739, 615743,
615749, 615751, 615761, 615767, 615773, 615793, 615799, 615821,
615827, 615829, 615833, 615869, 615883, 615887, 615907, 615919,
615941, 615949, 615971, 615997, 616003, 616027, 616051, 616069,
616073, 616079, 616103, 616111, 616117, 616129, 616139, 616141,
616153, 616157, 616169, 616171, 616181, 616207, 616211, 616219,
616223, 616229, 616243, 616261, 616277, 616289, 616307, 616313,
616321, 616327, 616361, 616367, 616387, 616391, 616393, 616409,
616411, 616433, 616439, 616459, 616463, 616481, 616489, 616501,
616507, 616513, 616519, 616523, 616529, 616537, 616547, 616579,
616589, 616597, 616639, 616643, 616669, 616673, 616703, 616717,
616723, 616729, 616741, 616757, 616769, 616783, 616787, 616789,
616793, 616799, 616829, 616841, 616843, 616849, 616871, 616877,
616897, 616909, 616933, 616943, 616951, 616961, 616991, 616997,
616999, 617011, 617027, 617039, 617051, 617053, 617059, 617077,
617087, 617107, 617119, 617129, 617131, 617147, 617153, 617161,
617189, 617191, 617231, 617233, 617237, 617249, 617257, 617269,
617273, 617293, 617311, 617327, 617333, 617339, 617341, 617359,
617363, 617369, 617387, 617401, 617411, 617429, 617447, 617453,
617467, 617471, 617473, 617479, 617509, 617521, 617531, 617537,
617579, 617587, 617647, 617651, 617657, 617677, 617681, 617689,
617693, 617699, 617707, 617717, 617719, 617723, 617731, 617759,
617761, 617767, 617777, 617791, 617801, 617809, 617819, 617843,
617857, 617873, 617879, 617887, 617917, 617951, 617959, 617963,
617971, 617983, 618029, 618031, 618041, 618049, 618053, 618083,
618119, 618131, 618161, 618173, 618199, 618227, 618229, 618253,
618257, 618269, 618271, 618287, 618301, 618311, 618323, 618329,
618337, 618347, 618349, 618361, 618377, 618407, 618413, 618421,
618437, 618439, 618463, 618509, 618521, 618547, 618559, 618571,
618577, 618581, 618587, 618589, 618593, 618619, 618637, 618643,
618671, 618679, 618703, 618707, 618719, 618799, 618823, 618833,
618841, 618847, 618857, 618859, 618869, 618883, 618913, 618929,
618941, 618971, 618979, 618991, 618997, 619007, 619009, 619019,
619027, 619033, 619057, 619061, 619067, 619079, 619111, 619117,
619139, 619159, 619169, 619181, 619187, 619189, 619207, 619247,
619253, 619261, 619273, 619277, 619279, 619303, 619309, 619313,
619331, 619363, 619373, 619391, 619397, 619471, 619477, 619511,
619537, 619543, 619561, 619573, 619583, 619589, 619603, 619607,
619613, 619621, 619657, 619669, 619681, 619687, 619693, 619711,
619739, 619741, 619753, 619763, 619771, 619793, 619807, 619811,

Die ersten hunderttausend Primzahlen

619813, 619819, 619831, 619841, 619849, 619867, 619897, 619909,
619921, 619967, 619979, 619981, 619987, 619999, 620003, 620029,
620033, 620051, 620099, 620111, 620117, 620159, 620161, 620171,
620183, 620197, 620201, 620227, 620233, 620237, 620239, 620251,
620261, 620297, 620303, 620311, 620317, 620329, 620351, 620359,
620363, 620377, 620383, 620393, 620401, 620413, 620429, 620437,
620441, 620461, 620467, 620491, 620507, 620519, 620531, 620549,
620561, 620567, 620569, 620579, 620603, 620623, 620639, 620647,
620657, 620663, 620671, 620689, 620693, 620717, 620731, 620743,
620759, 620771, 620773, 620777, 620813, 620821, 620827, 620831,
620849, 620869, 620887, 620909, 620911, 620929, 620933, 620947,
620957, 620981, 620999, 621007, 621013, 621017, 621029, 621031,
621043, 621059, 621083, 621097, 621113, 621133, 621139, 621143,
621217, 621223, 621227, 621239, 621241, 621259, 621289, 621301,
621317, 621337, 621343, 621347, 621353, 621359, 621371, 621389,
621419, 621427, 621431, 621443, 621451, 621461, 621473, 621521,
621527, 621541, 621583, 621611, 621617, 621619, 621629, 621631,
621641, 621671, 621679, 621697, 621701, 621703, 621721, 621739,
621749, 621757, 621769, 621779, 621799, 621821, 621833, 621869,
621871, 621883, 621893, 621913, 621923, 621937, 621941, 621983,
621997, 622009, 622019, 622043, 622049, 622051, 622067, 622073,
622091, 622103, 622109, 622123, 622129, 622133, 622151, 622157,
622159, 622177, 622187, 622189, 622241, 622243, 622247, 622249,
622277, 622301, 622313, 622331, 622333, 622337, 622351, 622367,
622397, 622399, 622423, 622477, 622481, 622483, 622493, 622513,
622519, 622529, 622547, 622549, 622561, 622571, 622577, 622603,
622607, 622613, 622619, 622621, 622637, 622639, 622663, 622669,
622709, 622723, 622729, 622751, 622777, 622781, 622793, 622813,
622849, 622861, 622879, 622889, 622901, 622927, 622943, 622957,
622967, 622987, 622997, 623003, 623009, 623017, 623023, 623041,
623057, 623059, 623071, 623107, 623171, 623209, 623221, 623261,
623263, 623269, 623279, 623281, 623291, 623299, 623303, 623321,
623327, 623341, 623351, 623353, 623383, 623387, 623393, 623401,
623417, 623423, 623431, 623437, 623477, 623521, 623531, 623537,
623563, 623591, 623617, 623621, 623633, 623641, 623653, 623669,
623671, 623677, 623681, 623683, 623699, 623717, 623719, 623723,
623729, 623743, 623759, 623767, 623771, 623803, 623839, 623851,
623867, 623869, 623879, 623881, 623893, 623923, 623929, 623933,
623947, 623957, 623963, 623977, 623983, 623989, 624007, 624031,
624037, 624047, 624049, 624067, 624089, 624097, 624119, 624133,
624139, 624149, 624163, 624191, 624199, 624203, 624209, 624229,
624233, 624241, 624251, 624259, 624271, 624277, 624311, 624313,
624319, 624329, 624331, 624347, 624391, 624401, 624419, 624443,
624451, 624467, 624469, 624479, 624487, 624497, 624509, 624517,
624521, 624539, 624541, 624577, 624593, 624599, 624601, 624607,
624643, 624649, 624667, 624683, 624707, 624709, 624721, 624727,
624731, 624737, 624763, 624769, 624787, 624791, 624797, 624803,
624809, 624829, 624839, 624847, 624851, 624859, 624917, 624961,

624973, 624977, 624983, 624997, 625007, 625033, 625057, 625063,
625087, 625103, 625109, 625111, 625129, 625133, 625169, 625171,
625181, 625187, 625199, 625213, 625231, 625237, 625253, 625267,
625279, 625283, 625307, 625319, 625343, 625351, 625367, 625369,
625397, 625409, 625451, 625477, 625483, 625489, 625507, 625517,
625529, 625543, 625589, 625591, 625609, 625621, 625627, 625631,
625637, 625643, 625657, 625661, 625663, 625697, 625699, 625763,
625777, 625789, 625811, 625819, 625831, 625837, 625861, 625871,
625883, 625909, 625913, 625927, 625939, 625943, 625969, 625979,
625997, 626009, 626011, 626033, 626051, 626063, 626113, 626117,
626147, 626159, 626173, 626177, 626189, 626191, 626201, 626207,
626239, 626251, 626261, 626317, 626323, 626333, 626341, 626347,
626363, 626377, 626389, 626393, 626443, 626477, 626489, 626519,
626533, 626539, 626581, 626597, 626599, 626609, 626611, 626617,
626621, 626623, 626627, 626629, 626663, 626683, 626687, 626693,
626701, 626711, 626713, 626723, 626741, 626749, 626761, 626771,
626783, 626797, 626809, 626833, 626837, 626861, 626887, 626917,
626921, 626929, 626947, 626953, 626959, 626963, 626987, 627017,
627041, 627059, 627071, 627073, 627083, 627089, 627091, 627101,
627119, 627131, 627139, 627163, 627169, 627191, 627197, 627217,
627227, 627251, 627257, 627269, 627271, 627293, 627301, 627329,
627349, 627353, 627377, 627379, 627383, 627391, 627433, 627449,
627479, 627481, 627491, 627511, 627541, 627547, 627559, 627593,
627611, 627617, 627619, 627637, 627643, 627659, 627661, 627667,
627673, 627709, 627721, 627733, 627749, 627773, 627787, 627791,
627797, 627799, 627811, 627841, 627859, 627901, 627911, 627919,
627943, 627947, 627953, 627961, 627973, 628013, 628021, 628037,
628049, 628051, 628057, 628063, 628093, 628097, 628127, 628139,
628171, 628183, 628189, 628193, 628207, 628213, 628217, 628219,
628231, 628261, 628267, 628289, 628301, 628319, 628357, 628363,
628373, 628379, 628391, 628399, 628423, 628427, 628447, 628477,
628487, 628493, 628499, 628547, 628561, 628583, 628591, 628651,
628673, 628679, 628681, 628687, 628699, 628709, 628721, 628753,
628757, 628759, 628781, 628783, 628787, 628799, 628801, 628811,
628819, 628841, 628861, 628877,
628909, 628913, 628921, 628937, 628939, 628973, 628993, 628997,
629003, 629009, 629011, 629023, 629029, 629059, 629081, 629113,
629137, 629143, 629171, 629177, 629203, 629243, 629249, 629263,
629281, 629311, 629339, 629341, 629351, 629371, 629381, 629383,
629401, 629411, 629417, 629429, 629449, 629467, 629483, 629491,
629509, 629513, 629537, 629567, 629569, 629591, 629593, 629609,
629611, 629617, 629623, 629653, 629683, 629687, 629689, 629701,
629711, 629723, 629737, 629743, 629747, 629767, 629773, 629779,
629803, 629807, 629819, 629843, 629857, 629861, 629873, 629891,
629897, 629899, 629903, 629921, 629927, 629929, 629939, 629963,
629977, 629987, 629989, 630017, 630023, 630029, 630043, 630067,
630101, 630107, 630127, 630151, 630163, 630167, 630169, 630181,
630193, 630197, 630229, 630247, 630263, 630281, 630299, 630307,

          Die ersten hunderttausend Primzahlen

630319, 630349, 630353, 630391, 630433, 630451, 630467, 630473,
630481, 630493, 630521, 630523, 630529, 630559, 630577, 630583,
630587, 630589, 630593, 630607, 630613, 630659, 630677, 630689,
630701, 630709, 630713, 630719, 630733, 630737, 630797, 630803,
630823, 630827, 630841, 630863, 630871, 630893, 630899, 630901,
630907, 630911, 630919, 630941, 630967, 630997, 631003, 631013,
631039, 631061, 631121, 631133, 631139, 631151, 631153, 631157,
631171, 631181, 631187, 631223, 631229, 631247, 631249, 631259,
631271, 631273, 631291, 631307, 631339, 631357, 631361, 631387,
631391, 631399, 631409, 631429, 631453, 631457, 631459, 631469,
631471, 631483, 631487, 631507, 631513, 631529, 631531, 631537,
631549, 631559, 631573, 631577, 631583, 631597, 631613, 631619,
631643, 631667, 631679, 631681, 631711, 631717, 631723, 631733,
631739, 631751, 631753, 631789, 631817, 631819, 631843, 631847,
631853, 631859, 631861, 631867, 631889, 631901, 631903, 631913,
631927, 631931, 631937, 631979, 631987, 631991, 631993, 632029,
632041, 632053, 632081, 632083, 632087, 632089, 632101, 632117,
632123, 632141, 632147, 632153, 632189, 632209, 632221, 632227,
632231, 632251, 632257, 632267, 632273, 632297, 632299, 632321,
632323, 632327, 632329, 632347, 632351, 632353, 632363, 632371,
632381, 632389, 632393, 632447, 632459, 632473, 632483, 632497,
632501, 632503, 632521, 632557, 632561, 632591, 632609, 632623,
632627, 632629, 632647, 632669, 632677, 632683, 632699, 632713,
632717, 632743, 632747, 632773, 632777, 632813, 632839, 632843,
632851, 632857, 632881, 632897, 632911, 632923, 632939, 632941,
632971, 632977, 632987, 632993, 633001, 633013, 633037, 633053,
633067, 633079, 633091, 633133, 633151, 633161, 633187, 633197,
633209, 633221, 633253, 633257, 633263, 633271, 633287, 633307,
633317, 633337, 633359, 633377, 633379, 633383, 633401, 633407,
633427, 633449, 633461, 633463, 633467, 633469, 633473, 633487,
633497, 633559, 633569, 633571, 633583, 633599, 633613, 633623,
633629, 633649, 633653, 633667, 633739, 633751, 633757, 633767,
633781, 633791, 633793, 633797, 633799, 633803, 633823, 633833,
633877, 633883, 633923, 633931, 633937, 633943, 633953, 633961,
633967, 633991, 634003, 634013, 634031, 634061, 634079, 634091,
634097, 634103, 634141, 634157, 634159, 634169, 634177, 634181,
634187, 634199, 634211, 634223, 634237, 634241, 634247, 634261,
634267, 634273, 634279, 634301, 634307, 634313, 634327, 634331,
634343, 634367, 634373, 634397, 634421, 634441, 634471, 634483,
634493, 634499, 634511, 634519, 634523, 634531, 634541, 634567,
634573, 634577, 634597, 634603, 634609, 634643, 634649, 634651,
634679, 634681, 634687, 634703, 634709, 634717, 634727, 634741,
634747, 634757, 634759, 634793, 634807, 634817, 634841, 634853,
634859, 634861, 634871, 634891, 634901, 634903, 634927, 634937,
634939, 634943, 634969, 634979, 635003, 635021, 635039, 635051,
635057, 635087, 635119, 635147, 635149, 635197, 635203, 635207,
635249, 635251, 635263, 635267, 635279, 635287, 635291, 635293,
635309, 635317, 635333, 635339, 635347, 635351, 635353, 635359,

635363, 635387, 635389, 635413, 635423, 635431, 635441, 635449,
635461, 635471, 635483, 635507, 635519, 635527, 635533, 635563,
635567, 635599, 635603, 635617, 635639, 635653, 635659, 635689,
635707, 635711, 635729, 635731, 635737, 635777, 635801, 635809,
635813, 635821, 635837, 635849, 635867, 635879, 635891, 635893,
635909, 635917, 635923, 635939, 635959, 635969, 635977, 635981,
635983, 635989, 636017, 636023, 636043, 636059, 636061, 636071,
636073, 636107, 636109, 636133, 636137, 636149, 636193, 636211,
636217, 636241, 636247, 636257, 636263, 636277, 636283, 636287,
636301, 636313, 636319, 636331, 636343, 636353, 636359, 636403,
636407, 636409, 636421, 636469, 636473, 636499, 636533, 636539,
636541, 636547, 636553, 636563, 636569, 636613, 636619, 636631,
636653, 636673, 636697, 636719, 636721, 636731, 636739, 636749,
636761, 636763, 636773, 636781, 636809, 636817, 636821, 636829,
636851, 636863, 636877, 636917, 636919, 636931, 636947, 636953,
636967, 636983, 636997, 637001, 637003, 637067, 637073, 637079,
637097, 637129, 637139, 637157, 637163, 637171, 637199, 637201,
637229, 637243, 637271, 637277, 637283, 637291, 637297, 637309,
637319, 637321, 637327, 637337, 637339, 637349, 637369, 637379,
637409, 637421, 637423, 637447, 637459, 637463, 637471, 637489,
637499, 637513, 637519, 637529, 637531, 637543, 637573, 637597,
637601, 637603, 637607, 637627, 637657, 637669, 637691, 637699,
637709, 637711, 637717, 637723, 637727, 637729, 637751, 637771,
637781, 637783, 637787, 637817, 637829, 637831, 637841, 637873,
637883, 637909, 637933, 637937, 637939, 638023, 638047, 638051,
638059, 638063, 638081, 638117, 638123, 638147, 638159, 638161,
638171, 638177, 638179, 638201, 638233, 638263, 638269, 638303,
638317, 638327, 638347, 638359, 638371, 638423, 638431, 638437,
638453, 638459, 638467, 638489, 638501, 638527, 638567, 638581,
638587, 638621, 638629, 638633, 638663, 638669, 638689, 638699,
638717, 638719, 638767, 638801, 638819, 638839, 638857, 638861,
638893, 638923, 638933, 638959, 638971, 638977, 638993, 638999,
639007, 639011, 639043, 639049, 639053, 639083, 639091, 639137,
639143, 639151, 639157, 639167, 639169, 639181, 639211, 639253,
639257, 639259, 639263, 639269, 639299, 639307, 639311, 639329,
639337, 639361, 639371, 639391, 639433, 639439, 639451, 639487,
639491, 639493, 639511, 639517, 639533, 639547, 639563, 639571,
639577, 639589, 639599, 639601, 639631, 639637, 639647, 639671,
639677, 639679, 639689, 639697, 639701, 639703, 639713, 639719,
639731, 639739, 639757, 639833, 639839, 639851, 639853, 639857,
639907, 639911, 639937, 639941, 639949, 639959, 639983, 639997,
640007, 640009, 640019, 640027, 640039, 640043, 640049, 640061,
640069, 640099, 640109, 640121, 640127, 640139, 640151, 640153,
640163, 640193, 640219, 640223, 640229, 640231, 640247, 640249,
640259, 640261, 640267, 640279, 640303, 640307, 640333, 640363,
640369, 640411, 640421, 640457, 640463, 640477, 640483, 640499,
640529, 640531, 640579, 640583, 640589, 640613, 640621, 640631,
640649, 640663, 640667, 640669, 640687, 640691, 640727, 640733,

     Die ersten hunderttausend Primzahlen

640741, 640771, 640777, 640793, 640837, 640847, 640853, 640859,
640873, 640891, 640901, 640907, 640919, 640933, 640943, 640949,
640957, 640963, 640967, 640973, 640993, 641051, 641057, 641077,
641083, 641089, 641093, 641101, 641129, 641131, 641143, 641167,
641197, 641203, 641213, 641227, 641239, 641261, 641279, 641287,
641299, 641317, 641327, 641371, 641387, 641411, 641413, 641419,
641437, 641441, 641453, 641467, 641471, 641479, 641491, 641513,
641519, 641521, 641549, 641551, 641579, 641581, 641623, 641633,
641639, 641681, 641701, 641713, 641747, 641749, 641761, 641789,
641791, 641803, 641813, 641819, 641821, 641827, 641833, 641843,
641863, 641867, 641873, 641881, 641891, 641897, 641909, 641923,
641929, 641959, 641969, 641981, 642011, 642013, 642049, 642071,
642077, 642079, 642113, 642121, 642133, 642149, 642151, 642157,
642163, 642197, 642199, 642211, 642217, 642223, 642233, 642241,
642247, 642253, 642281, 642359, 642361, 642373, 642403, 642407,
642419, 642427, 642457, 642487, 642517, 642527, 642529, 642533,
642547, 642557, 642563, 642581, 642613, 642623, 642673, 642683,
642701, 642737, 642739, 642769, 642779, 642791, 642797, 642799,
642809, 642833, 642853, 642869, 642871, 642877, 642881, 642899,
642907, 642931, 642937, 642947, 642953, 642973, 642977, 642997,
643009, 643021, 643031, 643039, 643043, 643051, 643061, 643073,
643081, 643087, 643099, 643121, 643129, 643183, 643187, 643199,
643213, 643217, 643231, 643243, 643273, 643301, 643303, 643369,
643373, 643403, 643421, 643429, 643439, 643453, 643457, 643463,
643469, 643493, 643507, 643523, 643547, 643553, 643567, 643583,
643589, 643619, 643633, 643639, 643649, 643651, 643661, 643681,
643691, 643693, 643697, 643703, 643723, 643729, 643751, 643781,
643847, 643849, 643859, 643873, 643879, 643883, 643889, 643919,
643927, 643949, 643957, 643961, 643969, 643991, 644009, 644029,
644047, 644051, 644053, 644057, 644089, 644101, 644107, 644117,
644123, 644129, 644131, 644141, 644143, 644153, 644159, 644173,
644191, 644197, 644201, 644227, 644239, 644257, 644261, 644291,
644297, 644327, 644341, 644353, 644359, 644363, 644377, 644381,
644383, 644401, 644411, 644431, 644443, 644447, 644489, 644491,
644507, 644513, 644519, 644531, 644549, 644557, 644563, 644569,
644593, 644597, 644599, 644617, 644629, 644647, 644653, 644669,
644671, 644687, 644701, 644717, 644729, 644731, 644747, 644753,
644767, 644783, 644789, 644797, 644801, 644837, 644843, 644857,
644863, 644867, 644869, 644881, 644899, 644909, 644911, 644923,
644933, 644951, 644977, 644999, 645011, 645013, 645019, 645023,
645037, 645041, 645049, 645067, 645077, 645083, 645091, 645097,
645131, 645137, 645149, 645179,
645187, 645233, 645257, 645313, 645329, 645347, 645353, 645367,
645383, 645397, 645409, 645419, 645431, 645433, 645443, 645467,
645481, 645493, 645497, 645499, 645503, 645521, 645527, 645529,
645571, 645577, 645581, 645583, 645599, 645611, 645629, 645641,
645647, 645649, 645661, 645683, 645691, 645703, 645713, 645727,
645737, 645739, 645751, 645763, 645787, 645803, 645833, 645839,

645851, 645857, 645877, 645889, 645893, 645901, 645907, 645937,
645941, 645973, 645979, 646003, 646013, 646027, 646039, 646067,
646073, 646099, 646103, 646147, 646157, 646159, 646169, 646181,
646183, 646189, 646193, 646199, 646237, 646253, 646259, 646267,
646271, 646273, 646291, 646301, 646307, 646309, 646339, 646379,
646397, 646403, 646411, 646421, 646423, 646433, 646453, 646519,
646523, 646537, 646543, 646549, 646571, 646573, 646577, 646609,
646619, 646631, 646637, 646643, 646669, 646687, 646721, 646757,
646771, 646781, 646823, 646831, 646837, 646843, 646859, 646873,
646879, 646883, 646889, 646897, 646909, 646913, 646927, 646937,
646957, 646979, 646981, 646991, 646993, 647011, 647033, 647039,
647047, 647057, 647069, 647081, 647099, 647111, 647113, 647117,
647131, 647147, 647161, 647189, 647201, 647209, 647219, 647261,
647263, 647293, 647303, 647321, 647327, 647333, 647341, 647357,
647359, 647363, 647371, 647399, 647401, 647417, 647429, 647441,
647453, 647477, 647489, 647503, 647509, 647527, 647531, 647551,
647557, 647579, 647587, 647593, 647609, 647617, 647627, 647641,
647651, 647659, 647663, 647687, 647693, 647719, 647723, 647741,
647743, 647747, 647753, 647771, 647783, 647789, 647809, 647821,
647837, 647839, 647851, 647861, 647891, 647893, 647909, 647917,
647951, 647953, 647963, 647987, 648007, 648019, 648029, 648041,
648047, 648059, 648061, 648073, 648079, 648097, 648101, 648107,
648119, 648133, 648173, 648181, 648191, 648199, 648211, 648217,
648229, 648239, 648257, 648259, 648269, 648283, 648289, 648293,
648317, 648331, 648341, 648343, 648371, 648377, 648379, 648383,
648391, 648433, 648437, 648449, 648481, 648509, 648563, 648607,
648617, 648619, 648629, 648631, 648649, 648653, 648671, 648677,
648689, 648709, 648719, 648731, 648763, 648779, 648803, 648841,
648859, 648863, 648871, 648887, 648889, 648911, 648917, 648931,
648937, 648953, 648961, 648971, 648997, 649001, 649007, 649039,
649063, 649069, 649073, 649079, 649081, 649087, 649093, 649123,
649141, 649147, 649151, 649157, 649183, 649217, 649261, 649273,
649277, 649279, 649283, 649291, 649307, 649321, 649361, 649379,
649381, 649403, 649421, 649423, 649427, 649457, 649469, 649471,
649483, 649487, 649499, 649501, 649507, 649511, 649529, 649541,
649559, 649567, 649573, 649577, 649613, 649619, 649631, 649633,
649639, 649643, 649651, 649657, 649661, 649697, 649709, 649717,
649739, 649751, 649769, 649771, 649777, 649783, 649787, 649793,
649799, 649801, 649813, 649829, 649843, 649849, 649867, 649871,
649877, 649879, 649897, 649907, 649921, 649937, 649969, 649981,
649991, 650011, 650017, 650059, 650071, 650081, 650099, 650107,
650179, 650183, 650189, 650213, 650227, 650261, 650269, 650281,
650291, 650317, 650327, 650329, 650347, 650359, 650387, 650401,
650413, 650449, 650477, 650479, 650483, 650519, 650537, 650543,
650549, 650563, 650567, 650581, 650591, 650599, 650609, 650623,
650627, 650669, 650701, 650759, 650761, 650779, 650813, 650821,
650827, 650833, 650851, 650861, 650863, 650869, 650873, 650911,
650917, 650927, 650933, 650953, 650971, 650987, 651017, 651019,

651029, 651043, 651067, 651071, 651097, 651103, 651109, 651127,
651139, 651143, 651169, 651179, 651181, 651191, 651193, 651221,
651223, 651239, 651247, 651251, 651257, 651271, 651281, 651289,
651293, 651323, 651331, 651347, 651361, 651397, 651401, 651437,
651439, 651461, 651473, 651481, 651487, 651503, 651509, 651517,
651587, 651617, 651641, 651647, 651649, 651667, 651683, 651689,
651697, 651727, 651731, 651733, 651767, 651769, 651793, 651803,
651809, 651811, 651821, 651839, 651841, 651853, 651857, 651863,
651869, 651877, 651881, 651901, 651913, 651943, 651971, 651997,
652019, 652033, 652039, 652063, 652079, 652081, 652087, 652117,
652121, 652153, 652189, 652207, 652217, 652229, 652237, 652241,
652243, 652261, 652279, 652283, 652291, 652319, 652321, 652331,
652339, 652343, 652357, 652361, 652369, 652373, 652381, 652411,
652417, 652429, 652447, 652451, 652453, 652493, 652499, 652507,
652541, 652543, 652549, 652559, 652567, 652573, 652577, 652591,
652601, 652607, 652609, 652621, 652627, 652651, 652657, 652667,
652699, 652723, 652727, 652733, 652739, 652741, 652747, 652753,
652759, 652787, 652811, 652831, 652837, 652849, 652853, 652871,
652903, 652909, 652913, 652921, 652931, 652933, 652937, 652943,
652957, 652969, 652991, 652997, 652999, 653033, 653057, 653083,
653111, 653113, 653117, 653143, 653153, 653197, 653203, 653207,
653209, 653243, 653267, 653273, 653281, 653311, 653321, 653339,
653357, 653363, 653431, 653461, 653473, 653491, 653501, 653503,
653507, 653519, 653537, 653539, 653561, 653563, 653579, 653593,
653617, 653621, 653623, 653641, 653647, 653651, 653659, 653687,
653693, 653707, 653711, 653713, 653743, 653749, 653761, 653777,
653789, 653797, 653801, 653819, 653831, 653879, 653881, 653893,
653899, 653903, 653927, 653929, 653941, 653951, 653963, 653969,
653977, 653993, 654001, 654011, 654019, 654023, 654029, 654047,
654053, 654067, 654089, 654107, 654127, 654149, 654161, 654163,
654167, 654169, 654187, 654191, 654209, 654221, 654223, 654229,
654233, 654257, 654293, 654301, 654307, 654323, 654343, 654349,
654371, 654397, 654413, 654421, 654427, 654439, 654491, 654499,
654509, 654527, 654529, 654539, 654541, 654553, 654571, 654587,
654593, 654601, 654611, 654613, 654623, 654629, 654671, 654679,
654697, 654701, 654727, 654739, 654743, 654749, 654767, 654779,
654781, 654799, 654803, 654817, 654821, 654827, 654839, 654853,
654877, 654889, 654917, 654923, 654931, 654943, 654967, 654991,
655001, 655003, 655013, 655021, 655033, 655037, 655043, 655069,
655087, 655103, 655111, 655121, 655157, 655181, 655211, 655219,
655223, 655229, 655241, 655243, 655261, 655267, 655273, 655283,
655289, 655301, 655331, 655337, 655351, 655357, 655373, 655379,
655387, 655399, 655439, 655453, 655471, 655489, 655507, 655511,
655517, 655531, 655541, 655547, 655559, 655561, 655579, 655583,
655597, 655601, 655637, 655643, 655649, 655651, 655657, 655687,
655693, 655717, 655723, 655727, 655757, 655807, 655847, 655849,
655859, 655883, 655901, 655909, 655913, 655927, 655943, 655961,
655987, 656023, 656039, 656063, 656077, 656113, 656119, 656129,

656141, 656147, 656153, 656171, 656221, 656237, 656263, 656267,
656273, 656291, 656297, 656303, 656311, 656321, 656323, 656329,
656333, 656347, 656371, 656377, 656389, 656407, 656423, 656429,
656459, 656471, 656479, 656483, 656519, 656527, 656561, 656587,
656597, 656599, 656603, 656609, 656651, 656657, 656671, 656681,
656683, 656687, 656701, 656707, 656737, 656741, 656749, 656753,
656771, 656783, 656791, 656809, 656819, 656833, 656839, 656891,
656917, 656923, 656939, 656951, 656959, 656977, 656989, 656993,
657017, 657029, 657047, 657049, 657061, 657071, 657079, 657089,
657091, 657113, 657121, 657127, 657131, 657187, 657193, 657197,
657233, 657257, 657269, 657281, 657289, 657299, 657311, 657313,
657323, 657347, 657361, 657383, 657403, 657413, 657431, 657439,
657451, 657469, 657473, 657491, 657493, 657497, 657499, 657523,
657529, 657539, 657557, 657581, 657583, 657589, 657607, 657617,
657649, 657653, 657659, 657661, 657703, 657707, 657719, 657743,
657779, 657793, 657809, 657827, 657841, 657863, 657893, 657911,
657929, 657931, 657947, 657959, 657973, 657983, 658001, 658043,
658051, 658057, 658069, 658079, 658111, 658117, 658123, 658127,
658139, 658153, 658159, 658169, 658187, 658199, 658211, 658219,
658247, 658253, 658261, 658277, 658279, 658303, 658309, 658319,
658321, 658327, 658349, 658351, 658367, 658379, 658391, 658403,
658417, 658433, 658447, 658453, 658477, 658487, 658507, 658547,
658549, 658573, 658579, 658589, 658591, 658601, 658607, 658613,
658633, 658639, 658643, 658649, 658663, 658681, 658703, 658751,
658753, 658783, 658807, 658817, 658831, 658837, 658841, 658871,
658873, 658883, 658897, 658907, 658913, 658919, 658943, 658961,
658963, 658969, 658979, 658991, 658997, 659011, 659023, 659047,
659059, 659063, 659069, 659077, 659101, 659137, 659159, 659171,
659173, 659177, 659189, 659221, 659231, 659237, 659251, 659279,
659299, 659317, 659327, 659333, 659353, 659371, 659419, 659423,
659437, 659453, 659467, 659473, 659497, 659501, 659513, 659521,
659531, 659539, 659563, 659569, 659591, 659597, 659609, 659611,
659621, 659629, 659639, 659653, 659657, 659669, 659671, 659689,
659693, 659713, 659723, 659741, 659759, 659761, 659783, 659819,
659831, 659843, 659849, 659863, 659873, 659881, 659899, 659917,
659941, 659947, 659951, 659963, 659983, 659999, 660001, 660013,
660029, 660047, 660053, 660061, 660067, 660071, 660073, 660097,
660103, 660119, 660131, 660137, 660157, 660167, 660181, 660197,
660199, 660217, 660227, 660241, 660251, 660271, 660277, 660281,
660299, 660329, 660337, 660347, 660349, 660367, 660377, 660379,
660391, 660403, 660409, 660449, 660493, 660503, 660509, 660521,
660529, 660547, 660557, 660559, 660563, 660589, 660593, 660599,
660601, 660607, 660617, 660619, 660643, 660659, 660661, 660683,
660719, 660727, 660731, 660733, 660757, 660769, 660787, 660791,
660799, 660809, 660811, 660817, 660833, 660851, 660853, 660887,
660893, 660899, 660901, 660917, 660923, 660941, 660949, 660973,
660983, 661009, 661019, 661027, 661049, 661061, 661091, 661093,
661097, 661099, 661103, 661109, 661117, 661121, 661139, 661183,

          Die ersten hunderttausend Primzahlen

661187, 661189, 661201, 661217,
661231, 661237, 661253, 661259, 661267, 661321, 661327, 661343,
661361, 661373, 661393, 661417, 661421, 661439, 661459, 661477,
661481, 661483, 661513, 661517, 661541, 661547, 661553, 661603,
661607, 661613, 661621, 661663, 661673, 661679, 661697, 661721,
661741, 661769, 661777, 661823, 661849, 661873, 661877, 661879,
661883, 661889, 661897, 661909, 661931, 661939, 661949, 661951,
661961, 661987, 661993, 662003, 662021, 662029, 662047, 662059,
662063, 662083, 662107, 662111, 662141, 662143, 662149, 662177,
662203, 662227, 662231, 662251, 662261, 662267, 662281, 662287,
662309, 662323, 662327, 662339, 662351, 662353, 662357, 662369,
662401, 662407, 662443, 662449, 662477, 662483, 662491, 662513,
662527, 662531, 662537, 662539, 662551, 662567, 662591, 662617,
662639, 662647, 662657, 662671, 662681, 662689, 662693, 662713,
662719, 662743, 662771, 662773, 662789, 662797, 662819, 662833,
662839, 662843, 662867, 662897, 662899, 662917, 662939, 662941,
662947, 662951, 662953, 662957, 662999, 663001, 663007, 663031,
663037, 663049, 663053, 663071, 663097, 663127, 663149, 663161,
663163, 663167, 663191, 663203, 663209, 663239, 663241, 663263,
663269, 663281, 663283, 663301, 663319, 663331, 663349, 663359,
663371, 663407, 663409, 663437, 663463, 663517, 663529, 663539,
663541, 663547, 663557, 663563, 663569, 663571, 663581, 663583,
663587, 663589, 663599, 663601, 663631, 663653, 663659, 663661,
663683, 663709, 663713, 663737, 663763, 663787, 663797, 663821,
663823, 663827, 663853, 663857, 663869, 663881, 663893, 663907,
663937, 663959, 663961, 663967, 663973, 663977, 663979, 663983,
663991, 663997, 664009, 664019, 664043, 664061, 664067, 664091,
664099, 664109, 664117, 664121, 664123, 664133, 664141, 664151,
664177, 664193, 664199, 664211, 664243, 664253, 664271, 664273,
664289, 664319, 664331, 664357, 664369, 664379, 664381, 664403,
664421, 664427, 664441, 664459, 664471, 664507, 664511, 664529,
664537, 664549, 664561, 664571, 664579, 664583, 664589, 664597,
664603, 664613, 664619, 664621, 664633, 664661, 664663, 664667,
664669, 664679, 664687, 664691, 664693, 664711, 664739, 664757,
664771, 664777, 664789, 664793, 664799, 664843, 664847, 664849,
664879, 664891, 664933, 664949, 664967, 664973, 664997, 665011,
665017, 665029, 665039, 665047, 665051, 665053, 665069, 665089,
665111, 665113, 665117, 665123, 665131, 665141, 665153, 665177,
665179, 665201, 665207, 665213, 665221, 665233, 665239, 665251,
665267, 665279, 665293, 665299, 665303, 665311, 665351, 665359,
665369, 665381, 665387, 665419, 665429, 665447, 665479, 665501,
665503, 665507, 665527, 665549, 665557, 665563, 665569, 665573,
665591, 665603, 665617, 665629, 665633, 665659, 665677, 665713,
665719, 665723, 665747, 665761, 665773, 665783, 665789, 665801,
665803, 665813, 665843, 665857, 665897, 665921, 665923, 665947,
665953, 665981, 665983, 665993, 666013, 666019, 666023, 666031,
666041, 666067, 666073, 666079, 666089, 666091, 666109, 666119,
666139, 666143, 666167, 666173, 666187, 666191, 666203, 666229,

666233, 666269, 666277, 666301, 666329, 666353, 666403, 666427,
666431, 666433, 666437, 666439, 666461, 666467, 666493, 666511,
666527, 666529, 666541, 666557, 666559, 666599, 666607, 666637,
666643, 666647, 666649, 666667, 666671, 666683, 666697, 666707,
666727, 666733, 666737, 666749, 666751, 666769, 666773, 666811,
666821, 666823, 666829, 666857, 666871, 666889, 666901, 666929,
666937, 666959, 666979, 666983, 666989, 667013, 667019, 667021,
667081, 667091, 667103, 667123, 667127, 667129, 667141, 667171,
667181, 667211, 667229, 667241, 667243, 667273, 667283, 667309,
667321, 667333, 667351, 667361, 667363, 667367, 667379, 667417,
667421, 667423, 667427, 667441, 667463, 667477, 667487, 667501,
667507, 667519, 667531, 667547, 667549, 667553, 667559, 667561,
667577, 667631, 667643, 667649, 667657, 667673, 667687, 667691,
667697, 667699, 667727, 667741, 667753, 667769, 667781, 667801,
667817, 667819, 667829, 667837, 667859, 667861, 667867, 667883,
667903, 667921, 667949, 667963, 667987, 667991, 667999, 668009,
668029, 668033, 668047, 668051, 668069, 668089, 668093, 668111,
668141, 668153, 668159, 668179, 668201, 668203, 668209, 668221,
668243, 668273, 668303, 668347, 668407, 668417, 668471, 668509,
668513, 668527, 668531, 668533, 668539, 668543, 668567, 668579,
668581, 668599, 668609, 668611, 668617, 668623, 668671, 668677,
668687, 668699, 668713, 668719, 668737, 668741, 668747, 668761,
668791, 668803, 668813, 668821, 668851, 668867, 668869, 668873,
668879, 668903, 668929, 668939, 668947, 668959, 668963, 668989,
668999, 669023, 669029, 669049, 669077, 669089, 669091, 669107,
669113, 669121, 669127, 669133, 669167, 669173, 669181, 669241,
669247, 669271, 669283, 669287, 669289, 669301, 669311, 669329,
669359, 669371, 669377, 669379, 669391, 669401, 669413, 669419,
669433, 669437, 669451, 669463, 669479, 669481, 669527, 669551,
669577, 669607, 669611, 669637, 669649, 669659, 669661, 669667,
669673, 669677, 669679, 669689, 669701, 669707, 669733, 669763,
669787, 669791, 669839, 669847, 669853, 669857, 669859, 669863,
669869, 669887, 669901, 669913, 669923, 669931, 669937, 669943,
669947, 669971, 669989, 670001, 670031, 670037, 670039, 670049,
670051, 670097, 670099, 670129, 670139, 670147, 670177, 670193,
670199, 670211, 670217, 670223, 670231, 670237, 670249, 670261,
670279, 670297, 670303, 670321, 670333, 670343, 670349, 670363,
670379, 670399, 670409, 670447, 670457, 670471, 670487, 670489,
670493, 670507, 670511, 670517, 670541, 670543, 670559, 670577,
670583, 670597, 670613, 670619, 670627, 670639, 670669, 670673,
670693, 670711, 670727, 670729, 670739, 670763, 670777, 670781,
670811, 670823, 670849, 670853, 670867, 670877, 670897, 670903,
670919, 670931, 670951, 670963, 670987, 670991, 671003, 671017,
671029, 671039, 671059, 671063, 671081, 671087, 671093, 671123,
671131, 671141, 671159, 671161, 671189, 671201, 671219, 671233,
671249, 671257, 671261, 671269, 671287, 671299, 671303, 671323,
671339, 671353, 671357, 671369, 671383, 671401, 671417, 671431,
671443, 671467, 671471, 671477, 671501, 671519, 671533, 671537,

     Die ersten hunderttausend Primzahlen

671557, 671581, 671591, 671603, 671609, 671633, 671647, 671651,
671681, 671701, 671717, 671729, 671743, 671753, 671777, 671779,
671791, 671831, 671837, 671851, 671887, 671893, 671903, 671911,
671917, 671921, 671933, 671939, 671941, 671947, 671969, 671971,
671981, 671999, 672019, 672029, 672041, 672043, 672059, 672073,
672079, 672097, 672103, 672107, 672127, 672131, 672137, 672143,
672151, 672167, 672169, 672181, 672193, 672209, 672223, 672227,
672229, 672251, 672271, 672283, 672289, 672293, 672311, 672317,
672323, 672341, 672349, 672377, 672379, 672439, 672443, 672473,
672493, 672499, 672521, 672557, 672577, 672587, 672593, 672629,
672641, 672643, 672653, 672667, 672703, 672743, 672757, 672767,
672779, 672781, 672787, 672799, 672803, 672811, 672817, 672823,
672827, 672863, 672869, 672871, 672883, 672901, 672913, 672937,
672943, 672949, 672953, 672967, 672977, 672983, 673019, 673039,
673063, 673069, 673073, 673091, 673093, 673109, 673111, 673117,
673121, 673129, 673157, 673193, 673199, 673201, 673207, 673223,
673241, 673247, 673271, 673273, 673291, 673297, 673313, 673327,
673339, 673349, 673381, 673391, 673397, 673399, 673403, 673411,
673427, 673429, 673441, 673447, 673451, 673457, 673459, 673469,
673487, 673499, 673513, 673529, 673549, 673553, 673567, 673573,
673579, 673609, 673613, 673619, 673637, 673639, 673643, 673649,
673667, 673669, 673747, 673769, 673781, 673787, 673793, 673801,
673811, 673817, 673837, 673879, 673891, 673921, 673943, 673951,
673961, 673979, 673991, 674017, 674057, 674059, 674071, 674083,
674099, 674117, 674123, 674131, 674159, 674161, 674173, 674183,
674189, 674227, 674231, 674239, 674249, 674263, 674269, 674273,
674299, 674321, 674347, 674357, 674363, 674371, 674393, 674419,
674431, 674449, 674461, 674483, 674501, 674533, 674537, 674551,
674563, 674603, 674647, 674669, 674677, 674683, 674693, 674699,
674701, 674711, 674717, 674719, 674731, 674741, 674749, 674759,
674761, 674767, 674771, 674789, 674813, 674827, 674831, 674833,
674837, 674851, 674857, 674867, 674879, 674903, 674929, 674941,
674953, 674957, 674977, 674987, 675029, 675067, 675071, 675079,
675083, 675097, 675109, 675113, 675131, 675133, 675151, 675161,
675163, 675173, 675179, 675187, 675197, 675221, 675239, 675247,
675251, 675253, 675263, 675271, 675299, 675313, 675319, 675341,
675347, 675391, 675407, 675413, 675419, 675449, 675457, 675463,
675481, 675511, 675539, 675541, 675551, 675553, 675559, 675569,
675581, 675593, 675601, 675607, 675611, 675617, 675629, 675643,
675713, 675739, 675743, 675751, 675781, 675797, 675817, 675823,
675827, 675839, 675841, 675859, 675863, 675877, 675881, 675889,
675923, 675929, 675931, 675959, 675973, 675977, 675979, 676007,
676009, 676031, 676037, 676043, 676051, 676057, 676061, 676069,
676099, 676103, 676111, 676129, 676147, 676171, 676211, 676217,
676219, 676241, 676253, 676259, 676279, 676289, 676297, 676337,
676339, 676349, 676363, 676373, 676387, 676391, 676409, 676411,
676421, 676427, 676463, 676469, 676493, 676523, 676573, 676589,
676597, 676601, 676649, 676661, 676679, 676703, 676717, 676721,

676727, 676733, 676747, 676751, 676763, 676771, 676807, 676829,
676859, 676861, 676883, 676891, 676903, 676909, 676919, 676927,
676931, 676937, 676943, 676961, 676967, 676979, 676981, 676987,
676993, 677011, 677021, 677029, 677041, 677057, 677077, 677081,
677107, 677111, 677113, 677119, 677147, 677167, 677177, 677213,
677227, 677231, 677233, 677239, 677309, 677311, 677321, 677323,
677333, 677357, 677371, 677387, 677423, 677441, 677447, 677459,
677461, 677471, 677473, 677531,
677533, 677539, 677543, 677561, 677563, 677587, 677627, 677639,
677647, 677657, 677681, 677683, 677687, 677717, 677737, 677767,
677779, 677783, 677791, 677813, 677827, 677857, 677891, 677927,
677947, 677953, 677959, 677983, 678023, 678037, 678047, 678061,
678077, 678101, 678103, 678133, 678157, 678169, 678179, 678191,
678199, 678203, 678211, 678217, 678221, 678229, 678253, 678289,
678299, 678329, 678341, 678343, 678367, 678371, 678383, 678401,
678407, 678409, 678413, 678421, 678437, 678451, 678463, 678479,
678481, 678493, 678499, 678533, 678541, 678553, 678563, 678577,
678581, 678593, 678599, 678607, 678611, 678631, 678637, 678641,
678647, 678649, 678653, 678659, 678719, 678721, 678731, 678739,
678749, 678757, 678761, 678763, 678767, 678773, 678779, 678809,
678823, 678829, 678833, 678859, 678871, 678883, 678901, 678907,
678941, 678943, 678949, 678959, 678971, 678989, 679033, 679037,
679039, 679051, 679067, 679087, 679111, 679123, 679127, 679153,
679157, 679169, 679171, 679183, 679207, 679219, 679223, 679229,
679249, 679277, 679279, 679297, 679309, 679319, 679333, 679361,
679363, 679369, 679373, 679381, 679403, 679409, 679417, 679423,
679433, 679451, 679463, 679487, 679501, 679517, 679519, 679531,
679537, 679561, 679597, 679603, 679607, 679633, 679639, 679669,
679681, 679691, 679699, 679709, 679733, 679741, 679747, 679751,
679753, 679781, 679793, 679807, 679823, 679829, 679837, 679843,
679859, 679867, 679879, 679883, 679891, 679897, 679907, 679909,
679919, 679933, 679951, 679957, 679961, 679969, 679981, 679993,
679999, 680003, 680027, 680039, 680059, 680077, 680081, 680083,
680107, 680123, 680129, 680159, 680161, 680177, 680189, 680203,
680209, 680213, 680237, 680249, 680263, 680291, 680293, 680297,
680299, 680321, 680327, 680341, 680347, 680353, 680377, 680387,
680399, 680401, 680411, 680417, 680431, 680441, 680443, 680453,
680489, 680503, 680507, 680509, 680531, 680539, 680567, 680569,
680587, 680597, 680611, 680623, 680633, 680651, 680657, 680681,
680707, 680749, 680759, 680767, 680783, 680803, 680809, 680831,
680857, 680861, 680873, 680879, 680881, 680917, 680929, 680959,
680971, 680987, 680989, 680993, 681001, 681011, 681019, 681041,
681047, 681049, 681061, 681067, 681089, 681091, 681113, 681127,
681137, 681151, 681167, 681179, 681221, 681229, 681251, 681253,
681257, 681259, 681271, 681293, 681311, 681337, 681341, 681361,
681367, 681371, 681403, 681407, 681409, 681419, 681427, 681449,
681451, 681481, 681487, 681493, 681497, 681521, 681523, 681539,
681557, 681563, 681589, 681607, 681613, 681623, 681631, 681647,

     Die ersten hunderttausend Primzahlen

681673, 681677, 681689, 681719, 681727, 681731, 681763, 681773,
681781, 681787, 681809, 681823, 681833, 681839, 681841, 681883,
681899, 681913, 681931, 681943, 681949, 681971, 681977, 681979,
681983, 681997, 682001, 682009, 682037, 682049, 682063, 682069,
682079, 682141, 682147, 682151, 682153, 682183, 682207, 682219,
682229, 682237, 682247, 682259, 682277, 682289, 682291, 682303,
682307, 682321, 682327, 682333, 682337, 682361, 682373, 682411,
682417, 682421, 682427, 682439, 682447, 682463, 682471, 682483,
682489, 682511, 682519, 682531, 682547, 682597, 682607, 682637,
682657, 682673, 682679, 682697, 682699, 682723, 682729, 682733,
682739, 682751, 682763, 682777, 682789, 682811, 682819, 682901,
682933, 682943, 682951, 682967, 683003, 683021, 683041, 683047,
683071, 683083, 683087, 683119, 683129, 683143, 683149, 683159,
683201, 683231, 683251, 683257, 683273, 683299, 683303, 683317,
683323, 683341, 683351, 683357, 683377, 683381, 683401, 683407,
683437, 683447, 683453, 683461, 683471, 683477, 683479, 683483,
683489, 683503, 683513, 683567, 683591, 683597, 683603, 683651,
683653, 683681, 683687, 683693, 683699, 683701, 683713, 683719,
683731, 683737, 683747, 683759, 683777, 683783, 683789, 683807,
683819, 683821, 683831, 683833, 683843, 683857, 683861, 683863,
683873, 683887, 683899, 683909, 683911, 683923, 683933, 683939,
683957, 683983, 684007, 684017, 684037, 684053, 684091, 684109,
684113, 684119, 684121, 684127, 684157, 684163, 684191, 684217,
684221, 684239, 684269, 684287, 684289, 684293, 684311, 684329,
684337, 684347, 684349, 684373, 684379, 684407, 684419, 684427,
684433, 684443, 684451, 684469, 684473, 684493, 684527, 684547,
684557, 684559, 684569, 684581, 684587, 684599, 684617, 684637,
684643, 684647, 684683, 684713, 684727, 684731, 684751, 684757,
684767, 684769, 684773, 684791, 684793, 684799, 684809, 684829,
684841, 684857, 684869, 684889, 684923, 684949, 684961, 684973,
684977, 684989, 685001, 685019, 685031, 685039, 685051, 685057,
685063, 685073, 685081, 685093, 685099, 685103, 685109, 685123,
685141, 685169, 685177, 685199, 685231, 685247, 685249, 685271,
685297, 685301, 685319, 685337, 685339, 685361, 685367, 685369,
685381, 685393, 685417, 685427, 685429, 685453, 685459, 685471,
685493, 685511, 685513, 685519, 685537, 685541, 685547, 685591,
685609, 685613, 685621, 685631, 685637, 685649, 685669, 685679,
685697, 685717, 685723, 685733, 685739, 685747, 685753, 685759,
685781, 685793, 685819, 685849, 685859, 685907, 685939, 685963,
685969, 685973, 685987, 685991, 686003, 686009, 686011, 686027,
686029, 686039, 686041, 686051, 686057, 686087, 686089, 686099,
686117, 686131, 686141, 686143, 686149, 686173, 686177, 686197,
686201, 686209, 686267, 686269, 686293, 686317, 686321, 686333,
686339, 686353, 686359, 686363, 686417, 686423, 686437, 686449,
686453, 686473, 686479, 686503, 686513, 686519, 686551, 686563,
686593, 686611, 686639, 686669, 686671, 686687, 686723, 686729,
686731, 686737, 686761, 686773, 686789, 686797, 686801, 686837,
686843, 686863, 686879, 686891, 686893, 686897, 686911, 686947,

686963, 686969, 686971, 686977, 686989, 686993, 687007, 687013,
687017, 687019, 687023, 687031, 687041, 687061, 687073, 687083,
687101, 687107, 687109, 687121, 687131, 687139, 687151, 687161,
687163, 687179, 687223, 687233, 687277, 687289, 687299, 687307,
687311, 687317, 687331, 687341, 687343, 687359, 687383, 687389,
687397, 687403, 687413, 687431, 687433, 687437, 687443, 687457,
687461, 687473, 687481, 687499, 687517, 687521, 687523, 687541,
687551, 687559, 687581, 687593, 687623, 687637, 687641, 687647,
687679, 687683, 687691, 687707, 687721, 687737, 687749, 687767,
687773, 687779, 687787, 687809, 687823, 687829, 687839, 687847,
687893, 687901, 687917, 687923, 687931, 687949, 687961, 687977,
688003, 688013, 688027, 688031, 688063, 688067, 688073, 688087,
688097, 688111, 688133, 688139, 688147, 688159, 688187, 688201,
688217, 688223, 688249, 688253, 688277, 688297, 688309, 688333,
688339, 688357, 688379, 688393, 688397, 688403, 688411, 688423,
688433, 688447, 688451, 688453, 688477, 688511, 688531, 688543,
688561, 688573, 688591, 688621, 688627, 688631, 688637, 688657,
688661, 688669, 688679, 688697, 688717, 688729, 688733, 688741,
688747, 688757, 688763, 688777, 688783, 688799, 688813, 688861,
688867, 688871, 688889, 688907, 688939, 688951, 688957, 688969,
688979, 688999, 689021, 689033, 689041, 689063, 689071, 689077,
689081, 689089, 689093, 689107, 689113, 689131, 689141, 689167,
689201, 689219, 689233, 689237, 689257, 689261, 689267, 689279,
689291, 689309, 689317, 689321, 689341, 689357, 689369, 689383,
689389, 689393, 689411, 689431, 689441, 689459, 689461, 689467,
689509, 689551, 689561, 689581, 689587, 689597, 689599, 689603,
689621, 689629, 689641, 689693, 689699, 689713, 689723, 689761,
689771, 689779, 689789, 689797, 689803, 689807, 689827, 689831,
689851, 689867, 689869, 689873, 689879, 689891, 689893, 689903,
689917, 689921, 689929, 689951, 689957, 689959, 689963, 689981,
689987, 690037, 690059, 690073, 690089, 690103, 690119, 690127,
690139, 690143, 690163, 690187, 690233, 690259, 690269, 690271,
690281, 690293, 690323, 690341, 690367, 690377, 690397, 690407,
690419, 690427, 690433, 690439, 690449, 690467, 690491, 690493,
690509, 690511, 690533, 690541, 690553, 690583, 690589, 690607,
690611, 690629, 690661, 690673, 690689, 690719, 690721, 690757,
690787, 690793, 690817, 690839, 690841, 690869, 690871, 690887,
690889, 690919, 690929, 690953, 690997, 691001, 691037, 691051,
691063, 691079, 691109, 691111, 691121, 691129, 691147, 691151,
691153, 691181, 691183, 691189, 691193, 691199, 691231, 691241,
691267, 691289, 691297, 691309, 691333, 691337, 691343, 691349,
691363, 691381, 691399, 691409, 691433, 691451, 691463, 691489,
691499, 691531, 691553, 691573, 691583, 691589, 691591, 691631,
691637, 691651, 691661, 691681, 691687, 691693, 691697, 691709,
691721, 691723, 691727, 691729, 691739, 691759, 691763, 691787,
691799, 691813, 691829, 691837, 691841, 691843, 691871, 691877,
691891, 691897, 691903, 691907, 691919, 691921, 691931, 691949,
691973, 691979, 691991, 691997, 692009, 692017, 692051, 692059,

 Die ersten hunderttausend Primzahlen

692063, 692071, 692089, 692099, 692117, 692141, 692147, 692149,
692161, 692191, 692221, 692239, 692249, 692269, 692273, 692281,
692287, 692297, 692299, 692309, 692327, 692333, 692347, 692353,
692371, 692387, 692389, 692399, 692401, 692407, 692413, 692423,
692431, 692441, 692453, 692459, 692467, 692513, 692521, 692537,
692539, 692543, 692567, 692581, 692591, 692621, 692641, 692647,
692651, 692663, 692689, 692707, 692711, 692717, 692729, 692743,
692753, 692761, 692771, 692779, 692789, 692821, 692851, 692863,
692893, 692917, 692927, 692929, 692933, 692957, 692963, 692969,
692983, 693019, 693037, 693041, 693061, 693079, 693089, 693097,
693103, 693127, 693137, 693149, 693157, 693167, 693169, 693179,
693223, 693257, 693283, 693317, 693323, 693337, 693353, 693359,
693373, 693397, 693401, 693403, 693409, 693421, 693431, 693437,
693487, 693493, 693503, 693523, 693527, 693529, 693533, 693569,
693571, 693601, 693607, 693619,
693629, 693659, 693661, 693677, 693683, 693689, 693691, 693697,
693701, 693727, 693731, 693733, 693739, 693743, 693757, 693779,
693793, 693799, 693809, 693827, 693829, 693851, 693859, 693871,
693877, 693881, 693943, 693961, 693967, 693989, 694019, 694033,
694039, 694061, 694069, 694079, 694081, 694087, 694091, 694123,
694189, 694193, 694201, 694207, 694223, 694259, 694261, 694271,
694273, 694277, 694313, 694319, 694327, 694333, 694339, 694349,
694357, 694361, 694367, 694373, 694381, 694387, 694391, 694409,
694427, 694457, 694471, 694481, 694483, 694487, 694511, 694513,
694523, 694541, 694549, 694559, 694567, 694571, 694591, 694597,
694609, 694619, 694633, 694649, 694651, 694717, 694721, 694747,
694763, 694781, 694783, 694789, 694829, 694831, 694867, 694871,
694873, 694879, 694901, 694919, 694951, 694957, 694979, 694987,
694997, 694999, 695003, 695017, 695021, 695047, 695059, 695069,
695081, 695087, 695089, 695099, 695111, 695117, 695131, 695141,
695171, 695207, 695239, 695243, 695257, 695263, 695269, 695281,
695293, 695297, 695309, 695323, 695327, 695329, 695347, 695369,
695371, 695377, 695389, 695407, 695411, 695441, 695447, 695467,
695477, 695491, 695503, 695509, 695561, 695567, 695573, 695581,
695593, 695599, 695603, 695621, 695627, 695641, 695659, 695663,
695677, 695687, 695689, 695701, 695719, 695743, 695749, 695771,
695777, 695791, 695801, 695809, 695839, 695843, 695867, 695873,
695879, 695881, 695899, 695917, 695927, 695939, 695999, 696019,
696053, 696061, 696067, 696077, 696079, 696083, 696107, 696109,
696119, 696149, 696181, 696239, 696253, 696257, 696263, 696271,
696281, 696313, 696317, 696323, 696343, 696349, 696359, 696361,
696373, 696379, 696403, 696413, 696427, 696433, 696457, 696481,
696491, 696497, 696503, 696517, 696523, 696533, 696547, 696569,
696607, 696611, 696617, 696623, 696629, 696653, 696659, 696679,
696691, 696719, 696721, 696737, 696743, 696757, 696763, 696793,
696809, 696811, 696823, 696827, 696833, 696851, 696853, 696887,
696889, 696893, 696907, 696929, 696937, 696961, 696989, 696991,
697009, 697013, 697019, 697033, 697049, 697063, 697069, 697079,

697087, 697093, 697111, 697121, 697127, 697133, 697141, 697157,
697181, 697201, 697211, 697217, 697259, 697261, 697267, 697271,
697303, 697327, 697351, 697373, 697379, 697381, 697387, 697397,
697399, 697409, 697423, 697441, 697447, 697453, 697457, 697481,
697507, 697511, 697513, 697519, 697523, 697553, 697579, 697583,
697591, 697601, 697603, 697637, 697643, 697673, 697681, 697687,
697691, 697693, 697703, 697727, 697729, 697733, 697757, 697759,
697787, 697819, 697831, 697877, 697891, 697897, 697909, 697913,
697937, 697951, 697967, 697973, 697979, 697993, 697999, 698017,
698021, 698039, 698051, 698053, 698077, 698083, 698111, 698171,
698183, 698239, 698249, 698251, 698261, 698263, 698273, 698287,
698293, 698297, 698311, 698329, 698339, 698359, 698371, 698387,
698393, 698413, 698417, 698419, 698437, 698447, 698471, 698483,
698491, 698507, 698521, 698527, 698531, 698539, 698543, 698557,
698567, 698591, 698641, 698653, 698669, 698701, 698713, 698723,
698729, 698773, 698779, 698821, 698827, 698849, 698891, 698899,
698903, 698923, 698939, 698977, 698983, 699001, 699007, 699037,
699053, 699059, 699073, 699077, 699089, 699113, 699119, 699133,
699151, 699157, 699169, 699187, 699191, 699197, 699211, 699217,
699221, 699241, 699253, 699271, 699287, 699289, 699299, 699319,
699323, 699343, 699367, 699373, 699379, 699383, 699401, 699427,
699437, 699443, 699449, 699463, 699469, 699493, 699511, 699521,
699527, 699529, 699539, 699541, 699557, 699571, 699581, 699617,
699631, 699641, 699649, 699697, 699709, 699719, 699733, 699757,
699761, 699767, 699791, 699793, 699817, 699823, 699863, 699931,
699943, 699947, 699953, 699961, 699967, 700001, 700027, 700057,
700067, 700079, 700081, 700087, 700099, 700103, 700109, 700127,
700129, 700171, 700199, 700201, 700211, 700223, 700229, 700237,
700241, 700277, 700279, 700303, 700307, 700319, 700331, 700339,
700361, 700363, 700367, 700387, 700391, 700393, 700423, 700429,
700433, 700459, 700471, 700499, 700523, 700537, 700561, 700571,
700573, 700577, 700591, 700597, 700627, 700633, 700639, 700643,
700673, 700681, 700703, 700717, 700751, 700759, 700781, 700789,
700801, 700811, 700831, 700837, 700849, 700871, 700877, 700883,
700897, 700907, 700919, 700933, 700937, 700949, 700963, 700993,
701009, 701011, 701023, 701033, 701047, 701089, 701117, 701147,
701159, 701177, 701179, 701209, 701219, 701221, 701227, 701257,
701279, 701291, 701299, 701329, 701341, 701357, 701359, 701377,
701383, 701399, 701401, 701413, 701417, 701419, 701443, 701447,
701453, 701473, 701479, 701489, 701497, 701507, 701509, 701527,
701531, 701549, 701579, 701581, 701593, 701609, 701611, 701621,
701627, 701629, 701653, 701669, 701671, 701681, 701699, 701711,
701719, 701731, 701741, 701761, 701783, 701791, 701819, 701837,
701863, 701881, 701903, 701951, 701957, 701963, 701969, 702007,
702011, 702017, 702067, 702077, 702101, 702113, 702127, 702131,
702137, 702139, 702173, 702179, 702193, 702199, 702203, 702211,
702239, 702257, 702269, 702281, 702283, 702311, 702313, 702323,
702329, 702337, 702341, 702347, 702349, 702353, 702379, 702391,

          Die ersten hunderttausend Primzahlen

702407, 702413, 702431, 702433, 702439, 702451, 702469, 702497,
702503, 702511, 702517, 702523, 702529, 702539, 702551, 702557,
702587, 702589, 702599, 702607, 702613, 702623, 702671, 702679,
702683, 702701, 702707, 702721, 702731, 702733, 702743, 702773,
702787, 702803, 702809, 702817, 702827, 702847, 702851, 702853,
702869, 702881, 702887, 702893, 702913, 702937, 702983, 702991,
703013, 703033, 703039, 703081, 703117, 703121, 703123, 703127,
703139, 703141, 703169, 703193, 703211, 703217, 703223, 703229,
703231, 703243, 703249, 703267, 703277, 703301, 703309, 703321,
703327, 703331, 703349, 703357, 703379, 703393, 703411, 703441,
703447, 703459, 703463, 703471, 703489, 703499, 703531, 703537,
703559, 703561, 703631, 703643, 703657, 703663, 703673, 703679,
703691, 703699, 703709, 703711, 703721, 703733, 703753, 703763,
703789, 703819, 703837, 703849, 703861, 703873, 703883, 703897,
703903, 703907, 703943, 703949, 703957, 703981, 703991, 704003,
704009, 704017, 704023, 704027, 704029, 704059, 704069, 704087,
704101, 704111, 704117, 704131, 704141, 704153, 704161, 704177,
704183, 704189, 704213, 704219, 704233, 704243, 704251, 704269,
704279, 704281, 704287, 704299, 704303, 704309, 704321, 704357,
704393, 704399, 704419, 704441, 704447, 704449, 704453, 704461,
704477, 704507, 704521, 704527, 704549, 704551, 704567, 704569,
704579, 704581, 704593, 704603, 704617, 704647, 704657, 704663,
704681, 704687, 704713, 704719, 704731, 704747, 704761, 704771,
704777, 704779, 704783, 704797, 704801, 704807, 704819, 704833,
704839, 704849, 704857, 704861, 704863, 704867, 704897, 704929,
704933, 704947, 704983, 704989, 704993, 704999, 705011, 705013,
705017, 705031, 705043, 705053, 705073, 705079, 705097, 705113,
705119, 705127, 705137, 705161, 705163, 705167, 705169, 705181,
705191, 705197, 705209, 705247, 705259, 705269, 705277, 705293,
705307, 705317, 705389, 705403, 705409, 705421, 705427, 705437,
705461, 705491, 705493, 705499, 705521, 705533, 705559, 705613,
705631, 705643, 705689, 705713, 705737, 705751, 705763, 705769,
705779, 705781, 705787, 705821, 705827, 705829, 705833, 705841,
705863, 705871, 705883, 705899, 705919, 705937, 705949, 705967,
705973, 705989, 706001, 706003, 706009, 706019, 706033, 706039,
706049, 706051, 706067, 706099, 706109, 706117, 706133, 706141,
706151, 706157, 706159, 706183, 706193, 706201, 706207, 706213,
706229, 706253, 706267, 706283, 706291, 706297, 706301, 706309,
706313, 706337, 706357, 706369, 706373, 706403, 706417, 706427,
706463, 706481, 706487, 706499, 706507, 706523, 706547, 706561,
706597, 706603, 706613, 706621, 706631, 706633, 706661, 706669,
706679, 706703, 706709, 706729, 706733, 706747, 706751, 706753,
706757, 706763, 706787, 706793, 706801, 706829, 706837, 706841,
706847, 706883, 706897, 706907, 706913, 706919, 706921, 706943,
706961, 706973, 706987, 706999, 707011, 707027, 707029, 707053,
707071, 707099, 707111, 707117, 707131, 707143, 707153, 707159,
707177, 707191, 707197, 707219, 707249, 707261, 707279, 707293,
707299, 707321, 707341, 707359, 707383, 707407, 707429, 707431,

707437, 707459, 707467, 707501, 707527, 707543, 707561, 707563,
707573, 707627, 707633, 707647, 707653, 707669, 707671, 707677,
707683, 707689, 707711, 707717, 707723, 707747, 707753, 707767,
707789, 707797, 707801, 707813, 707827, 707831, 707849, 707857,
707869, 707873, 707887, 707911, 707923, 707929, 707933, 707939,
707951, 707953, 707957, 707969, 707981, 707983, 708007, 708011,
708017, 708023, 708031, 708041, 708047, 708049, 708053, 708061,
708091, 708109, 708119, 708131, 708137, 708139, 708161, 708163,
708179, 708199, 708221, 708223, 708229, 708251, 708269, 708283,
708287, 708293, 708311, 708329, 708343, 708347, 708353, 708359,
708361, 708371, 708403, 708437, 708457, 708473, 708479, 708481,
708493, 708497, 708517, 708527, 708559, 708563, 708569, 708583,
708593, 708599, 708601, 708641, 708647, 708667, 708689, 708703,
708733, 708751, 708803, 708823, 708839, 708857, 708859, 708893,
708899, 708907, 708913, 708923, 708937, 708943, 708959, 708979,
708989, 708991, 708997, 709043, 709057, 709097, 709117, 709123,
709139, 709141, 709151, 709153, 709157, 709201, 709211, 709217,
709231, 709237, 709271, 709273, 709279, 709283, 709307, 709321,
709337, 709349, 709351, 709381, 709409, 709417, 709421, 709433,
709447, 709451, 709453, 709469, 709507, 709519, 709531, 709537,
709547, 709561, 709589, 709603, 709607, 709609, 709649, 709651,
709663, 709673, 709679, 709691,
709693, 709703, 709729, 709739, 709741, 709769, 709777, 709789,
709799, 709817, 709823, 709831, 709843, 709847, 709853, 709861,
709871, 709879, 709901, 709909, 709913, 709921, 709927, 709957,
709963, 709967, 709981, 709991, 710009, 710023, 710027, 710051,
710053, 710081, 710089, 710119, 710189, 710207, 710219, 710221,
710257, 710261, 710273, 710293, 710299, 710321, 710323, 710327,
710341, 710351, 710371, 710377, 710383, 710389, 710399, 710441,
710443, 710449, 710459, 710473, 710483, 710491, 710503, 710513,
710519, 710527, 710531, 710557, 710561, 710569, 710573, 710599,
710603, 710609, 710621, 710623, 710627, 710641, 710663, 710683,
710693, 710713, 710777, 710779, 710791, 710813, 710837, 710839,
710849, 710851, 710863, 710867, 710873, 710887, 710903, 710909,
710911, 710917, 710929, 710933, 710951, 710959, 710971, 710977,
710987, 710989, 711001, 711017, 711019, 711023, 711041, 711049,
711089, 711097, 711121, 711131, 711133, 711143, 711163, 711173,
711181, 711187, 711209, 711223, 711259, 711287, 711299, 711307,
711317, 711329, 711353, 711371, 711397, 711409, 711427, 711437,
711463, 711479, 711497, 711499, 711509, 711517, 711523, 711539,
711563, 711577, 711583, 711589, 711617, 711629, 711649, 711653,
711679, 711691, 711701, 711707, 711709, 711713, 711727, 711731,
711749, 711751, 711757, 711793, 711811, 711817, 711829, 711839,
711847, 711859, 711877, 711889, 711899, 711913, 711923, 711929,
711937, 711947, 711959, 711967, 711973, 711983, 712007, 712021,
712051, 712067, 712093, 712109, 712121, 712133, 712157, 712169,
712171, 712183, 712199, 712219, 712237, 712279, 712289, 712301,
712303, 712319, 712321, 712331, 712339, 712357, 712409, 712417,

          Die ersten hunderttausend Primzahlen

712427, 712429, 712433, 712447, 712477, 712483, 712489, 712493,
712499, 712507, 712511, 712531, 712561, 712571, 712573, 712601,
712603, 712631, 712651, 712669, 712681, 712687, 712693, 712697,
712711, 712717, 712739, 712781, 712807, 712819, 712837, 712841,
712843, 712847, 712883, 712889, 712891, 712909, 712913, 712927,
712939, 712951, 712961, 712967, 712973, 712981, 713021, 713039,
713059, 713077, 713107, 713117, 713129, 713147, 713149, 713159,
713171, 713177, 713183, 713189, 713191, 713227, 713233, 713239,
713243, 713261, 713267, 713281, 713287, 713309, 713311, 713329,
713347, 713351, 713353, 713357, 713381, 713389, 713399, 713407,
713411, 713417, 713467, 713477, 713491, 713497, 713501, 713509,
713533, 713563, 713569, 713597, 713599, 713611, 713627, 713653,
713663, 713681, 713737, 713743, 713747, 713753, 713771, 713807,
713827, 713831, 713833, 713861, 713863, 713873, 713891, 713903,
713917, 713927, 713939, 713941, 713957, 713981, 713987, 714029,
714037, 714061, 714073, 714107, 714113, 714139, 714143, 714151,
714163, 714169, 714199, 714223, 714227, 714247, 714257, 714283,
714341, 714349, 714361, 714377, 714443, 714463, 714479, 714481,
714487, 714503, 714509, 714517, 714521, 714529, 714551, 714557,
714563, 714569, 714577, 714601, 714619, 714673, 714677, 714691,
714719, 714739, 714751, 714773, 714781, 714787, 714797, 714809,
714827, 714839, 714841, 714851, 714853, 714869, 714881, 714887,
714893, 714907, 714911, 714919, 714943, 714947, 714949, 714971,
714991, 715019, 715031, 715049, 715063, 715069, 715073, 715087,
715109, 715123, 715151, 715153, 715157, 715159, 715171, 715189,
715193, 715223, 715229, 715237, 715243, 715249, 715259, 715289,
715301, 715303, 715313, 715339, 715357, 715361, 715373, 715397,
715417, 715423, 715439, 715441, 715453, 715457, 715489, 715499,
715523, 715537, 715549, 715567, 715571, 715577, 715579, 715613,
715621, 715639, 715643, 715651, 715657, 715679, 715681, 715699,
715727, 715739, 715753, 715777, 715789, 715801, 715811, 715817,
715823, 715843, 715849, 715859, 715867, 715873, 715877, 715879,
715889, 715903, 715909, 715919, 715927, 715943, 715961, 715963,
715969, 715973, 715991, 715999, 716003, 716033, 716063, 716087,
716117, 716123, 716137, 716143, 716161, 716171, 716173, 716249,
716257, 716279, 716291, 716299, 716321, 716351, 716383, 716389,
716399, 716411, 716413, 716447, 716449, 716453, 716459, 716477,
716479, 716483, 716491, 716501, 716531, 716543, 716549, 716563,
716581, 716591, 716621, 716629, 716633, 716659, 716663, 716671,
716687, 716693, 716707, 716713, 716731, 716741, 716743, 716747,
716783, 716789, 716809, 716819, 716827, 716857, 716861, 716869,
716897, 716899, 716917, 716929, 716951, 716953, 716959, 716981,
716987, 717001, 717011, 717047, 717089, 717091, 717103, 717109,
717113, 717127, 717133, 717139, 717149, 717151, 717161, 717191,
717229, 717259, 717271, 717289, 717293, 717317, 717323, 717331,
717341, 717397, 717413, 717419, 717427, 717443, 717449, 717463,
717491, 717511, 717527, 717529, 717533, 717539, 717551, 717559,
717581, 717589, 717593, 717631, 717653, 717659, 717667, 717679,

717683, 717697, 717719, 717751, 717797, 717803, 717811, 717817,
717841, 717851, 717883, 717887, 717917, 717919, 717923, 717967,
717979, 717989, 718007, 718043, 718049, 718051, 718087, 718093,
718121, 718139, 718163, 718169, 718171, 718183, 718187, 718241,
718259, 718271, 718303, 718321, 718331, 718337, 718343, 718349,
718357, 718379, 718381, 718387, 718391, 718411, 718423, 718427,
718433, 718453, 718457, 718463, 718493, 718511, 718513, 718541,
718547, 718559, 718579, 718603, 718621, 718633, 718657, 718661,
718691, 718703, 718717, 718723, 718741, 718747, 718759, 718801,
718807, 718813, 718841, 718847, 718871, 718897, 718901, 718919,
718931, 718937, 718943, 718973, 718999, 719009, 719011, 719027,
719041, 719057, 719063, 719071, 719101, 719119, 719143, 719149,
719153, 719167, 719177, 719179, 719183, 719189, 719197, 719203,
719227, 719237, 719239, 719267, 719281, 719297, 719333, 719351,
719353, 719377, 719393, 719413, 719419, 719441, 719447, 719483,
719503, 719533, 719557, 719567, 719569, 719573, 719597, 719599,
719633, 719639, 719659, 719671, 719681, 719683, 719689, 719699,
719713, 719717, 719723, 719731, 719749, 719753, 719773, 719779,
719791, 719801, 719813, 719821, 719833, 719839, 719893, 719903,
719911, 719941, 719947, 719951, 719959, 719981, 719989, 720007,
720019, 720023, 720053, 720059, 720089, 720091, 720101, 720127,
720133, 720151, 720173, 720179, 720193, 720197, 720211, 720221,
720229, 720241, 720253, 720257, 720281, 720283, 720289, 720299,
720301, 720311, 720319, 720359, 720361, 720367, 720373, 720397,
720403, 720407, 720413, 720439, 720481, 720491, 720497, 720527,
720547, 720569, 720571, 720607, 720611, 720617, 720619, 720653,
720661, 720677, 720683, 720697, 720703, 720743, 720763, 720767,
720773, 720779, 720791, 720793, 720829, 720847, 720857, 720869,
720877, 720887, 720899, 720901, 720913, 720931, 720943, 720947,
720961, 720971, 720983, 720991, 720997, 721003, 721013, 721037,
721043, 721051, 721057, 721079, 721087, 721109, 721111, 721117,
721129, 721139, 721141, 721159, 721163, 721169, 721177, 721181,
721199, 721207, 721213, 721219, 721223, 721229, 721243, 721261,
721267, 721283, 721291, 721307, 721319, 721321, 721333, 721337,
721351, 721363, 721379, 721381, 721387, 721397, 721439, 721451,
721481, 721499, 721529, 721547, 721561, 721571, 721577, 721597,
721613, 721619, 721621, 721631, 721661, 721663, 721687, 721697,
721703, 721709, 721733, 721739, 721783, 721793, 721843, 721849,
721859, 721883, 721891, 721909, 721921, 721951, 721961, 721979,
721991, 721997, 722011, 722023, 722027, 722047, 722063, 722069,
722077, 722093, 722119, 722123, 722147, 722149, 722153, 722159,
722167, 722173, 722213, 722237, 722243, 722257, 722273, 722287,
722291, 722299, 722311, 722317, 722321, 722333, 722341, 722353,
722363, 722369, 722377, 722389, 722411, 722417, 722431, 722459,
722467, 722479, 722489, 722509, 722521, 722537, 722539, 722563,
722581, 722599, 722611, 722633, 722639, 722663, 722669, 722713,
722723, 722737, 722749, 722783, 722791, 722797, 722807, 722819,
722833, 722849, 722881, 722899, 722903, 722921, 722933, 722963,

     Die ersten hunderttausend Primzahlen

722971, 722977, 722983, 723029, 723031, 723043, 723049, 723053,
723067, 723071, 723089, 723101, 723103, 723109, 723113, 723119,
723127, 723133, 723157, 723161, 723167, 723169, 723181, 723193,
723209, 723221, 723227, 723257, 723259, 723263, 723269, 723271,
723287, 723293, 723319, 723337, 723353, 723361, 723379, 723391,
723407, 723409, 723413, 723421, 723439, 723451, 723467, 723473,
723479, 723491, 723493, 723529, 723551, 723553, 723559, 723563,
723587, 723589, 723601, 723607, 723617, 723623, 723661, 723721,
723727, 723739, 723761, 723791, 723797, 723799, 723803, 723823,
723829, 723839, 723851, 723857, 723859, 723893, 723901, 723907,
723913, 723917, 723923, 723949, 723959, 723967, 723973, 723977,
723997, 724001, 724007, 724021, 724079, 724093, 724099, 724111,
724117, 724121, 724123, 724153, 724187, 724211, 724219, 724259,
724267, 724277, 724291, 724303, 724309, 724313, 724331, 724393,
724403, 724433, 724441, 724447, 724453, 724459, 724469, 724481,
724487, 724499, 724513, 724517, 724519, 724531, 724547, 724553,
724567, 724573, 724583, 724597, 724601, 724609, 724621, 724627,
724631, 724639, 724643, 724651, 724721, 724723, 724729, 724733,
724747, 724751, 724769, 724777, 724781, 724783, 724807, 724813,
724837, 724847, 724853, 724879, 724901, 724903, 724939, 724949,
724961, 724967, 724991, 724993, 725009, 725041, 725057, 725071,
725077, 725099, 725111, 725113, 725119, 725147, 725149, 725159,
725161, 725189, 725201, 725209, 725273, 725293, 725303, 725317,
725321, 725323, 725327, 725341, 725357, 725359, 725371, 725381,
725393, 725399, 725423, 725437, 725447, 725449, 725479, 725507,
725519, 725531, 725537, 725579, 725587, 725597, 725603, 725639,
725653, 725663, 725671, 725687, 725723, 725731, 725737, 725749,
725789, 725801, 725807, 725827, 725861, 725863, 725867, 725891,
725897, 725909, 725929, 725939,
725953, 725981, 725983, 725993, 725999, 726007, 726013, 726023,
726043, 726071, 726091, 726097, 726101, 726107, 726109, 726137,
726139, 726149, 726157, 726163, 726169, 726181, 726191, 726221,
726287, 726289, 726301, 726307, 726331, 726337, 726367, 726371,
726377, 726379, 726391, 726413, 726419, 726431, 726457, 726463,
726469, 726487, 726497, 726521, 726527, 726533, 726559, 726589,
726599, 726601, 726611, 726619, 726623, 726629, 726641, 726647,
726659, 726679, 726689, 726697, 726701, 726707, 726751, 726779,
726787, 726797, 726809, 726811, 726839, 726841, 726853, 726893,
726899, 726911, 726917, 726923, 726941, 726953, 726983, 726989,
726991, 727003, 727009, 727019, 727021, 727049, 727061, 727063,
727079, 727121, 727123, 727157, 727159, 727169, 727183, 727189,
727201, 727211, 727241, 727247, 727249, 727261, 727267, 727271,
727273, 727289, 727297, 727313, 727327, 727343, 727351, 727369,
727399, 727409, 727427, 727451, 727459, 727471, 727483, 727487,
727499, 727501, 727541, 727561, 727577, 727589, 727613, 727621,
727633, 727667, 727673, 727691, 727703, 727711, 727717, 727729,
727733, 727747, 727759, 727763, 727777, 727781, 727799, 727807,
727817, 727823, 727843, 727847, 727877, 727879, 727891, 727933,

727939, 727949, 727981, 727997, 728003, 728017, 728027, 728047,
728069, 728087, 728113, 728129, 728131, 728173, 728191, 728207,
728209, 728261, 728267, 728269, 728281, 728293, 728303, 728317,
728333, 728369, 728381, 728383, 728417, 728423, 728437, 728471,
728477, 728489, 728521, 728527, 728537, 728551, 728557, 728561,
728573, 728579, 728627, 728639, 728647, 728659, 728681, 728687,
728699, 728701, 728713, 728723, 728729, 728731, 728743, 728747,
728771, 728809, 728813, 728831, 728837, 728839, 728843, 728851,
728867, 728869, 728873, 728881, 728891, 728899, 728911, 728921,
728927, 728929, 728941, 728947, 728953, 728969, 728971, 728993,
729019, 729023, 729037, 729041, 729059, 729073, 729139, 729143,
729173, 729187, 729191, 729199, 729203, 729217, 729257, 729269,
729271, 729293, 729301, 729329, 729331, 729359, 729367, 729371,
729373, 729389, 729403, 729413, 729451, 729457, 729473, 729493,
729497, 729503, 729511, 729527, 729551, 729557, 729559, 729569,
729571, 729577, 729587, 729601, 729607, 729613, 729637, 729643,
729649, 729661, 729671, 729679, 729689, 729713, 729719, 729737,
729749, 729761, 729779, 729787, 729791, 729821, 729851, 729871,
729877, 729907, 729913, 729919, 729931, 729941, 729943, 729947,
729977, 729979, 729991, 730003, 730021, 730033, 730049, 730069,
730091, 730111, 730139, 730157, 730187, 730199, 730217, 730237,
730253, 730277, 730283, 730297, 730321, 730339, 730363, 730397,
730399, 730421, 730447, 730451, 730459, 730469, 730487, 730537,
730553, 730559, 730567, 730571, 730573, 730589, 730591, 730603,
730619, 730633, 730637, 730663, 730669, 730679, 730727, 730747,
730753, 730757, 730777, 730781, 730783, 730789, 730799, 730811,
730819, 730823, 730837, 730843, 730853, 730867, 730879, 730889,
730901, 730909, 730913, 730943, 730969, 730973, 730993, 730999,
731033, 731041, 731047, 731053, 731057, 731113, 731117, 731141,
731173, 731183, 731189, 731191, 731201, 731209, 731219, 731233,
731243, 731249, 731251, 731257, 731261, 731267, 731287, 731299,
731327, 731333, 731359, 731363, 731369, 731389, 731413, 731447,
731483, 731501, 731503, 731509, 731531, 731539, 731567, 731587,
731593, 731597, 731603, 731611, 731623, 731639, 731651, 731681,
731683, 731711, 731713, 731719, 731729, 731737, 731741, 731761,
731767, 731779, 731803, 731807, 731821, 731827, 731831, 731839,
731851, 731869, 731881, 731893, 731909, 731911, 731921, 731923,
731933, 731957, 731981, 731999, 732023, 732029, 732041, 732073,
732077, 732079, 732097, 732101, 732133, 732157, 732169, 732181,
732187, 732191, 732197, 732209, 732211, 732217, 732229, 732233,
732239, 732257, 732271, 732283, 732287, 732293, 732299, 732311,
732323, 732331, 732373, 732439, 732449, 732461, 732467, 732491,
732493, 732497, 732509, 732521, 732533, 732541, 732601, 732617,
732631, 732653, 732673, 732689, 732703, 732709, 732713, 732731,
732749, 732761, 732769, 732799, 732817, 732827, 732829, 732833,
732841, 732863, 732877, 732889, 732911, 732923, 732943, 732959,
732967, 732971, 732997, 733003, 733009, 733067, 733097, 733099,
733111, 733123, 733127, 733133, 733141, 733147, 733157, 733169,

     Die ersten hunderttausend Primzahlen

733177, 733189, 733237, 733241, 733273, 733277, 733283, 733289,
733301, 733307, 733321, 733331, 733333, 733339, 733351, 733373,
733387, 733391, 733393, 733399, 733409, 733427, 733433, 733459,
733477, 733489, 733511, 733517, 733519, 733559, 733561, 733591,
733619, 733639, 733651, 733687, 733697, 733741, 733751, 733753,
733757, 733793, 733807, 733813, 733823, 733829, 733841, 733847,
733849, 733867, 733871, 733879, 733883, 733919, 733921, 733937,
733939, 733949, 733963, 733973, 733981, 733991, 734003, 734017,
734021, 734047, 734057, 734087, 734113, 734131, 734143, 734159,
734171, 734177, 734189, 734197, 734203, 734207, 734221, 734233,
734263, 734267, 734273, 734291, 734303, 734329, 734347, 734381,
734389, 734401, 734411, 734423, 734429, 734431, 734443, 734471,
734473, 734477, 734479, 734497, 734537, 734543, 734549, 734557,
734567, 734627, 734647, 734653, 734659, 734663, 734687, 734693,
734707, 734717, 734729, 734737, 734743, 734759, 734771, 734803,
734807, 734813, 734819, 734837, 734849, 734869, 734879, 734887,
734897, 734911, 734933, 734941, 734953, 734957, 734959, 734971,
735001, 735019, 735043, 735061, 735067, 735071, 735073, 735083,
735107, 735109, 735113, 735139, 735143, 735157, 735169, 735173,
735181, 735187, 735193, 735209, 735211, 735239, 735247, 735263,
735271, 735283, 735307, 735311, 735331, 735337, 735341, 735359,
735367, 735373, 735389, 735391, 735419, 735421, 735431, 735439,
735443, 735451, 735461, 735467, 735473, 735479, 735491, 735529,
735533, 735557, 735571, 735617, 735649, 735653, 735659, 735673,
735689, 735697, 735719, 735731, 735733, 735739, 735751, 735781,
735809, 735821, 735829, 735853, 735871, 735877, 735883, 735901,
735919, 735937, 735949, 735953, 735979, 735983, 735997, 736007,
736013, 736027, 736037, 736039, 736051, 736061, 736063, 736091,
736093, 736097, 736111, 736121, 736147, 736159, 736181, 736187,
736243, 736247, 736249, 736259, 736273, 736277, 736279, 736357,
736361, 736363, 736367, 736369, 736381, 736387, 736399, 736403,
736409, 736429, 736433, 736441, 736447, 736469, 736471, 736511,
736577, 736607, 736639, 736657, 736679, 736691, 736699, 736717,
736721, 736741, 736787, 736793, 736817, 736823, 736843, 736847,
736867, 736871, 736889, 736903, 736921, 736927, 736937, 736951,
736961, 736973, 736987, 736993, 737017, 737039, 737041, 737047,
737053, 737059, 737083, 737089, 737111, 737119, 737129, 737131,
737147, 737159, 737179, 737183, 737203, 737207, 737251, 737263,
737279, 737281, 737287, 737291, 737293, 737309, 737327, 737339,
737351, 737353, 737411, 737413, 737423, 737431, 737479, 737483,
737497, 737501, 737507, 737509, 737531, 737533, 737537, 737563,
737567, 737573, 737591, 737593, 737617, 737629, 737641, 737657,
737663, 737683, 737687, 737717, 737719, 737729, 737747, 737753,
737767, 737773, 737797, 737801, 737809, 737819, 737843, 737857,
737861, 737873, 737887, 737897, 737921, 737927, 737929, 737969,
737981, 737999, 738011, 738029, 738043, 738053, 738071, 738083,
738107, 738109, 738121, 738151, 738163, 738173, 738197, 738211,
738217, 738223, 738247, 738263, 738301, 738313, 738317, 738319,

738341, 738349, 738373, 738379, 738383, 738391, 738401, 738403,
738421, 738443, 738457, 738469, 738487, 738499, 738509, 738523,
738539, 738547, 738581, 738583, 738589, 738623, 738643, 738677,
738707, 738713, 738721, 738743, 738757, 738781, 738791, 738797,
738811, 738827, 738839, 738847, 738851, 738863, 738877, 738889,
738917, 738919, 738923, 738937, 738953, 738961, 738977, 738989,
739003, 739021, 739027, 739031, 739051, 739061, 739069, 739087,
739099, 739103, 739111, 739117, 739121, 739153, 739163, 739171,
739183, 739187, 739199, 739201, 739217, 739241, 739253, 739273,
739283, 739301, 739303, 739307, 739327, 739331, 739337, 739351,
739363, 739369, 739373, 739379, 739391, 739393, 739397, 739399,
739433, 739439, 739463, 739469, 739493, 739507, 739511, 739513,
739523, 739549, 739553, 739579, 739601, 739603, 739621, 739631,
739633, 739637, 739649, 739693, 739699, 739723, 739751, 739759,
739771, 739777, 739787, 739799, 739813, 739829, 739847, 739853,
739859, 739861, 739909, 739931, 739943, 739951, 739957, 739967,
739969, 740011, 740021, 740023, 740041, 740053, 740059, 740087,
740099, 740123, 740141, 740143, 740153, 740161, 740171, 740189,
740191, 740227, 740237, 740279, 740287, 740303, 740321, 740323,
740329, 740351, 740359, 740371, 740387, 740423, 740429, 740461,
740473, 740477, 740483, 740513, 740521, 740527, 740533, 740549,
740561, 740581, 740591, 740599, 740603, 740651, 740653, 740659,
740671, 740681, 740687, 740693, 740711, 740713, 740717, 740737,
740749, 740801, 740849, 740891, 740893, 740897, 740903, 740923,
740939, 740951, 740969, 740989, 741001, 741007, 741011, 741031,
741043, 741053, 741061, 741071, 741077, 741079, 741101, 741119,
741121, 741127, 741131, 741137, 741163, 741187, 741193, 741227,
741229, 741233, 741253, 741283, 741337, 741341, 741343, 741347,
741373, 741401, 741409, 741413, 741431, 741457, 741467, 741469,
741473, 741479, 741491, 741493, 741509, 741541, 741547, 741563,
741569, 741593, 741599, 741641, 741661, 741667, 741677, 741679,
741683, 741691, 741709, 741721, 741781, 741787, 741803, 741809,
741827, 741833, 741847, 741857, 741859, 741869, 741877, 741883,
741913, 741929, 741941, 741967, 741973, 741991, 742009, 742031,
742037, 742057, 742069, 742073, 742111, 742117, 742127, 742151,
742153, 742193, 742199, 742201,
742211, 742213, 742219, 742229, 742241, 742243, 742253, 742277,
742283, 742289, 742307, 742327, 742333, 742351, 742369, 742381,
742393, 742409, 742439, 742457, 742499, 742507, 742513, 742519,
742531, 742537, 742541, 742549, 742559, 742579, 742591, 742607,
742619, 742657, 742663, 742673, 742681, 742697, 742699, 742711,
742717, 742723, 742757, 742759, 742783, 742789, 742801, 742817,
742891, 742897, 742909, 742913, 742943, 742949, 742967, 742981,
742991, 742993, 742999, 743027, 743047, 743059, 743069, 743089,
743111, 743123, 743129, 743131, 743137, 743143, 743159, 743161,
743167, 743173, 743177, 743179, 743203, 743209, 743221, 743251,
743263, 743269, 743273, 743279, 743297, 743321, 743333, 743339,
743363, 743377, 743401, 743423, 743447, 743507, 743549, 743551,

     Die ersten hunderttausend Primzahlen

743573, 743579, 743591, 743609, 743657, 743669, 743671, 743689,
743693, 743711, 743731, 743747, 743777, 743779, 743791, 743803,
743819, 743833, 743837, 743849, 743851, 743881, 743891, 743917,
743921, 743923, 743933, 743947, 743987, 743989, 744019, 744043,
744071, 744077, 744083, 744113, 744127, 744137, 744179, 744187,
744199, 744203, 744221, 744239, 744251, 744253, 744283, 744301,
744313, 744353, 744371, 744377, 744389, 744391, 744397, 744407,
744409, 744431, 744451, 744493, 744503, 744511, 744539, 744547,
744559, 744599, 744607, 744637, 744641, 744649, 744659, 744661,
744677, 744701, 744707, 744721, 744727, 744739, 744761, 744767,
744791, 744811, 744817, 744823, 744829, 744833, 744859, 744893,
744911, 744917, 744941, 744949, 744959, 744977, 745001, 745013,
745027, 745033, 745037, 745051, 745067, 745103, 745117, 745133,
745141, 745181, 745187, 745189, 745201, 745231, 745243, 745247,
745249, 745273, 745301, 745307, 745337, 745343, 745357, 745369,
745379, 745391, 745397, 745471, 745477, 745517, 745529, 745531,
745543, 745567, 745573, 745601, 745609, 745621, 745631, 745649,
745673, 745697, 745699, 745709, 745711, 745727, 745733, 745741,
745747, 745751, 745753, 745757, 745817, 745837, 745859, 745873,
745903, 745931, 745933, 745939, 745951, 745973, 745981, 745993,
745999, 746017, 746023, 746033, 746041, 746047, 746069, 746099,
746101, 746107, 746117, 746129, 746153, 746167, 746171, 746177,
746183, 746191, 746197, 746203, 746209, 746227, 746231, 746233,
746243, 746267, 746287, 746303, 746309, 746329, 746353, 746363,
746371, 746411, 746413, 746429, 746477, 746479, 746483, 746497,
746503, 746507, 746509, 746531, 746533, 746561, 746563, 746597,
746653, 746659, 746671, 746677, 746723, 746737, 746743, 746747,
746749, 746773, 746777, 746791, 746797, 746807, 746813, 746839,
746843, 746869, 746873, 746891, 746899, 746903, 746939, 746951,
746957, 746959, 746969, 746981, 746989, 747037, 747049, 747053,
747073, 747107, 747113, 747139, 747157, 747161, 747199, 747203,
747223, 747239, 747259, 747277, 747283, 747287, 747319, 747323,
747343, 747361, 747377, 747391, 747401, 747407, 747421, 747427,
747449, 747451, 747457, 747463, 747493, 747497, 747499, 747521,
747529, 747547, 747557, 747563, 747583, 747587, 747599, 747611,
747619, 747647, 747673, 747679, 747713, 747731, 747737, 747743,
747763, 747781, 747811, 747827, 747829, 747833, 747839, 747841,
747853, 747863, 747869, 747871, 747889, 747917, 747919, 747941,
747953, 747977, 747979, 747991, 748003, 748019, 748021, 748039,
748057, 748091, 748093, 748133, 748169, 748183, 748199, 748207,
748211, 748217, 748219, 748249, 748271, 748273, 748283, 748301,
748331, 748337, 748339, 748343, 748361, 748379, 748387, 748441,
748453, 748463, 748471, 748481, 748487, 748499, 748513, 748523,
748541, 748567, 748589, 748597, 748603, 748609, 748613, 748633,
748637, 748639, 748669, 748687, 748691, 748703, 748711, 748717,
748723, 748729, 748763, 748777, 748789, 748801, 748807, 748817,
748819, 748823, 748829, 748831, 748849, 748861, 748871, 748877,
748883, 748889, 748921, 748933, 748963, 748973, 748981, 748987,

749011, 749027, 749051, 749069, 749081, 749083, 749093, 749129,
749137, 749143, 749149, 749153, 749167, 749171, 749183, 749197,
749209, 749219, 749237, 749249, 749257, 749267, 749279, 749297,
749299, 749323, 749339, 749347, 749351, 749383, 749393, 749401,
749423, 749429, 749431, 749443, 749449, 749453, 749461, 749467,
749471, 749543, 749557, 749587, 749641, 749653, 749659, 749677,
749701, 749711, 749729, 749741, 749747, 749761, 749773, 749779,
749803, 749807, 749809, 749843, 749851, 749863, 749891, 749893,
749899, 749909, 749923, 749927, 749939, 749941, 749971, 749993,
750019, 750037, 750059, 750077, 750083, 750097, 750119, 750121,
750131, 750133, 750137, 750151, 750157, 750161, 750163, 750173,
750179, 750203, 750209, 750223, 750229, 750287, 750311, 750313,
750353, 750383, 750401, 750413, 750419, 750437, 750457, 750473,
750487, 750509, 750517, 750521, 750553, 750571, 750599, 750613,
750641, 750653, 750661, 750667, 750679, 750691, 750707, 750713,
750719, 750721, 750749, 750769, 750787, 750791, 750797, 750803,
750809, 750817, 750829, 750853, 750857, 750863, 750917, 750929,
750943, 750961, 750977, 750983, 751001, 751007, 751021, 751027,
751057, 751061, 751087, 751103, 751123, 751133, 751139, 751141,
751147, 751151, 751181, 751183, 751189, 751193, 751199, 751207,
751217, 751237, 751259, 751273, 751277, 751291, 751297, 751301,
751307, 751319, 751321, 751327, 751343, 751351, 751357, 751363,
751367, 751379, 751411, 751423, 751447, 751453, 751463, 751481,
751523, 751529, 751549, 751567, 751579, 751609, 751613, 751627,
751631, 751633, 751637, 751643, 751661, 751669, 751691, 751711,
751717, 751727, 751739, 751747, 751753, 751759, 751763, 751787,
751799, 751813, 751823, 751841, 751853, 751867, 751871, 751879,
751901, 751909, 751913, 751921, 751943, 751957, 751969, 751987,
751997, 752009, 752023, 752033, 752053, 752083, 752093, 752107,
752111, 752117, 752137, 752149, 752177, 752183, 752189, 752197,
752201, 752203, 752207, 752251, 752263, 752273, 752281, 752287,
752291, 752293, 752299, 752303, 752351, 752359, 752383, 752413,
752431, 752447, 752449, 752459, 752483, 752489, 752503, 752513,
752519, 752527, 752569, 752581, 752593, 752603, 752627, 752639,
752651, 752681, 752683, 752699, 752701, 752707, 752747, 752771,
752789, 752797, 752803, 752809, 752819, 752821, 752831, 752833,
752861, 752867, 752881, 752891, 752903, 752911, 752929, 752933,
752977, 752993, 753001, 753007, 753019, 753023, 753031, 753079,
753091, 753127, 753133, 753139, 753143, 753161, 753187, 753191,
753197, 753229, 753257, 753307, 753329, 753341, 753353, 753367,
753373, 753383, 753409, 753421, 753427, 753437, 753439, 753461,
753463, 753497, 753499, 753527, 753547, 753569, 753583, 753587,
753589, 753611, 753617, 753619, 753631, 753647, 753659, 753677,
753679, 753689, 753691, 753707, 753719, 753721, 753737, 753743,
753751, 753773, 753793, 753799, 753803, 753811, 753821, 753839,
753847, 753859, 753931, 753937, 753941, 753947, 753959, 753979,
753983, 754003, 754027, 754037, 754043, 754057, 754067, 754073,
754081, 754093, 754099, 754109, 754111, 754121, 754123, 754133,

     Die ersten hunderttausend Primzahlen

754153, 754157, 754181, 754183, 754207, 754211, 754217, 754223,
754241, 754249, 754267, 754279, 754283, 754289, 754297, 754301,
754333, 754337, 754343, 754367, 754373, 754379, 754381, 754399,
754417, 754421, 754427, 754451, 754463, 754483, 754489, 754513,
754531, 754549, 754573, 754577, 754583, 754597, 754627, 754639,
754651, 754703, 754709, 754711, 754717, 754723, 754739, 754751,
754771, 754781, 754811, 754829, 754861, 754877, 754891, 754903,
754907, 754921, 754931, 754937, 754939, 754967, 754969, 754973,
754979, 754981, 754991, 754993, 755009, 755033, 755057, 755071,
755077, 755081, 755087, 755107, 755137, 755143, 755147, 755171,
755173, 755203, 755213, 755233, 755239, 755257, 755267, 755273,
755309, 755311, 755317, 755329, 755333, 755351, 755357, 755371,
755387, 755393, 755399, 755401, 755413, 755437, 755441, 755449,
755473, 755483, 755509, 755539, 755551, 755561, 755567, 755569,
755593, 755597, 755617, 755627, 755663, 755681, 755707, 755717,
755719, 755737, 755759, 755767, 755771, 755789, 755791, 755809,
755813, 755861, 755863, 755869, 755879, 755899, 755903, 755959,
755969, 755977, 756011, 756023, 756043, 756053, 756097, 756101,
756127, 756131, 756139, 756149, 756167, 756179, 756191, 756199,
756227, 756247, 756251, 756253, 756271, 756281, 756289, 756293,
756319, 756323, 756331, 756373, 756403, 756419, 756421, 756433,
756443, 756463, 756467, 756527, 756533, 756541, 756563, 756571,
756593, 756601, 756607, 756629, 756641, 756649, 756667, 756673,
756683, 756689, 756703, 756709, 756719, 756727, 756739, 756773,
756799, 756829, 756839, 756853, 756869, 756881, 756887, 756919,
756923, 756961, 756967, 756971, 757019, 757039, 757063, 757067,
757109, 757111, 757151, 757157, 757171, 757181, 757201, 757241,
757243, 757247, 757259, 757271, 757291, 757297, 757307, 757319,
757327, 757331, 757343, 757363, 757381, 757387, 757403, 757409,
757417, 757429, 757433, 757457, 757481, 757487, 757507, 757513,
757517, 757543, 757553, 757577, 757579, 757583, 757607, 757633,
757651, 757661, 757693, 757699, 757709, 757711, 757727, 757751,
757753, 757763, 757793, 757807, 757811, 757819, 757829, 757879,
757903, 757909, 757927, 757937, 757943, 757951, 757993, 757997,
758003, 758029, 758041, 758053, 758071, 758083, 758099, 758101,
758111, 758137, 758141, 758159, 758179, 758189, 758201, 758203,
758227, 758231, 758237, 758243, 758267, 758269, 758273, 758279,
758299, 758323, 758339, 758341, 758357, 758363, 758383, 758393,
758411, 758431, 758441, 758449, 758453, 758491, 758501, 758503,
758519, 758521, 758551, 758561, 758573, 758579, 758599, 758617,
758629, 758633, 758671, 758687, 758699, 758707, 758711, 758713,
758729, 758731, 758741, 758743, 758753, 758767, 758783, 758789,
758819, 758827, 758837, 758851, 758867, 758887, 758893, 758899,
758929, 758941, 758957, 758963, 758969, 758971, 758987, 759001,
759019, 759029, 759037, 759047, 759053, 759089, 759103, 759113,
759131, 759149, 759167, 759173, 759179, 759181, 759193, 759223,
759229, 759263, 759287, 759293, 759301, 759313, 759329, 759359,
759371, 759377, 759397, 759401, 759431, 759433, 759457, 759463,

759467, 759491, 759503, 759523, 759547, 759553, 759557, 759559,
759569, 759571, 759581, 759589, 759599, 759617, 759623, 759631,
759637, 759641, 759653, 759659, 759673, 759691, 759697, 759701,
759709, 759719, 759727, 759739, 759757, 759763, 759797, 759799,
759821, 759833, 759881, 759893, 759911, 759923, 759929, 759947,
759953, 759959, 759961, 759973, 760007, 760043, 760063, 760079,
760093, 760103, 760117, 760129, 760141, 760147, 760153, 760163,
760169, 760183, 760187, 760211, 760229, 760231, 760237, 760241,
760261, 760267, 760273, 760289, 760297, 760301, 760321, 760343,
760367, 760373, 760411, 760423, 760433, 760447, 760453, 760457,
760477, 760489, 760499, 760511, 760519, 760531, 760537, 760549,
760553, 760561, 760567, 760579, 760607, 760619, 760621, 760637,
760649, 760657, 760693, 760723, 760729, 760759, 760769, 760783,
760807, 760813, 760841, 760843, 760847, 760871, 760891, 760897,
760901, 760913, 760927, 760933, 760939, 760951, 760961, 760993,
760997, 761003, 761009, 761023, 761051, 761069, 761087, 761113,
761119, 761129, 761153, 761161, 761177, 761179, 761183, 761203,
761207, 761213, 761227, 761249, 761251, 761261, 761263, 761291,
761297, 761347, 761351, 761357, 761363, 761377, 761381, 761389,
761393, 761399, 761407, 761417, 761429, 761437, 761441, 761443,
761459, 761471, 761477, 761483, 761489, 761521, 761531, 761533,
761543, 761561, 761567, 761591, 761597, 761603, 761611, 761623,
761633, 761669, 761671, 761681, 761689, 761711, 761713, 761731,
761773, 761777, 761779, 761807, 761809, 761833, 761861, 761863,
761869, 761879, 761897, 761927, 761939, 761963, 761977, 761983,
761993, 762001, 762007, 762017, 762031, 762037, 762049, 762053,
762061, 762101, 762121, 762187, 762211, 762227, 762233, 762239,
762241, 762253, 762257, 762277, 762319, 762329, 762367, 762371,
762373, 762379, 762389, 762397, 762401, 762407, 762409, 762479,
762491, 762499, 762529, 762539, 762547, 762557, 762563, 762571,
762577, 762583, 762599, 762647, 762653, 762659, 762667, 762721,
762737, 762743, 762761, 762779, 762791, 762809, 762821, 762823,
762847, 762871, 762877, 762893, 762899, 762901, 762913, 762917,
762919, 762959, 762967, 762973, 762989, 763001, 763013, 763027,
763031, 763039, 763043, 763067, 763073, 763093, 763111, 763123,
763141, 763157, 763159, 763183, 763201, 763223, 763237, 763261,
763267, 763271, 763303, 763307, 763339, 763349, 763369, 763381,
763391, 763403, 763409, 763417, 763423, 763429, 763447, 763457,
763471, 763481, 763493, 763513, 763523, 763549, 763559, 763573,
763579, 763583, 763597, 763601, 763613, 763619, 763621, 763627,
763649, 763663, 763673, 763699, 763739, 763751, 763753, 763757,
763771, 763787, 763801, 763811, 763823, 763843, 763859, 763879,
763883, 763897, 763901, 763907, 763913, 763921, 763927, 763937,
763943, 763957, 763967, 763999, 764003, 764011, 764017, 764021,
764041, 764051, 764053, 764059, 764081, 764089, 764111, 764131,
764143, 764149, 764171, 764189, 764209, 764233, 764249, 764251,
764261, 764273, 764293, 764317, 764321, 764327, 764339, 764341,
764369, 764381, 764399, 764431, 764447, 764459, 764471, 764501,

     Die ersten hunderttausend Primzahlen

764521, 764539, 764551, 764563, 764587, 764591, 764593, 764611,
764623, 764627, 764629, 764657, 764683, 764689, 764717, 764719,
764723, 764783, 764789, 764809, 764837, 764839, 764849, 764857,
764887, 764891, 764893, 764899, 764903, 764947, 764969, 764971,
764977, 764989, 764993, 764999, 765007, 765031, 765041, 765043,
765047, 765059, 765091, 765097, 765103, 765109, 765131, 765137,
765139, 765143, 765151, 765169, 765181, 765199, 765203, 765209,
765211, 765227, 765229, 765241, 765251, 765257, 765283, 765287,
765293, 765307, 765313, 765319, 765329, 765353, 765379, 765383,
765389, 765409, 765437, 765439, 765461, 765467, 765487, 765497,
765503, 765521, 765533, 765539, 765577, 765581, 765587, 765613,
765619, 765623, 765649, 765659, 765673, 765707, 765727, 765749,
765763, 765767, 765773, 765781, 765823, 765827, 765847, 765851,
765857, 765859, 765881, 765889, 765893, 765899, 765907, 765913,
765931, 765949, 765953, 765971, 765983, 765991, 766021, 766039,
766049, 766067, 766079, 766091, 766097, 766109, 766111, 766127,
766163, 766169, 766177, 766187, 766211, 766223, 766229, 766231,
766237, 766247, 766261, 766273, 766277, 766301, 766313, 766321,
766333, 766357, 766361, 766369, 766373, 766387, 766393, 766399,
766421, 766439, 766453, 766457, 766471, 766477, 766487, 766501,
766511, 766531, 766541, 766543, 766553, 766559, 766583, 766609,
766637, 766639, 766651, 766679, 766687, 766721, 766739, 766757,
766763, 766769, 766793, 766807, 766811, 766813, 766817, 766861,
766867, 766873, 766877, 766891, 766901, 766907, 766937, 766939,
766943, 766957, 766967, 766999, 767017, 767029, 767051, 767071,
767089, 767093, 767101, 767111, 767131, 767147, 767153, 767161,
767167, 767203, 767243, 767279, 767287, 767293, 767309, 767317,
767321, 767323, 767339, 767357, 767359, 767381, 767399, 767423,
767443, 767471, 767489, 767509, 767513, 767521, 767527, 767537,
767539, 767549, 767551, 767587, 767597, 767603, 767617, 767623,
767633, 767647, 767677, 767681, 767707, 767729, 767747, 767749,
767759, 767761, 767773, 767783, 767813, 767827, 767831, 767843,
767857, 767863, 767867, 767869, 767881, 767909, 767951, 767957,
768013, 768029, 768041, 768049, 768059, 768073, 768101, 768107,
768127, 768133, 768139, 768161, 768167, 768169, 768191, 768193,
768197, 768199, 768203, 768221, 768241, 768259, 768263, 768301,
768319, 768323, 768329, 768343, 768347, 768353, 768359, 768371,
768373, 768377, 768389, 768401, 768409, 768419, 768431, 768437,
768457, 768461, 768479, 768491, 768503, 768541, 768563, 768571,
768589, 768613, 768623, 768629, 768631, 768641, 768643, 768653,
768671, 768727, 768751, 768767, 768773, 768787, 768793, 768799,
768811, 768841, 768851, 768853, 768857, 768869, 768881, 768923,
768931, 768941, 768953, 768979, 768983, 769003, 769007, 769019,
769033, 769039, 769057, 769073, 769081, 769091, 769117, 769123,
769147, 769151, 769159, 769169, 769207, 769231, 769243, 769247,
769259, 769261, 769273, 769289, 769297, 769309, 769319, 769339,
769357, 769387, 769411, 769421, 769423, 769429, 769453, 769459,
769463, 769469, 769487, 769541, 769543, 769547, 769553, 769577,

769579, 769589, 769591, 769597, 769619, 769627, 769661, 769663,
769673, 769687, 769723, 769729, 769733, 769739, 769751, 769781,
769789, 769799, 769807, 769837, 769871, 769903, 769919, 769927,
769943, 769961, 769963, 769973, 769987, 769997, 769999, 770027,
770039, 770041, 770047, 770053, 770057, 770059, 770069, 770101,
770111, 770113, 770123, 770129, 770167, 770177, 770179, 770183,
770191, 770207, 770227, 770233, 770239, 770261, 770281, 770291,
770309, 770311, 770353, 770359, 770387, 770401, 770417, 770437,
770447, 770449, 770459, 770503, 770519, 770527, 770533, 770537,
770551, 770557, 770573, 770579, 770587, 770591, 770597, 770611,
770639, 770641, 770647, 770657, 770663, 770669, 770741, 770761,
770767, 770771, 770789, 770801, 770813, 770837, 770839, 770843,
770863, 770867, 770873, 770881, 770897, 770909, 770927, 770929,
770951, 770971, 770981, 770993, 771011, 771013, 771019, 771031,
771037, 771047, 771049, 771073, 771079, 771091, 771109, 771143,
771163, 771179, 771181, 771209, 771217, 771227, 771233, 771269,
771283, 771289, 771293, 771299, 771301, 771349, 771359, 771389,
771401, 771403, 771427, 771431, 771437, 771439, 771461, 771473,
771481, 771499, 771503, 771509, 771517, 771527, 771553, 771569,
771583, 771587, 771607, 771619, 771623, 771629, 771637, 771643,
771653, 771679, 771691, 771697, 771703, 771739, 771763, 771769,
771781, 771809, 771853, 771863, 771877, 771887, 771889, 771899,
771917, 771937, 771941, 771961, 771971, 771973, 771997, 772001,
772003, 772019, 772061, 772073, 772081, 772091, 772097, 772127,
772139, 772147, 772159, 772169, 772181, 772207, 772229, 772231,
772273, 772279, 772297, 772313, 772333, 772339, 772349, 772367,
772379, 772381, 772391, 772393, 772403, 772439, 772441, 772451,
772459, 772477, 772493, 772517, 772537, 772567, 772571, 772573,
772591, 772619, 772631, 772649, 772657, 772661, 772663, 772669,
772691, 772697, 772703, 772721, 772757, 772771, 772789, 772843,
772847, 772853, 772859, 772867, 772903, 772907, 772909, 772913,
772921, 772949, 772963, 772987, 772991, 773021, 773023, 773027,
773029, 773039, 773057, 773063, 773081, 773083, 773093, 773117,
773147, 773153, 773159, 773207, 773209, 773231, 773239, 773249,
773251, 773273, 773287, 773299, 773317, 773341, 773363, 773371,
773387, 773393, 773407, 773417, 773447, 773453, 773473, 773491,
773497, 773501, 773533, 773537, 773561, 773567, 773569, 773579,
773599, 773603, 773609, 773611, 773657, 773659, 773681, 773683,
773693, 773713, 773719, 773723, 773767, 773777, 773779, 773803,
773821, 773831, 773837, 773849, 773863, 773867, 773869, 773879,
773897, 773909, 773933, 773939, 773951, 773953, 773987, 773989,
773999, 774001, 774017, 774023, 774047, 774071, 774073, 774083,
774107, 774119, 774127, 774131, 774133, 774143, 774149, 774161,
774173, 774181, 774199, 774217, 774223, 774229, 774233, 774239,
774283, 774289, 774313, 774317, 774337, 774343, 774377, 774427,
774439, 774463, 774467, 774491, 774511, 774523, 774541, 774551,
774577, 774583, 774589, 774593, 774601, 774629, 774643, 774661,
774667, 774671, 774679, 774691, 774703, 774733, 774757, 774773,

774779, 774791, 774797, 774799, 774803, 774811, 774821, 774833,
774853, 774857, 774863, 774901, 774919, 774929, 774931, 774959,
774997, 775007, 775037, 775043, 775057, 775063, 775079, 775087,
775091, 775097, 775121, 775147, 775153, 775157, 775163, 775189,
775193, 775237, 775241, 775259, 775267, 775273, 775309, 775343,
775349, 775361, 775363, 775367, 775393, 775417, 775441, 775451,
775477, 775507, 775513, 775517, 775531, 775553, 775573, 775601,
775603, 775613, 775627, 775633, 775639, 775661, 775669, 775681,
775711, 775729, 775739, 775741, 775757, 775777, 775787, 775807,
775811, 775823, 775861, 775871, 775889, 775919, 775933, 775937,
775939, 775949, 775963, 775987, 776003, 776029, 776047, 776057,
776059, 776077, 776099, 776117, 776119, 776137, 776143, 776159,
776173, 776177, 776179, 776183, 776201, 776219, 776221, 776233,
776249, 776257, 776267, 776287, 776317, 776327, 776357, 776389,
776401, 776429, 776449, 776453, 776467, 776471, 776483, 776497,
776507, 776513, 776521, 776551, 776557, 776561, 776563, 776569,
776599, 776627, 776651, 776683, 776693, 776719, 776729, 776749,
776753, 776759, 776801, 776813, 776819, 776837, 776851, 776861,
776869, 776879, 776887, 776899, 776921, 776947, 776969, 776977,
776983, 776987, 777001, 777011, 777013, 777031, 777041, 777071,
777097, 777103, 777109, 777137, 777143, 777151, 777167, 777169,
777173, 777181, 777187, 777191, 777199, 777209, 777221, 777241,
777247, 777251, 777269, 777277, 777313, 777317, 777349, 777353,
777373, 777383, 777389, 777391, 777419, 777421, 777431, 777433,
777437, 777451, 777463, 777473, 777479, 777541, 777551, 777571,
777583, 777589, 777617, 777619, 777641, 777643, 777661, 777671,
777677, 777683, 777731, 777737, 777743, 777761, 777769, 777781,
777787, 777817, 777839, 777857, 777859, 777863, 777871, 777877,
777901, 777911, 777919, 777977, 777979, 777989, 778013, 778027,
778049, 778051, 778061, 778079, 778081, 778091, 778097, 778109,
778111, 778121, 778123, 778153, 778163, 778187, 778201, 778213,
778223, 778237, 778241, 778247, 778301, 778307, 778313, 778319,
778333, 778357, 778361, 778363, 778391, 778397, 778403, 778409,
778417, 778439, 778469, 778507, 778511, 778513, 778523, 778529,
778537, 778541, 778553, 778559, 778567, 778579, 778597, 778633,
778643, 778663, 778667, 778681, 778693, 778697, 778699, 778709,
778717, 778727, 778733, 778759, 778763, 778769, 778777, 778793,
778819, 778831, 778847, 778871, 778873, 778879, 778903, 778907,
778913, 778927, 778933, 778951, 778963, 778979, 778993, 779003,
779011, 779021, 779039, 779063, 779069, 779081, 779101, 779111,
779131, 779137, 779159, 779173, 779189, 779221, 779231, 779239,
779249, 779267, 779327, 779329, 779341, 779347, 779351, 779353,
779357, 779377, 779413, 779477, 779489, 779507, 779521, 779531,
779543, 779561, 779563, 779573, 779579, 779591, 779593, 779599,
779609, 779617, 779621, 779657, 779659, 779663, 779693, 779699,
779707, 779731, 779747, 779749, 779761, 779767, 779771, 779791,
779797, 779827, 779837, 779869, 779873, 779879, 779887, 779899,
779927, 779939, 779971, 779981, 779983, 779993, 780029, 780037,

780041, 780047, 780049, 780061, 780119, 780127, 780163, 780173,
780179, 780191, 780193, 780211, 780223, 780233, 780253, 780257,
780287, 780323, 780343, 780347, 780371, 780379, 780383, 780389,
780397, 780401, 780421, 780433, 780457, 780469, 780499, 780523,
780553, 780583, 780587, 780601, 780613, 780631, 780649, 780667,
780671, 780679, 780683, 780697, 780707, 780719, 780721, 780733,
780799, 780803, 780809, 780817, 780823, 780833, 780841, 780851,
780853, 780869, 780877, 780887, 780889, 780917, 780931, 780953,
780961, 780971, 780973, 780991, 781003, 781007, 781021, 781043,
781051, 781063, 781069, 781087, 781111, 781117, 781127, 781129,
781139, 781163, 781171, 781199, 781211, 781217, 781229, 781243,
781247, 781271, 781283, 781301, 781307, 781309, 781321, 781327,
781351, 781357, 781367, 781369, 781387, 781397, 781399, 781409,
781423, 781427, 781433, 781453, 781481, 781483, 781493, 781511,
781513, 781519, 781523, 781531, 781559, 781567, 781589, 781601,
781607, 781619, 781631, 781633, 781661, 781673, 781681, 781721,
781733, 781741, 781771, 781799, 781801, 781817, 781819, 781853,
781861, 781867, 781883, 781889, 781897, 781919, 781951, 781961,
781967, 781969, 781973, 781987, 781997, 781999, 782003, 782009,
782011, 782053, 782057, 782071, 782083, 782087, 782107, 782113,
782123, 782129, 782137, 782141, 782147, 782149, 782183, 782189,
782191, 782209, 782219, 782231, 782251, 782263, 782267, 782297,
782311, 782329, 782339, 782371, 782381, 782387, 782389, 782393,
782429, 782443, 782461, 782473, 782489, 782497, 782501, 782519,
782539, 782581, 782611, 782641, 782659, 782669, 782671, 782687,
782689, 782707, 782711, 782723, 782777, 782783, 782791, 782839,
782849, 782861, 782891, 782911, 782921, 782941, 782963, 782981,
782983, 782993, 783007, 783011, 783019, 783023, 783043, 783077,
783089, 783119, 783121, 783131, 783137, 783143, 783149, 783151,
783191, 783193, 783197, 783227, 783247, 783257, 783259, 783269,
783283, 783317, 783323, 783329, 783337, 783359, 783361, 783373,
783379, 783407, 783413, 783421, 783473, 783487, 783527, 783529,
783533, 783553, 783557, 783569, 783571, 783599, 783613, 783619,
783641, 783647, 783661, 783677, 783689, 783691, 783701, 783703,
783707, 783719, 783721, 783733, 783737, 783743, 783749, 783763,
783767, 783779, 783781, 783787, 783791, 783793, 783799, 783803,
783829, 783869, 783877, 783931, 783953, 784009, 784039, 784061,
784081, 784087, 784097, 784103, 784109, 784117, 784129, 784153,
784171, 784181, 784183, 784211, 784213, 784219, 784229, 784243,
784249, 784283, 784307, 784309, 784313, 784321, 784327, 784349,
784351, 784367, 784373, 784379, 784387, 784409, 784411, 784423,
784447, 784451, 784457, 784463, 784471, 784481, 784489, 784501,
784513, 784541, 784543, 784547, 784561, 784573, 784577, 784583,
784603, 784627, 784649, 784661, 784687, 784697, 784717, 784723,
784727, 784753, 784789, 784799, 784831, 784837, 784841, 784859,
784867, 784897, 784913, 784919, 784939, 784957, 784961, 784981,
785003, 785017, 785033, 785053, 785093, 785101, 785107, 785119,
785123, 785129, 785143, 785153, 785159, 785167, 785203, 785207,

          Die ersten hunderttausend Primzahlen

785219, 785221, 785227, 785249, 785269, 785287, 785293, 785299,
785303, 785311, 785321, 785329, 785333, 785341, 785347, 785353,
785357, 785363, 785377, 785413, 785423, 785431, 785459, 785461,
785483, 785501, 785503, 785527, 785537, 785549, 785569, 785573,
785579, 785591, 785597, 785623, 785627, 785641, 785651, 785671,
785693, 785717, 785731, 785737, 785753, 785773, 785777, 785779,
785801, 785803, 785809, 785839, 785857, 785861, 785879, 785903,
785921, 785923, 785947, 785951, 785963, 786001, 786013, 786017,
786031, 786047, 786053, 786059, 786061, 786077, 786109, 786127,
786151, 786167, 786173, 786179, 786197, 786211, 786223, 786241,
786251, 786271, 786307, 786311, 786319, 786329, 786337, 786349,
786371, 786407, 786419, 786431, 786433, 786449, 786469, 786491,
786547, 786551, 786553, 786587, 786589, 786613, 786629, 786659,
786661, 786673, 786691, 786697, 786701, 786703, 786707, 786719,
786739, 786763, 786803, 786823, 786829, 786833, 786859, 786881,
786887, 786889, 786901, 786931, 786937, 786941, 786949, 786959,
786971, 786979, 786983, 787021, 787043, 787051, 787057, 787067,
787069, 787079, 787091, 787099, 787123, 787139, 787153, 787181,
787187, 787207, 787217, 787243, 787261, 787277, 787289, 787309,
787331, 787333, 787337, 787357, 787361, 787427, 787429, 787433,
787439, 787447, 787469, 787477, 787483, 787489, 787513, 787517,
787519, 787529, 787537, 787541, 787547, 787573, 787601, 787609,
787621, 787639, 787649, 787667, 787697, 787711, 787747, 787751,
787757, 787769, 787771, 787777, 787783, 787793, 787807, 787811,
787817, 787823, 787837, 787879, 787883, 787903, 787907, 787939,
787973, 787981, 787993, 787999, 788009, 788023, 788027, 788033,
788041, 788071, 788077, 788087, 788089, 788093, 788107, 788129,
788153, 788159, 788167, 788173, 788189, 788209, 788213, 788231,
788261, 788267, 788287, 788309, 788317, 788321, 788351, 788353,
788357, 788363, 788369, 788377, 788383, 788387, 788393, 788399,
788413, 788419, 788429, 788449, 788467, 788479, 788497, 788521,
788527, 788531, 788537, 788549, 788561, 788563, 788569, 788603,
788621, 788651, 788659, 788677, 788687, 788701, 788719, 788761,
788779, 788789, 788813, 788819, 788849, 788863, 788867, 788869,
788873, 788891, 788897, 788903, 788927, 788933, 788941, 788947,
788959, 788971, 788993, 788999, 789001, 789017, 789029, 789031,
789067, 789077, 789091, 789097, 789101, 789109, 789121, 789133,
789137, 789149, 789169, 789181, 789221, 789227, 789251, 789311,
789323, 789331, 789343, 789367, 789377, 789389, 789391, 789407,
789419, 789443, 789473, 789491, 789493, 789511, 789527, 789533,
789557, 789571, 789577, 789587, 789589, 789611, 789623, 789631,
789653, 789671, 789673, 789683, 789689, 789709, 789713, 789721,
789731, 789739, 789749, 789793, 789823, 789829, 789847, 789851,
789857, 789883, 789941, 789959, 789961, 789967, 789977, 789979,
790003, 790021, 790033, 790043, 790051, 790057, 790063, 790087,
790093, 790099, 790121, 790169, 790171, 790189, 790199, 790201,
790219, 790241, 790261, 790271, 790277, 790289, 790291, 790327,
790331, 790333, 790351, 790369, 790379, 790397, 790403, 790417,

790421, 790429, 790451, 790459, 790481, 790501, 790513, 790519,
790523, 790529, 790547, 790567, 790583, 790589, 790607, 790613,
790633, 790637, 790649, 790651, 790693, 790697, 790703, 790709,
790733, 790739, 790747, 790753, 790781, 790793, 790817, 790819,
790831, 790843, 790861, 790871, 790879, 790883, 790897, 790927,
790957, 790961, 790967, 790969, 790991, 790997, 791003, 791009,
791017, 791029, 791047, 791053, 791081, 791093, 791099, 791111,
791117, 791137, 791159, 791191,
791201, 791209, 791227, 791233, 791251, 791257, 791261, 791291,
791309, 791311, 791317, 791321, 791347, 791363, 791377, 791387,
791411, 791419, 791431, 791443, 791447, 791473, 791489, 791519,
791543, 791561, 791563, 791569, 791573, 791599, 791627, 791629,
791657, 791663, 791677, 791699, 791773, 791783, 791789, 791797,
791801, 791803, 791827, 791849, 791851, 791887, 791891, 791897,
791899, 791909, 791927, 791929, 791933, 791951, 791969, 791971,
791993, 792023, 792031, 792037, 792041, 792049, 792061, 792067,
792073, 792101, 792107, 792109, 792119, 792131, 792151, 792163,
792179, 792223, 792227, 792229, 792241, 792247, 792257, 792263,
792277, 792283, 792293, 792299, 792301, 792307, 792317, 792359,
792371, 792377, 792383, 792397, 792413, 792443, 792461, 792479,
792481, 792487, 792521, 792529, 792551, 792553, 792559, 792563,
792581, 792593, 792601, 792613, 792629, 792637, 792641, 792643,
792647, 792667, 792679, 792689, 792691, 792697, 792703, 792709,
792713, 792731, 792751, 792769, 792793, 792797, 792821, 792871,
792881, 792893, 792907, 792919, 792929, 792941, 792959, 792973,
792983, 792989, 792991, 793043, 793069, 793099, 793103, 793123,
793129, 793139, 793159, 793181, 793187, 793189, 793207, 793229,
793253, 793279, 793297, 793301, 793327, 793333, 793337, 793343,
793379, 793399, 793439, 793447, 793453, 793487, 793489, 793493,
793511, 793517, 793519, 793537, 793547, 793553, 793561, 793591,
793601, 793607, 793621, 793627, 793633, 793669, 793673, 793691,
793699, 793711, 793717, 793721, 793733, 793739, 793757, 793769,
793777, 793787, 793789, 793813, 793841, 793843, 793853, 793867,
793889, 793901, 793927, 793931, 793939, 793957, 793967, 793979,
793981, 793999, 794009, 794011, 794023, 794033, 794039, 794041,
794063, 794071, 794077, 794089, 794111, 794113, 794119, 794137,
794141, 794149, 794153, 794161, 794173, 794179, 794191, 794201,
794203, 794207, 794221, 794231, 794239, 794249, 794327, 794341,
794363, 794383, 794389, 794399, 794407, 794413, 794449, 794471,
794473, 794477, 794483, 794491, 794509, 794531, 794537, 794543,
794551, 794557, 794569, 794579, 794587, 794593, 794641, 794653,
794657, 794659, 794669, 794693, 794711, 794741, 794743, 794749,
794779, 794831, 794879, 794881, 794887, 794921, 794923, 794953,
794957, 794993, 794999, 795001, 795007, 795023, 795071, 795077,
795079, 795083, 795097, 795101, 795103, 795121, 795127, 795139,
795149, 795161, 795187, 795203, 795211, 795217, 795233, 795239,
795251, 795253, 795299, 795307, 795323, 795329, 795337, 795343,
795349, 795427, 795449, 795461, 795467, 795479, 795493, 795503,

     Die ersten hunderttausend Primzahlen

795517, 795527, 795533, 795539, 795551, 795581, 795589, 795601,
795643, 795647, 795649, 795653, 795659, 795661, 795667, 795679,
795703, 795709, 795713, 795727, 795737, 795761, 795763, 795791,
795793, 795797, 795799, 795803, 795827, 795829, 795871, 795877,
795913, 795917, 795931, 795937, 795941, 795943, 795947, 795979,
795983, 795997, 796001, 796009, 796063, 796067, 796091, 796121,
796139, 796141, 796151, 796171, 796177, 796181, 796189, 796193,
796217, 796247, 796259, 796267, 796291, 796303, 796307, 796337,
796339, 796361, 796363, 796373, 796379, 796387, 796391, 796409,
796447, 796451, 796459, 796487, 796493, 796517, 796531, 796541,
796553, 796561, 796567, 796571, 796583, 796591, 796619, 796633,
796657, 796673, 796687, 796693, 796699, 796709, 796711, 796751,
796759, 796769, 796777, 796781, 796799, 796801, 796813, 796819,
796847, 796849, 796853, 796867, 796871, 796877, 796889, 796921,
796931, 796933, 796937, 796951, 796967, 796969, 796981, 797003,
797009, 797021, 797029, 797033, 797039, 797051, 797053, 797057,
797063, 797077, 797119, 797131, 797143, 797161, 797171, 797201,
797207, 797273, 797281, 797287, 797309, 797311, 797333, 797353,
797359, 797383, 797389, 797399, 797417, 797429, 797473, 797497,
797507, 797509, 797539, 797549, 797551, 797557, 797561, 797567,
797569, 797579, 797581, 797591, 797593, 797611, 797627, 797633,
797647, 797681, 797689, 797701, 797711, 797729, 797743, 797747,
797767, 797773, 797813, 797833, 797851, 797869, 797887, 797897,
797911, 797917, 797933, 797947, 797957, 797977, 797987, 798023,
798043, 798059, 798067, 798071, 798079, 798089, 798097, 798101,
798121, 798131, 798139, 798143, 798151, 798173, 798179, 798191,
798197, 798199, 798221, 798223, 798227, 798251, 798257, 798263,
798271, 798293, 798319, 798331, 798373, 798383, 798397, 798403,
798409, 798443, 798451, 798461, 798481, 798487, 798503, 798517,
798521, 798527, 798533, 798569, 798599, 798613, 798641, 798647,
798649, 798667, 798691, 798697, 798701, 798713, 798727, 798737,
798751, 798757, 798773, 798781, 798799, 798823, 798871, 798887,
798911, 798923, 798929, 798937, 798943, 798961, 799003, 799021,
799031, 799061, 799063, 799091, 799093, 799103, 799147, 799151,
799171, 799217, 799219, 799223, 799259, 799291, 799301, 799303,
799307, 799313, 799333, 799343, 799361, 799363, 799369, 799417,
799427, 799441, 799453, 799471, 799481, 799483, 799489, 799507,
799523, 799529, 799543, 799553, 799573, 799609, 799613, 799619,
799621, 799633, 799637, 799651, 799657, 799661, 799679, 799723,
799727, 799739, 799741, 799753, 799759, 799789, 799801, 799807,
799817, 799837, 799853, 799859, 799873, 799891, 799921, 799949,
799961, 799979, 799991, 799993, 799999, 800011, 800029, 800053,
800057, 800077, 800083, 800089, 800113, 800117, 800119, 800123,
800131, 800143, 800159, 800161, 800171, 800209, 800213, 800221,
800231, 800237, 800243, 800281, 800287, 800291, 800311, 800329,
800333, 800351, 800357, 800399, 800407, 800417, 800419, 800441,
800447, 800473, 800477, 800483, 800497, 800509, 800519, 800521,
800533, 800537, 800539, 800549, 800557, 800573, 800587, 800593,

800599, 800621, 800623, 800647, 800651, 800659, 800663, 800669,
800677, 800687, 800693, 800707, 800711, 800729, 800731, 800741,
800743, 800759, 800773, 800783, 800801, 800861, 800873, 800879,
800897, 800903, 800909, 800923, 800953, 800959, 800971, 800977,
800993, 800999, 801001, 801007, 801011, 801019, 801037, 801061,
801077, 801079, 801103, 801107, 801127, 801137, 801179, 801187,
801197, 801217, 801247, 801277, 801289, 801293, 801301, 801331,
801337, 801341, 801349, 801371, 801379, 801403, 801407, 801419,
801421, 801461, 801469, 801487, 801503, 801517, 801539, 801551,
801557, 801569, 801571, 801607, 801611, 801617, 801631, 801641,
801677, 801683, 801701, 801707, 801709, 801733, 801761, 801791,
801809, 801811, 801817, 801833, 801841, 801859, 801883, 801947,
801949, 801959, 801973, 801989, 802007, 802019, 802027, 802031,
802037, 802073, 802103, 802121, 802127, 802129, 802133, 802141,
802147, 802159, 802163, 802177, 802181, 802183, 802189, 802231,
802253, 802279, 802283, 802297, 802331, 802339, 802357, 802387,
802421, 802441, 802453, 802463, 802471, 802499, 802511, 802523,
802531, 802573, 802583, 802589, 802597, 802603, 802609, 802643,
802649, 802651, 802661, 802667, 802709, 802721, 802729, 802733,
802751, 802759, 802777, 802783, 802787, 802793, 802799, 802811,
802829, 802831, 802873, 802909, 802913, 802933, 802951, 802969,
802979, 802987, 803027, 803041, 803053, 803057, 803059, 803087,
803093, 803119, 803141, 803171, 803189, 803207, 803227, 803237,
803251, 803269, 803273, 803287, 803311, 803323, 803333, 803347,
803359, 803389, 803393, 803399, 803417, 803441, 803443, 803447,
803449, 803461, 803479, 803483, 803497, 803501, 803513, 803519,
803549, 803587, 803591, 803609, 803611, 803623, 803629, 803651,
803659, 803669, 803687, 803717, 803729, 803731, 803741, 803749,
803813, 803819, 803849, 803857, 803867, 803893, 803897, 803911,
803921, 803927, 803939, 803963, 803977, 803987, 803989, 804007,
804017, 804031, 804043, 804059, 804073, 804077, 804091, 804107,
804113, 804119, 804127, 804157, 804161, 804179, 804191, 804197,
804203, 804211, 804239, 804259, 804281, 804283, 804313, 804317,
804329, 804337, 804341, 804367, 804371, 804383, 804409, 804443,
804449, 804473, 804493, 804497, 804511, 804521, 804523, 804541,
804553, 804571, 804577, 804581, 804589, 804607, 804611, 804613,
804619, 804653, 804689, 804697, 804703, 804709, 804743, 804751,
804757, 804761, 804767, 804803, 804823, 804829, 804833, 804847,
804857, 804877, 804889, 804893, 804901, 804913, 804919, 804929,
804941, 804943, 804983, 804989, 804997, 805019, 805027, 805031,
805033, 805037, 805061, 805067, 805073, 805081, 805097, 805099,
805109, 805111, 805121, 805153, 805159, 805177, 805187, 805213,
805219, 805223, 805241, 805249, 805267, 805271, 805279, 805289,
805297, 805309, 805313, 805327, 805331, 805333, 805339, 805369,
805381, 805397, 805403, 805421, 805451, 805463, 805471, 805487,
805499, 805501, 805507, 805517, 805523, 805531, 805537, 805559,
805573, 805583, 805589, 805633, 805639, 805687, 805703, 805711,
805723, 805729, 805741, 805757, 805789, 805799, 805807, 805811,

            Die ersten hunderttausend Primzahlen

805843, 805853, 805859, 805867, 805873, 805877, 805891, 805901,
805913, 805933, 805967, 805991, 806009, 806011, 806017, 806023,
806027, 806033, 806041, 806051, 806059, 806087, 806107, 806111,
806129, 806137, 806153, 806159, 806177, 806203, 806213, 806233,
806257, 806261, 806263, 806269, 806291, 806297, 806317, 806329,
806363, 806369, 806371, 806381, 806383, 806389, 806447, 806453,
806467, 806483, 806503, 806513, 806521, 806543, 806549, 806579,
806581, 806609, 806639, 806657, 806671, 806719, 806737, 806761,
806783, 806789, 806791, 806801, 806807, 806821, 806857, 806893,
806903, 806917, 806929, 806941, 806947, 806951, 806977, 806999,
807011, 807017, 807071, 807077, 807083, 807089, 807097, 807113,
807119, 807127, 807151, 807181, 807187, 807193, 807197, 807203,
807217, 807221, 807241, 807251, 807259, 807281, 807299, 807337,
807371, 807379, 807383, 807403, 807407, 807409, 807419, 807427,
807463, 807473, 807479, 807487,
807491, 807493, 807509, 807511, 807523, 807539, 807559, 807571,
807607, 807613, 807629, 807637, 807647, 807689, 807707, 807731,
807733, 807749, 807757, 807787, 807797, 807809, 807817, 807869,
807871, 807901, 807907, 807923, 807931, 807941, 807943, 807949,
807973, 807997, 808019, 808021, 808039, 808081, 808097, 808111,
808147, 808153, 808169, 808177, 808187, 808211, 808217, 808229,
808237, 808261, 808267, 808307, 808309, 808343, 808349, 808351,
808361, 808363, 808369, 808373, 808391, 808399, 808417, 808421,
808439, 808441, 808459, 808481, 808517, 808523, 808553, 808559,
808579, 808589, 808597, 808601, 808603, 808627, 808637, 808651,
808679, 808681, 808693, 808699, 808721, 808733, 808739, 808747,
808751, 808771, 808777, 808789, 808793, 808837, 808853, 808867,
808919, 808937, 808957, 808961, 808981, 808991, 808993, 809023,
809041, 809051, 809063, 809087, 809093, 809101, 809141, 809143,
809147, 809173, 809177, 809189, 809201, 809203, 809213, 809231,
809239, 809243, 809261, 809269, 809273, 809297, 809309, 809323,
809339, 809357, 809359, 809377, 809383, 809399, 809401, 809407,
809423, 809437, 809443, 809447, 809453, 809461, 809491, 809507,
809521, 809527, 809563, 809569, 809579, 809581, 809587, 809603,
809629, 809701, 809707, 809719, 809729, 809737, 809741, 809747,
809749, 809759, 809771, 809779, 809797, 809801, 809803, 809821,
809827, 809833, 809839, 809843, 809869, 809891, 809903, 809909,
809917, 809929, 809981, 809983, 809993, 810013, 810023, 810049,
810053, 810059, 810071, 810079, 810091, 810109, 810137, 810149,
810151, 810191, 810193, 810209, 810223, 810239, 810253, 810259,
810269, 810281, 810307, 810319, 810343, 810349, 810353, 810361,
810367, 810377, 810379, 810389, 810391, 810401, 810409, 810419,
810427, 810437, 810443, 810457, 810473, 810487, 810493, 810503,
810517, 810533, 810539, 810541, 810547, 810553, 810571, 810581,
810583, 810587, 810643, 810653, 810659, 810671, 810697, 810737,
810757, 810763, 810769, 810791, 810809, 810839, 810853, 810871,
810881, 810893, 810907, 810913, 810923, 810941, 810949, 810961,
810967, 810973, 810989, 811037, 811039, 811067, 811081, 811099,

811123, 811127, 811147, 811157, 811163, 811171, 811183, 811193,
811199, 811207, 811231, 811241, 811253, 811259, 811273, 811277,
811289, 811297, 811337, 811351, 811379, 811387, 811411, 811429,
811441, 811457, 811469, 811493, 811501, 811511, 811519, 811523,
811553, 811561, 811583, 811607, 811619, 811627, 811637, 811649,
811651, 811667, 811691, 811697, 811703, 811709, 811729, 811747,
811753, 811757, 811763, 811771, 811777, 811799, 811819, 811861,
811871, 811879, 811897, 811919, 811931, 811933, 811957, 811961,
811981, 811991, 811997, 812011, 812033, 812047, 812051, 812057,
812081, 812101, 812129, 812137, 812167, 812173, 812179, 812183,
812191, 812213, 812221, 812233, 812249, 812257, 812267, 812281,
812297, 812299, 812309, 812341, 812347, 812351, 812353, 812359,
812363, 812381, 812387, 812393, 812401, 812431, 812443, 812467,
812473, 812477, 812491, 812501, 812503, 812519, 812527, 812587,
812597, 812599, 812627, 812633, 812639, 812641, 812671, 812681,
812689, 812699, 812701, 812711, 812717, 812731, 812759, 812761,
812807, 812849, 812857, 812869, 812921, 812939, 812963, 812969,
813013, 813017, 813023, 813041, 813049, 813061, 813083, 813089,
813091, 813097, 813107, 813121, 813133, 813157, 813167, 813199,
813203, 813209, 813217, 813221, 813227, 813251, 813269, 813277,
813283, 813287, 813299, 813301, 813311, 813343, 813361, 813367,
813377, 813383, 813401, 813419, 813427, 813443, 813493, 813499,
813503, 813511, 813529, 813541, 813559, 813577, 813583, 813601,
813613, 813623, 813647, 813677, 813697, 813707, 813721, 813749,
813767, 813797, 813811, 813817, 813829, 813833, 813847, 813863,
813871, 813893, 813907, 813931, 813961, 813971, 813991, 813997,
814003, 814007, 814013, 814019, 814031, 814043, 814049, 814061,
814063, 814067, 814069, 814081, 814097, 814127, 814129, 814139,
814171, 814183, 814193, 814199, 814211, 814213, 814237, 814241,
814243, 814279, 814309, 814327, 814337, 814367, 814379, 814381,
814393, 814399, 814403, 814423, 814447, 814469, 814477, 814493,
814501, 814531, 814537, 814543, 814559, 814577, 814579, 814601,
814603, 814609, 814631, 814633, 814643, 814687, 814699, 814717,
814741, 814747, 814763, 814771, 814783, 814789, 814799, 814823,
814829, 814841, 814859, 814873, 814883, 814889, 814901, 814903,
814927, 814937, 814939, 814943, 814949, 814991, 815029, 815033,
815047, 815053, 815063, 815123, 815141, 815149, 815159, 815173,
815197, 815209, 815231, 815251, 815257, 815261, 815273, 815279,
815291, 815317, 815333, 815341, 815351, 815389, 815401, 815411,
815413, 815417, 815431, 815453, 815459, 815471, 815491, 815501,
815519, 815527, 815533, 815539, 815543, 815569, 815587, 815599,
815621, 815623, 815627, 815653, 815663, 815669, 815671, 815681,
815687, 815693, 815713, 815729, 815809, 815819, 815821, 815831,
815851, 815869, 815891, 815897, 815923, 815933, 815939, 815953,
815963, 815977, 815989, 816019, 816037, 816043, 816047, 816077,
816091, 816103, 816113, 816121, 816131, 816133, 816157, 816161,
816163, 816169, 816191, 816203, 816209, 816217, 816223, 816227,
816239, 816251, 816271, 816317, 816329, 816341, 816353, 816367,

     Die ersten hunderttausend Primzahlen

816377, 816401, 816427, 816443, 816451, 816469, 816499, 816521,
816539, 816547, 816559, 816581, 816587, 816589, 816593, 816649,
816653, 816667, 816689, 816691, 816703, 816709, 816743, 816763,
816769, 816779, 816811, 816817, 816821, 816839, 816841, 816847,
816857, 816859, 816869, 816883, 816887, 816899, 816911, 816917,
816919, 816929, 816941, 816947, 816961, 816971, 817013, 817027,
817039, 817049, 817051, 817073, 817081, 817087, 817093, 817111,
817123, 817127, 817147, 817151, 817153, 817163, 817169, 817183,
817211, 817237, 817273, 817277, 817279, 817291, 817303, 817319,
817321, 817331, 817337, 817357, 817379, 817403, 817409, 817433,
817457, 817463, 817483, 817519, 817529, 817549, 817561, 817567,
817603, 817637, 817651, 817669, 817679, 817697, 817709, 817711,
817721, 817723, 817727, 817757, 817769, 817777, 817783, 817787,
817793, 817823, 817837, 817841, 817867, 817871, 817877, 817889,
817891, 817897, 817907, 817913, 817919, 817933, 817951, 817979,
817987, 818011, 818017, 818021, 818093, 818099, 818101, 818113,
818123, 818143, 818171, 818173, 818189, 818219, 818231, 818239,
818249, 818281, 818287, 818291, 818303, 818309, 818327, 818339,
818341, 818347, 818353, 818359, 818371, 818383, 818393, 818399,
818413, 818429, 818453, 818473, 818509, 818561, 818569, 818579,
818581, 818603, 818621, 818659, 818683, 818687, 818689, 818707,
818717, 818723, 818813, 818819, 818821, 818827, 818837, 818887,
818897, 818947, 818959, 818963, 818969, 818977, 818999, 819001,
819017, 819029, 819031, 819037, 819061, 819073, 819083, 819101,
819131, 819149, 819157, 819167, 819173, 819187, 819229, 819239,
819241, 819251, 819253, 819263, 819271, 819289, 819307, 819311,
819317, 819319, 819367, 819373, 819389, 819391, 819407, 819409,
819419, 819431, 819437, 819443, 819449, 819457, 819463, 819473,
819487, 819491, 819493, 819499, 819503, 819509, 819523, 819563,
819583, 819593, 819607, 819617, 819619, 819629, 819647, 819653,
819659, 819673, 819691, 819701, 819719, 819737, 819739, 819761,
819769, 819773, 819781, 819787, 819799, 819811, 819823, 819827,
819829, 819853, 819899, 819911, 819913, 819937, 819943, 819977,
819989, 819991, 820037, 820051, 820067, 820073, 820093, 820109,
820117, 820129, 820133, 820163, 820177, 820187, 820201, 820213,
820223, 820231, 820241, 820243, 820247, 820271, 820273, 820279,
820319, 820321, 820331, 820333, 820343, 820349, 820361, 820367,
820399, 820409, 820411, 820427, 820429, 820441, 820459, 820481,
820489, 820537, 820541, 820559, 820577, 820597, 820609, 820619,
820627, 820637, 820643, 820649, 820657, 820679, 820681, 820691,
820711, 820723, 820733, 820747, 820753, 820759, 820763, 820789,
820793, 820837, 820873, 820891, 820901, 820907, 820909, 820921,
820927, 820957, 820969, 820991, 820997, 821003, 821027, 821039,
821053, 821057, 821063, 821069, 821081, 821089, 821099, 821101,
821113, 821131, 821143, 821147, 821153, 821167, 821173, 821207,
821209, 821263, 821281, 821291, 821297, 821311, 821329, 821333,
821377, 821383, 821411, 821441, 821449, 821459, 821461, 821467,
821477, 821479, 821489, 821497, 821507, 821519, 821551, 821573,

821603, 821641, 821647, 821651, 821663, 821677, 821741, 821747,
821753, 821759, 821771, 821801, 821803, 821809, 821819, 821827,
821833, 821851, 821857, 821861, 821869, 821879, 821897, 821911,
821939, 821941, 821971, 821993, 821999, 822007, 822011, 822013,
822037, 822049, 822067, 822079, 822113, 822131, 822139, 822161,
822163, 822167, 822169, 822191, 822197, 822221, 822223, 822229,
822233, 822253, 822259, 822277, 822293, 822299, 822313, 822317,
822323, 822329, 822343, 822347, 822361, 822379, 822383, 822389,
822391, 822407, 822431, 822433, 822517, 822539, 822541, 822551,
822553, 822557, 822571, 822581, 822587, 822589, 822599, 822607,
822611, 822631, 822667, 822671, 822673, 822683, 822691, 822697,
822713, 822721, 822727, 822739, 822743, 822761, 822763, 822781,
822791, 822793, 822803, 822821, 822823, 822839, 822853, 822881,
822883, 822889, 822893, 822901, 822907, 822949, 822971, 822973,
822989, 823001, 823003, 823013, 823033, 823051, 823117, 823127,
823129, 823153, 823169, 823177, 823183, 823201, 823219, 823231,
823237, 823241, 823243, 823261, 823271, 823283, 823309, 823337,
823349, 823351, 823357, 823373, 823399, 823421, 823447, 823451,
823457, 823481, 823483, 823489, 823499, 823519, 823541, 823547,
823553, 823573, 823591, 823601, 823619, 823621, 823637, 823643,
823651, 823663, 823679, 823703, 823709, 823717, 823721, 823723,
823727, 823729, 823741, 823747,
823759, 823777, 823787, 823789, 823799, 823819, 823829, 823831,
823841, 823843, 823877, 823903, 823913, 823961, 823967, 823969,
823981, 823993, 823997, 824017, 824029, 824039, 824063, 824069,
824077, 824081, 824099, 824123, 824137, 824147, 824179, 824183,
824189, 824191, 824227, 824231, 824233, 824269, 824281, 824287,
824339, 824393, 824399, 824401, 824413, 824419, 824437, 824443,
824459, 824477, 824489, 824497, 824501, 824513, 824531, 824539,
824563, 824591, 824609, 824641, 824647, 824651, 824669, 824671,
824683, 824699, 824701, 824723, 824741, 824749, 824753, 824773,
824777, 824779, 824801, 824821, 824833, 824843, 824861, 824893,
824899, 824911, 824921, 824933, 824939, 824947, 824951, 824977,
824981, 824983, 825001, 825007, 825017, 825029, 825047, 825049,
825059, 825067, 825073, 825101, 825107, 825109, 825131, 825161,
825191, 825193, 825199, 825203, 825229, 825241, 825247, 825259,
825277, 825281, 825283, 825287, 825301, 825329, 825337, 825343,
825347, 825353, 825361, 825389, 825397, 825403, 825413, 825421,
825439, 825443, 825467, 825479, 825491, 825509, 825527, 825533,
825547, 825551, 825553, 825577, 825593, 825611, 825613, 825637,
825647, 825661, 825679, 825689, 825697, 825701, 825709, 825733,
825739, 825749, 825763, 825779, 825791, 825821, 825827, 825829,
825857, 825883, 825889, 825919, 825947, 825959, 825961, 825971,
825983, 825991, 825997, 826019, 826037, 826039, 826051, 826061,
826069, 826087, 826093, 826097, 826129, 826151, 826153, 826169,
826171, 826193, 826201, 826211, 826271, 826283, 826289, 826303,
826313, 826333, 826339, 826349, 826351, 826363, 826379, 826381,
826391, 826393, 826403, 826411, 826453, 826477, 826493, 826499,

     Die ersten hunderttausend Primzahlen

826541, 826549, 826559, 826561, 826571, 826583, 826603, 826607,
826613, 826621, 826663, 826667, 826669, 826673, 826681, 826697,
826699, 826711, 826717, 826723, 826729, 826753, 826759, 826783,
826799, 826807, 826811, 826831, 826849, 826867, 826879, 826883,
826907, 826921, 826927, 826939, 826957, 826963, 826967, 826979,
826997, 827009, 827023, 827039, 827041, 827063, 827087, 827129,
827131, 827143, 827147, 827161, 827213, 827227, 827231, 827251,
827269, 827293, 827303, 827311, 827327, 827347, 827369, 827389,
827417, 827423, 827429, 827443, 827447, 827461, 827473, 827501,
827521, 827537, 827539, 827549, 827581, 827591, 827599, 827633,
827639, 827677, 827681, 827693, 827699, 827719, 827737, 827741,
827767, 827779, 827791, 827803, 827809, 827821, 827833, 827837,
827843, 827851, 827857, 827867, 827873, 827899, 827903, 827923,
827927, 827929, 827941, 827969, 827987, 827989, 828007, 828011,
828013, 828029, 828043, 828059, 828067, 828071, 828101, 828109,
828119, 828127, 828131, 828133, 828169, 828199, 828209, 828221,
828239, 828277, 828349, 828361, 828371, 828379, 828383, 828397,
828407, 828409, 828431, 828449, 828517, 828523, 828547, 828557,
828577, 828587, 828601, 828637, 828643, 828649, 828673, 828677,
828691, 828697, 828701, 828703, 828721, 828731, 828743, 828757,
828787, 828797, 828809, 828811, 828823, 828829, 828833, 828859,
828871, 828881, 828889, 828899, 828901, 828917, 828923, 828941,
828953, 828967, 828977, 829001, 829013, 829057, 829063, 829069,
829093, 829097, 829111, 829121, 829123, 829151, 829159, 829177,
829187, 829193, 829211, 829223, 829229, 829237, 829249, 829267,
829273, 829289, 829319, 829349, 829399, 829453, 829457, 829463,
829469, 829501, 829511, 829519, 829537, 829547, 829561, 829601,
829613, 829627, 829637, 829639, 829643, 829657, 829687, 829693,
829709, 829721, 829723, 829727, 829729, 829733, 829757, 829789,
829811, 829813, 829819, 829831, 829841, 829847, 829849, 829867,
829877, 829883, 829949, 829967, 829979, 829987, 829993, 830003,
830017, 830041, 830051, 830099, 830111, 830117, 830131, 830143,
830153, 830173, 830177, 830191, 830233, 830237, 830257, 830267,
830279, 830293, 830309, 830311, 830327, 830329, 830339, 830341,
830353, 830359, 830363, 830383, 830387, 830411, 830413, 830419,
830441, 830447, 830449, 830477, 830483, 830497, 830503, 830513,
830549, 830551, 830561, 830567, 830579, 830587, 830591, 830597,
830617, 830639, 830657, 830677, 830693, 830719, 830729, 830741,
830743, 830777, 830789, 830801, 830827, 830833, 830839, 830849,
830861, 830873, 830887, 830891, 830899, 830911, 830923, 830939,
830957, 830981, 830989, 831023, 831031, 831037, 831043, 831067,
831071, 831073, 831091, 831109, 831139, 831161, 831163, 831167,
831191, 831217, 831221, 831239, 831253, 831287, 831301, 831323,
831329, 831361, 831367, 831371, 831373, 831407, 831409, 831431,
831433, 831437, 831443, 831461, 831503, 831529, 831539, 831541,
831547, 831553, 831559, 831583, 831587, 831599, 831617, 831619,
831631, 831643, 831647, 831653, 831659, 831661, 831679, 831683,
831697, 831707, 831709, 831713, 831731, 831739, 831751, 831757,

831769, 831781, 831799, 831811, 831821, 831829, 831847, 831851,
831863, 831881, 831889, 831893, 831899, 831911, 831913, 831917,
831967, 831983, 832003, 832063, 832079, 832081, 832103, 832109,
832121, 832123, 832129, 832141, 832151, 832157, 832159, 832189,
832211, 832217, 832253, 832291, 832297, 832309, 832327, 832331,
832339, 832361, 832367, 832369, 832373, 832379, 832399, 832411,
832421, 832427, 832451, 832457, 832477, 832483, 832487, 832493,
832499, 832519, 832583, 832591, 832597, 832607, 832613, 832621,
832627, 832631, 832633, 832639, 832673, 832679, 832681, 832687,
832693, 832703, 832709, 832717, 832721, 832729, 832747, 832757,
832763, 832771, 832787, 832801, 832837, 832841, 832861, 832879,
832883, 832889, 832913, 832919, 832927, 832933, 832943, 832957,
832963, 832969, 832973, 832987, 833009, 833023, 833033, 833047,
833057, 833099, 833101, 833117, 833171, 833177, 833179, 833191,
833197, 833201, 833219, 833251, 833269, 833281, 833293, 833299,
833309, 833347, 833353, 833363, 833377, 833389, 833429, 833449,
833453, 833461, 833467, 833477, 833479, 833491, 833509, 833537,
833557, 833563, 833593, 833597, 833617, 833633, 833659, 833669,
833689, 833711, 833713, 833717, 833719, 833737, 833747, 833759,
833783, 833801, 833821, 833839, 833843, 833857, 833873, 833887,
833893, 833897, 833923, 833927, 833933, 833947, 833977, 833999,
834007, 834013, 834023, 834059, 834107, 834131, 834133, 834137,
834143, 834149, 834151, 834181, 834199, 834221, 834257, 834259,
834269, 834277, 834283, 834287, 834299, 834311, 834341, 834367,
834433, 834439, 834469, 834487, 834497, 834503, 834511, 834523,
834527, 834569, 834571, 834593, 834599, 834607, 834611, 834623,
834629, 834641, 834643, 834653, 834671, 834703, 834709, 834721,
834761, 834773, 834781, 834787, 834797, 834809, 834811, 834829,
834857, 834859, 834893, 834913, 834941, 834947, 834949, 834959,
834961, 834983, 834991, 835001, 835013, 835019, 835033, 835039,
835097, 835099, 835117, 835123, 835139, 835141, 835207, 835213,
835217, 835249, 835253, 835271, 835313, 835319, 835321, 835327,
835369, 835379, 835391, 835399, 835421, 835427, 835441, 835451,
835453, 835459, 835469, 835489, 835511, 835531, 835553, 835559,
835591, 835603, 835607, 835609, 835633, 835643, 835661, 835663,
835673, 835687, 835717, 835721, 835733, 835739, 835759, 835789,
835811, 835817, 835819, 835823, 835831, 835841, 835847, 835859,
835897, 835909, 835927, 835931, 835937, 835951, 835957, 835973,
835979, 835987, 835993, 835997, 836047, 836063, 836071, 836107,
836117, 836131, 836137, 836149, 836153, 836159, 836161, 836183,
836189, 836191, 836203, 836219, 836233, 836239, 836243, 836267,
836291, 836299, 836317, 836327, 836347, 836351, 836369, 836377,
836387, 836413, 836449, 836471, 836477, 836491, 836497, 836501,
836509, 836567, 836569, 836573, 836609, 836611, 836623, 836657,
836663, 836677, 836683, 836699, 836701, 836707, 836713, 836729,
836747, 836749, 836753, 836761, 836789, 836807, 836821, 836833,
836839, 836861, 836863, 836873, 836879, 836881, 836917, 836921,
836939, 836951, 836971, 837017, 837043, 837047, 837059, 837071,

837073, 837077, 837079, 837107, 837113, 837139, 837149, 837157,
837191, 837203, 837257, 837271, 837283, 837293, 837307, 837313,
837359, 837367, 837373, 837377, 837379, 837409, 837413, 837439,
837451, 837461, 837467, 837497, 837503, 837509, 837521, 837533,
837583, 837601, 837611, 837619, 837631, 837659, 837667, 837673,
837677, 837679, 837721, 837731, 837737, 837773, 837779, 837797,
837817, 837833, 837847, 837853, 837887, 837923, 837929, 837931,
837937, 837943, 837979, 838003, 838021, 838037, 838039, 838043,
838063, 838069, 838091, 838093, 838099, 838133, 838139, 838141,
838153, 838157, 838169, 838171, 838193, 838207, 838247, 838249,
838349, 838351, 838363, 838367, 838379, 838391, 838393, 838399,
838403, 838421, 838429, 838441, 838447, 838459, 838463, 838471,
838483, 838517, 838547, 838553, 838561, 838571, 838583, 838589,
838597, 838601, 838609, 838613, 838631, 838633, 838657, 838667,
838687, 838693, 838711, 838751, 838757, 838769, 838771, 838777,
838781, 838807, 838813, 838837, 838853, 838889, 838897, 838909,
838913, 838919, 838927, 838931, 838939, 838949, 838951, 838963,
838969, 838991, 838993, 839009, 839029, 839051, 839071, 839087,
839117, 839131, 839161, 839203, 839207, 839221, 839227, 839261,
839269, 839303, 839323, 839327, 839351, 839353, 839369, 839381,
839413, 839429, 839437, 839441, 839453, 839459, 839471, 839473,
839483, 839491, 839497, 839519, 839539, 839551, 839563, 839599,
839603, 839609, 839611, 839617, 839621, 839633, 839651, 839653,
839669, 839693, 839723, 839731, 839767, 839771, 839791, 839801,
839809, 839831, 839837, 839873, 839879, 839887, 839897, 839899,
839903, 839911, 839921, 839957, 839959, 839963, 839981, 839999,
840023, 840053, 840061, 840067, 840083, 840109, 840137, 840139,
840149, 840163, 840179, 840181, 840187, 840197, 840223, 840239,
840241, 840253, 840269, 840277,
840289, 840299, 840319, 840331, 840341, 840347, 840353, 840439,
840451, 840457, 840467, 840473, 840479, 840491, 840523, 840547,
840557, 840571, 840589, 840601, 840611, 840643, 840661, 840683,
840703, 840709, 840713, 840727, 840733, 840743, 840757, 840761,
840767, 840817, 840821, 840823, 840839, 840841, 840859, 840863,
840907, 840911, 840923, 840929, 840941, 840943, 840967, 840979,
840989, 840991, 841003, 841013, 841019, 841021, 841063, 841069,
841079, 841081, 841091, 841097, 841103, 841147, 841157, 841189,
841193, 841207, 841213, 841219, 841223, 841231, 841237, 841241,
841259, 841273, 841277, 841283, 841289, 841297, 841307, 841327,
841333, 841349, 841369, 841391, 841397, 841411, 841427, 841447,
841457, 841459, 841541, 841549, 841559, 841573, 841597, 841601,
841637, 841651, 841661, 841663, 841691, 841697, 841727, 841741,
841751, 841793, 841801, 841849, 841859, 841873, 841879, 841889,
841913, 841921, 841927, 841931, 841933, 841979, 841987, 842003,
842021, 842041, 842047, 842063, 842071, 842077, 842081, 842087,
842089, 842111, 842113, 842141, 842147, 842159, 842161, 842167,
842173, 842183, 842203, 842209, 842249, 842267, 842279, 842291,
842293, 842311, 842321, 842323, 842339, 842341, 842351, 842353,

842371, 842383, 842393, 842399, 842407, 842417, 842419, 842423,
842447, 842449, 842473, 842477, 842483, 842489, 842497, 842507,
842519, 842521, 842531, 842551, 842581, 842587, 842599, 842617,
842623, 842627, 842657, 842701, 842729, 842747, 842759, 842767,
842771, 842791, 842801, 842813, 842819, 842857, 842869, 842879,
842887, 842923, 842939, 842951, 842957, 842969, 842977, 842981,
842987, 842993, 843043, 843067, 843079, 843091, 843103, 843113,
843127, 843131, 843137, 843173, 843179, 843181, 843209, 843211,
843229, 843253, 843257, 843289, 843299, 843301, 843307, 843331,
843347, 843361, 843371, 843377, 843379, 843383, 843397, 843443,
843449, 843457, 843461, 843473, 843487, 843497, 843503, 843527,
843539, 843553, 843559, 843587, 843589, 843607, 843613, 843629,
843643, 843649, 843677, 843679, 843701, 843737, 843757, 843763,
843779, 843781, 843793, 843797, 843811, 843823, 843833, 843841,
843881, 843883, 843889, 843901, 843907, 843911, 844001, 844013,
844043, 844061, 844069, 844087, 844093, 844111, 844117, 844121,
844127, 844139, 844141, 844153, 844157, 844163, 844183, 844187,
844199, 844201, 844243, 844247, 844253, 844279, 844289, 844297,
844309, 844321, 844351, 844369, 844421, 844427, 844429, 844433,
844439, 844447, 844453, 844457, 844463, 844469, 844483, 844489,
844499, 844507, 844511, 844513, 844517, 844523, 844549, 844553,
844601, 844603, 844609, 844619, 844621, 844631, 844639, 844643,
844651, 844709, 844717, 844733, 844757, 844763, 844769, 844771,
844777, 844841, 844847, 844861, 844867, 844891, 844897, 844903,
844913, 844927, 844957, 844999, 845003, 845017, 845021, 845027,
845041, 845069, 845083, 845099, 845111, 845129, 845137, 845167,
845179, 845183, 845197, 845203, 845209, 845219, 845231, 845237,
845261, 845279, 845287, 845303, 845309, 845333, 845347, 845357,
845363, 845371, 845381, 845387, 845431, 845441, 845447, 845459,
845489, 845491, 845531, 845567, 845599, 845623, 845653, 845657,
845659, 845683, 845717, 845723, 845729, 845749, 845753, 845771,
845777, 845809, 845833, 845849, 845863, 845879, 845881, 845893,
845909, 845921, 845927, 845941, 845951, 845969, 845981, 845983,
845987, 845989, 846037, 846059, 846061, 846067, 846113, 846137,
846149, 846161, 846179, 846187, 846217, 846229, 846233, 846247,
846259, 846271, 846323, 846341, 846343, 846353, 846359, 846361,
846383, 846389, 846397, 846401, 846403, 846407, 846421, 846427,
846437, 846457, 846487, 846493, 846499, 846529, 846563, 846577,
846589, 846647, 846661, 846667, 846673, 846689, 846721, 846733,
846739, 846749, 846751, 846757, 846779, 846823, 846841, 846851,
846869, 846871, 846877, 846913, 846917, 846919, 846931, 846943,
846949, 846953, 846961, 846973, 846977, 846983, 846997, 847009,
847031, 847037, 847043, 847051, 847069, 847073, 847079, 847097,
847103, 847109, 847129, 847139, 847151, 847157, 847163, 847169,
847193, 847201, 847213, 847219, 847237, 847247, 847271, 847277,
847279, 847283, 847309, 847321, 847339, 847361, 847367, 847373,
847393, 847423, 847453, 847477, 847493, 847499, 847507, 847519,
847531, 847537, 847543, 847549, 847577, 847589, 847601, 847607,

     Die ersten hunderttausend Primzahlen

847621, 847657, 847663, 847673, 847681, 847687, 847697, 847703,
847727, 847729, 847741, 847787, 847789, 847813, 847817, 847853,
847871, 847883, 847901, 847919, 847933, 847937, 847949, 847967,
847969, 847991, 847993, 847997, 848017, 848051, 848087, 848101,
848119, 848123, 848131, 848143, 848149, 848173, 848201, 848203,
848213, 848227, 848251, 848269, 848273, 848297, 848321, 848359,
848363, 848383, 848387, 848399, 848417, 848423, 848429, 848443,
848461, 848467, 848473, 848489, 848531, 848537, 848557, 848567,
848579, 848591, 848593, 848599, 848611, 848629, 848633, 848647,
848651, 848671, 848681, 848699, 848707, 848713, 848737, 848747,
848761, 848779, 848789, 848791, 848797, 848803, 848807, 848839,
848843, 848849, 848851, 848857, 848879, 848893, 848909, 848921,
848923, 848927, 848933, 848941, 848959, 848983, 848993, 849019,
849047, 849049, 849061, 849083, 849097, 849103, 849119, 849127,
849131, 849143, 849161, 849179, 849197, 849203, 849217, 849221,
849223, 849241, 849253, 849271, 849301, 849311, 849347, 849349,
849353, 849383, 849391, 849419, 849427, 849461, 849467, 849481,
849523, 849533, 849539, 849571, 849581, 849587, 849593, 849599,
849601, 849649, 849691, 849701, 849703, 849721, 849727, 849731,
849733, 849743, 849763, 849767, 849773, 849829, 849833, 849839,
849857, 849869, 849883, 849917, 849923, 849931, 849943, 849967,
849973, 849991, 849997, 850009, 850021, 850027, 850033, 850043,
850049, 850061, 850063, 850081, 850093, 850121, 850133, 850139,
850147, 850177, 850181, 850189, 850207, 850211, 850229, 850243,
850247, 850253, 850261, 850271, 850273, 850301, 850303, 850331,
850337, 850349, 850351, 850373, 850387, 850393, 850397, 850403,
850417, 850427, 850433, 850439, 850453, 850457, 850481, 850529,
850537, 850567, 850571, 850613, 850631, 850637, 850673, 850679,
850691, 850711, 850727, 850753, 850781, 850807, 850823, 850849,
850853, 850879, 850891, 850897, 850933, 850943, 850951, 850973,
850979, 851009, 851017, 851033, 851041, 851051, 851057, 851087,
851093, 851113, 851117, 851131, 851153, 851159, 851171, 851177,
851197, 851203, 851209, 851231, 851239, 851251, 851261, 851267,
851273, 851293, 851297, 851303, 851321, 851327, 851351, 851359,
851363, 851381, 851387, 851393, 851401, 851413, 851419, 851423,
851449, 851471, 851491, 851507, 851519, 851537, 851549, 851569,
851573, 851597, 851603, 851623, 851633, 851639, 851647, 851659,
851671, 851677, 851689, 851723, 851731, 851749, 851761, 851797,
851801, 851803, 851813, 851821, 851831, 851839, 851843, 851863,
851881, 851891, 851899, 851953, 851957, 851971, 852011, 852013,
852031, 852037, 852079, 852101, 852121, 852139, 852143, 852149,
852151, 852167, 852179, 852191, 852197, 852199, 852211, 852233,
852239, 852253, 852259, 852263, 852287, 852289, 852301, 852323,
852347, 852367, 852391, 852409, 852427, 852437, 852457, 852463,
852521, 852557, 852559, 852563, 852569, 852581, 852583, 852589,
852613, 852617, 852623, 852641, 852661, 852671, 852673, 852689,
852749, 852751, 852757, 852763, 852769, 852793, 852799, 852809,
852827, 852829, 852833, 852847, 852851, 852857, 852871, 852881,

852889, 852893, 852913, 852937, 852953, 852959, 852989, 852997,
853007, 853031, 853033, 853049, 853057, 853079, 853091, 853103,
853123, 853133, 853159, 853187, 853189, 853211, 853217, 853241,
853283, 853289, 853291, 853319, 853339, 853357, 853387, 853403,
853427, 853429, 853439, 853477, 853481, 853493, 853529, 853543,
853547, 853571, 853577, 853597, 853637, 853663, 853667, 853669,
853687, 853693, 853703, 853717, 853733, 853739, 853759, 853763,
853793, 853799, 853807, 853813, 853819, 853823, 853837, 853843,
853873, 853889, 853901, 853903, 853913, 853933, 853949, 853969,
853981, 853999, 854017, 854033, 854039, 854041, 854047, 854053,
854083, 854089, 854093, 854099, 854111, 854123, 854129, 854141,
854149, 854159, 854171, 854213, 854257, 854263, 854299, 854303,
854323, 854327, 854333, 854351, 854353, 854363, 854383, 854387,
854407, 854417, 854419, 854423, 854431, 854443, 854459, 854461,
854467, 854479, 854527, 854533, 854569, 854587, 854593, 854599,
854617, 854621, 854629, 854647, 854683, 854713, 854729, 854747,
854771, 854801, 854807, 854849, 854869, 854881, 854897, 854899,
854921, 854923, 854927, 854929, 854951, 854957, 854963, 854993,
854999, 855031, 855059, 855061, 855067, 855079, 855089, 855119,
855131, 855143, 855187, 855191, 855199, 855203, 855221, 855229,
855241, 855269, 855271, 855277, 855293, 855307, 855311, 855317,
855331, 855359, 855373, 855377, 855391, 855397, 855401, 855419,
855427, 855431, 855461, 855467, 855499, 855511, 855521, 855527,
855581, 855601, 855607, 855619, 855641, 855667, 855671, 855683,
855697, 855709, 855713, 855719, 855721, 855727, 855731, 855733,
855737, 855739, 855781, 855787, 855821, 855851, 855857, 855863,
855887, 855889, 855901, 855919, 855923, 855937, 855947, 855983,
855989, 855997, 856021, 856043, 856057, 856061, 856073, 856081,
856099, 856111, 856117, 856133, 856139, 856147, 856153, 856169,
856181, 856187, 856213, 856237, 856241, 856249, 856277, 856279,
856301, 856309, 856333, 856343, 856351, 856369, 856381, 856391,
856393, 856411, 856417, 856421, 856441, 856459, 856469, 856483,
856487, 856507, 856519, 856529, 856547, 856549, 856553, 856567,
856571, 856627, 856637, 856649, 856693, 856697, 856699, 856703,
856711, 856717, 856721, 856733, 856759, 856787, 856789, 856799,
856811, 856813, 856831, 856841,
856847, 856853, 856897, 856901, 856903, 856909, 856927, 856939,
856943, 856949, 856969, 856993, 857009, 857011, 857027, 857029,
857039, 857047, 857053, 857069, 857081, 857083, 857099, 857107,
857137, 857161, 857167, 857201, 857203, 857221, 857249, 857267,
857273, 857281, 857287, 857309, 857321, 857333, 857341, 857347,
857357, 857369, 857407, 857411, 857419, 857431, 857453, 857459,
857471, 857513, 857539, 857551, 857567, 857569, 857573, 857579,
857581, 857629, 857653, 857663, 857669, 857671, 857687, 857707,
857711, 857713, 857723, 857737, 857741, 857743, 857749, 857809,
857821, 857827, 857839, 857851, 857867, 857873, 857897, 857903,
857929, 857951, 857953, 857957, 857959, 857963, 857977, 857981,
858001, 858029, 858043, 858073, 858083, 858101, 858103, 858113,

          Die ersten hunderttausend Primzahlen

858127, 858149, 858161, 858167, 858217, 858223, 858233, 858239,
858241, 858251, 858259, 858269, 858281, 858293, 858301, 858307,
858311, 858317, 858373, 858397, 858427, 858433, 858457, 858463,
858467, 858479, 858497, 858503, 858527, 858563, 858577, 858589,
858623, 858631, 858673, 858691, 858701, 858707, 858709, 858713,
858749, 858757, 858763, 858769, 858787, 858817, 858821, 858833,
858841, 858859, 858877, 858883, 858899, 858911, 858919, 858931,
858943, 858953, 858961, 858989, 858997, 859003, 859031, 859037,
859049, 859051, 859057, 859081, 859091, 859093, 859109, 859121,
859181, 859189, 859213, 859223, 859249, 859259, 859267, 859273,
859277, 859279, 859297, 859321, 859361, 859363, 859373, 859381,
859393, 859423, 859433, 859447, 859459, 859477, 859493, 859513,
859553, 859559, 859561, 859567, 859577, 859601, 859603, 859609,
859619, 859633, 859657, 859667, 859669, 859679, 859681, 859697,
859709, 859751, 859783, 859787, 859799, 859801, 859823, 859841,
859849, 859853, 859861, 859891, 859913, 859919, 859927, 859933,
859939, 859973, 859981, 859987, 860009, 860011, 860029, 860051,
860059, 860063, 860071, 860077, 860087, 860089, 860107, 860113,
860117, 860143, 860239, 860257, 860267, 860291, 860297, 860309,
860311, 860317, 860323, 860333, 860341, 860351, 860357, 860369,
860381, 860383, 860393, 860399, 860413, 860417, 860423, 860441,
860479, 860501, 860507, 860513, 860533, 860543, 860569, 860579,
860581, 860593, 860599, 860609, 860623, 860641, 860647, 860663,
860689, 860701, 860747, 860753, 860759, 860779, 860789, 860791,
860809, 860813, 860819, 860843, 860861, 860887, 860891, 860911,
860917, 860921, 860927, 860929, 860939, 860941, 860957, 860969,
860971, 861001, 861013, 861019, 861031, 861037, 861043, 861053,
861059, 861079, 861083, 861089, 861109, 861121, 861131, 861139,
861163, 861167, 861191, 861199, 861221, 861239, 861293, 861299,
861317, 861347, 861353, 861361, 861391, 861433, 861437, 861439,
861491, 861493, 861499, 861541, 861547, 861551, 861559, 861563,
861571, 861589, 861599, 861613, 861617, 861647, 861659, 861691,
861701, 861703, 861719, 861733, 861739, 861743, 861761, 861797,
861799, 861803, 861823, 861829, 861853, 861857, 861871, 861877,
861881, 861899, 861901, 861907, 861929, 861937, 861941, 861947,
861977, 861979, 861997, 862009, 862013, 862031, 862033, 862061,
862067, 862097, 862117, 862123, 862129, 862139, 862157, 862159,
862171, 862177, 862181, 862187, 862207, 862219, 862229, 862231,
862241, 862249, 862259, 862261, 862273, 862283, 862289, 862297,
862307, 862319, 862331, 862343, 862369, 862387, 862397, 862399,
862409, 862417, 862423, 862441, 862447, 862471, 862481, 862483,
862487, 862493, 862501, 862541, 862553, 862559, 862567, 862571,
862573, 862583, 862607, 862627, 862633, 862649, 862651, 862669,
862703, 862727, 862739, 862769, 862777, 862783, 862789, 862811,
862819, 862861, 862879, 862907, 862909, 862913, 862919, 862921,
862943, 862957, 862973, 862987, 862991, 862997, 863003, 863017,
863047, 863081, 863087, 863119, 863123, 863131, 863143, 863153,
863179, 863197, 863231, 863251, 863279, 863287, 863299, 863309,

863323, 863363, 863377, 863393, 863479, 863491, 863497, 863509,
863521, 863537, 863539, 863561, 863593, 863609, 863633, 863641,
863671, 863689, 863693, 863711, 863729, 863743, 863749, 863767,
863771, 863783, 863801, 863803, 863833, 863843, 863851, 863867,
863869, 863879, 863887, 863897, 863899, 863909, 863917, 863921,
863959, 863983, 864007, 864011, 864013, 864029, 864037, 864047,
864049, 864053, 864077, 864079, 864091, 864103, 864107, 864119,
864121, 864131, 864137, 864151, 864167, 864169, 864191, 864203,
864211, 864221, 864223, 864251, 864277, 864289, 864299, 864301,
864307, 864319, 864323, 864341, 864359, 864361, 864379, 864407,
864419, 864427, 864439, 864449, 864491, 864503, 864509, 864511,
864533, 864541, 864551, 864581, 864583, 864587, 864613, 864623,
864629, 864631, 864641, 864673, 864679, 864691, 864707, 864733,
864737, 864757, 864781, 864793, 864803, 864811, 864817, 864883,
864887, 864901, 864911, 864917, 864947, 864953, 864959, 864967,
864979, 864989, 865001, 865003, 865043, 865049, 865057, 865061,
865069, 865087, 865091, 865103, 865121, 865153, 865159, 865177,
865201, 865211, 865213, 865217, 865231, 865247, 865253, 865259,
865261, 865301, 865307, 865313, 865321, 865327, 865339, 865343,
865349, 865357, 865363, 865379, 865409, 865457, 865477, 865481,
865483, 865493, 865499, 865511, 865537, 865577, 865591, 865597,
865609, 865619, 865637, 865639, 865643, 865661, 865681, 865687,
865717, 865721, 865729, 865741, 865747, 865751, 865757, 865769,
865771, 865783, 865801, 865807, 865817, 865819, 865829, 865847,
865859, 865867, 865871, 865877, 865889, 865933, 865937, 865957,
865979, 865993, 866003, 866009, 866011, 866029, 866051, 866053,
866057, 866081, 866083, 866087, 866093, 866101, 866119, 866123,
866161, 866183, 866197, 866213, 866221, 866231, 866279, 866293,
866309, 866311, 866329, 866353, 866389, 866399, 866417, 866431,
866443, 866461, 866471, 866477, 866513, 866519, 866573, 866581,
866623, 866629, 866639, 866641, 866653, 866683, 866689, 866693,
866707, 866713, 866717, 866737, 866743, 866759, 866777, 866783,
866819, 866843, 866849, 866851, 866857, 866869, 866909, 866917,
866927, 866933, 866941, 866953, 866963, 866969, 867001, 867007,
867011, 867023, 867037, 867059, 867067, 867079, 867091, 867121,
867131, 867143, 867151, 867161, 867173, 867203, 867211, 867227,
867233, 867253, 867257, 867259, 867263, 867271, 867281, 867301,
867319, 867337, 867343, 867371, 867389, 867397, 867401, 867409,
867413, 867431, 867443, 867457, 867463, 867467, 867487, 867509,
867511, 867541, 867547, 867553, 867563, 867571, 867577, 867589,
867617, 867619, 867623, 867631, 867641, 867653, 867677, 867679,
867689, 867701, 867719, 867733, 867743, 867773, 867781, 867793,
867803, 867817, 867827, 867829, 867857, 867871, 867887, 867913,
867943, 867947, 867959, 867991, 868019, 868033, 868039, 868051,
868069, 868073, 868081, 868103, 868111, 868121, 868123, 868151,
868157, 868171, 868177, 868199, 868211, 868229, 868249, 868267,
868271, 868277, 868291, 868313, 868327, 868331, 868337, 868349,
868369, 868379, 868381, 868397, 868409, 868423, 868451, 868453,

　　　Die ersten hunderttausend Primzahlen

868459, 868487, 868489, 868493, 868529, 868531, 868537, 868559,
868561, 868577, 868583, 868603, 868613, 868639, 868663, 868669,
868691, 868697, 868727, 868739, 868741, 868771, 868783, 868787,
868793, 868799, 868801, 868817, 868841, 868849, 868867, 868873,
868877, 868883, 868891, 868909, 868937, 868939, 868943, 868951,
868957, 868993, 868997, 868999, 869017, 869021, 869039, 869053,
869059, 869069, 869081, 869119, 869131, 869137, 869153, 869173,
869179, 869203, 869233, 869249, 869251, 869257, 869273, 869291,
869293, 869299, 869303, 869317, 869321, 869339, 869369, 869371,
869381, 869399, 869413, 869419, 869437, 869443, 869461, 869467,
869471, 869489, 869501, 869521, 869543, 869551, 869563, 869579,
869587, 869597, 869599, 869657, 869663, 869683, 869689, 869707,
869717, 869747, 869753, 869773, 869777, 869779, 869807, 869809,
869819, 869849, 869863, 869879, 869887, 869893, 869899, 869909,
869927, 869951, 869959, 869983, 869989, 870007, 870013, 870031,
870047, 870049, 870059, 870083, 870097, 870109, 870127, 870131,
870137, 870151, 870161, 870169, 870173, 870197, 870211, 870223,
870229, 870239, 870241, 870253, 870271, 870283, 870301, 870323,
870329, 870341, 870367, 870391, 870403, 870407, 870413, 870431,
870433, 870437, 870461, 870479, 870491, 870497, 870517, 870533,
870547, 870577, 870589, 870593, 870601, 870613, 870629, 870641,
870643, 870679, 870691, 870703, 870731, 870739, 870743, 870773,
870787, 870809, 870811, 870823, 870833, 870847, 870853, 870871,
870889, 870901, 870907, 870911, 870917, 870929, 870931, 870953,
870967, 870977, 870983, 870997, 871001, 871021, 871027, 871037,
871061, 871103, 871147, 871159, 871163, 871177, 871181, 871229,
871231, 871249, 871259, 871271, 871289, 871303, 871337, 871349,
871393, 871439, 871459, 871463, 871477, 871513, 871517, 871531,
871553, 871571, 871589, 871597, 871613, 871621, 871639, 871643,
871649, 871657, 871679, 871681, 871687, 871727, 871763, 871771,
871789, 871817, 871823, 871837, 871867, 871883, 871901, 871919,
871931, 871957, 871963, 871973, 871987, 871993, 872017, 872023,
872033, 872041, 872057, 872071, 872077, 872089, 872099, 872107,
872129, 872141, 872143, 872149, 872159, 872161, 872173, 872177,
872189, 872203, 872227, 872231, 872237, 872243, 872251, 872257,
872269, 872281, 872317, 872323, 872351, 872353, 872369, 872381,
872383, 872387, 872393, 872411, 872419, 872429, 872437, 872441,
872453, 872471, 872477, 872479, 872533, 872549, 872561, 872563,
872567, 872587, 872609, 872611, 872621, 872623, 872647, 872657,
872659, 872671, 872687, 872731, 872737, 872747, 872749, 872761,
872789, 872791, 872843, 872863, 872923, 872947, 872951, 872953,
872959, 872999, 873017, 873043, 873049, 873073, 873079, 873083,
873091, 873109, 873113, 873121,
873133, 873139, 873157, 873209, 873247, 873251, 873263, 873293,
873317, 873319, 873331, 873343, 873349, 873359, 873403, 873407,
873419, 873421, 873427, 873437, 873461, 873463, 873469, 873497,
873527, 873529, 873539, 873541, 873553, 873569, 873571, 873617,
873619, 873641, 873643, 873659, 873667, 873671, 873689, 873707,

873709, 873721, 873727, 873739, 873767, 873773, 873781, 873787,
873863, 873877, 873913, 873959, 873979, 873989, 873991, 874001,
874009, 874037, 874063, 874087, 874091, 874099, 874103, 874109,
874117, 874121, 874127, 874151, 874193, 874213, 874217, 874229,
874249, 874267, 874271, 874277, 874301, 874303, 874331, 874337,
874343, 874351, 874373, 874387, 874397, 874403, 874409, 874427,
874457, 874459, 874477, 874487, 874537, 874543, 874547, 874567,
874583, 874597, 874619, 874637, 874639, 874651, 874661, 874673,
874681, 874693, 874697, 874711, 874721, 874723, 874729, 874739,
874763, 874771, 874777, 874799, 874807, 874813, 874823, 874831,
874847, 874859, 874873, 874879, 874889, 874891, 874919, 874957,
874967, 874987, 875011, 875027, 875033, 875089, 875107, 875113,
875117, 875129, 875141, 875183, 875201, 875209, 875213, 875233,
875239, 875243, 875261, 875263, 875267, 875269, 875297, 875299,
875317, 875323, 875327, 875333, 875339, 875341, 875363, 875377,
875389, 875393, 875417, 875419, 875429, 875443, 875447, 875477,
875491, 875503, 875509, 875513, 875519, 875521, 875543, 875579,
875591, 875593, 875617, 875621, 875627, 875629, 875647, 875659,
875663, 875681, 875683, 875689, 875701, 875711, 875717, 875731,
875741, 875759, 875761, 875773, 875779, 875783, 875803, 875821,
875837, 875851, 875893, 875923, 875929, 875933, 875947, 875969,
875981, 875983, 876011, 876013, 876017, 876019, 876023, 876041,
876067, 876077, 876079, 876097, 876103, 876107, 876121, 876131,
876137, 876149, 876181, 876191, 876193, 876199, 876203, 876229,
876233, 876257, 876263, 876287, 876301, 876307, 876311, 876329,
876331, 876341, 876349, 876371, 876373, 876431, 876433, 876443,
876479, 876481, 876497, 876523, 876529, 876569, 876581, 876593,
876607, 876611, 876619, 876643, 876647, 876653, 876661, 876677,
876719, 876721, 876731, 876749, 876751, 876761, 876769, 876787,
876791, 876797, 876817, 876823, 876833, 876851, 876853, 876871,
876893, 876913, 876929, 876947, 876971, 877003, 877027, 877043,
877057, 877073, 877091, 877109, 877111, 877117, 877133, 877169,
877181, 877187, 877199, 877213, 877223, 877237, 877267, 877291,
877297, 877301, 877313, 877321, 877333, 877343, 877351, 877361,
877367, 877379, 877397, 877399, 877403, 877411, 877423, 877463,
877469, 877531, 877543, 877567, 877573, 877577, 877601, 877609,
877619, 877621, 877651, 877661, 877699, 877739, 877771, 877783,
877817, 877823, 877837, 877843, 877853, 877867, 877871, 877873,
877879, 877883, 877907, 877909, 877937, 877939, 877949, 877997,
878011, 878021, 878023, 878039, 878041, 878077, 878083, 878089,
878099, 878107, 878113, 878131, 878147, 878153, 878159, 878167,
878173, 878183, 878191, 878197, 878201, 878221, 878239, 878279,
878287, 878291, 878299, 878309, 878359, 878377, 878387, 878411,
878413, 878419, 878443, 878453, 878467, 878489, 878513, 878539,
878551, 878567, 878573, 878593, 878597, 878609, 878621, 878629,
878641, 878651, 878659, 878663, 878677, 878681, 878699, 878719,
878737, 878743, 878749, 878777, 878783, 878789, 878797, 878821,
878831, 878833, 878837, 878851, 878863, 878869, 878873, 878893,

   Die ersten hunderttausend Primzahlen

878929, 878939, 878953, 878957, 878987, 878989, 879001, 879007,
879023, 879031, 879061, 879089, 879097, 879103, 879113, 879119,
879133, 879143, 879167, 879169, 879181, 879199, 879227, 879239,
879247, 879259, 879269, 879271, 879283, 879287, 879299, 879331,
879341, 879343, 879353, 879371, 879391, 879401, 879413, 879449,
879457, 879493, 879523, 879533, 879539, 879553, 879581, 879583,
879607, 879617, 879623, 879629, 879649, 879653, 879661, 879667,
879673, 879679, 879689, 879691, 879701, 879707, 879709, 879713,
879721, 879743, 879797, 879799, 879817, 879821, 879839, 879859,
879863, 879881, 879917, 879919, 879941, 879953, 879961, 879973,
879979, 880001, 880007, 880021, 880027, 880031, 880043, 880057,
880067, 880069, 880091, 880097, 880109, 880127, 880133, 880151,
880153, 880199, 880211, 880219, 880223, 880247, 880249, 880259,
880283, 880301, 880303, 880331, 880337, 880343, 880349, 880361,
880367, 880409, 880421, 880423, 880427, 880483, 880487, 880513,
880519, 880531, 880541, 880543, 880553, 880559, 880571, 880573,
880589, 880603, 880661, 880667, 880673, 880681, 880687, 880699,
880703, 880709, 880723, 880727, 880729, 880751, 880793, 880799,
880801, 880813, 880819, 880823, 880853, 880861, 880871, 880883,
880903, 880907, 880909, 880939, 880949, 880951, 880961, 880981,
880993, 881003, 881009, 881017, 881029, 881057, 881071, 881077,
881099, 881119, 881141, 881143, 881147, 881159, 881171, 881173,
881191, 881197, 881207, 881219, 881233, 881249, 881269, 881273,
881311, 881317, 881327, 881333, 881351, 881357, 881369, 881393,
881407, 881411, 881417, 881437, 881449, 881471, 881473, 881477,
881479, 881509, 881527, 881533, 881537, 881539, 881591, 881597,
881611, 881641, 881663, 881669, 881681, 881707, 881711, 881729,
881743, 881779, 881813, 881833, 881849, 881897, 881899, 881911,
881917, 881939, 881953, 881963, 881983, 881987, 882017, 882019,
882029, 882031, 882047, 882061, 882067, 882071, 882083, 882103,
882139, 882157, 882169, 882173, 882179, 882187, 882199, 882239,
882241, 882247, 882251, 882253, 882263, 882289, 882313, 882359,
882367, 882377, 882389, 882391, 882433, 882439, 882449, 882451,
882461, 882481, 882491, 882517, 882529, 882551, 882571, 882577,
882587, 882593, 882599, 882617, 882631, 882653, 882659, 882697,
882701, 882703, 882719, 882727, 882733, 882751, 882773, 882779,
882823, 882851, 882863, 882877, 882881, 882883, 882907, 882913,
882923, 882943, 882953, 882961, 882967, 882979, 883013, 883049,
883061, 883073, 883087, 883093, 883109, 883111, 883117, 883121,
883163, 883187, 883193, 883213, 883217, 883229, 883231, 883237,
883241, 883247, 883249, 883273, 883279, 883307, 883327, 883331,
883339, 883343, 883357, 883391, 883397, 883409, 883411, 883423,
883429, 883433, 883451, 883471, 883483, 883489, 883517, 883537,
883549, 883577, 883579, 883613, 883621, 883627, 883639, 883661,
883667, 883691, 883697, 883699, 883703, 883721, 883733, 883739,
883763, 883777, 883781, 883783, 883807, 883871, 883877, 883889,
883921, 883933, 883963, 883969, 883973, 883979, 883991, 884003,
884011, 884029, 884057, 884069, 884077, 884087, 884111, 884129,

884131, 884159, 884167, 884171, 884183, 884201, 884227, 884231,
884243, 884251, 884267, 884269, 884287, 884293, 884309, 884311,
884321, 884341, 884353, 884363, 884369, 884371, 884417, 884423,
884437, 884441, 884453, 884483, 884489, 884491, 884497, 884501,
884537, 884573, 884579, 884591, 884593, 884617, 884651, 884669,
884693, 884699, 884717, 884743, 884789, 884791, 884803, 884813,
884827, 884831, 884857, 884881, 884899, 884921, 884951, 884959,
884977, 884981, 884987, 884999, 885023, 885041, 885061, 885083,
885091, 885097, 885103, 885107, 885127, 885133, 885161, 885163,
885169, 885187, 885217, 885223, 885233, 885239, 885251, 885257,
885263, 885289, 885301, 885307, 885331, 885359, 885371, 885383,
885389, 885397, 885403, 885421, 885427, 885449, 885473, 885487,
885497, 885503, 885509, 885517, 885529, 885551, 885553, 885589,
885607, 885611, 885623, 885679, 885713, 885721, 885727, 885733,
885737, 885769, 885791, 885793, 885803, 885811, 885821, 885823,
885839, 885869, 885881, 885883, 885889, 885893, 885919, 885923,
885931, 885943, 885947, 885959, 885961, 885967, 885971, 885977,
885991, 886007, 886013, 886019, 886021, 886031, 886043, 886069,
886097, 886117, 886129, 886163, 886177, 886181, 886183, 886189,
886199, 886241, 886243, 886247, 886271, 886283, 886307, 886313,
886337, 886339, 886349, 886367, 886381, 886387, 886421, 886427,
886429, 886433, 886453, 886463, 886469, 886471, 886493, 886511,
886517, 886519, 886537, 886541, 886547, 886549, 886583, 886591,
886607, 886609, 886619, 886643, 886651, 886663, 886667, 886741,
886747, 886751, 886759, 886777, 886793, 886799, 886807, 886819,
886859, 886867, 886891, 886909, 886913, 886967, 886969, 886973,
886979, 886981, 886987, 886993, 886999, 887017, 887057, 887059,
887069, 887093, 887101, 887113, 887141, 887143, 887153, 887171,
887177, 887191, 887203, 887233, 887261, 887267, 887269, 887291,
887311, 887323, 887333, 887377, 887387, 887399, 887401, 887423,
887441, 887449, 887459, 887479, 887483, 887503, 887533, 887543,
887567, 887569, 887573, 887581, 887599, 887617, 887629, 887633,
887641, 887651, 887657, 887659, 887669, 887671, 887681, 887693,
887701, 887707, 887717, 887743, 887749, 887759, 887819, 887827,
887837, 887839, 887849, 887867, 887903, 887911, 887921, 887923,
887941, 887947, 887987, 887989, 888001, 888011, 888047, 888059,
888061, 888077, 888091, 888103, 888109, 888133, 888143, 888157,
888161, 888163, 888179, 888203, 888211, 888247, 888257, 888263,
888271, 888287, 888313, 888319, 888323, 888359, 888361, 888373,
888389, 888397, 888409, 888413, 888427, 888431, 888443, 888451,
888457, 888469, 888479, 888493, 888499, 888533, 888541, 888557,
888623, 888631, 888637, 888653, 888659, 888661, 888683, 888689,
888691, 888721, 888737, 888751, 888761, 888773, 888779, 888781,
888793, 888799, 888809, 888827, 888857, 888869, 888871, 888887,
888917, 888919, 888931, 888959, 888961, 888967, 888983, 888989,
888997, 889001, 889027, 889037, 889039, 889043, 889051, 889069,
889081, 889087, 889123, 889139, 889171, 889177, 889211, 889237,
889247, 889261, 889271, 889279, 889289, 889309, 889313, 889327,

     Die ersten hunderttausend Primzahlen

889337, 889349, 889351, 889363, 889367, 889373, 889391, 889411,
889429, 889439, 889453, 889481,
889489, 889501, 889519, 889579, 889589, 889597, 889631, 889639,
889657, 889673, 889687, 889697, 889699, 889703, 889727, 889747,
889769, 889783, 889829, 889871, 889873, 889877, 889879, 889891,
889901, 889907, 889909, 889921, 889937, 889951, 889957, 889963,
889997, 890003, 890011, 890027, 890053, 890063, 890083, 890107,
890111, 890117, 890119, 890129, 890147, 890159, 890161, 890177,
890221, 890231, 890237, 890287, 890291, 890303, 890317, 890333,
890371, 890377, 890419, 890429, 890437, 890441, 890459, 890467,
890501, 890531, 890543, 890551, 890563, 890597, 890609, 890653,
890657, 890671, 890683, 890707, 890711, 890717, 890737, 890761,
890789, 890797, 890803, 890809, 890821, 890833, 890843, 890861,
890863, 890867, 890881, 890887, 890893, 890927, 890933, 890941,
890957, 890963, 890969, 890993, 890999, 891001, 891017, 891047,
891049, 891061, 891067, 891091, 891101, 891103, 891133, 891151,
891161, 891173, 891179, 891223, 891239, 891251, 891277, 891287,
891311, 891323, 891329, 891349, 891377, 891379, 891389, 891391,
891409, 891421, 891427, 891439, 891481, 891487, 891491, 891493,
891509, 891521, 891523, 891551, 891557, 891559, 891563, 891571,
891577, 891587, 891593, 891601, 891617, 891629, 891643, 891647,
891659, 891661, 891677, 891679, 891707, 891743, 891749, 891763,
891767, 891797, 891799, 891809, 891817, 891823, 891827, 891829,
891851, 891859, 891887, 891889, 891893, 891899, 891907, 891923,
891929, 891967, 891983, 891991, 891997, 892019, 892027, 892049,
892057, 892079, 892091, 892093, 892097, 892103, 892123, 892141,
892153, 892159, 892169, 892189, 892219, 892237, 892249, 892253,
892261, 892267, 892271, 892291, 892321, 892351, 892357, 892387,
892391, 892421, 892433, 892439, 892457, 892471, 892481, 892513,
892523, 892531, 892547, 892553, 892559, 892579, 892597, 892603,
892609, 892627, 892643, 892657, 892663, 892667, 892709, 892733,
892747, 892757, 892763, 892777, 892781, 892783, 892817, 892841,
892849, 892861, 892877, 892901, 892919, 892933, 892951, 892973,
892987, 892999, 893003, 893023, 893029, 893033, 893041, 893051,
893059, 893093, 893099, 893107, 893111, 893117, 893119, 893131,
893147, 893149, 893161, 893183, 893213, 893219, 893227, 893237,
893257, 893261, 893281, 893317, 893339, 893341, 893351, 893359,
893363, 893381, 893383, 893407, 893413, 893419, 893429, 893441,
893449, 893479, 893489, 893509, 893521, 893549, 893567, 893591,
893603, 893609, 893653, 893657, 893671, 893681, 893701, 893719,
893723, 893743, 893777, 893797, 893821, 893839, 893857, 893863,
893873, 893881, 893897, 893903, 893917, 893929, 893933, 893939,
893989, 893999, 894011, 894037, 894059, 894067, 894073, 894097,
894109, 894119, 894137, 894139, 894151, 894161, 894167, 894181,
894191, 894193, 894203, 894209, 894211, 894221, 894227, 894233,
894239, 894247, 894259, 894277, 894281, 894287, 894301, 894329,
894343, 894371, 894391, 894403, 894407, 894409, 894419, 894427,
894431, 894449, 894451, 894503, 894511, 894521, 894527, 894541,

894547, 894559, 894581, 894589, 894611, 894613, 894637, 894643,
894667, 894689, 894709, 894713, 894721, 894731, 894749, 894763,
894779, 894791, 894793, 894811, 894869, 894871, 894893, 894917,
894923, 894947, 894973, 894997, 895003, 895007, 895009, 895039,
895049, 895051, 895079, 895087, 895127, 895133, 895151, 895157,
895159, 895171, 895189, 895211, 895231, 895241, 895243, 895247,
895253, 895277, 895283, 895291, 895309, 895313, 895319, 895333,
895343, 895351, 895357, 895361, 895387, 895393, 895421, 895423,
895457, 895463, 895469, 895471, 895507, 895529, 895553, 895571,
895579, 895591, 895613, 895627, 895633, 895649, 895651, 895667,
895669, 895673, 895681, 895691, 895703, 895709, 895721, 895729,
895757, 895771, 895777, 895787, 895789, 895799, 895801, 895813,
895823, 895841, 895861, 895879, 895889, 895901, 895903, 895913,
895927, 895933, 895957, 895987, 896003, 896009, 896047, 896069,
896101, 896107, 896111, 896113, 896123, 896143, 896167, 896191,
896201, 896263, 896281, 896293, 896297, 896299, 896323, 896327,
896341, 896347, 896353, 896369, 896381, 896417, 896443, 896447,
896449, 896453, 896479, 896491, 896509, 896521, 896531, 896537,
896543, 896549, 896557, 896561, 896573, 896587, 896617, 896633,
896647, 896669, 896677, 896681, 896717, 896719, 896723, 896771,
896783, 896803, 896837, 896867, 896879, 896897, 896921, 896927,
896947, 896953, 896963, 896983, 897007, 897011, 897019, 897049,
897053, 897059, 897067, 897077, 897101, 897103, 897119, 897133,
897137, 897157, 897163, 897191, 897223, 897229, 897241, 897251,
897263, 897269, 897271, 897301, 897307, 897317, 897319, 897329,
897349, 897359, 897373, 897401, 897433, 897443, 897461, 897467,
897469, 897473, 897497, 897499, 897517, 897527, 897553, 897557,
897563, 897571, 897577, 897581, 897593, 897601, 897607, 897629,
897647, 897649, 897671, 897691, 897703, 897707, 897709, 897727,
897751, 897779, 897781, 897817, 897829, 897847, 897877, 897881,
897887, 897899, 897907, 897931, 897947, 897971, 897983, 898013,
898019, 898033, 898063, 898067, 898069, 898091, 898097, 898109,
898129, 898133, 898147, 898153, 898171, 898181, 898189, 898199,
898211, 898213, 898223, 898231, 898241, 898243, 898253, 898259,
898279, 898283, 898291, 898307, 898319, 898327, 898361, 898369,
898409, 898421, 898423, 898427, 898439, 898459, 898477, 898481,
898483, 898493, 898519, 898523, 898543, 898549, 898553, 898561,
898607, 898613, 898621, 898661, 898663, 898669, 898673, 898691,
898717, 898727, 898753, 898763, 898769, 898787, 898813, 898819,
898823, 898853, 898867, 898873, 898889, 898897, 898921, 898927,
898951, 898981, 898987, 899009, 899051, 899057, 899069, 899123,
899149, 899153, 899159, 899161, 899177, 899179, 899183, 899189,
899209, 899221, 899233, 899237, 899263, 899273, 899291, 899309,
899321, 899387, 899401, 899413, 899429, 899447, 899467, 899473,
899477, 899491, 899519, 899531, 899537, 899611, 899617, 899659,
899671, 899681, 899687, 899693, 899711, 899719, 899749, 899753,
899761, 899779, 899791, 899807, 899831, 899849, 899851, 899863,
899881, 899891, 899893, 899903, 899917, 899939, 899971, 899981,

     Die ersten hunderttausend Primzahlen

900001, 900007, 900019, 900037, 900061, 900089, 900091, 900103,
900121, 900139, 900143, 900149, 900157, 900161, 900169, 900187,
900217, 900233, 900241, 900253, 900259, 900283, 900287, 900293,
900307, 900329, 900331, 900349, 900397, 900409, 900443, 900461,
900481, 900491, 900511, 900539, 900551, 900553, 900563, 900569,
900577, 900583, 900587, 900589, 900593, 900607, 900623, 900649,
900659, 900671, 900673, 900689, 900701, 900719, 900737, 900743,
900751, 900761, 900763, 900773, 900797, 900803, 900817, 900821,
900863, 900869, 900917, 900929, 900931, 900937, 900959, 900971,
900973, 900997, 901007, 901009, 901013, 901063, 901067, 901079,
901093, 901097, 901111, 901133, 901141, 901169, 901171, 901177,
901183, 901193, 901207, 901211, 901213, 901247, 901249, 901253,
901273, 901279, 901309, 901333, 901339, 901367, 901399, 901403,
901423, 901427, 901429, 901441, 901447, 901451, 901457, 901471,
901489, 901499, 901501, 901513, 901517, 901529, 901547, 901567,
901591, 901613, 901643, 901657, 901679, 901687, 901709, 901717,
901739, 901741, 901751, 901781, 901787, 901811, 901819, 901841,
901861, 901891, 901907, 901909, 901919, 901931, 901937, 901963,
901973, 901993, 901997, 902009, 902017, 902029, 902039, 902047,
902053, 902087, 902089, 902119, 902137, 902141, 902179, 902191,
902201, 902227, 902261, 902263, 902281, 902299, 902303, 902311,
902333, 902347, 902351, 902357, 902389, 902401, 902413, 902437,
902449, 902471, 902477, 902483, 902501, 902507, 902521, 902563,
902569, 902579, 902591, 902597, 902599, 902611, 902639, 902653,
902659, 902669, 902677, 902687, 902719, 902723, 902753, 902761,
902767, 902771, 902777, 902789, 902807, 902821, 902827, 902849,
902873, 902903, 902933, 902953, 902963, 902971, 902977, 902981,
902987, 903017, 903029, 903037, 903073, 903079, 903103, 903109,
903143, 903151, 903163, 903179, 903197, 903211, 903223, 903251,
903257, 903269, 903311, 903323, 903337, 903347, 903359, 903367,
903389, 903391, 903403, 903407, 903421, 903443, 903449, 903451,
903457, 903479, 903493, 903527, 903541, 903547, 903563, 903569,
903607, 903613, 903641, 903649, 903673, 903677, 903691, 903701,
903709, 903751, 903757, 903761, 903781, 903803, 903827, 903841,
903871, 903883, 903899, 903913, 903919, 903949, 903967, 903979,
904019, 904027, 904049, 904067, 904069, 904073, 904087, 904093,
904097, 904103, 904117, 904121, 904147, 904157, 904181, 904193,
904201, 904207, 904217, 904219, 904261, 904283, 904289, 904297,
904303, 904357, 904361, 904369, 904399, 904441, 904459, 904483,
904489, 904499, 904511, 904513, 904517, 904523, 904531, 904559,
904573, 904577, 904601, 904619, 904627, 904633, 904637, 904643,
904661, 904663, 904667, 904679, 904681, 904693, 904697, 904721,
904727, 904733, 904759, 904769, 904777, 904781, 904789, 904793,
904801, 904811, 904823, 904847, 904861, 904867, 904873, 904879,
904901, 904903, 904907, 904919, 904931, 904933, 904987, 904997,
904999, 905011, 905053, 905059, 905071, 905083, 905087, 905111,
905123, 905137, 905143, 905147, 905161, 905167, 905171, 905189,
905197, 905207, 905209, 905213, 905227, 905249, 905269, 905291,

905297, 905299, 905329, 905339, 905347, 905381, 905413, 905449,
905453, 905461, 905477, 905491, 905497, 905507, 905551, 905581,
905587, 905599, 905617, 905621, 905629, 905647, 905651, 905659,
905677, 905683, 905687, 905693, 905701, 905713, 905719, 905759,
905761, 905767, 905783, 905803, 905819, 905833, 905843, 905897,
905909, 905917, 905923, 905951, 905959, 905963, 905999, 906007,
906011, 906013, 906023, 906029, 906043, 906089, 906107, 906119,
906121, 906133, 906179, 906187, 906197, 906203, 906211, 906229,
906233, 906259, 906263, 906289,
906293, 906313, 906317, 906329, 906331, 906343, 906349, 906371,
906377, 906383, 906391, 906403, 906421, 906427, 906431, 906461,
906473, 906481, 906487, 906497, 906517, 906523, 906539, 906541,
906557, 906589, 906601, 906613, 906617, 906641, 906649, 906673,
906679, 906691, 906701, 906707, 906713, 906727, 906749, 906751,
906757, 906767, 906779, 906793, 906809, 906817, 906823, 906839,
906847, 906869, 906881, 906901, 906911, 906923, 906929, 906931,
906943, 906949, 906973, 907019, 907021, 907031, 907063, 907073,
907099, 907111, 907133, 907139, 907141, 907163, 907169, 907183,
907199, 907211, 907213, 907217, 907223, 907229, 907237, 907259,
907267, 907279, 907297, 907301, 907321, 907331, 907363, 907367,
907369, 907391, 907393, 907397, 907399, 907427, 907433, 907447,
907457, 907469, 907471, 907481, 907493, 907507, 907513, 907549,
907561, 907567, 907583, 907589, 907637, 907651, 907657, 907663,
907667, 907691, 907693, 907703, 907717, 907723, 907727, 907733,
907757, 907759, 907793, 907807, 907811, 907813, 907831, 907843,
907849, 907871, 907891, 907909, 907913, 907927, 907957, 907967,
907969, 907997, 907999, 908003, 908041, 908053, 908057, 908071,
908081, 908101, 908113, 908129, 908137, 908153, 908179, 908183,
908197, 908213, 908221, 908233, 908249, 908287, 908317, 908321,
908353, 908359, 908363, 908377, 908381, 908417, 908419, 908441,
908449, 908459, 908471, 908489, 908491, 908503, 908513, 908521,
908527, 908533, 908539, 908543, 908549, 908573, 908581, 908591,
908597, 908603, 908617, 908623, 908627, 908653, 908669, 908671,
908711, 908723, 908731, 908741, 908749, 908759, 908771, 908797,
908807, 908813, 908819, 908821, 908849, 908851, 908857, 908861,
908863, 908879, 908881, 908893, 908909, 908911, 908927, 908953,
908959, 908993, 909019, 909023, 909031, 909037, 909043, 909047,
909061, 909071, 909089, 909091, 909107, 909113, 909119, 909133,
909151, 909173, 909203, 909217, 909239, 909241, 909247, 909253,
909281, 909287, 909289, 909299, 909301, 909317, 909319, 909329,
909331, 909341, 909343, 909371, 909379, 909383, 909401, 909409,
909437, 909451, 909457, 909463, 909481, 909521, 909529, 909539,
909541, 909547, 909577, 909599, 909611, 909613, 909631, 909637,
909679, 909683, 909691, 909697, 909731, 909737, 909743, 909761,
909767, 909773, 909787, 909791, 909803, 909809, 909829, 909833,
909859, 909863, 909877, 909889, 909899, 909901, 909907, 909911,
909917, 909971, 909973, 909977, 910003, 910031, 910051, 910069,
910093, 910097, 910099, 910103, 910109, 910121, 910127, 910139,

     Die ersten hunderttausend Primzahlen

910141, 910171, 910177, 910199, 910201, 910207, 910213, 910219,
910229, 910277, 910279, 910307, 910361, 910369, 910421, 910447,
910451, 910453, 910457, 910471, 910519, 910523, 910561, 910577,
910583, 910603, 910619, 910621, 910627, 910631, 910643, 910661,
910691, 910709, 910711, 910747, 910751, 910771, 910781, 910787,
910799, 910807, 910817, 910849, 910853, 910883, 910909, 910939,
910957, 910981, 911003, 911011, 911023, 911033, 911039, 911063,
911077, 911087, 911089, 911101, 911111, 911129, 911147, 911159,
911161, 911167, 911171, 911173, 911179, 911201, 911219, 911227,
911231, 911233, 911249, 911269, 911291, 911293, 911303, 911311,
911321, 911327, 911341, 911357, 911359, 911363, 911371, 911413,
911419, 911437, 911453, 911459, 911503, 911507, 911527, 911549,
911593, 911597, 911621, 911633, 911657, 911663, 911671, 911681,
911683, 911689, 911707, 911719, 911723, 911737, 911749, 911773,
911777, 911783, 911819, 911831, 911837, 911839, 911851, 911861,
911873, 911879, 911893, 911899, 911903, 911917, 911947, 911951,
911957, 911959, 911969, 912007, 912031, 912047, 912049, 912053,
912061, 912083, 912089, 912103, 912167, 912173, 912187, 912193,
912211, 912217, 912227, 912239, 912251, 912269, 912287, 912337,
912343, 912349, 912367, 912391, 912397, 912403, 912409, 912413,
912449, 912451, 912463, 912467, 912469, 912481, 912487, 912491,
912497, 912511, 912521, 912523, 912533, 912539, 912559, 912581,
912631, 912647, 912649, 912727, 912763, 912773, 912797, 912799,
912809, 912823, 912829, 912839, 912851, 912853, 912859, 912869,
912871, 912911, 912929, 912941, 912953, 912959, 912971, 912973,
912979, 912991, 913013, 913027, 913037, 913039, 913063, 913067,
913103, 913139, 913151, 913177, 913183, 913217, 913247, 913259,
913279, 913309, 913321, 913327, 913331, 913337, 913373, 913397,
913417, 913421, 913433, 913441, 913447, 913457, 913483, 913487,
913513, 913571, 913573, 913579, 913589, 913637, 913639, 913687,
913709, 913723, 913739, 913753, 913771, 913799, 913811, 913853,
913873, 913889, 913907, 913921, 913933, 913943, 913981, 913999,
914021, 914027, 914041, 914047, 914117, 914131, 914161, 914189,
914191, 914213, 914219, 914237, 914239, 914257, 914269, 914279,
914293, 914321, 914327, 914339, 914351, 914357, 914359, 914363,
914369, 914371, 914429, 914443, 914449, 914461, 914467, 914477,
914491, 914513, 914519, 914521, 914533, 914561, 914569, 914579,
914581, 914591, 914597, 914609, 914611, 914629, 914647, 914657,
914701, 914713, 914723, 914731, 914737, 914777, 914783, 914789,
914791, 914801, 914813, 914819, 914827, 914843, 914857, 914861,
914867, 914873, 914887, 914891, 914897, 914941, 914951, 914971,
914981, 915007, 915017, 915029, 915041, 915049, 915053, 915067,
915071, 915113, 915139, 915143, 915157, 915181, 915191, 915197,
915199, 915203, 915221, 915223, 915247, 915251, 915253, 915259,
915283, 915301, 915311, 915353, 915367, 915379, 915391, 915437,
915451, 915479, 915487, 915527, 915533, 915539, 915547, 915557,
915587, 915589, 915601, 915611, 915613, 915623, 915631, 915641,
915659, 915683, 915697, 915703, 915727, 915731, 915737, 915757,

915763, 915769, 915799, 915839, 915851, 915869, 915881, 915911,
915917, 915919, 915947, 915949, 915961, 915973, 915991, 916031,
916033, 916049, 916057, 916061, 916073, 916099, 916103, 916109,
916121, 916127, 916129, 916141, 916169, 916177, 916183, 916187,
916189, 916213, 916217, 916219, 916259, 916261, 916273, 916291,
916319, 916337, 916339, 916361, 916367, 916387, 916411, 916417,
916441, 916451, 916457, 916463, 916469, 916471, 916477, 916501,
916507, 916511, 916537, 916561, 916571, 916583, 916613, 916621,
916633, 916649, 916651, 916679, 916703, 916733, 916771, 916781,
916787, 916831, 916837, 916841, 916859, 916871, 916879, 916907,
916913, 916931, 916933, 916939, 916961, 916973, 916999, 917003,
917039, 917041, 917051, 917053, 917083, 917089, 917093, 917101,
917113, 917117, 917123, 917141, 917153, 917159, 917173, 917179,
917209, 917219, 917227, 917237, 917239, 917243, 917251, 917281,
917291, 917317, 917327, 917333, 917353, 917363, 917381, 917407,
917443, 917459, 917461, 917471, 917503, 917513, 917519, 917549,
917557, 917573, 917591, 917593, 917611, 917617, 917629, 917633,
917641, 917659, 917669, 917687, 917689, 917713, 917729, 917737,
917753, 917759, 917767, 917771, 917773, 917783, 917789, 917803,
917809, 917827, 917831, 917837, 917843, 917849, 917869, 917887,
917893, 917923, 917927, 917951, 917971, 917993, 918011, 918019,
918041, 918067, 918079, 918089, 918103, 918109, 918131, 918139,
918143, 918149, 918157, 918161, 918173, 918193, 918199, 918209,
918223, 918257, 918259, 918263, 918283, 918301, 918319, 918329,
918341, 918347, 918353, 918361, 918371, 918389, 918397, 918431,
918433, 918439, 918443, 918469, 918481, 918497, 918529, 918539,
918563, 918581, 918583, 918587, 918613, 918641, 918647, 918653,
918677, 918679, 918683, 918733, 918737, 918751, 918763, 918767,
918779, 918787, 918793, 918823, 918829, 918839, 918857, 918877,
918889, 918899, 918913, 918943, 918947, 918949, 918959, 918971,
918989, 919013, 919019, 919021, 919031, 919033, 919063, 919067,
919081, 919109, 919111, 919129, 919147, 919153, 919169, 919183,
919189, 919223, 919229, 919231, 919249, 919253, 919267, 919301,
919313, 919319, 919337, 919349, 919351, 919381, 919393, 919409,
919417, 919421, 919423, 919427, 919447, 919511, 919519, 919531,
919559, 919571, 919591, 919613, 919621, 919631, 919679, 919691,
919693, 919703, 919729, 919757, 919759, 919769, 919781, 919799,
919811, 919817, 919823, 919859, 919871, 919883, 919901, 919903,
919913, 919927, 919937, 919939, 919949, 919951, 919969, 919979,
920011, 920021, 920039, 920053, 920107, 920123, 920137, 920147,
920149, 920167, 920197, 920201, 920203, 920209, 920219, 920233,
920263, 920267, 920273, 920279, 920281, 920291, 920323, 920333,
920357, 920371, 920377, 920393, 920399, 920407, 920411, 920419,
920441, 920443, 920467, 920473, 920477, 920497, 920509, 920519,
920539, 920561, 920609, 920641, 920651, 920653, 920677, 920687,
920701, 920707, 920729, 920741, 920743, 920753, 920761, 920783,
920789, 920791, 920807, 920827, 920833, 920849, 920863, 920869,
920891, 920921, 920947, 920951, 920957, 920963, 920971, 920999,

     Die ersten hunderttausend Primzahlen

921001, 921007, 921013, 921029, 921031, 921073, 921079, 921091,
921121, 921133, 921143, 921149, 921157, 921169, 921191, 921197,
921199, 921203, 921223, 921233, 921241, 921257, 921259, 921287,
921293, 921331, 921353, 921373, 921379, 921407, 921409, 921457,
921463, 921467, 921491, 921497, 921499, 921517, 921523, 921563,
921581, 921589, 921601, 921611, 921629, 921637, 921643, 921647,
921667, 921677, 921703, 921733, 921737, 921743, 921749, 921751,
921761, 921779, 921787, 921821, 921839, 921841, 921871, 921887,
921889, 921901, 921911, 921913, 921919, 921931, 921959, 921989,
922021, 922027, 922037, 922039, 922043, 922057, 922067, 922069,
922073, 922079, 922081, 922087, 922099, 922123, 922169, 922211,
922217, 922223, 922237, 922247, 922261, 922283, 922289, 922291,
922303, 922309, 922321, 922331, 922333, 922351, 922357, 922367,
922391, 922423, 922451, 922457, 922463, 922487, 922489, 922499,
922511, 922513, 922517, 922531, 922549, 922561, 922601, 922613,
922619, 922627, 922631, 922637,
922639, 922643, 922667, 922679, 922681, 922699, 922717, 922729,
922739, 922741, 922781, 922807, 922813, 922853, 922861, 922897,
922907, 922931, 922973, 922993, 923017, 923023, 923029, 923047,
923051, 923053, 923107, 923123, 923129, 923137, 923141, 923147,
923171, 923177, 923179, 923183, 923201, 923203, 923227, 923233,
923239, 923249, 923309, 923311, 923333, 923341, 923347, 923369,
923371, 923387, 923399, 923407, 923411, 923437, 923441, 923449,
923453, 923467, 923471, 923501, 923509, 923513, 923539, 923543,
923551, 923561, 923567, 923579, 923581, 923591, 923599, 923603,
923617, 923641, 923653, 923687, 923693, 923701, 923711, 923719,
923743, 923773, 923789, 923809, 923833, 923849, 923851, 923861,
923869, 923903, 923917, 923929, 923939, 923947, 923953, 923959,
923963, 923971, 923977, 923983, 923987, 924019, 924023, 924031,
924037, 924041, 924043, 924059, 924073, 924083, 924097, 924101,
924109, 924139, 924151, 924173, 924191, 924197, 924241, 924269,
924281, 924283, 924299, 924323, 924337, 924359, 924361, 924383,
924397, 924401, 924403, 924419, 924421, 924431, 924437, 924463,
924493, 924499, 924503, 924523, 924527, 924529, 924551, 924557,
924601, 924617, 924641, 924643, 924659, 924661, 924683, 924697,
924709, 924713, 924719, 924727, 924731, 924743, 924751, 924757,
924769, 924773, 924779, 924793, 924809, 924811, 924827, 924829,
924841, 924871, 924877, 924881, 924907, 924929, 924961, 924967,
924997, 925019, 925027, 925033, 925039, 925051, 925063, 925073,
925079, 925081, 925087, 925097, 925103, 925109, 925117, 925121,
925147, 925153, 925159, 925163, 925181, 925189, 925193, 925217,
925237, 925241, 925271, 925273, 925279, 925291, 925307, 925339,
925349, 925369, 925373, 925387, 925391, 925399, 925409, 925423,
925447, 925469, 925487, 925499, 925501, 925513, 925517, 925523,
925559, 925577, 925579, 925597, 925607, 925619, 925621, 925637,
925649, 925663, 925669, 925679, 925697, 925721, 925733, 925741,
925783, 925789, 925823, 925831, 925843, 925849, 925891, 925901,
925913, 925921, 925937, 925943, 925949, 925961, 925979, 925987,

925997, 926017, 926027, 926033, 926077, 926087, 926089, 926099,
926111, 926113, 926129, 926131, 926153, 926161, 926171, 926179,
926183, 926203, 926227, 926239, 926251, 926273, 926293, 926309,
926327, 926351, 926353, 926357, 926377, 926389, 926399, 926411,
926423, 926437, 926461, 926467, 926489, 926503, 926507, 926533,
926537, 926557, 926561, 926567, 926581, 926587, 926617, 926623,
926633, 926657, 926659, 926669, 926671, 926689, 926701, 926707,
926741, 926747, 926767, 926777, 926797, 926803, 926819, 926843,
926851, 926867, 926879, 926899, 926903, 926921, 926957, 926963,
926971, 926977, 926983, 927001, 927007, 927013, 927049, 927077,
927083, 927089, 927097, 927137, 927149, 927161, 927167, 927187,
927191, 927229, 927233, 927259, 927287, 927301, 927313, 927317,
927323, 927361, 927373, 927397, 927403, 927431, 927439, 927491,
927497, 927517, 927529, 927533, 927541, 927557, 927569, 927587,
927629, 927631, 927643, 927649, 927653, 927671, 927677, 927683,
927709, 927727, 927743, 927763, 927769, 927779, 927791, 927803,
927821, 927833, 927841, 927847, 927853, 927863, 927869, 927961,
927967, 927973, 928001, 928043, 928051, 928063, 928079, 928097,
928099, 928111, 928139, 928141, 928153, 928157, 928159, 928163,
928177, 928223, 928231, 928253, 928267, 928271, 928273, 928289,
928307, 928313, 928331, 928337, 928351, 928399, 928409, 928423,
928427, 928429, 928453, 928457, 928463, 928469, 928471, 928513,
928547, 928559, 928561, 928597, 928607, 928619, 928621, 928637,
928643, 928649, 928651, 928661, 928679, 928699, 928703, 928769,
928771, 928787, 928793, 928799, 928813, 928817, 928819, 928849,
928859, 928871, 928883, 928903, 928913, 928927, 928933, 928979,
929003, 929009, 929011, 929023, 929029, 929051, 929057, 929059,
929063, 929069, 929077, 929083, 929087, 929113, 929129, 929141,
929153, 929161, 929171, 929197, 929207, 929209, 929239, 929251,
929261, 929281, 929293, 929303, 929311, 929323, 929333, 929381,
929389, 929393, 929399, 929417, 929419, 929431, 929459, 929483,
929497, 929501, 929507, 929527, 929549, 929557, 929561, 929573,
929581, 929587, 929609, 929623, 929627, 929629, 929639, 929641,
929647, 929671, 929693, 929717, 929737, 929741, 929743, 929749,
929777, 929791, 929807, 929809, 929813, 929843, 929861, 929869,
929881, 929891, 929897, 929941, 929953, 929963, 929977, 929983,
930011, 930043, 930071, 930073, 930077, 930079, 930089, 930101,
930113, 930119, 930157, 930173, 930179, 930187, 930191, 930197,
930199, 930211, 930229, 930269, 930277, 930283, 930287, 930289,
930301, 930323, 930337, 930379, 930389, 930409, 930437, 930467,
930469, 930481, 930491, 930499, 930509, 930547, 930551, 930569,
930571, 930583, 930593, 930617, 930619, 930637, 930653, 930667,
930689, 930707, 930719, 930737, 930749, 930763, 930773, 930779,
930817, 930827, 930841, 930847, 930859, 930863, 930889, 930911,
930931, 930973, 930977, 930989, 930991, 931003, 931013, 931067,
931087, 931097, 931123, 931127, 931129, 931153, 931163, 931169,
931181, 931193, 931199, 931213, 931237, 931241, 931267, 931289,
931303, 931309, 931313, 931319, 931351, 931363, 931387, 931417,

     Die ersten hunderttausend Primzahlen

931421, 931487, 931499, 931517, 931529, 931537, 931543, 931571,
931573, 931577, 931597, 931621, 931639, 931657, 931691, 931709,
931727, 931729, 931739, 931747, 931751, 931757, 931781, 931783,
931789, 931811, 931837, 931849, 931859, 931873, 931877, 931883,
931901, 931907, 931913, 931921, 931933, 931943, 931949, 931967,
931981, 931999, 932003, 932021, 932039, 932051, 932081, 932101,
932117, 932119, 932131, 932149, 932153, 932177, 932189, 932203,
932207, 932209, 932219, 932221, 932227, 932231, 932257, 932303,
932317, 932333, 932341, 932353, 932357, 932413, 932417, 932419,
932431, 932441, 932447, 932471, 932473, 932483, 932497, 932513,
932521, 932537, 932549, 932557, 932563, 932567, 932579, 932587,
932593, 932597, 932609, 932647, 932651, 932663, 932677, 932681,
932683, 932749, 932761, 932779, 932783, 932801, 932803, 932819,
932839, 932863, 932879, 932887, 932917, 932923, 932927, 932941,
932947, 932951, 932963, 932969, 932983, 932999, 933001, 933019,
933047, 933059, 933061, 933067, 933073, 933151, 933157, 933173,
933199, 933209, 933217, 933221, 933241, 933259, 933263, 933269,
933293, 933301, 933313, 933319, 933329, 933349, 933389, 933397,
933403, 933407, 933421, 933433, 933463, 933479, 933497, 933523,
933551, 933553, 933563, 933601, 933607, 933613, 933643, 933649,
933671, 933677, 933703, 933707, 933739, 933761, 933781, 933787,
933797, 933809, 933811, 933817, 933839, 933847, 933851, 933853,
933883, 933893, 933923, 933931, 933943, 933949, 933953, 933967,
933973, 933979, 934001, 934009, 934033, 934039, 934049, 934051,
934057, 934067, 934069, 934079, 934111, 934117, 934121, 934127,
934151, 934159, 934187, 934223, 934229, 934243, 934253, 934259,
934277, 934291, 934301, 934319, 934343, 934387, 934393, 934399,
934403, 934429, 934441, 934463, 934469, 934481, 934487, 934489,
934499, 934517, 934523, 934537, 934543, 934547, 934561, 934567,
934579, 934597, 934603, 934607, 934613, 934639, 934669, 934673,
934693, 934721, 934723, 934733, 934753, 934763, 934771, 934793,
934799, 934811, 934831, 934837, 934853, 934861, 934883, 934889,
934891, 934897, 934907, 934909, 934919, 934939, 934943, 934951,
934961, 934979, 934981, 935003, 935021, 935023, 935059, 935063,
935071, 935093, 935107, 935113, 935147, 935149, 935167, 935183,
935189, 935197, 935201, 935213, 935243, 935257, 935261, 935303,
935339, 935353, 935359, 935377, 935381, 935393, 935399, 935413,
935423, 935443, 935447, 935461, 935489, 935507, 935513, 935531,
935537, 935581, 935587, 935591, 935593, 935603, 935621, 935639,
935651, 935653, 935677, 935687, 935689, 935699, 935707, 935717,
935719, 935761, 935771, 935777, 935791, 935813, 935819, 935827,
935839, 935843, 935861, 935899, 935903, 935971, 935999, 936007,
936029, 936053, 936097, 936113, 936119, 936127, 936151, 936161,
936179, 936181, 936197, 936203, 936223, 936227, 936233, 936253,
936259, 936281, 936283, 936311, 936319, 936329, 936361, 936379,
936391, 936401, 936407, 936413, 936437, 936451, 936469, 936487,
936493, 936499, 936511, 936521, 936527, 936539, 936557, 936577,
936587, 936599, 936619, 936647, 936659, 936667, 936673, 936679,

936697, 936709, 936713, 936731, 936737, 936739, 936769, 936773,
936779, 936797, 936811, 936827, 936869, 936889, 936907, 936911,
936917, 936919, 936937, 936941, 936953, 936967, 937003, 937007,
937009, 937031, 937033, 937049, 937067, 937121, 937127, 937147,
937151, 937171, 937187, 937207, 937229, 937231, 937241, 937243,
937253, 937331, 937337, 937351, 937373, 937379, 937421, 937429,
937459, 937463, 937477, 937481, 937501, 937511, 937537, 937571,
937577, 937589, 937591, 937613, 937627, 937633, 937637, 937639,
937661, 937663, 937667, 937679, 937681, 937693, 937709, 937721,
937747, 937751, 937777, 937789, 937801, 937813, 937819, 937823,
937841, 937847, 937877, 937883, 937891, 937901, 937903, 937919,
937927, 937943, 937949, 937969, 937991, 938017, 938023, 938027,
938033, 938051, 938053, 938057, 938059, 938071, 938083, 938089,
938099, 938107, 938117, 938129, 938183, 938207, 938219, 938233,
938243, 938251, 938257, 938263, 938279, 938293, 938309, 938323,
938341, 938347, 938351, 938359, 938369, 938387, 938393, 938437,
938447, 938453, 938459, 938491, 938507, 938533, 938537, 938563,
938569, 938573, 938591, 938611, 938617, 938659, 938677, 938681,
938713, 938747, 938761, 938803, 938807, 938827, 938831, 938843,
938857, 938869, 938879, 938881, 938921, 938939, 938947, 938953,
938963, 938969, 938981, 938983, 938989, 939007, 939011, 939019,
939061, 939089, 939091, 939109, 939119, 939121, 939157, 939167,
939179, 939181, 939193, 939203,
939229, 939247, 939287, 939293, 939299, 939317, 939347, 939349,
939359, 939361, 939373, 939377, 939391, 939413, 939431, 939439,
939443, 939451, 939469, 939487, 939511, 939551, 939581, 939599,
939611, 939613, 939623, 939649, 939661, 939677, 939707, 939713,
939737, 939739, 939749, 939767, 939769, 939773, 939791, 939793,
939823, 939839, 939847, 939853, 939871, 939881, 939901, 939923,
939931, 939971, 939973, 939989, 939997, 940001, 940003, 940019,
940031, 940067, 940073, 940087, 940097, 940127, 940157, 940169,
940183, 940189, 940201, 940223, 940229, 940241, 940249, 940259,
940271, 940279, 940297, 940301, 940319, 940327, 940349, 940351,
940361, 940369, 940399, 940403, 940421, 940469, 940477, 940483,
940501, 940523, 940529, 940531, 940543, 940547, 940549, 940553,
940573, 940607, 940619, 940649, 940669, 940691, 940703, 940721,
940727, 940733, 940739, 940759, 940781, 940783, 940787, 940801,
940813, 940817, 940829, 940853, 940871, 940879, 940889, 940903,
940913, 940921, 940931, 940949, 940957, 940981, 940993, 941009,
941011, 941023, 941027, 941041, 941093, 941099, 941117, 941119,
941123, 941131, 941153, 941159, 941167, 941179, 941201, 941207,
941209, 941221, 941249, 941251, 941263, 941267, 941299, 941309,
941323, 941329, 941351, 941359, 941383, 941407, 941429, 941441,
941449, 941453, 941461, 941467, 941471, 941489, 941491, 941503,
941509, 941513, 941519, 941537, 941557, 941561, 941573, 941593,
941599, 941609, 941617, 941641, 941653, 941663, 941669, 941671,
941683, 941701, 941723, 941737, 941741, 941747, 941753, 941771,
941791, 941813, 941839, 941861, 941879, 941903, 941911, 941929,

     Die ersten hunderttausend Primzahlen

941933, 941947, 941971, 941981, 941989, 941999, 942013, 942017,
942031, 942037, 942041, 942043, 942049, 942061, 942079, 942091,
942101, 942113, 942143, 942163, 942167, 942169, 942187, 942199,
942217, 942223, 942247, 942257, 942269, 942301, 942311, 942313,
942317, 942341, 942367, 942371, 942401, 942433, 942437, 942439,
942449, 942479, 942509, 942521, 942527, 942541, 942569, 942577,
942583, 942593, 942607, 942637, 942653, 942659, 942661, 942691,
942709, 942719, 942727, 942749, 942763, 942779, 942787, 942811,
942827, 942847, 942853, 942857, 942859, 942869, 942883, 942889,
942899, 942901, 942917, 942943, 942979, 942983, 943003, 943009,
943013, 943031, 943043, 943057, 943073, 943079, 943081, 943091,
943097, 943127, 943139, 943153, 943157, 943183, 943199, 943213,
943219, 943231, 943249, 943273, 943277, 943289, 943301, 943303,
943307, 943321, 943343, 943357, 943363, 943367, 943373, 943387,
943403, 943409, 943421, 943429, 943471, 943477, 943499, 943511,
943541, 943543, 943567, 943571, 943589, 943601, 943603, 943637,
943651, 943693, 943699, 943729, 943741, 943751, 943757, 943763,
943769, 943777, 943781, 943783, 943799, 943801, 943819, 943837,
943841, 943843, 943849, 943871, 943903, 943909, 943913, 943931,
943951, 943967, 944003, 944017, 944029, 944039, 944071, 944077,
944123, 944137, 944143, 944147, 944149, 944161, 944179, 944191,
944233, 944239, 944257, 944261, 944263, 944297, 944309, 944329,
944369, 944387, 944389, 944393, 944399, 944417, 944429, 944431,
944453, 944467, 944473, 944491, 944497, 944519, 944521, 944527,
944533, 944543, 944551, 944561, 944563, 944579, 944591, 944609,
944621, 944651, 944659, 944677, 944687, 944689, 944701, 944711,
944717, 944729, 944731, 944773, 944777, 944803, 944821, 944833,
944857, 944873, 944887, 944893, 944897, 944899, 944929, 944953,
944963, 944969, 944987, 945031, 945037, 945059, 945089, 945103,
945143, 945151, 945179, 945209, 945211, 945227, 945233, 945289,
945293, 945331, 945341, 945349, 945359, 945367, 945377, 945389,
945391, 945397, 945409, 945431, 945457, 945463, 945473, 945479,
945481, 945521, 945547, 945577, 945587, 945589, 945601, 945629,
945631, 945647, 945671, 945673, 945677, 945701, 945731, 945733,
945739, 945767, 945787, 945799, 945809, 945811, 945817, 945823,
945851, 945881, 945883, 945887, 945899, 945907, 945929, 945937,
945941, 945943, 945949, 945961, 945983, 946003, 946021, 946031,
946037, 946079, 946081, 946091, 946093, 946109, 946111, 946123,
946133, 946163, 946177, 946193, 946207, 946223, 946249, 946273,
946291, 946307, 946327, 946331, 946367, 946369, 946391, 946397,
946411, 946417, 946453, 946459, 946469, 946487, 946489, 946507,
946511, 946513, 946549, 946573, 946579, 946607, 946661, 946663,
946667, 946669, 946681, 946697, 946717, 946727, 946733, 946741,
946753, 946769, 946783, 946801, 946819, 946823, 946853, 946859,
946861, 946873, 946877, 946901, 946919, 946931, 946943, 946949,
946961, 946969, 946987, 946993, 946997, 947027, 947033, 947083,
947119, 947129, 947137, 947171, 947183, 947197, 947203, 947239,
947263, 947299, 947327, 947341, 947351, 947357, 947369, 947377,

947381, 947383, 947389, 947407, 947411, 947413, 947417, 947423,
947431, 947449, 947483, 947501, 947509, 947539, 947561, 947579,
947603, 947621, 947627, 947641, 947647, 947651, 947659, 947707,
947711, 947719, 947729, 947741, 947743, 947747, 947753, 947773,
947783, 947803, 947819, 947833, 947851, 947857, 947861, 947873,
947893, 947911, 947917, 947927, 947959, 947963, 947987, 948007,
948019, 948029, 948041, 948049, 948053, 948061, 948067, 948089,
948091, 948133, 948139, 948149, 948151, 948169, 948173, 948187,
948247, 948253, 948263, 948281, 948287, 948293, 948317, 948331,
948349, 948377, 948391, 948401, 948403, 948407, 948427, 948439,
948443, 948449, 948457, 948469, 948487, 948517, 948533, 948547,
948551, 948557, 948581, 948593, 948659, 948671, 948707, 948713,
948721, 948749, 948767, 948797, 948799, 948839, 948847, 948853,
948877, 948887, 948901, 948907, 948929, 948943, 948947, 948971,
948973, 948989, 949001, 949019, 949021, 949033, 949037, 949043,
949051, 949111, 949121, 949129, 949147, 949153, 949159, 949171,
949211, 949213, 949241, 949243, 949253, 949261, 949303, 949307,
949381, 949387, 949391, 949409, 949423, 949427, 949439, 949441,
949451, 949453, 949471, 949477, 949513, 949517, 949523, 949567,
949583, 949589, 949607, 949609, 949621, 949631, 949633, 949643,
949649, 949651, 949667, 949673, 949687, 949691, 949699, 949733,
949759, 949771, 949777, 949789, 949811, 949849, 949853, 949889,
949891, 949903, 949931, 949937, 949939, 949951, 949957, 949961,
949967, 949973, 949979, 949987, 949997, 950009, 950023, 950029,
950039, 950041, 950071, 950083, 950099, 950111, 950149, 950161,
950177, 950179, 950207, 950221, 950227, 950231, 950233, 950239,
950251, 950269, 950281, 950329, 950333, 950347, 950357, 950363,
950393, 950401, 950423, 950447, 950459, 950461, 950473, 950479,
950483, 950497, 950501, 950507, 950519, 950527, 950531, 950557,
950569, 950611, 950617, 950633, 950639, 950647, 950671, 950681,
950689, 950693, 950699, 950717, 950723, 950737, 950743, 950753,
950783, 950791, 950809, 950813, 950819, 950837, 950839, 950867,
950869, 950879, 950921, 950927, 950933, 950947, 950953, 950959,
950993, 951001, 951019, 951023, 951029, 951047, 951053, 951059,
951061, 951079, 951089, 951091, 951101, 951107, 951109, 951131,
951151, 951161, 951193, 951221, 951259, 951277, 951281, 951283,
951299, 951331, 951341, 951343, 951361, 951367, 951373, 951389,
951407, 951413, 951427, 951437, 951449, 951469, 951479, 951491,
951497, 951553, 951557, 951571, 951581, 951583, 951589, 951623,
951637, 951641, 951647, 951649, 951659, 951689, 951697, 951749,
951781, 951787, 951791, 951803, 951829, 951851, 951859, 951887,
951893, 951911, 951941, 951943, 951959, 951967, 951997, 952001,
952009, 952037, 952057, 952073, 952087, 952097, 952111, 952117,
952123, 952129, 952141, 952151, 952163, 952169, 952183, 952199,
952207, 952219, 952229, 952247, 952253, 952277, 952279, 952291,
952297, 952313, 952349, 952363, 952379, 952381, 952397, 952423,
952429, 952439, 952481, 952487, 952507, 952513, 952541, 952547,
952559, 952573, 952583, 952597, 952619, 952649, 952657, 952667,

          Die ersten hunderttausend Primzahlen

952669, 952681, 952687, 952691, 952709, 952739, 952741, 952753,
952771, 952789, 952811, 952813, 952823, 952829, 952843, 952859,
952873, 952877, 952883, 952921, 952927, 952933, 952937, 952943,
952957, 952967, 952979, 952981, 952997, 953023, 953039, 953041,
953053, 953077, 953081, 953093, 953111, 953131, 953149, 953171,
953179, 953191, 953221, 953237, 953243, 953261, 953273, 953297,
953321, 953333, 953341, 953347, 953399, 953431, 953437, 953443,
953473, 953483, 953497, 953501, 953503, 953507, 953521, 953539,
953543, 953551, 953567, 953593, 953621, 953639, 953647, 953651,
953671, 953681, 953699, 953707, 953731, 953747, 953773, 953789,
953791, 953831, 953851, 953861, 953873, 953881, 953917, 953923,
953929, 953941, 953969, 953977, 953983, 953987, 954001, 954007,
954011, 954043, 954067, 954097, 954103, 954131, 954133, 954139,
954157, 954167, 954181, 954203, 954209, 954221, 954229, 954253,
954257, 954259, 954263, 954269, 954277, 954287, 954307, 954319,
954323, 954367, 954377, 954379, 954391, 954409, 954433, 954451,
954461, 954469, 954491, 954497, 954509, 954517, 954539, 954571,
954599, 954619, 954623, 954641, 954649, 954671, 954677, 954697,
954713, 954719, 954727, 954743, 954757, 954763, 954827, 954829,
954847, 954851, 954853, 954857, 954869, 954871, 954911, 954917,
954923, 954929, 954971, 954973, 954977, 954979, 954991, 955037,
955039, 955051, 955061, 955063, 955091, 955093, 955103, 955127,
955139, 955147, 955153, 955183, 955193, 955211, 955217, 955223,
955243, 955261, 955267, 955271, 955277, 955307, 955309, 955313,
955319, 955333, 955337, 955363, 955379, 955391, 955433, 955439,
955441, 955457, 955469, 955477, 955481, 955483, 955501, 955511,
955541, 955601, 955607, 955613, 955649, 955657, 955693, 955697,
955709, 955711, 955727, 955729, 955769, 955777, 955781, 955793,
955807, 955813, 955819, 955841, 955853, 955879, 955883, 955891,
955901, 955919, 955937, 955939,
955951, 955957, 955963, 955967, 955987, 955991, 955993, 956003,
956051, 956057, 956083, 956107, 956113, 956119, 956143, 956147,
956177, 956231, 956237, 956261, 956269, 956273, 956281, 956303,
956311, 956341, 956353, 956357, 956377, 956383, 956387, 956393,
956399, 956401, 956429, 956477, 956503, 956513, 956521, 956569,
956587, 956617, 956633, 956689, 956699, 956713, 956723, 956749,
956759, 956789, 956801, 956831, 956843, 956849, 956861, 956881,
956903, 956909, 956929, 956941, 956951, 956953, 956987, 956993,
956999, 957031, 957037, 957041, 957043, 957059, 957071, 957091,
957097, 957107, 957109, 957119, 957133, 957139, 957161, 957169,
957181, 957193, 957211, 957221, 957241, 957247, 957263, 957289,
957317, 957331, 957337, 957349, 957361, 957403, 957409, 957413,
957419, 957431, 957433, 957499, 957529, 957547, 957553, 957557,
957563, 957587, 957599, 957601, 957611, 957641, 957643, 957659,
957701, 957703, 957709, 957721, 957731, 957751, 957769, 957773,
957811, 957821, 957823, 957851, 957871, 957877, 957889, 957917,
957937, 957949, 957953, 957959, 957977, 957991, 958007, 958021,
958039, 958043, 958049, 958051, 958057, 958063, 958121, 958123,

958141, 958159, 958163, 958183, 958193, 958213, 958259, 958261,
958289, 958313, 958319, 958327, 958333, 958339, 958343, 958351,
958357, 958361, 958367, 958369, 958381, 958393, 958423, 958439,
958459, 958481, 958487, 958499, 958501, 958519, 958523, 958541,
958543, 958547, 958549, 958553, 958577, 958609, 958627, 958637,
958667, 958669, 958673, 958679, 958687, 958693, 958729, 958739,
958777, 958787, 958807, 958819, 958829, 958843, 958849, 958871,
958877, 958883, 958897, 958901, 958921, 958931, 958933, 958957,
958963, 958967, 958973, 959009, 959083, 959093, 959099, 959131,
959143, 959149, 959159, 959173, 959183, 959207, 959209, 959219,
959227, 959237, 959263, 959267, 959269, 959279, 959323, 959333,
959339, 959351, 959363, 959369, 959377, 959383, 959389, 959449,
959461, 959467, 959471, 959473, 959477, 959479, 959489, 959533,
959561, 959579, 959597, 959603, 959617, 959627, 959659, 959677,
959681, 959689, 959719, 959723, 959737, 959759, 959773, 959779,
959801, 959809, 959831, 959863, 959867, 959869, 959873, 959879,
959887, 959911, 959921, 959927, 959941, 959947, 959953, 959969,
960017, 960019, 960031, 960049, 960053, 960059, 960077, 960119,
960121, 960131, 960137, 960139, 960151, 960173, 960191, 960199,
960217, 960229, 960251, 960259, 960293, 960299, 960329, 960331,
960341, 960353, 960373, 960383, 960389, 960419, 960467, 960493,
960497, 960499, 960521, 960523, 960527, 960569, 960581, 960587,
960593, 960601, 960637, 960643, 960647, 960649, 960667, 960677,
960691, 960703, 960709, 960737, 960763, 960793, 960803, 960809,
960829, 960833, 960863, 960889, 960931, 960937, 960941, 960961,
960977, 960983, 960989, 960991, 961003, 961021, 961033, 961063,
961067, 961069, 961073, 961087, 961091, 961097, 961099, 961109,
961117, 961123, 961133, 961139, 961141, 961151, 961157, 961159,
961183, 961187, 961189, 961201, 961241, 961243, 961273, 961277,
961283, 961313, 961319, 961339, 961393, 961397, 961399, 961427,
961447, 961451, 961453, 961459, 961487, 961507, 961511, 961529,
961531, 961547, 961549, 961567, 961601, 961613, 961619, 961627,
961633, 961637, 961643, 961657, 961661, 961663, 961679, 961687,
961691, 961703, 961729, 961733, 961739, 961747, 961757, 961769,
961777, 961783, 961789, 961811, 961813, 961817, 961841, 961847,
961853, 961861, 961871, 961879, 961927, 961937, 961943, 961957,
961973, 961981, 961991, 961993, 962009, 962011, 962033, 962041,
962051, 962063, 962077, 962099, 962119, 962131, 962161, 962177,
962197, 962233, 962237, 962243, 962257, 962267, 962303, 962309,
962341, 962363, 962413, 962417, 962431, 962441, 962447, 962459,
962461, 962471, 962477, 962497, 962503, 962509, 962537, 962543,
962561, 962569, 962587, 962603, 962609, 962617, 962623, 962627,
962653, 962669, 962671, 962677, 962681, 962683, 962737, 962743,
962747, 962779, 962783, 962789, 962791, 962807, 962837, 962839,
962861, 962867, 962869, 962903, 962909, 962911, 962921, 962959,
962963, 962971, 962993, 963019, 963031, 963043, 963047, 963097,
963103, 963121, 963143, 963163, 963173, 963181, 963187, 963191,
963211, 963223, 963227, 963239, 963241, 963253, 963283, 963299,

    Die ersten hunderttausend Primzahlen

963301, 963311, 963323, 963331, 963341, 963343, 963349, 963367,
963379, 963397, 963419, 963427, 963461, 963481, 963491, 963497,
963499, 963559, 963581, 963601, 963607, 963629, 963643, 963653,
963659, 963667, 963689, 963691, 963701, 963707, 963709, 963719,
963731, 963751, 963761, 963763, 963779, 963793, 963799, 963811,
963817, 963839, 963841, 963847, 963863, 963871, 963877, 963899,
963901, 963913, 963943, 963973, 963979, 964009, 964021, 964027,
964039, 964049, 964081, 964097, 964133, 964151, 964153, 964199,
964207, 964213, 964217, 964219, 964253, 964259, 964261, 964267,
964283, 964289, 964297, 964303, 964309, 964333, 964339, 964351,
964357, 964363, 964373, 964417, 964423, 964433, 964463, 964499,
964501, 964507, 964517, 964519, 964531, 964559, 964571, 964577,
964583, 964589, 964609, 964637, 964661, 964679, 964693, 964697,
964703, 964721, 964753, 964757, 964783, 964787, 964793, 964823,
964829, 964861, 964871, 964879, 964883, 964889, 964897, 964913,
964927, 964933, 964939, 964967, 964969, 964973, 964981, 965023,
965047, 965059, 965087, 965089, 965101, 965113, 965117, 965131,
965147, 965161, 965171, 965177, 965179, 965189, 965191, 965197,
965201, 965227, 965233, 965249, 965267, 965291, 965303, 965317,
965329, 965357, 965369, 965399, 965401, 965407, 965411, 965423,
965429, 965443, 965453, 965467, 965483, 965491, 965507, 965519,
965533, 965551, 965567, 965603, 965611, 965621, 965623, 965639,
965647, 965659, 965677, 965711, 965749, 965759, 965773, 965777,
965779, 965791, 965801, 965843, 965851, 965857, 965893, 965927,
965953, 965963, 965969, 965983, 965989, 966011, 966013, 966029,
966041, 966109, 966113, 966139, 966149, 966157, 966191, 966197,
966209, 966211, 966221, 966227, 966233, 966241, 966257, 966271,
966293, 966307, 966313, 966319, 966323, 966337, 966347, 966353,
966373, 966377, 966379, 966389, 966401, 966409, 966419, 966431,
966439, 966463, 966481, 966491, 966499, 966509, 966521, 966527,
966547, 966557, 966583, 966613, 966617, 966619, 966631, 966653,
966659, 966661, 966677, 966727, 966751, 966781, 966803, 966817,
966863, 966869, 966871, 966883, 966893, 966907, 966913, 966919,
966923, 966937, 966961, 966971, 966991, 966997, 967003, 967019,
967049, 967061, 967111, 967129, 967139, 967171, 967201, 967229,
967259, 967261, 967289, 967297, 967319, 967321, 967327, 967333,
967349, 967361, 967363, 967391, 967397, 967427, 967429, 967441,
967451, 967459, 967481, 967493, 967501, 967507, 967511, 967529,
967567, 967583, 967607, 967627, 967663, 967667, 967693, 967699,
967709, 967721, 967739, 967751, 967753, 967763, 967781, 967787,
967819, 967823, 967831, 967843, 967847, 967859, 967873, 967877,
967903, 967919, 967931, 967937, 967951, 967961, 967979, 967999,
968003, 968017, 968021, 968027, 968041, 968063, 968089, 968101,
968111, 968113, 968117, 968137, 968141, 968147, 968159, 968173,
968197, 968213, 968237, 968239, 968251, 968263, 968267, 968273,
968291, 968299, 968311, 968321, 968329, 968333, 968353, 968377,
968381, 968389, 968419, 968423, 968431, 968437, 968459, 968467,
968479, 968501, 968503, 968519, 968521, 968537, 968557, 968567,

968573, 968593, 968641, 968647, 968659, 968663, 968689, 968699,
968713, 968729, 968731, 968761, 968801, 968809, 968819, 968827,
968831, 968857, 968879, 968897, 968909, 968911, 968917, 968939,
968959, 968963, 968971, 969011, 969037, 969041, 969049, 969071,
969083, 969097, 969109, 969113, 969131, 969139, 969167, 969179,
969181, 969233, 969239, 969253, 969257, 969259, 969271, 969301,
969341, 969343, 969347, 969359, 969377, 969403, 969407, 969421,
969431, 969433, 969443, 969457, 969461, 969467, 969481, 969497,
969503, 969509, 969533, 969559, 969569, 969593, 969599, 969637,
969641, 969667, 969671, 969677, 969679, 969713, 969719, 969721,
969743, 969757, 969763, 969767, 969791, 969797, 969809, 969821,
969851, 969863, 969869, 969877, 969889, 969907, 969911, 969919,
969923, 969929, 969977, 969989, 970027, 970031, 970043, 970051,
970061, 970063, 970069, 970087, 970091, 970111, 970133, 970147,
970201, 970213, 970217, 970219, 970231, 970237, 970247, 970259,
970261, 970267, 970279, 970297, 970303, 970313, 970351, 970391,
970421, 970423, 970433, 970441, 970447, 970457, 970469, 970481,
970493, 970537, 970549, 970561, 970573, 970583, 970603, 970633,
970643, 970657, 970667, 970687, 970699, 970721, 970747, 970777,
970787, 970789, 970793, 970799, 970813, 970817, 970829, 970847,
970859, 970861, 970867, 970877, 970883, 970903, 970909, 970927,
970939, 970943, 970961, 970967, 970969, 970987, 970997, 970999,
971021, 971027, 971029, 971039, 971051, 971053, 971063, 971077,
971093, 971099, 971111, 971141, 971143, 971149, 971153, 971171,
971177, 971197, 971207, 971237, 971251, 971263, 971273, 971279,
971281, 971291, 971309, 971339, 971353, 971357, 971371, 971381,
971387, 971389, 971401, 971419, 971429, 971441, 971473, 971479,
971483, 971491, 971501, 971513, 971521, 971549, 971561, 971563,
971569, 971591, 971639, 971651, 971653, 971683, 971693, 971699,
971713, 971723, 971753, 971759, 971767, 971783, 971821, 971833,
971851, 971857, 971863, 971899, 971903, 971917, 971921, 971933,
971939, 971951, 971959, 971977, 971981, 971989, 972001, 972017,
972029, 972031, 972047, 972071, 972079, 972091, 972113, 972119,
972121, 972131, 972133, 972137, 972161, 972163, 972197, 972199,
972221, 972227, 972229, 972259, 972263, 972271, 972277, 972313,
972319, 972329, 972337, 972343, 972347, 972353, 972373, 972403,
972407, 972409, 972427, 972431,
972443, 972469, 972473, 972481, 972493, 972533, 972557, 972577,
972581, 972599, 972611, 972613, 972623, 972637, 972649, 972661,
972679, 972683, 972701, 972721, 972787, 972793, 972799, 972823,
972827, 972833, 972847, 972869, 972887, 972899, 972901, 972941,
972943, 972967, 972977, 972991, 973001, 973003, 973031, 973033,
973051, 973057, 973067, 973069, 973073, 973081, 973099, 973129,
973151, 973169, 973177, 973187, 973213, 973253, 973277, 973279,
973283, 973289, 973321, 973331, 973333, 973367, 973373, 973387,
973397, 973409, 973411, 973421, 973439, 973459, 973487, 973523,
973529, 973537, 973547, 973561, 973591, 973597, 973631, 973657,
973669, 973681, 973691, 973727, 973757, 973759, 973781, 973787,

     Die ersten hunderttausend Primzahlen

973789, 973801, 973813, 973823, 973837, 973853, 973891, 973897,
973901, 973919, 973957, 974003, 974009, 974033, 974041, 974053,
974063, 974089, 974107, 974123, 974137, 974143, 974147, 974159,
974161, 974167, 974177, 974179, 974189, 974213, 974249, 974261,
974269, 974273, 974279, 974293, 974317, 974329, 974359, 974383,
974387, 974401, 974411, 974417, 974419, 974431, 974437, 974443,
974459, 974473, 974489, 974497, 974507, 974513, 974531, 974537,
974539, 974551, 974557, 974563, 974581, 974591, 974599, 974651,
974653, 974657, 974707, 974711, 974713, 974737, 974747, 974749,
974761, 974773, 974803, 974819, 974821, 974837, 974849, 974861,
974863, 974867, 974873, 974879, 974887, 974891, 974923, 974927,
974957, 974959, 974969, 974971, 974977, 974983, 974989, 974999,
975011, 975017, 975049, 975053, 975071, 975083, 975089, 975133,
975151, 975157, 975181, 975187, 975193, 975199, 975217, 975257,
975259, 975263, 975277, 975281, 975287, 975313, 975323, 975343,
975367, 975379, 975383, 975389, 975421, 975427, 975433, 975439,
975463, 975493, 975497, 975509, 975521, 975523, 975551, 975553,
975581, 975599, 975619, 975629, 975643, 975649, 975661, 975671,
975691, 975701, 975731, 975739, 975743, 975797, 975803, 975811,
975823, 975827, 975847, 975857, 975869, 975883, 975899, 975901,
975907, 975941, 975943, 975967, 975977, 975991, 976009, 976013,
976033, 976039, 976091, 976093, 976103, 976109, 976117, 976127,
976147, 976177, 976187, 976193, 976211, 976231, 976253, 976271,
976279, 976301, 976303, 976307, 976309, 976351, 976369, 976403,
976411, 976439, 976447, 976453, 976457, 976471, 976477, 976483,
976489, 976501, 976513, 976537, 976553, 976559, 976561, 976571,
976601, 976607, 976621, 976637, 976639, 976643, 976669, 976699,
976709, 976721, 976727, 976777, 976799, 976817, 976823, 976849,
976853, 976883, 976909, 976919, 976933, 976951, 976957, 976991,
977021, 977023, 977047, 977057, 977069, 977087, 977107, 977147,
977149, 977167, 977183, 977191, 977203, 977209, 977233, 977239,
977243, 977257, 977269, 977299, 977323, 977351, 977357, 977359,
977363, 977369, 977407, 977411, 977413, 977437, 977447, 977507,
977513, 977521, 977539, 977567, 977591, 977593, 977609, 977611,
977629, 977671, 977681, 977693, 977719, 977723, 977747, 977761,
977791, 977803, 977813, 977819, 977831, 977849, 977861, 977881,
977897, 977923, 977927, 977971, 978001, 978007, 978011, 978017,
978031, 978037, 978041, 978049, 978053, 978067, 978071, 978073,
978077, 978079, 978091, 978113, 978149, 978151, 978157, 978179,
978181, 978203, 978209, 978217, 978223, 978233, 978239, 978269,
978277, 978283, 978287, 978323, 978337, 978343, 978347, 978349,
978359, 978389, 978403, 978413, 978427, 978449, 978457, 978463,
978473, 978479, 978491, 978511, 978521, 978541, 978569, 978599,
978611, 978617, 978619, 978643, 978647, 978683, 978689, 978697,
978713, 978727, 978743, 978749, 978773, 978797, 978799, 978821,
978839, 978851, 978853, 978863, 978871, 978883, 978907, 978917,
978931, 978947, 978973, 978997, 979001, 979009, 979031, 979037,
979061, 979063, 979093, 979103, 979109, 979117, 979159, 979163,

979171, 979177, 979189, 979201, 979207, 979211, 979219, 979229,
979261, 979273, 979283, 979291, 979313, 979327, 979333, 979337,
979343, 979361, 979369, 979373, 979379, 979403, 979423, 979439,
979457, 979471, 979481, 979519, 979529, 979541, 979543, 979549,
979553, 979567, 979651, 979691, 979709, 979717, 979747, 979757,
979787, 979807, 979819, 979831, 979873, 979883, 979889, 979907,
979919, 979921, 979949, 979969, 979987, 980027, 980047, 980069,
980071, 980081, 980107, 980117, 980131, 980137, 980149, 980159,
980173, 980179, 980197, 980219, 980249, 980261, 980293, 980299,
980321, 980327, 980363, 980377, 980393, 980401, 980417, 980423,
980431, 980449, 980459, 980471, 980489, 980491, 980503, 980549,
980557, 980579, 980587, 980591, 980593, 980599, 980621, 980641,
980677, 980687, 980689, 980711, 980717, 980719, 980729, 980731,
980773, 980801, 980803, 980827, 980831, 980851, 980887, 980893,
980897, 980899, 980909, 980911, 980921, 980957, 980963, 980999,
981011, 981017, 981023, 981037, 981049, 981061, 981067, 981073,
981077, 981091, 981133, 981137, 981139, 981151, 981173, 981187,
981199, 981209, 981221, 981241, 981263, 981271, 981283, 981287,
981289, 981301, 981311, 981319, 981373, 981377, 981391, 981397,
981419, 981437, 981439, 981443, 981451, 981467, 981473, 981481,
981493, 981517, 981523, 981527, 981569, 981577, 981587, 981599,
981601, 981623, 981637, 981653, 981683, 981691, 981697, 981703,
981707, 981713, 981731, 981769, 981797, 981809, 981811, 981817,
981823, 981887, 981889, 981913, 981919, 981941, 981947, 981949,
981961, 981979, 981983, 982021, 982057, 982061, 982063, 982067,
982087, 982097, 982099, 982103, 982117, 982133, 982147, 982151,
982171, 982183, 982187, 982211, 982213, 982217, 982231, 982271,
982273, 982301, 982321, 982337, 982339, 982343, 982351, 982363,
982381, 982393, 982403, 982453, 982489, 982493, 982559, 982571,
982573, 982577, 982589, 982603, 982613, 982621, 982633, 982643,
982687, 982693, 982697, 982703, 982741, 982759, 982769, 982777,
982783, 982789, 982801, 982819, 982829, 982841, 982843, 982847,
982867, 982871, 982903, 982909, 982931, 982939, 982967, 982973,
982981, 983063, 983069, 983083, 983113, 983119, 983123, 983131,
983141, 983149, 983153, 983173, 983179, 983189, 983197, 983209,
983233, 983239, 983243, 983261, 983267, 983299, 983317, 983327,
983329, 983347, 983363, 983371, 983377, 983407, 983429, 983431,
983441, 983443, 983447, 983449, 983461, 983491, 983513, 983519,
983527, 983531, 983533, 983557, 983579, 983581, 983597, 983617,
983659, 983699, 983701, 983737, 983771, 983777, 983783, 983789,
983791, 983803, 983809, 983813, 983819, 983849, 983861, 983863,
983881, 983911, 983923, 983929, 983951, 983987, 983993, 984007,
984017, 984037, 984047, 984059, 984083, 984091, 984119, 984121,
984127, 984149, 984167, 984199, 984211, 984241, 984253, 984299,
984301, 984307, 984323, 984329, 984337, 984341, 984349, 984353,
984359, 984367, 984383, 984391, 984397, 984407, 984413, 984421,
984427, 984437, 984457, 984461, 984481, 984491, 984497, 984539,
984541, 984563, 984583, 984587, 984593, 984611, 984617, 984667,

984689, 984701, 984703, 984707, 984733, 984749, 984757, 984761,
984817, 984847, 984853, 984859, 984877, 984881, 984911, 984913,
984917, 984923, 984931, 984947, 984959, 985003, 985007, 985013,
985027, 985057, 985063, 985079, 985097, 985109, 985121, 985129,
985151, 985177, 985181, 985213, 985219, 985253, 985277, 985279,
985291, 985301, 985307, 985331, 985339, 985351, 985379, 985399,
985403, 985417, 985433, 985447, 985451, 985463, 985471, 985483,
985487, 985493, 985499, 985519, 985529, 985531, 985547, 985571,
985597, 985601, 985613, 985631, 985639, 985657, 985667, 985679,
985703, 985709, 985723, 985729, 985741, 985759, 985781, 985783,
985799, 985807, 985819, 985867, 985871, 985877, 985903, 985921,
985937, 985951, 985969, 985973, 985979, 985981, 985991, 985993,
985997, 986023, 986047, 986053, 986071, 986101, 986113, 986131,
986137, 986143, 986147, 986149, 986177, 986189, 986191, 986197,
986207, 986213, 986239, 986257, 986267, 986281, 986287, 986333,
986339, 986351, 986369, 986411, 986417, 986429, 986437, 986471,
986477, 986497, 986507, 986509, 986519, 986533, 986543, 986563,
986567, 986569, 986581, 986593, 986597, 986599, 986617, 986633,
986641, 986659, 986693, 986707, 986717, 986719, 986729, 986737,
986749, 986759, 986767, 986779, 986801, 986813, 986819, 986837,
986849, 986851, 986857, 986903, 986927, 986929, 986933, 986941,
986959, 986963, 986981, 986983, 986989, 987013, 987023, 987029,
987043, 987053, 987061, 987067, 987079, 987083, 987089, 987097,
987101, 987127, 987143, 987191, 987193, 987199, 987209, 987211,
987227, 987251, 987293, 987299, 987313, 987353, 987361, 987383,
987391, 987433, 987457, 987463, 987473, 987491, 987509, 987523,
987533, 987541, 987559, 987587, 987593, 987599, 987607, 987631,
987659, 987697, 987713, 987739, 987793, 987797, 987803, 987809,
987821, 987851, 987869, 987911, 987913, 987929, 987941, 987971,
987979, 987983, 987991, 987997, 988007, 988021, 988033, 988051,
988061, 988067, 988069, 988093, 988109, 988111, 988129, 988147,
988157, 988199, 988213, 988217, 988219, 988231, 988237, 988243,
988271, 988279, 988297, 988313, 988319, 988321, 988343, 988357,
988367, 988409, 988417, 988439, 988453, 988459, 988483, 988489,
988501, 988511, 988541, 988549, 988571, 988577, 988579, 988583,
988591, 988607, 988643, 988649, 988651, 988661, 988681, 988693,
988711, 988727, 988733, 988759, 988763, 988783, 988789, 988829,
988837, 988849, 988859, 988861, 988877, 988901, 988909, 988937,
988951, 988963, 988979, 989011, 989029, 989059, 989071, 989081,
989099, 989119, 989123, 989171, 989173, 989231, 989239, 989249,
989251, 989279, 989293, 989309, 989321, 989323, 989327, 989341,
989347, 989353, 989377, 989381, 989411, 989419, 989423, 989441,
989467, 989477, 989479, 989507, 989533, 989557, 989561, 989579,
989581, 989623, 989629, 989641, 989647, 989663, 989671, 989687,
989719, 989743,
 989749, 989753, 989761, 989777, 989783, 989797, 989803,
989827, 989831, 989837, 989839, 989869, 989873, 989887, 989909,
989917, 989921, 989929, 989939, 989951, 989959, 989971, 989977,

989981, 989999, 990001, 990013, 990023, 990037, 990043, 990053,
990137, 990151, 990163, 990169, 990179, 990181, 990211, 990239,
990259, 990277, 990281, 990287, 990289, 990293, 990307, 990313,
990323, 990329, 990331, 990349, 990359, 990361, 990371, 990377,
990383, 990389, 990397, 990463, 990469, 990487, 990497, 990503,
990511, 990523, 990529, 990547, 990559, 990589, 990593, 990599,
990631, 990637, 990643, 990673, 990707, 990719, 990733, 990761,
990767, 990797, 990799, 990809, 990841, 990851, 990881, 990887,
990889, 990893, 990917, 990923, 990953, 990961, 990967, 990973,
990989, 991009, 991027, 991031, 991037, 991043, 991057, 991063,
991069, 991073, 991079, 991091, 991127, 991129, 991147, 991171,
991181, 991187, 991201, 991217, 991223, 991229, 991261, 991273,
991313, 991327, 991343, 991357, 991381, 991387, 991409, 991427,
991429, 991447, 991453, 991483, 991493, 991499, 991511, 991531,
991541, 991547, 991567, 991579, 991603, 991607, 991619, 991621,
991633, 991643, 991651, 991663, 991693, 991703, 991717, 991723,
991733, 991741, 991751, 991777, 991811, 991817, 991867, 991871,
991873, 991883, 991889, 991901, 991909, 991927, 991931, 991943,
991951, 991957, 991961, 991973, 991979, 991981, 991987, 991999,
992011, 992021, 992023, 992051, 992087, 992111, 992113, 992129,
992141, 992153, 992179, 992183, 992219, 992231, 992249, 992263,
992267, 992269, 992281, 992309, 992317, 992357, 992359, 992363,
992371, 992393, 992417, 992429, 992437, 992441, 992449, 992461,
992513, 992521, 992539, 992549, 992561, 992591, 992603, 992609,
992623, 992633, 992659, 992689, 992701, 992707, 992723, 992737,
992777, 992801, 992809, 992819, 992843, 992857, 992861, 992863,
992867, 992891, 992903, 992917, 992923, 992941, 992947, 992963,
992983, 993001, 993011, 993037, 993049, 993053, 993079, 993103,
993107, 993121, 993137, 993169, 993197, 993199, 993203, 993211,
993217, 993233, 993241, 993247, 993253, 993269, 993283, 993287,
993319, 993323, 993341, 993367, 993397, 993401, 993407, 993431,
993437, 993451, 993467, 993479, 993481, 993493, 993527, 993541,
993557, 993589, 993611, 993617, 993647, 993679, 993683, 993689,
993703, 993763, 993779, 993781, 993793, 993821, 993823, 993827,
993841, 993851, 993869, 993887, 993893, 993907, 993913, 993919,
993943, 993961, 993977, 993983, 993997, 994013, 994027, 994039,
994051, 994067, 994069, 994073, 994087, 994093, 994141, 994163,
994181, 994183, 994193, 994199, 994229, 994237, 994241, 994247,
994249, 994271, 994297, 994303, 994307, 994309, 994319, 994321,
994337, 994339, 994363, 994369, 994391, 994393, 994417, 994447,
994453, 994457, 994471, 994489, 994501, 994549, 994559, 994561,
994571, 994579, 994583, 994603, 994621, 994657, 994663, 994667,
994691, 994699, 994709, 994711, 994717, 994723, 994751, 994769,
994793, 994811, 994813, 994817, 994831, 994837, 994853, 994867,
994871, 994879, 994901, 994907, 994913, 994927, 994933, 994949,
994963, 994991, 994997, 995009, 995023, 995051, 995053, 995081,
995117, 995119, 995147, 995167, 995173, 995219, 995227, 995237,
995243, 995273, 995303, 995327, 995329, 995339, 995341, 995347,

995363, 995369, 995377, 995381, 995387, 995399, 995431, 995443,
995447, 995461, 995471, 995513, 995531, 995539, 995549, 995551,
995567, 995573, 995587, 995591, 995593, 995611, 995623, 995641,
995651, 995663, 995669, 995677, 995699, 995713, 995719, 995737,
995747, 995783, 995791, 995801, 995833, 995881, 995887, 995903,
995909, 995927, 995941, 995957, 995959, 995983, 995987, 995989,
996001, 996011, 996019, 996049, 996067, 996103, 996109, 996119,
996143, 996157, 996161, 996167, 996169, 996173, 996187, 996197,
996209, 996211, 996253, 996257, 996263, 996271, 996293, 996301,
996311, 996323, 996329, 996361, 996367, 996403, 996407, 996409,
996431, 996461, 996487, 996511, 996529, 996539, 996551, 996563,
996571, 996599, 996601, 996617, 996629, 996631, 996637, 996647,
996649, 996689, 996703, 996739, 996763, 996781, 996803, 996811,
996841, 996847, 996857, 996859, 996871, 996881, 996883, 996887,
996899, 996953, 996967, 996973, 996979, 997001, 997013, 997019,
997021, 997037, 997043, 997057, 997069, 997081, 997091, 997097,
997099, 997103, 997109, 997111, 997121, 997123, 997141, 997147,
997151, 997153, 997163, 997201, 997207, 997219, 997247, 997259,
997267, 997273, 997279, 997307, 997309, 997319, 997327, 997333,
997343, 997357, 997369, 997379, 997391, 997427, 997433, 997439,
997453, 997463, 997511, 997541, 997547, 997553, 997573, 997583,
997589, 997597, 997609, 997627, 997637, 997649, 997651, 997663,
997681, 997693, 997699, 997727, 997739, 997741, 997751, 997769,
997783, 997793, 997807, 997811, 997813, 997877, 997879, 997889,
997891, 997897, 997933, 997949, 997961, 997963, 997973, 997991,
998009, 998017, 998027, 998029, 998069, 998071, 998077, 998083,
998111, 998117, 998147, 998161, 998167, 998197, 998201, 998213,
998219, 998237, 998243, 998273, 998281, 998287, 998311, 998329,
998353, 998377, 998381, 998399, 998411, 998419, 998423, 998429,
998443, 998471, 998497, 998513, 998527, 998537, 998539, 998551,
998561, 998617, 998623, 998629, 998633, 998651, 998653, 998681,
998687, 998689, 998717, 998737, 998743, 998749, 998759, 998779,
998813, 998819, 998831, 998839, 998843, 998857, 998861, 998897,
998909, 998917, 998927, 998941, 998947, 998951, 998957, 998969,
998983, 998989, 999007, 999023, 999029, 999043, 999049, 999067,
999083, 999091, 999101, 999133, 999149, 999169, 999181, 999199,
999217, 999221, 999233, 999239, 999269, 999287, 999307, 999329,
999331, 999359, 999371, 999377, 999389, 999431, 999433, 999437,
999451, 999491, 999499, 999521, 999529, 999541, 999553, 999563,
999599, 999611, 999613, 999623, 999631, 999653, 999667, 999671,
999683, 999721, 999727, 999749, 999763, 999769, 999773, 999809,
999853, 999863, 999883, 999907, 999917, 999931, 999953,
999959, 999961, 999979, 999983, 1000003, 1000033, 1000037,
1000039, 1000081, 1000099, 1000117, 1000121, 1000133, 1000151,
1000159, 1000171, 1000183, 1000187, 1000193, 1000199, 1000211,
1000213, 1000231, 1000249, 1000253, 1000273, 1000289, 1000291,
1000303, 1000313, 1000333, 1000357, 1000367, 1000381, 1000393,
1000397, 1000403, 1000409, 1000423, 1000427, 1000429, 1000453,

1000457, 1000507, 1000537, 1000541, 1000547, 1000577, 1000579,
1000589, 1000609, 1000619, 1000621, 1000639, 1000651, 1000667,
1000669, 1000679, 1000691, 1000697, 1000721, 1000723, 1000763,
1000777, 1000793, 1000829, 1000847, 1000849, 1000859, 1000861,
1000889, 1000907, 1000919, 1000921, 1000931, 1000969, 1000973,
1000981, 1000999, 1001003, 1001017, 1001023, 1001027, 1001041,
1001069, 1001081, 1001087, 1001089, 1001093, 1001107, 1001123,
1001153, 1001159, 1001173, 1001177, 1001191, 1001197, 1001219,
1001237, 1001267, 1001279, 1001291, 1001303, 1001311, 1001321,
1001323, 1001327, 1001347, 1001353, 1001369, 1001381, 1001387,
1001389, 1001401, 1001411, 1001431, 1001447, 1001459, 1001467,
1001491, 1001501, 1001527, 1001531, 1001549, 1001551, 1001563,
1001569, 1001587, 1001593, 1001621, 1001629, 1001639, 1001659,
1001669, 1001683, 1001687, 1001713, 1001723, 1001743, 1001783,
1001797, 1001801, 1001807, 1001809, 1001821, 1001831, 1001839,
1001911, 1001933, 1001941, 1001947, 1001953, 1001977, 1001981,
1001983, 1001989, 1002017, 1002049, 1002061, 1002073, 1002077,
1002083, 1002091, 1002101, 1002109, 1002121, 1002143, 1002149,
1002151, 1002173, 1002191, 1002227, 1002241, 1002247, 1002257,
1002259, 1002263, 1002289, 1002299, 1002341, 1002343, 1002347,
1002349, 1002359, 1002361, 1002377, 1002403, 1002427, 1002433,
1002451, 1002457, 1002467, 1002481, 1002487, 1002493, 1002503,
1002511, 1002517, 1002523, 1002527, 1002553, 1002569, 1002577,
1002583, 1002619, 1002623, 1002647, 1002653, 1002679, 1002709,
1002713, 1002719, 1002721, 1002739, 1002751, 1002767, 1002769,
1002773, 1002787, 1002797, 1002809, 1002817, 1002821, 1002851,
1002853, 1002857, 1002863, 1002871, 1002887, 1002893, 1002899,
1002913, 1002917, 1002929, 1002931, 1002973, 1002979, 1003001,
1003003, 1003019, 1003039, 1003049, 1003087, 1003091, 1003097,
1003103, 1003109, 1003111, 1003133, 1003141, 1003193, 1003199,
1003201, 1003241, 1003259, 1003273, 1003279, 1003291, 1003307,
1003337, 1003349, 1003351, 1003361, 1003363, 1003367, 1003369,
1003381, 1003397, 1003411, 1003417, 1003433, 1003463, 1003469,
1003507, 1003517, 1003543, 1003549, 1003589, 1003601, 1003609,
1003619, 1003621, 1003627, 1003631, 1003679, 1003693, 1003711,
1003729, 1003733, 1003741, 1003747, 1003753, 1003757, 1003763,
1003771, 1003787, 1003817, 1003819, 1003841, 1003879, 1003889,
1003897, 1003907, 1003909, 1003913, 1003931, 1003943, 1003957,
1003963, 1004027, 1004033, 1004053, 1004057, 1004063, 1004077,
1004089, 1004117, 1004119, 1004137, 1004141, 1004161, 1004167,
1004209, 1004221, 1004233, 1004273, 1004279, 1004287, 1004293,
1004303, 1004317, 1004323, 1004363, 1004371, 1004401, 1004429,
1004441, 1004449, 1004453, 1004461, 1004477, 1004483, 1004501,
1004527, 1004537, 1004551, 1004561, 1004567, 1004599, 1004651,
1004657, 1004659, 1004669, 1004671, 1004677, 1004687, 1004723,
1004737, 1004743, 1004747, 1004749, 1004761, 1004779, 1004797,
1004873, 1004903, 1004911, 1004917, 1004963, 1004977, 1004981,
1004987, 1005007, 1005013, 1005019, 1005029, 1005041, 1005049,

    Die ersten hunderttausend Primzahlen

1005071, 1005073, 1005079, 1005101, 1005107, 1005131, 1005133,
1005143, 1005161, 1005187, 1005203, 1005209, 1005217, 1005223,
1005229, 1005239, 1005241, 1005269, 1005287, 1005293, 1005313,
1005317, 1005331, 1005349, 1005359, 1005371, 1005373, 1005391,
1005409, 1005413, 1005427, 1005437, 1005439, 1005457, 1005467,
1005481, 1005493, 1005503, 1005527, 1005541, 1005551, 1005553,
1005581, 1005593, 1005617, 1005619, 1005637, 1005643, 1005647,
1005661, 1005677, 1005679, 1005701, 1005709, 1005751, 1005761,
1005821, 1005827, 1005833, 1005883, 1005911, 1005913, 1005931,
1005937, 1005959, 1005971, 1005989, 1006003, 1006007, 1006021,
1006037, 1006063, 1006087, 1006091, 1006123, 1006133, 1006147,
1006151, 1006153, 1006163, 1006169, 1006171, 1006177, 1006189,
1006193, 1006217, 1006219, 1006231, 1006237, 1006241, 1006249,
1006253, 1006267, 1006279, 1006301, 1006303, 1006307, 1006309,
1006331, 1006333, 1006337, 1006339, 1006351, 1006361, 1006367,
1006391, 1006393, 1006433, 1006441, 1006463, 1006469, 1006471,
1006493, 1006507, 1006513, 1006531, 1006543, 1006547, 1006559,
1006583, 1006589, 1006609, 1006613, 1006633, 1006637, 1006651,
1006711, 1006721, 1006739, 1006751, 1006769, 1006781, 1006783,
1006799, 1006847, 1006853, 1006861, 1006877, 1006879, 1006883,
1006891, 1006897, 1006933, 1006937, 1006949, 1006969, 1006979,
1006987, 1006991, 1007021, 1007023, 1007047, 1007059, 1007081,
1007089, 1007099, 1007117, 1007119, 1007129, 1007137, 1007161,
1007173, 1007179, 1007203, 1007231, 1007243, 1007249, 1007297,
1007299, 1007309, 1007317, 1007339, 1007353, 1007359, 1007381,
1007387, 1007401, 1007417, 1007429, 1007441, 1007459, 1007467,
1007483, 1007497, 1007519, 1007527, 1007549, 1007557, 1007597,
1007599, 1007609, 1007647, 1007651, 1007681, 1007683, 1007693,
1007701, 1007711, 1007719, 1007723, 1007729, 1007731, 1007749,
1007753, 1007759, 1007767, 1007771, 1007789, 1007801, 1007807,
1007813, 1007819, 1007827, 1007857, 1007861, 1007873, 1007887,
1007891, 1007921, 1007933, 1007939, 1007957, 1007959, 1007971,
1007977, 1008001, 1008013, 1008017, 1008031, 1008037, 1008041,
1008043, 1008101, 1008131, 1008157, 1008181, 1008187, 1008193,
1008199, 1008209, 1008223, 1008229, 1008233, 1008239, 1008247,
1008257, 1008263, 1008317, 1008323, 1008331, 1008347, 1008353,
1008373, 1008379, 1008401, 1008407, 1008409, 1008419, 1008421,
1008433, 1008437, 1008451, 1008467, 1008493, 1008499, 1008503,
1008517, 1008541, 1008547, 1008563, 1008571, 1008587, 1008589,
1008607, 1008611, 1008613, 1008617, 1008659, 1008701, 1008719,
1008743, 1008773, 1008779, 1008781, 1008793, 1008809, 1008817,
1008829, 1008851, 1008853, 1008857, 1008859, 1008863, 1008871,
1008901, 1008911, 1008913, 1008923, 1008937, 1008947, 1008979,
1008983, 1008989, 1008991, 1009007, 1009037, 1009049, 1009061,
1009097, 1009121, 1009139, 1009153, 1009157, 1009159, 1009163,
1009189, 1009193, 1009199, 1009201, 1009207, 1009237, 1009243,
1009247, 1009259, 1009289, 1009291, 1009301, 1009303, 1009319,
1009321, 1009343, 1009357, 1009361, 1009369, 1009373, 1009387,

1009399, 1009417, 1009433, 1009439, 1009457, 1009483, 1009487,
1009499, 1009501, 1009507, 1009531, 1009537, 1009559, 1009573,
1009601, 1009609, 1009621, 1009627, 1009637, 1009643, 1009649,
1009651, 1009669, 1009727, 1009741, 1009747, 1009781, 1009787,
1009807, 1009819, 1009837, 1009843, 1009859, 1009873, 1009901,
1009909, 1009927, 1009937, 1009951, 1009963, 1009991, 1009993,
1009997, 1010003, 1010033, 1010069, 1010081, 1010083, 1010129,
1010131, 1010143, 1010167, 1010179, 1010201, 1010203, 1010237,
1010263, 1010291, 1010297, 1010329, 1010353, 1010357, 1010381,
1010407, 1010411, 1010419, 1010423, 1010431, 1010461, 1010467,
1010473, 1010491, 1010501, 1010509, 1010519, 1010549, 1010567,
1010579, 1010617, 1010623, 1010627, 1010671, 1010683, 1010687,
1010717, 1010719, 1010747, 1010749, 1010753, 1010759, 1010767,
1010771, 1010783, 1010791, 1010797, 1010809, 1010833, 1010843,
1010861, 1010881, 1010897, 1010899, 1010903, 1010917, 1010929,
1010957, 1010981, 1010983, 1010993, 1011001, 1011013, 1011029,
1011037, 1011067, 1011071, 1011077, 1011079, 1011091, 1011107,
1011137, 1011139, 1011163, 1011167, 1011191, 1011217, 1011221,
1011229, 1011233, 1011239, 1011271, 1011277, 1011281, 1011289,
1011331, 1011343, 1011349, 1011359, 1011371, 1011377, 1011391,
1011397, 1011407, 1011431, 1011443, 1011509, 1011539, 1011553,
1011559, 1011583, 1011587, 1011589, 1011599, 1011601, 1011631,
1011641, 1011649, 1011667, 1011671, 1011677, 1011697, 1011719,
1011733, 1011737, 1011749, 1011763, 1011779, 1011797, 1011799,
1011817, 1011827, 1011889, 1011893, 1011917, 1011937, 1011943,
1011947, 1011961, 1011973, 1011979, 1012007, 1012009, 1012031,
1012043, 1012049, 1012079, 1012087, 1012093, 1012097, 1012103,
1012133, 1012147, 1012159, 1012171, 1012183, 1012189, 1012201,
1012213, 1012217, 1012229, 1012241, 1012259, 1012261, 1012267,
1012279, 1012289, 1012307, 1012321, 1012369, 1012373, 1012379,
1012397, 1012399, 1012411, 1012421, 1012423, 1012433, 1012439,
1012447, 1012457, 1012463, 1012481, 1012489, 1012507, 1012513,
1012519, 1012523, 1012547, 1012549, 1012559, 1012573, 1012591,
1012597, 1012601, 1012619, 1012631, 1012633, 1012637, 1012657,
1012663, 1012679, 1012691, 1012699, 1012703, 1012717, 1012721,
1012733, 1012751, 1012763, 1012769, 1012771, 1012789, 1012811,
1012829, 1012831, 1012861, 1012903, 1012919, 1012931, 1012967,
1012981, 1012993, 1012997, 1013003, 1013009, 1013029, 1013041,
1013053, 1013063, 1013143, 1013153, 1013197, 1013203, 1013227,
1013237, 1013239, 1013249, 1013263, 1013267, 1013279, 1013291,
1013321, 1013329, 1013377, 1013399, 1013401, 1013429, 1013431,
1013471, 1013477, 1013501, 1013503, 1013527, 1013531, 1013533,
1013563, 1013569, 1013581, 1013603, 1013609, 1013627, 1013629,
1013641, 1013671, 1013681, 1013687, 1013699, 1013711, 1013713,
1013717, 1013729, 1013741, 1013767, 1013773, 1013791, 1013813,
1013819, 1013827, 1013833, 1013839, 1013843, 1013851, 1013879,
1013891, 1013893, 1013899, 1013921, 1013923, 1013933, 1013993,
1014007, 1014029, 1014037, 1014061, 1014089, 1014113, 1014121,

    Die ersten hunderttausend Primzahlen

1014127, 1014131, 1014137, 1014149, 1014157, 1014161, 1014173,
1014193, 1014197, 1014199, 1014229, 1014257, 1014259, 1014263,
1014287, 1014301, 1014317, 1014319, 1014331, 1014337, 1014341,
1014359, 1014361, 1014371, 1014389, 1014397, 1014451, 1014457,
1014469, 1014487, 1014493, 1014521, 1014539, 1014547, 1014557,
1014571, 1014593, 1014617, 1014631, 1014641, 1014649, 1014677,
1014697, 1014719, 1014721, 1014731, 1014743, 1014749, 1014763,
1014779, 1014787, 1014817, 1014821, 1014833, 1014863, 1014869,
1014877, 1014887, 1014889, 1014907, 1014941, 1014953, 1014973,
1014989, 1015009, 1015039, 1015043, 1015051, 1015057, 1015061,
1015067, 1015073, 1015081, 1015093, 1015097, 1015123, 1015127,
1015139, 1015159, 1015163, 1015171, 1015199, 1015207, 1015277,
1015309, 1015349, 1015361, 1015363, 1015367, 1015369, 1015403,
1015409, 1015423, 1015433, 1015451, 1015453, 1015459, 1015463,
1015471, 1015481, 1015499, 1015501, 1015507, 1015517, 1015523,
1015541, 1015549, 1015559, 1015561, 1015571, 1015601, 1015603,
1015627, 1015661, 1015691, 1015697, 1015709, 1015723, 1015727,
1015739, 1015747, 1015753, 1015769, 1015813, 1015823, 1015829,
1015843, 1015853, 1015871, 1015877, 1015891, 1015897, 1015907,
1015913, 1015919, 1015967, 1015981, 1015991, 1016009, 1016011,
1016023, 1016027, 1016033, 1016051, 1016053, 1016069, 1016083,
1016089, 1016111, 1016123, 1016137, 1016143, 1016153, 1016159,
1016173, 1016201, 1016203, 1016221, 1016227, 1016231, 1016237,
1016263, 1016303, 1016339, 1016341, 1016357, 1016359, 1016371,
1016399, 1016401, 1016419, 1016423, 1016441, 1016453, 1016489,
1016497, 1016527, 1016567, 1016569, 1016573, 1016581, 1016597,
1016599, 1016611, 1016621, 1016641, 1016663, 1016681, 1016689,
1016731, 1016737, 1016749, 1016773, 1016777, 1016783, 1016789,
1016839, 1016843, 1016849, 1016879, 1016881, 1016891, 1016909,
1016921, 1016927, 1016929, 1016941, 1016947, 1016959, 1016971,
1017007, 1017011, 1017031, 1017041, 1017043, 1017061, 1017077,
1017097, 1017119, 1017131, 1017139, 1017157, 1017173, 1017179,
1017193, 1017199, 1017209, 1017227, 1017277, 1017293, 1017299,
1017301, 1017307, 1017311, 1017319, 1017323, 1017329, 1017347,
1017353, 1017361, 1017371, 1017377, 1017383, 1017391, 1017437,
1017439, 1017449, 1017473, 1017479, 1017481, 1017539, 1017551,
1017553, 1017559, 1017607, 1017613, 1017617, 1017623, 1017647,
1017649, 1017673, 1017683, 1017703, 1017713, 1017719, 1017721,
1017749, 1017781, 1017787, 1017799, 1017817, 1017827, 1017847,
1017851, 1017857, 1017859, 1017881, 1017889, 1017923, 1017953,
1017959, 1017997, 1018007, 1018019, 1018021, 1018057, 1018091,
1018097, 1018109, 1018123, 1018177, 1018201, 1018207, 1018217,
1018223, 1018247, 1018253, 1018271, 1018291, 1018301, 1018309,
1018313, 1018337, 1018357, 1018411, 1018421, 1018429, 1018439,
1018447, 1018471, 1018477, 1018489, 1018513, 1018543, 1018559,
1018583, 1018613, 1018621, 1018643, 1018649, 1018651, 1018669,
1018673, 1018679, 1018697, 1018709, 1018711, 1018729, 1018733,
1018763, 1018769, 1018777, 1018789, 1018807, 1018811, 1018813,

1018817, 1018859, 1018873, 1018879, 1018889, 1018903, 1018907,
1018931, 1018937, 1018949, 1018957, 1018967, 1018981, 1018987,
1018993, 1018999, 1019023, 1019033, 1019059, 1019069, 1019071,
1019077, 1019093, 1019119, 1019129, 1019173, 1019177, 1019197,
1019209, 1019237, 1019251, 1019257, 1019261, 1019267, 1019273,
1019281, 1019297, 1019329, 1019339, 1019351, 1019353, 1019357,
1019377, 1019399, 1019411, 1019413, 1019423, 1019443, 1019449,
1019453, 1019467, 1019471, 1019479, 1019503, 1019509, 1019531,
1019533, 1019537, 1019549, 1019563, 1019617, 1019639, 1019647,
1019657, 1019663, 1019687, 1019693, 1019699, 1019701, 1019713,
1019717, 1019723, 1019729, 1019731, 1019741, 1019747, 1019771,
1019783, 1019801, 1019819, 1019827, 1019839, 1019849, 1019857,
1019861, 1019873, 1019899, 1019903, 1019927, 1019971, 1020001,
1020007, 1020011, 1020013, 1020023, 1020037, 1020043, 1020049,
1020059, 1020077, 1020079, 1020101, 1020109, 1020113, 1020137,
1020143, 1020157, 1020163, 1020223, 1020233, 1020247, 1020259,
1020269, 1020293, 1020301, 1020329, 1020337, 1020353, 1020361,
1020379, 1020389, 1020401, 1020407, 1020413, 1020419, 1020431,
1020451, 1020457, 1020491, 1020517, 1020529, 1020541,
1020557, 1020583, 1020589, 1020599, 1020619, 1020631, 1020667,
1020683, 1020689, 1020707, 1020709, 1020743, 1020751, 1020757,
1020779, 1020797, 1020821, 1020823, 1020827, 1020839, 1020841,
1020847, 1020853, 1020881, 1020893, 1020907, 1020913, 1020931,
1020959, 1020961, 1020967, 1020973, 1020977, 1020979, 1020989,
1020991, 1020997, 1021001, 1021019, 1021043, 1021067, 1021073,
1021081, 1021087, 1021091, 1021093, 1021123, 1021127, 1021129,
1021157, 1021159, 1021183, 1021199, 1021217, 1021243, 1021253,
1021259, 1021261, 1021271, 1021283, 1021289, 1021291, 1021297,
1021301, 1021303, 1021327, 1021331, 1021333, 1021367, 1021369,
1021373, 1021381, 1021387, 1021403, 1021417, 1021429, 1021441,
1021457, 1021463, 1021483, 1021487, 1021541, 1021561, 1021571,
1021577, 1021621, 1021627, 1021651, 1021661, 1021663, 1021673,
1021697, 1021711, 1021747, 1021753, 1021759, 1021777, 1021793,
1021799, 1021807, 1021831, 1021837, 1021849, 1021861, 1021879,
1021897, 1021907, 1021919, 1021961, 1021963, 1021973, 1022011,
1022017, 1022033, 1022053, 1022059, 1022071, 1022083, 1022113,
1022123, 1022129, 1022137, 1022141, 1022167, 1022179, 1022183,
1022191, 1022201, 1022209, 1022237, 1022243, 1022249, 1022251,
1022291, 1022303, 1022341, 1022377, 1022381, 1022383, 1022387,
1022389, 1022429, 1022443, 1022449, 1022467, 1022491, 1022501,
1022503, 1022507, 1022509, 1022513, 1022519, 1022531, 1022573,
1022591, 1022611, 1022629, 1022633, 1022639, 1022653, 1022677,
1022683, 1022689, 1022701, 1022719, 1022729, 1022761, 1022773,
1022797, 1022821, 1022837, 1022843, 1022849, 1022869, 1022881,
1022891, 1022899, 1022911, 1022929, 1022933, 1022963, 1022977,
1022981, 1023019, 1023037, 1023041, 1023047, 1023067, 1023079,
1023083, 1023101, 1023107, 1023133, 1023163, 1023167, 1023173,
1023199, 1023203, 1023221, 1023227, 1023229, 1023257, 1023259,

　　　　Die ersten hunderttausend Primzahlen

1023263, 1023277, 1023289, 1023299, 1023301, 1023311, 1023313,
1023317, 1023329, 1023353, 1023361, 1023367, 1023389, 1023391,
1023409, 1023413, 1023419, 1023461, 1023467, 1023487, 1023499,
1023521, 1023541, 1023551, 1023557, 1023571, 1023577, 1023601,
1023643, 1023653, 1023697, 1023719, 1023721, 1023731, 1023733,
1023751, 1023769, 1023821, 1023833, 1023839, 1023851, 1023857,
1023871, 1023941, 1023943, 1023947, 1023949, 1023973, 1023977,
1023991, 1024021, 1024031, 1024061, 1024073, 1024087, 1024091,
1024099, 1024103, 1024151, 1024159, 1024171, 1024183, 1024189,
1024207, 1024249, 1024277, 1024307, 1024313, 1024319, 1024321,
1024327, 1024337, 1024339, 1024357, 1024379, 1024391, 1024399,
1024411, 1024421, 1024427, 1024433, 1024477, 1024481, 1024511,
1024523, 1024547, 1024559, 1024577, 1024579, 1024589, 1024591,
1024609, 1024633, 1024663, 1024669, 1024693, 1024697, 1024703,
1024711, 1024721, 1024729, 1024757, 1024783, 1024799, 1024823,
1024843, 1024853, 1024871, 1024883, 1024901, 1024909, 1024921,
1024931, 1024939, 1024943, 1024951, 1024957, 1024963, 1024987,
1024997, 1025009, 1025021, 1025029, 1025039, 1025047, 1025081,
1025093, 1025099, 1025111, 1025113, 1025119, 1025137, 1025147,
1025149, 1025153, 1025161, 1025197, 1025203, 1025209, 1025231,
1025239, 1025257, 1025261, 1025267, 1025273, 1025279, 1025281,
1025303, 1025327, 1025333, 1025347, 1025351, 1025383, 1025393,
1025407, 1025413, 1025417, 1025419, 1025443, 1025459, 1025477,
1025483, 1025503, 1025509, 1025513, 1025537, 1025543, 1025551,
1025561, 1025579, 1025611, 1025621, 1025623, 1025641, 1025653,
1025659, 1025669, 1025693, 1025707, 1025741, 1025747, 1025749,
1025767, 1025789, 1025803, 1025807, 1025819, 1025839, 1025873,
1025887, 1025891, 1025897, 1025909, 1025911, 1025917, 1025929,
1025939, 1025957, 1026029, 1026031, 1026037, 1026041, 1026043,
1026061, 1026073, 1026101, 1026119, 1026127, 1026139, 1026143,
1026167, 1026197, 1026199, 1026217, 1026227, 1026229, 1026251,
1026253, 1026257, 1026293, 1026299, 1026313, 1026331, 1026359,
1026371, 1026383, 1026391, 1026401, 1026407, 1026413, 1026427,
1026439, 1026449, 1026457, 1026479, 1026481, 1026521, 1026547,
1026563, 1026577, 1026581, 1026583, 1026587, 1026593, 1026661,
1026667, 1026673, 1026677, 1026679, 1026709, 1026733, 1026757,
1026761, 1026791, 1026799, 1026811, 1026829, 1026833, 1026847,
1026853, 1026859, 1026887, 1026899, 1026911, 1026913, 1026917,
1026941, 1026943, 1026947, 1026979, 1026989, 1027001, 1027003,
1027027, 1027031, 1027051, 1027067, 1027097, 1027127, 1027129,
1027139, 1027153, 1027163, 1027181, 1027189, 1027199, 1027207,
1027211, 1027223, 1027241, 1027261, 1027277, 1027289, 1027319,
1027321, 1027331, 1027357, 1027391, 1027409, 1027417, 1027421,
1027427, 1027459, 1027471, 1027483, 1027487, 1027489, 1027493,
1027519, 1027547, 1027549, 1027567, 1027591, 1027597, 1027613,
1027643, 1027679, 1027687, 1027693, 1027703, 1027717, 1027727,
1027739, 1027751, 1027753, 1027757, 1027759, 1027777, 1027783,
1027787, 1027799, 1027841, 1027853, 1027883, 1027891, 1027931,

1027969, 1027987, 1028003, 1028011, 1028017, 1028023, 1028029,
1028047, 1028051, 1028063, 1028081, 1028089, 1028099, 1028101,
1028107, 1028113, 1028117, 1028129, 1028141, 1028149, 1028189,
1028191, 1028201, 1028207, 1028213, 1028221, 1028231, 1028243,
1028263, 1028273, 1028303, 1028309, 1028317, 1028327, 1028329,
1028333, 1028389, 1028393, 1028411, 1028437, 1028471, 1028473,
1028479, 1028509, 1028557, 1028561, 1028569, 1028579, 1028581,
1028597, 1028617, 1028647, 1028663, 1028669, 1028681, 1028683,
1028737, 1028747, 1028749, 1028761, 1028773, 1028777, 1028803,
1028809, 1028837, 1028843, 1028873, 1028893, 1028903, 1028939,
1028941, 1028953, 1028957, 1028969, 1028981, 1028999, 1029001,
1029013, 1029023, 1029037, 1029103, 1029109, 1029113, 1029139,
1029151, 1029157, 1029167, 1029179, 1029191, 1029199, 1029209,
1029247, 1029251, 1029263, 1029277, 1029289, 1029307, 1029323,
1029331, 1029337, 1029341, 1029349, 1029359, 1029361, 1029383,
1029403, 1029407, 1029409, 1029433, 1029467, 1029473, 1029481,
1029487, 1029499, 1029517, 1029521, 1029527, 1029533, 1029547,
1029563, 1029569, 1029577, 1029583, 1029593, 1029601, 1029617,
1029643, 1029647, 1029653, 1029689, 1029697, 1029731, 1029751,
1029757, 1029767, 1029803, 1029823, 1029827, 1029839, 1029841,
1029859, 1029881, 1029883, 1029907, 1029929, 1029937, 1029943,
1029953, 1029967, 1029983, 1029989, 1030019, 1030021, 1030027,
1030031, 1030033, 1030039, 1030049, 1030061, 1030067, 1030069,
1030091, 1030111, 1030121, 1030153, 1030157, 1030181, 1030201,
1030213, 1030219, 1030241, 1030247, 1030291, 1030297, 1030307,
1030349, 1030357, 1030361, 1030369, 1030411, 1030417, 1030429,
1030439, 1030441, 1030451, 1030493, 1030511, 1030529, 1030537,
1030543, 1030571, 1030583, 1030619, 1030637, 1030639, 1030643,
1030681, 1030703, 1030723, 1030739, 1030741, 1030751, 1030759,
1030763, 1030787, 1030793, 1030801, 1030811, 1030817, 1030823,
1030831, 1030847, 1030867, 1030873, 1030889, 1030919, 1030933,
1030949, 1030951, 1030957, 1030987, 1030993, 1031003, 1031047,
1031053, 1031057, 1031081, 1031117, 1031119, 1031137, 1031141,
1031161, 1031189, 1031231, 1031267, 1031279, 1031281, 1031291,
1031299, 1031309, 1031323, 1031347, 1031357, 1031399, 1031411,
1031413, 1031423, 1031431, 1031447, 1031461, 1031477, 1031479,
1031483, 1031489, 1031507, 1031521, 1031531, 1031533, 1031549,
1031561, 1031593, 1031609, 1031623, 1031629, 1031633, 1031669,
1031677, 1031707, 1031717, 1031729, 1031731, 1031741, 1031753,
1031759, 1031761, 1031809, 1031813, 1031831, 1031837, 1031869,
1031911, 1031923, 1031981, 1031999, 1032007, 1032047, 1032049,
1032067, 1032071, 1032107, 1032131, 1032151, 1032191, 1032193,
1032211, 1032221, 1032233, 1032259, 1032287, 1032299, 1032307,
1032319, 1032329, 1032341, 1032347, 1032349, 1032373, 1032377,
1032391, 1032397, 1032407, 1032419, 1032433, 1032457, 1032463,
1032467, 1032491, 1032497, 1032509, 1032511, 1032527, 1032541,
1032571, 1032583, 1032601, 1032607, 1032613, 1032617, 1032643,
1032649, 1032679, 1032683, 1032697, 1032701, 1032709, 1032721,

     Die ersten hunderttausend Primzahlen

1032727, 1032739, 1032751, 1032763, 1032793, 1032799, 1032803,
1032833, 1032839, 1032841, 1032847, 1032851, 1032853, 1032881,
1032887, 1032901, 1032943, 1032949, 1032959, 1032961, 1033001,
1033007, 1033027, 1033033, 1033037, 1033057, 1033061, 1033063,
1033069, 1033079, 1033099, 1033127, 1033139, 1033171, 1033181,
1033189, 1033223, 1033271, 1033273, 1033289, 1033297, 1033303,
1033309, 1033313, 1033337, 1033339, 1033343, 1033349, 1033363,
1033369, 1033381, 1033387, 1033393, 1033421, 1033423, 1033427,
1033441, 1033451, 1033457, 1033463, 1033469, 1033489, 1033493,
1033499, 1033507, 1033517, 1033537, 1033541, 1033559, 1033567,
1033601, 1033603, 1033631, 1033661, 1033663, 1033667, 1033679,
1033687, 1033693, 1033741, 1033751, 1033759, 1033777, 1033783,
1033789, 1033793, 1033801, 1033807, 1033829, 1033841, 1033843,
1033867, 1033927, 1033951, 1033987, 1034003, 1034009, 1034027,
1034029, 1034069, 1034071, 1034101, 1034119, 1034123, 1034147,
1034167, 1034171, 1034177, 1034183, 1034197, 1034207, 1034219,
1034221, 1034233, 1034237, 1034239, 1034249, 1034251, 1034281,
1034309, 1034317, 1034323, 1034339, 1034353, 1034357, 1034359,
1034381, 1034387, 1034419, 1034443, 1034461, 1034477, 1034479,
1034489, 1034491, 1034503, 1034513, 1034549, 1034567, 1034581,
1034591, 1034597, 1034599, 1034617, 1034639, 1034651, 1034653,
1034659, 1034707, 1034729, 1034731, 1034767, 1034771, 1034783,
1034791, 1034809, 1034827, 1034833, 1034837, 1034849, 1034857,
1034861, 1034863, 1034867, 1034879, 1034903, 1034941, 1034951,
1034953, 1034959, 1034983, 1034989, 1034993, 1035007, 1035019,
1035043, 1035061, 1035077, 1035107, 1035131, 1035163, 1035187,
1035191, 1035197, 1035211, 1035241, 1035247, 1035257, 1035263,
1035277, 1035301, 1035313, 1035323, 1035341, 1035343, 1035361,
1035379, 1035383, 1035403, 1035409, 1035413, 1035427, 1035449,
1035451, 1035467, 1035469, 1035473, 1035479, 1035499, 1035527,
1035533, 1035547, 1035563, 1035571, 1035581, 1035599, 1035607,
1035613, 1035631, 1035637, 1035641, 1035649, 1035659, 1035707,
1035733, 1035743, 1035761, 1035763, 1035781,
1035791, 1035829, 1035869, 1035893, 1035917, 1035949, 1035953,
1035959, 1035973, 1035977, 1036001, 1036003, 1036027, 1036039,
1036067, 1036069, 1036073, 1036093, 1036109, 1036117, 1036121,
1036129, 1036153, 1036163, 1036183, 1036213, 1036223, 1036229,
1036247, 1036249, 1036253, 1036261, 1036267, 1036271, 1036291,
1036297, 1036307, 1036319, 1036327, 1036331, 1036339, 1036349,
1036351, 1036363, 1036367, 1036369, 1036391, 1036411, 1036459,
1036471, 1036493, 1036499, 1036513, 1036531, 1036537, 1036561,
1036579, 1036613, 1036619, 1036631, 1036649, 1036661, 1036667,
1036669, 1036681, 1036729, 1036747, 1036751, 1036757, 1036759,
1036769, 1036787, 1036793, 1036799, 1036829, 1036831, 1036853,
1036873, 1036877, 1036883, 1036913, 1036921, 1036943, 1036951,
1036957, 1036979, 1036991, 1036993, 1037041, 1037053, 1037059,
1037081, 1037087, 1037089, 1037123, 1037129, 1037137, 1037143,
1037213, 1037233, 1037249, 1037261, 1037273, 1037293, 1037297,

1037303, 1037317, 1037327, 1037329, 1037339, 1037347, 1037401,
1037411, 1037437, 1037441, 1037447, 1037471, 1037479, 1037489,
1037497, 1037503, 1037537, 1037557, 1037563, 1037567, 1037593,
1037611, 1037627, 1037653, 1037657, 1037677, 1037681, 1037683,
1037741, 1037747, 1037753, 1037759, 1037767, 1037791, 1037801,
1037819, 1037831, 1037857, 1037873, 1037879, 1037893, 1037903,
1037917, 1037929, 1037941, 1037957, 1037963, 1037983, 1038001,
1038017, 1038019, 1038029, 1038041, 1038043, 1038047, 1038073,
1038077, 1038119, 1038127, 1038143, 1038157, 1038187, 1038199,
1038203, 1038209, 1038211, 1038227, 1038251, 1038253, 1038259,
1038263, 1038269, 1038307, 1038311, 1038319, 1038329, 1038337,
1038383, 1038391, 1038409, 1038421, 1038449, 1038463, 1038487,
1038497, 1038503, 1038523, 1038529, 1038539, 1038563, 1038589,
1038599, 1038601, 1038617, 1038619, 1038623, 1038629, 1038637,
1038643, 1038671, 1038689, 1038691, 1038707, 1038721, 1038727,
1038731, 1038757, 1038797, 1038803, 1038811, 1038823, 1038827,
1038833, 1038881, 1038913, 1038937, 1038941, 1038953, 1039001,
1039007, 1039021, 1039033, 1039037, 1039039, 1039043, 1039067,
1039069, 1039081, 1039109, 1039111, 1039127, 1039139, 1039153,
1039169, 1039187, 1039229, 1039249, 1039279, 1039289, 1039307,
1039321, 1039327, 1039343, 1039349, 1039351, 1039387, 1039421,
1039427, 1039429, 1039463, 1039469, 1039477, 1039481, 1039513,
1039517, 1039537, 1039543, 1039553, 1039603, 1039607, 1039631,
1039651, 1039657, 1039667, 1039681, 1039733, 1039763, 1039769,
1039789, 1039799, 1039817, 1039823, 1039837, 1039891, 1039897,
1039901, 1039921, 1039931, 1039943, 1039949, 1039979, 1039999,
1040021, 1040029, 1040051, 1040057, 1040059, 1040069, 1040071,
1040089, 1040093, 1040101, 1040113, 1040119, 1040141, 1040153,
1040159, 1040161, 1040167, 1040183, 1040189, 1040191, 1040203,
1040219, 1040227, 1040311, 1040327, 1040339, 1040353, 1040371,
1040381, 1040387, 1040407, 1040411, 1040419, 1040447, 1040449,
1040483, 1040489, 1040503, 1040521, 1040531, 1040563, 1040579,
1040581, 1040597, 1040629, 1040651, 1040657, 1040659, 1040671,
1040717, 1040731, 1040747, 1040749, 1040771, 1040777, 1040779,
1040783, 1040797, 1040803, 1040807, 1040813, 1040821, 1040827,
1040833, 1040857, 1040861, 1040873, 1040881, 1040891, 1040899,
1040929, 1040939, 1040947, 1040951, 1040959, 1040981, 1040989,
1041041, 1041077, 1041083, 1041091, 1041109, 1041119, 1041121,
1041127, 1041137, 1041149, 1041151, 1041163, 1041167, 1041169,
1041203, 1041221, 1041223, 1041239, 1041241, 1041253, 1041269,
1041281, 1041283, 1041289, 1041307, 1041311, 1041317, 1041329,
1041343, 1041349, 1041373, 1041421, 1041427, 1041449, 1041451,
1041461, 1041497, 1041511, 1041517, 1041529, 1041553, 1041559,
1041563, 1041571, 1041577, 1041583, 1041617, 1041619, 1041643,
1041653, 1041671, 1041673, 1041701, 1041731, 1041737, 1041757,
1041779, 1041787, 1041793, 1041823, 1041829, 1041841, 1041853,
1041857, 1041863, 1041869, 1041889, 1041893, 1041907, 1041919,
1041949, 1041961, 1041983, 1041991, 1042001, 1042021, 1042039,

     Die ersten hunderttausend Primzahlen

1042043, 1042081, 1042087, 1042091, 1042099, 1042103, 1042109,
1042121, 1042123, 1042133, 1042141, 1042183, 1042187, 1042193,
1042211, 1042241, 1042243, 1042259, 1042267, 1042271, 1042273,
1042309, 1042331, 1042333, 1042357, 1042369, 1042373, 1042381,
1042399, 1042427, 1042439, 1042451, 1042469, 1042487, 1042519,
1042523, 1042529, 1042571, 1042577, 1042583, 1042597, 1042607,
1042609, 1042619, 1042631, 1042633, 1042681, 1042687, 1042693,
1042703, 1042709, 1042733, 1042759, 1042781, 1042799, 1042819,
1042829, 1042837, 1042849, 1042861, 1042897, 1042901, 1042903,
1042931, 1042949, 1042961, 1042997, 1043011, 1043023, 1043047,
1043083, 1043089, 1043111, 1043113, 1043117, 1043131, 1043167,
1043173, 1043177, 1043183, 1043191, 1043201, 1043209, 1043213,
1043221, 1043279, 1043291, 1043293, 1043299, 1043311, 1043323,
1043351, 1043369, 1043377, 1043401, 1043453, 1043467, 1043479,
1043489, 1043501, 1043513, 1043521, 1043531, 1043543, 1043557,
1043587, 1043591, 1043593, 1043597, 1043599, 1043617, 1043639,
1043657, 1043663, 1043683, 1043701, 1043723, 1043743, 1043747,
1043753, 1043759, 1043761, 1043767, 1043773, 1043831, 1043837,
1043839, 1043843, 1043849, 1043857, 1043869, 1043873, 1043897,
1043899, 1043921, 1043923, 1043929, 1043951, 1043969, 1043981,
1044019, 1044023, 1044041, 1044053, 1044079, 1044091, 1044097,
1044133, 1044139, 1044149, 1044161, 1044167, 1044179, 1044181,
1044187, 1044193, 1044209, 1044217, 1044227, 1044247, 1044257,
1044271, 1044283, 1044287, 1044289, 1044299, 1044343, 1044347,
1044353, 1044367, 1044371, 1044383, 1044391, 1044397, 1044409,
1044437, 1044443, 1044451, 1044457, 1044479, 1044509, 1044517,
1044529, 1044559, 1044569, 1044583, 1044587, 1044613, 1044619,
1044629, 1044653, 1044689, 1044697, 1044727, 1044733, 1044737,
1044739, 1044749, 1044751, 1044761, 1044767, 1044779, 1044781,
1044809, 1044811, 1044833, 1044839, 1044847, 1044851, 1044859,
1044877, 1044889, 1044893, 1044931, 1044941, 1044971, 1044997,
1045003, 1045013, 1045021, 1045027, 1045043, 1045061, 1045063,
1045081, 1045111, 1045117, 1045123, 1045129, 1045151, 1045153,
1045157, 1045183, 1045193, 1045199, 1045223, 1045229, 1045237,
1045241, 1045273, 1045277, 1045307, 1045309, 1045321, 1045349,
1045367, 1045391, 1045393, 1045397, 1045409, 1045411, 1045423,
1045427, 1045469, 1045487, 1045493, 1045507, 1045523, 1045529,
1045543, 1045547, 1045549, 1045559, 1045571, 1045573, 1045607,
1045621, 1045633, 1045643, 1045651, 1045663, 1045679, 1045691,
1045727, 1045729, 1045739, 1045763, 1045799, 1045801, 1045819,
1045829, 1045841, 1045859, 1045903, 1045907, 1045963, 1045981,
1045987, 1045997, 1046029, 1046047, 1046051, 1046053, 1046069,
1046077, 1046081, 1046113, 1046119, 1046179, 1046183, 1046189,
1046191, 1046203, 1046207, 1046237, 1046239, 1046257, 1046263,
1046329, 1046347, 1046351, 1046369, 1046371, 1046389, 1046393,
1046399, 1046413, 1046447, 1046449, 1046459, 1046497, 1046519,
1046527, 1046557, 1046579, 1046587, 1046597, 1046599, 1046627,
1046641, 1046657, 1046659, 1046677, 1046681, 1046687, 1046701,

1046711, 1046779, 1046791, 1046797, 1046807, 1046827, 1046833,
1046849, 1046863, 1046867, 1046897, 1046917, 1046933, 1046951,
1046959, 1046977, 1046993, 1046999, 1047031, 1047041, 1047043,
1047061, 1047077, 1047089, 1047097, 1047107, 1047119, 1047127,
1047131, 1047133, 1047139, 1047157, 1047173, 1047197, 1047199,
1047229, 1047239, 1047247, 1047271, 1047281, 1047283, 1047289,
1047307, 1047311, 1047313, 1047317, 1047323, 1047341, 1047367,
1047373, 1047379, 1047391, 1047419, 1047467, 1047469, 1047479,
1047491, 1047499, 1047511, 1047533, 1047539, 1047551, 1047559,
1047587, 1047589, 1047647, 1047649, 1047653, 1047667, 1047671,
1047689, 1047691, 1047701, 1047703, 1047713, 1047721, 1047737,
1047751, 1047763, 1047773, 1047779, 1047821, 1047833, 1047841,
1047859, 1047881, 1047883, 1047887, 1047923, 1047929, 1047941,
1047961, 1047971, 1047979, 1047989, 1047997, 1048007, 1048009,
1048013, 1048027, 1048043, 1048049, 1048051, 1048063, 1048123,
1048127, 1048129, 1048139, 1048189, 1048193, 1048213, 1048217,
1048219, 1048261, 1048273, 1048291, 1048309, 1048343, 1048357,
1048361, 1048367, 1048387, 1048391, 1048423, 1048433, 1048447,
1048507, 1048517, 1048549, 1048559, 1048571, 1048573, 1048583,
1048589, 1048601, 1048609, 1048613, 1048627, 1048633, 1048661,
1048681, 1048703, 1048709, 1048717, 1048721, 1048759, 1048783,
1048793, 1048799, 1048807, 1048829, 1048837, 1048847, 1048867,
1048877, 1048889, 1048891, 1048897, 1048909, 1048919, 1048963,
1048991, 1049011, 1049023, 1049039, 1049051, 1049057, 1049063,
1049077, 1049089, 1049093, 1049101, 1049117, 1049129, 1049131,
1049137, 1049141, 1049143, 1049171, 1049173, 1049177, 1049183,
1049201, 1049219, 1049227, 1049239, 1049263, 1049281, 1049297,
1049333, 1049339, 1049387, 1049413, 1049429, 1049437, 1049459,
1049471, 1049473, 1049479, 1049483, 1049497, 1049509, 1049519,
1049527, 1049533, 1049537, 1049549, 1049569, 1049599, 1049603,
1049611, 1049623, 1049639, 1049663, 1049677, 1049681, 1049683,
1049687, 1049707, 1049717, 1049747, 1049773, 1049791, 1049809,
1049821, 1049827, 1049833, 1049837, 1049843, 1049849, 1049857,
1049861, 1049863, 1049891, 1049897, 1049899, 1049941, 1049953,
1049963, 1049977, 1049999, 1050011, 1050013, 1050031, 1050041,
1050053, 1050079, 1050083, 1050139, 1050151, 1050167, 1050169,
1050191, 1050197, 1050229, 1050233, 1050239, 1050241, 1050253,
1050281, 1050307, 1050317, 1050323, 1050331, 1050337, 1050349,
1050367, 1050391, 1050421, 1050431, 1050437, 1050449, 1050451,
1050457, 1050473, 1050503, 1050509, 1050523, 1050563, 1050593,
1050611, 1050631, 1050713, 1050727, 1050733, 1050737, 1050739,
1050743, 1050769, 1050773, 1050781, 1050811, 1050817, 1050851,
1050853, 1050887, 1050899, 1050901, 1050913, 1050949, 1050961,
1050977, 1050997, 1051003, 1051007, 1051009, 1051019, 1051027,
1051051, 1051069, 1051079, 1051081, 1051139, 1051147, 1051151,
1051153, 1051157, 1051177, 1051181, 1051247, 1051277,
1051283, 1051291, 1051301, 1051313, 1051319, 1051333, 1051373,
1051397, 1051409, 1051417, 1051423, 1051459, 1051469, 1051471,

　Die ersten hunderttausend Primzahlen

1051481, 1051499, 1051507, 1051543, 1051549, 1051553, 1051559,
1051571, 1051591, 1051601, 1051607, 1051619, 1051621, 1051639,
1051643, 1051649, 1051663, 1051697, 1051709, 1051717, 1051747,
1051759, 1051763, 1051781, 1051789, 1051811, 1051819, 1051829,
1051847, 1051849, 1051879, 1051889, 1051903, 1051913, 1051927,
1051949, 1051957, 1051961, 1051979, 1051987, 1051991, 1052027,
1052039, 1052041, 1052063, 1052083, 1052099, 1052111, 1052119,
1052137, 1052141, 1052179, 1052197, 1052203, 1052221, 1052231,
1052237, 1052269, 1052279, 1052281, 1052287, 1052299, 1052309,
1052321, 1052327, 1052329, 1052333, 1052413, 1052417, 1052431,
1052437, 1052459, 1052473, 1052479, 1052489, 1052531, 1052533,
1052537, 1052551, 1052561, 1052563, 1052567, 1052573, 1052609,
1052629, 1052663, 1052693, 1052707, 1052719, 1052731, 1052743,
1052747, 1052767, 1052797, 1052801, 1052803, 1052813, 1052819,
1052851, 1052873, 1052881, 1052893, 1052897, 1052899, 1052939,
1052971, 1052981, 1052993, 1053007, 1053029, 1053061, 1053067,
1053071, 1053079, 1053083, 1053089, 1053097, 1053103, 1053179,
1053181, 1053191, 1053197, 1053233, 1053257, 1053259, 1053263,
1053271, 1053293, 1053301, 1053319, 1053347, 1053361, 1053383,
1053401, 1053407, 1053421, 1053449, 1053461, 1053467, 1053487,
1053491, 1053497, 1053509, 1053511, 1053529, 1053539, 1053551,
1053557, 1053571, 1053581, 1053583, 1053589, 1053593, 1053617,
1053691, 1053697, 1053707, 1053713, 1053727, 1053737, 1053739,
1053749, 1053757, 1053769, 1053809, 1053817, 1053821, 1053827,
1053863, 1053953, 1053959, 1053967, 1053971, 1053989, 1053991,
1054003, 1054007, 1054013, 1054033, 1054043, 1054049, 1054061,
1054073, 1054091, 1054133, 1054169, 1054171, 1054181, 1054189,
1054199, 1054201, 1054213, 1054219, 1054243, 1054247, 1054259,
1054267, 1054301, 1054303, 1054309, 1054321, 1054327, 1054331,
1054337, 1054363, 1054369, 1054373, 1054381, 1054393, 1054423,
1054429, 1054439, 1054441, 1054457, 1054477, 1054483, 1054517,
1054523, 1054531, 1054549, 1054577, 1054583, 1054597, 1054607,
1054609, 1054621, 1054639, 1054649, 1054667, 1054673, 1054679,
1054717, 1054721, 1054723, 1054733, 1054769, 1054813, 1054819,
1054831, 1054843, 1054853, 1054903, 1054909, 1054927, 1054931,
1054951, 1054957, 1054993, 1055017, 1055039, 1055057, 1055063,
1055077, 1055083, 1055113, 1055137, 1055141, 1055143, 1055167,
1055189, 1055191, 1055231, 1055233, 1055251, 1055261, 1055267,
1055269, 1055303, 1055321, 1055347, 1055359, 1055363, 1055371,
1055387, 1055399, 1055407, 1055413, 1055423, 1055429, 1055437,
1055471, 1055489, 1055501, 1055503, 1055531, 1055543, 1055567,
1055591, 1055597, 1055603, 1055609, 1055611, 1055671, 1055689,
1055713, 1055731, 1055737, 1055741, 1055771, 1055783, 1055801,
1055809, 1055827, 1055839, 1055851, 1055863, 1055867, 1055881,
1055893, 1055897, 1055911, 1055917, 1055933, 1055939, 1055947,
1055959, 1055969, 1055981, 1056007, 1056019, 1056047, 1056049,
1056053, 1056061, 1056071, 1056073, 1056089, 1056109, 1056113,
1056149, 1056161, 1056169, 1056173, 1056179, 1056203, 1056217,

1056241, 1056247, 1056269, 1056271, 1056281, 1056287, 1056311,
1056317, 1056323, 1056347, 1056353, 1056361, 1056371, 1056373,
1056379, 1056401, 1056443, 1056463, 1056469, 1056479, 1056481,
1056493, 1056509, 1056521, 1056541, 1056563, 1056569, 1056577,
1056589, 1056599, 1056613, 1056617, 1056623, 1056641, 1056659,
1056667, 1056707, 1056719, 1056721, 1056739, 1056773, 1056779,
1056793, 1056823, 1056829, 1056833, 1056863, 1056871, 1056893,
1056911, 1056917, 1056929, 1056949, 1056959, 1056971, 1057003,
1057013, 1057019, 1057033, 1057037, 1057051, 1057087, 1057093,
1057117, 1057129, 1057157, 1057163, 1057181, 1057183, 1057219,
1057223, 1057237, 1057249, 1057271, 1057279, 1057291, 1057307,
1057361, 1057367, 1057387, 1057391, 1057393, 1057411, 1057421,
1057477, 1057487, 1057489, 1057493, 1057531, 1057541, 1057561,
1057577, 1057579, 1057603, 1057607, 1057613, 1057631, 1057633,
1057643, 1057657, 1057663, 1057681, 1057699, 1057703, 1057739,
1057741, 1057753, 1057781, 1057807, 1057831, 1057853, 1057879,
1057883, 1057897, 1057907, 1057919, 1057951, 1057957, 1057963,
1057981, 1057993, 1058009, 1058011, 1058021, 1058027, 1058041,
1058059, 1058077, 1058093, 1058107, 1058117, 1058143, 1058147,
1058149, 1058153, 1058171, 1058179, 1058203, 1058221, 1058227,
1058249, 1058257, 1058263, 1058287, 1058303, 1058329, 1058339,
1058341, 1058353, 1058377, 1058381, 1058383, 1058389, 1058419,
1058423, 1058443, 1058461, 1058479, 1058489, 1058503, 1058507,
1058543, 1058549, 1058567, 1058591, 1058593, 1058597, 1058627,
1058639, 1058653, 1058657, 1058663, 1058671, 1058677, 1058683,
1058693, 1058711, 1058723, 1058731, 1058747, 1058749, 1058753,
1058767, 1058773, 1058779, 1058791, 1058803, 1058807, 1058809,
1058821, 1058839, 1058861, 1058891, 1058921, 1058951, 1058983,
1058999, 1059001, 1059007, 1059017, 1059029, 1059059, 1059061,
1059067, 1059073, 1059077, 1059103, 1059119, 1059131, 1059137,
1059161, 1059169, 1059181, 1059197, 1059209, 1059217, 1059221,
1059251, 1059257, 1059259, 1059263, 1059271, 1059293, 1059299,
1059313, 1059323, 1059343, 1059349, 1059413, 1059419, 1059433,
1059437, 1059439, 1059467, 1059479, 1059503, 1059511, 1059517,
1059547, 1059557, 1059571, 1059599, 1059613, 1059637, 1059647,
1059671, 1059683, 1059697, 1059701, 1059703, 1059713, 1059733,
1059743, 1059749, 1059757, 1059769, 1059787, 1059823, 1059833,
1059847, 1059857, 1059871, 1059889, 1059893, 1059923, 1059931,
1059937, 1059941, 1060009, 1060019, 1060021, 1060039, 1060043,
1060051, 1060061, 1060091, 1060097, 1060123, 1060133, 1060151,
1060177, 1060187, 1060201, 1060207, 1060223, 1060229, 1060237,
1060249, 1060253, 1060271, 1060303, 1060313, 1060321, 1060343,
1060349, 1060351, 1060357, 1060361, 1060373, 1060379, 1060391,
1060393, 1060403, 1060421, 1060427, 1060441, 1060453, 1060463,
1060469, 1060481, 1060487, 1060513, 1060519, 1060529, 1060567,
1060571, 1060573, 1060589, 1060597, 1060621, 1060673, 1060687,
1060721, 1060723, 1060739, 1060747, 1060769, 1060777, 1060781,
1060861, 1060867, 1060883, 1060937, 1060949, 1060963, 1060981,

          Die ersten hunderttausend Primzahlen

1060991, 1060993, 1061033, 1061057, 1061069, 1061087, 1061101,
1061107, 1061117, 1061129, 1061141, 1061143, 1061149, 1061171,
1061189, 1061227, 1061251, 1061261, 1061273, 1061279, 1061287,
1061297, 1061311, 1061317, 1061323, 1061353, 1061363, 1061377,
1061393, 1061407, 1061413, 1061441, 1061453, 1061483, 1061509,
1061513, 1061527, 1061561, 1061569, 1061573, 1061591, 1061597,
1061609, 1061617, 1061623, 1061629, 1061647, 1061651, 1061677,
1061689, 1061699, 1061707, 1061717, 1061729, 1061737, 1061759,
1061771, 1061773, 1061779, 1061783, 1061807, 1061831, 1061849,
1061867, 1061869, 1061881, 1061897, 1061903, 1061909, 1061911,
1061917, 1061959, 1061969, 1061993, 1062001, 1062013, 1062031,
1062073, 1062107, 1062121, 1062169, 1062197, 1062203, 1062251,
1062253, 1062263, 1062293, 1062311, 1062343, 1062349, 1062361,
1062367, 1062379, 1062407, 1062409, 1062427, 1062443, 1062469,
1062497, 1062511, 1062521, 1062547, 1062557, 1062563, 1062599,
1062601, 1062643, 1062671, 1062673, 1062683, 1062697, 1062701,
1062707, 1062731, 1062779, 1062781, 1062793, 1062797, 1062827,
1062847, 1062869, 1062871, 1062877, 1062881, 1062907, 1062911,
1062913, 1062931, 1062947, 1062949, 1062977, 1062979, 1062989,
1063001, 1063009, 1063019, 1063033, 1063039, 1063043, 1063067,
1063079, 1063087, 1063109, 1063123, 1063151, 1063157, 1063159,
1063177, 1063189, 1063193, 1063201, 1063213, 1063219, 1063241,
1063243, 1063273, 1063303, 1063319, 1063351, 1063379, 1063397,
1063399, 1063409, 1063427, 1063441, 1063453, 1063457, 1063463,
1063471, 1063477, 1063483, 1063501, 1063523, 1063529, 1063541,
1063547, 1063553, 1063561, 1063597, 1063609, 1063613, 1063619,
1063627, 1063637, 1063649, 1063661, 1063693, 1063709, 1063721,
1063729, 1063739, 1063747, 1063757, 1063771, 1063781, 1063813,
1063823, 1063831, 1063837, 1063847, 1063849, 1063871, 1063873,
1063891, 1063897, 1063903, 1063913, 1063919, 1063921, 1063927,
1063961, 1063963, 1063967, 1063969, 1063973, 1063987, 1063999,
1064017, 1064029, 1064059, 1064069, 1064087, 1064117, 1064131,
1064153, 1064159, 1064177, 1064179, 1064191, 1064197, 1064201,
1064243, 1064257, 1064263, 1064269, 1064281, 1064311, 1064317,
1064321, 1064333, 1064339, 1064341, 1064359, 1064377, 1064383,
1064407, 1064411, 1064431, 1064467, 1064471, 1064473, 1064477,
1064507, 1064519, 1064521, 1064533, 1064549, 1064587, 1064593,
1064629, 1064653, 1064669, 1064671, 1064681, 1064689, 1064699,
1064731, 1064737, 1064743, 1064753, 1064771, 1064783, 1064801,
1064813, 1064867, 1064873, 1064911, 1064927, 1064933, 1064939,
1064941, 1064951, 1064953, 1064957, 1064977, 1064989, 1065011,
1065013, 1065017, 1065019, 1065037, 1065041, 1065047, 1065059,
1065073, 1065089, 1065091, 1065109, 1065131, 1065133, 1065137,
1065173, 1065209, 1065217, 1065263, 1065269, 1065277, 1065283,
1065307, 1065313, 1065319, 1065331, 1065343, 1065347, 1065391,
1065409, 1065433, 1065469, 1065479, 1065503, 1065511, 1065523,
1065527, 1065529, 1065557, 1065569, 1065593, 1065601, 1065629,
1065643, 1065667, 1065677, 1065683, 1065689, 1065697, 1065709,

1065733, 1065763, 1065773, 1065787, 1065791, 1065809, 1065817,
1065821, 1065829, 1065839, 1065847, 1065851, 1065887, 1065893,
1065899, 1065901, 1065937, 1065941, 1065949, 1065973, 1065979,
1066001, 1066031, 1066049, 1066063, 1066067, 1066111, 1066133,
1066139, 1066141, 1066157, 1066159, 1066217, 1066231, 1066237,
1066253, 1066267, 1066279, 1066283, 1066297, 1066313, 1066319,
1066327, 1066333, 1066339, 1066343, 1066367, 1066379, 1066399,
1066409, 1066411, 1066423, 1066433, 1066447, 1066511, 1066517,
1066523, 1066531, 1066553, 1066561, 1066567, 1066577, 1066619,
1066621, 1066643, 1066651, 1066669, 1066687, 1066693, 1066721,
1066729, 1066753, 1066757, 1066777, 1066789, 1066811,
1066817, 1066847, 1066859, 1066867, 1066883, 1066889, 1066909,
1066913, 1066931, 1066973, 1066979, 1066981, 1066987, 1066999,
1067009, 1067023, 1067029, 1067047, 1067057, 1067063, 1067069,
1067083, 1067137, 1067147, 1067159, 1067167, 1067179, 1067203,
1067207, 1067221, 1067239, 1067263, 1067293, 1067327, 1067329,
1067347, 1067351, 1067359, 1067371, 1067383, 1067387, 1067411,
1067441, 1067459, 1067467, 1067471, 1067489, 1067491, 1067497,
1067509, 1067537, 1067551, 1067557, 1067567, 1067569, 1067593,
1067597, 1067611, 1067621, 1067639, 1067653, 1067669, 1067687,
1067701, 1067707, 1067711, 1067741, 1067747, 1067749, 1067761,
1067767, 1067777, 1067789, 1067797, 1067831, 1067837, 1067849,
1067851, 1067879, 1067893, 1067903, 1067909, 1067921, 1067939,
1067951, 1067987, 1067999, 1068019, 1068037, 1068061, 1068083,
1068101, 1068103, 1068107, 1068113, 1068131, 1068149, 1068191,
1068203, 1068217, 1068233, 1068241, 1068247, 1068251, 1068253,
1068257, 1068259, 1068271, 1068307, 1068311, 1068323, 1068329,
1068343, 1068367, 1068371, 1068377, 1068383, 1068407, 1068409,
1068437, 1068439, 1068461, 1068469, 1068481, 1068491, 1068497,
1068499, 1068517, 1068559, 1068577, 1068589, 1068611, 1068619,
1068629, 1068631, 1068677, 1068701, 1068703, 1068707, 1068709,
1068713, 1068719, 1068721, 1068751, 1068757, 1068761, 1068779,
1068803, 1068811, 1068817, 1068857, 1068871, 1068877, 1068887,
1068889, 1068901, 1068913, 1068917, 1068941, 1068989, 1069001,
1069007, 1069031, 1069039, 1069043, 1069051, 1069087, 1069099,
1069127, 1069129, 1069141, 1069171, 1069183, 1069193, 1069199,
1069207, 1069217, 1069219, 1069223, 1069267, 1069273, 1069291,
1069303, 1069307, 1069349, 1069363, 1069379, 1069421, 1069427,
1069429, 1069441, 1069451, 1069459, 1069463, 1069499, 1069501,
1069507, 1069517, 1069543, 1069547, 1069553, 1069561, 1069571,
1069573, 1069577, 1069583, 1069591, 1069597, 1069603, 1069609,
1069631, 1069639, 1069667, 1069687, 1069693, 1069697, 1069727,
1069741, 1069751, 1069777, 1069807, 1069811, 1069819, 1069823,
1069853, 1069867, 1069919, 1069921, 1069927, 1069931, 1069933,
1069949, 1069951, 1069973, 1069979, 1069987, 1070009, 1070011,
1070021, 1070033, 1070039, 1070063, 1070081, 1070087, 1070093,
1070131, 1070149, 1070171, 1070189, 1070197, 1070203, 1070207,
1070221, 1070231, 1070233, 1070243, 1070249, 1070257, 1070287,

     Die ersten hunderttausend Primzahlen

1070291, 1070309, 1070317, 1070323, 1070339, 1070341, 1070347,
1070357, 1070369, 1070389, 1070411, 1070417, 1070423, 1070429,
1070431, 1070453, 1070471, 1070491, 1070497, 1070501, 1070513,
1070527, 1070533, 1070543, 1070557, 1070561, 1070567, 1070569,
1070579, 1070621, 1070659, 1070681, 1070683, 1070689, 1070753,
1070761, 1070777, 1070789, 1070803, 1070827, 1070843, 1070851,
1070869, 1070873, 1070899, 1070921, 1070933, 1070939, 1070947,
1070981, 1070987, 1071023, 1071047, 1071053, 1071061, 1071067,
1071121, 1071131, 1071139, 1071149, 1071151, 1071157, 1071181,
1071193, 1071197, 1071223, 1071227, 1071229, 1071233, 1071241,
1071253, 1071269, 1071283, 1071311, 1071313, 1071337, 1071341,
1071349, 1071359, 1071373, 1071377, 1071379, 1071401, 1071407,
1071419, 1071439, 1071443, 1071451, 1071457, 1071479, 1071487,
1071529, 1071533, 1071541, 1071563, 1071569, 1071571, 1071589,
1071601, 1071641, 1071643, 1071659, 1071661, 1071671, 1071683,
1071703, 1071739, 1071743, 1071761, 1071773, 1071787, 1071803,
1071817, 1071821, 1071841, 1071857, 1071871, 1071899, 1071907,
1071911, 1071919, 1071937, 1071943, 1071977, 1071979, 1071991,
1072009, 1072039, 1072103, 1072129, 1072133, 1072147, 1072157,
1072163, 1072187, 1072199, 1072213, 1072219, 1072229, 1072231,
1072301, 1072327, 1072339, 1072363, 1072367, 1072373, 1072381,
1072387, 1072397, 1072429, 1072433, 1072439, 1072447, 1072457,
1072459, 1072471, 1072517, 1072537, 1072543, 1072613, 1072627,
1072633, 1072637, 1072657, 1072711, 1072733, 1072763, 1072793,
1072801, 1072811, 1072823, 1072829, 1072831, 1072837, 1072843,
1072849, 1072859, 1072867, 1072901, 1072919, 1072931, 1072933,
1072937, 1072943, 1072957, 1072961, 1072969, 1072991, 1072997,
1072999, 1073053, 1073069, 1073077, 1073089, 1073099, 1073113,
1073117, 1073131, 1073141, 1073143, 1073147, 1073153, 1073183,
1073201, 1073209, 1073213, 1073221, 1073239, 1073243, 1073263,
1073279, 1073297, 1073311, 1073321, 1073351, 1073353, 1073381,
1073383, 1073393, 1073399, 1073411, 1073441, 1073447, 1073461,
1073491, 1073507, 1073509, 1073521, 1073537, 1073563, 1073573,
1073587, 1073593, 1073599, 1073603, 1073627, 1073647, 1073651,
1073687, 1073711, 1073713, 1073717, 1073729, 1073773, 1073789,
1073791, 1073803, 1073819, 1073837, 1073857, 1073869, 1073879,
1073881, 1073909, 1073911, 1073921, 1073951, 1073953, 1073983,
1074001, 1074023, 1074041, 1074061, 1074067, 1074071, 1074079,
1074083, 1074107, 1074109, 1074113, 1074121, 1074133, 1074167,
1074223, 1074251, 1074253, 1074259, 1074277, 1074287, 1074289,
1074299, 1074329, 1074343, 1074361, 1074371, 1074377, 1074379,
1074389, 1074427, 1074433, 1074461, 1074473, 1074481, 1074509,
1074511, 1074523, 1074533, 1074559, 1074581, 1074607, 1074617,
1074641, 1074643, 1074649, 1074673, 1074683, 1074691, 1074701,
1074707, 1074709, 1074713, 1074719, 1074751, 1074761, 1074763,
1074833, 1074839, 1074847, 1074851, 1074877, 1074883, 1074889,
1074901, 1074907, 1074917, 1074919, 1074923, 1074929, 1074949,
1074971, 1074973, 1074977, 1074989, 1074991, 1075007, 1075013,

1075021, 1075027, 1075069, 1075073, 1075079, 1075091, 1075093,
1075103, 1075133, 1075141, 1075147, 1075159, 1075163, 1075169,
1075171, 1075177, 1075187, 1075201, 1075231, 1075237, 1075241,
1075259, 1075279, 1075289, 1075303, 1075337, 1075339, 1075351,
1075357, 1075391, 1075397, 1075409, 1075429, 1075433, 1075441,
1075453, 1075463, 1075469, 1075489, 1075493, 1075499, 1075507,
1075519, 1075531, 1075537, 1075561, 1075577, 1075601, 1075619,
1075621, 1075643, 1075649, 1075651, 1075663, 1075667, 1075673,
1075681, 1075691, 1075693, 1075699, 1075703, 1075727, 1075729,
1075757, 1075759, 1075769, 1075771, 1075787, 1075807, 1075843,
1075853, 1075859, 1075897, 1075909, 1075957, 1075973, 1076003,
1076011, 1076017, 1076029, 1076039, 1076051, 1076057, 1076063,
1076069, 1076077, 1076107, 1076111, 1076113, 1076123, 1076129,
1076137, 1076143, 1076167, 1076171, 1076191, 1076203, 1076213,
1076237, 1076263, 1076279, 1076281, 1076303, 1076323, 1076329,
1076353, 1076359, 1076381, 1076399, 1076401, 1076417, 1076429,
1076443, 1076447, 1076461, 1076473, 1076477, 1076501, 1076503,
1076507, 1076513, 1076519, 1076557, 1076563, 1076587, 1076611,
1076617, 1076639, 1076651, 1076657, 1076671, 1076707, 1076717,
1076731, 1076753, 1076767, 1076771, 1076773, 1076813, 1076821,
1076827, 1076843, 1076861, 1076869, 1076879, 1076893, 1076903,
1076917, 1076921, 1076953, 1076981, 1077017, 1077023, 1077047,
1077059, 1077079, 1077101, 1077127, 1077143, 1077161, 1077179,
1077191, 1077203, 1077221, 1077227, 1077233, 1077289, 1077299,
1077301, 1077311, 1077337, 1077347, 1077353, 1077371, 1077397,
1077413, 1077421, 1077449, 1077457, 1077469, 1077499, 1077533,
1077539, 1077541, 1077563, 1077599, 1077607, 1077641, 1077673,
1077677, 1077691, 1077697, 1077707, 1077719, 1077721, 1077733,
1077743, 1077751, 1077761, 1077763, 1077793, 1077799, 1077821,
1077823, 1077827, 1077841, 1077859, 1077863, 1077893, 1077911,
1077913, 1077917, 1077943, 1077971, 1077977, 1077997, 1078001,
1078009, 1078019, 1078027, 1078031, 1078043, 1078081, 1078109,
1078111, 1078127, 1078151, 1078153, 1078159, 1078163, 1078169,
1078183, 1078199, 1078219, 1078241, 1078247, 1078331, 1078333,
1078367, 1078369, 1078373, 1078387, 1078393, 1078403, 1078409,
1078411, 1078417, 1078471, 1078489, 1078507, 1078537, 1078559,
1078589, 1078643, 1078657, 1078673, 1078681, 1078691, 1078699,
1078711, 1078717, 1078733, 1078739, 1078757, 1078787, 1078789,
1078807, 1078813, 1078817, 1078841, 1078849, 1078853, 1078873,
1078879, 1078919, 1078927, 1078937, 1078943, 1078951, 1078967,
1078981, 1078993, 1079009, 1079011, 1079021, 1079033, 1079053,
1079059, 1079069, 1079077, 1079081, 1079087, 1079093, 1079101,
1079107, 1079123, 1079147, 1079153, 1079173, 1079189, 1079213,
1079227, 1079233, 1079251, 1079269, 1079291, 1079297, 1079311,
1079317, 1079329, 1079339, 1079357, 1079359, 1079369, 1079383,
1079399, 1079417, 1079431, 1079453, 1079461, 1079471, 1079473,
1079503, 1079509, 1079527, 1079531, 1079539, 1079569, 1079593,
1079609, 1079621, 1079629, 1079633, 1079647, 1079651, 1079669,

Die ersten hunderttausend Primzahlen

1079671, 1079681, 1079711, 1079717, 1079753, 1079777, 1079779,
1079783, 1079797, 1079809, 1079821, 1079831, 1079849, 1079861,
1079867, 1079879, 1079887, 1079917, 1079927, 1079929, 1079933,
1079957, 1079963, 1079977, 1079983, 1079987, 1079999, 1080007,
1080029, 1080043, 1080049, 1080059, 1080073, 1080077, 1080083,
1080089, 1080091, 1080097, 1080119, 1080137, 1080143, 1080173,
1080199, 1080217, 1080223, 1080229, 1080251, 1080259, 1080263,
1080269, 1080271, 1080281, 1080301, 1080307, 1080311, 1080329,
1080341, 1080347, 1080353, 1080383, 1080413, 1080419, 1080433,
1080439, 1080449, 1080451, 1080463, 1080479, 1080481, 1080491,
1080523, 1080539, 1080553, 1080557, 1080559, 1080589, 1080613,
1080647, 1080649, 1080661, 1080679, 1080683, 1080713, 1080749,
1080757, 1080763, 1080767, 1080773, 1080787, 1080791, 1080797,
1080803, 1080811, 1080817, 1080823, 1080841, 1080847, 1080851,
1080857, 1080899, 1080901, 1080907, 1080913, 1080923, 1080941,
1080943, 1080971, 1080973, 1080983, 1081027, 1081037, 1081051,
1081061, 1081079, 1081097, 1081099, 1081121, 1081123, 1081127,
1081133, 1081139, 1081153, 1081163, 1081219, 1081229, 1081231,
1081237, 1081243, 1081247, 1081277, 1081279, 1081291, 1081303,
1081307, 1081331, 1081337, 1081351, 1081361, 1081369, 1081403,
1081417, 1081429, 1081441, 1081477, 1081501, 1081513, 1081541,
1081583, 1081631, 1081637, 1081657, 1081679, 1081681, 1081687,
1081699, 1081709, 1081711, 1081721, 1081723, 1081733, 1081741,
1081757, 1081763, 1081771, 1081777, 1081781, 1081789, 1081793,
1081813, 1081823, 1081853, 1081859, 1081891,
1081901, 1081907, 1081919, 1081937, 1081939, 1081979, 1081981,
1082017, 1082023, 1082027, 1082047, 1082083, 1082089, 1082093,
1082099, 1082129, 1082141, 1082143, 1082149, 1082153, 1082161,
1082171, 1082177, 1082189, 1082197, 1082209, 1082231, 1082233,
1082243, 1082273, 1082317, 1082321, 1082351, 1082369, 1082377,
1082381, 1082383, 1082387, 1082399, 1082429, 1082443, 1082447,
1082467, 1082491, 1082527, 1082531, 1082533, 1082573, 1082579,
1082581, 1082593, 1082597, 1082603, 1082621, 1082629, 1082647,
1082659, 1082681, 1082699, 1082707, 1082717, 1082723, 1082729,
1082743, 1082761, 1082777, 1082801, 1082881, 1082891, 1082911,
1082969, 1082971, 1082989, 1082993, 1082999, 1083007, 1083031,
1083037, 1083059, 1083073, 1083077, 1083079, 1083083, 1083107,
1083113, 1083119, 1083151, 1083167, 1083191, 1083193, 1083211,
1083241, 1083253, 1083283, 1083287, 1083289, 1083301, 1083307,
1083311, 1083317, 1083319, 1083337, 1083349, 1083367, 1083371,
1083377, 1083391, 1083409, 1083431, 1083443, 1083449, 1083451,
1083463, 1083473, 1083497, 1083517, 1083541, 1083559, 1083571,
1083583, 1083601, 1083611, 1083613, 1083659, 1083689, 1083707,
1083713, 1083721, 1083743, 1083749, 1083757, 1083793, 1083809,
1083827, 1083833, 1083839, 1083847, 1083851, 1083871, 1083881,
1083899, 1083911, 1083913, 1083923, 1083941, 1083947, 1083949,
1083983, 1084001, 1084019, 1084043, 1084051, 1084067, 1084079,
1084087, 1084093, 1084103, 1084133, 1084147, 1084157, 1084177,

1084217, 1084219, 1084247, 1084253, 1084267, 1084297, 1084301,
1084309, 1084313, 1084333, 1084357, 1084367, 1084373, 1084403,
1084423, 1084429, 1084451, 1084459, 1084469, 1084471, 1084477,
1084483, 1084493, 1084543, 1084547, 1084553, 1084579, 1084609,
1084613, 1084621, 1084627, 1084637, 1084649, 1084661, 1084669,
1084673, 1084697, 1084711, 1084723, 1084747, 1084757, 1084771,
1084777, 1084793, 1084799, 1084817, 1084823, 1084829, 1084859,
1084871, 1084891, 1084927, 1084939, 1084943, 1084949, 1084981,
1084987, 1084997, 1085003, 1085011, 1085017, 1085023, 1085047,
1085053, 1085101, 1085111, 1085113, 1085131, 1085137, 1085141,
1085143, 1085153, 1085159, 1085179, 1085197, 1085221, 1085269,
1085309, 1085317, 1085327, 1085351, 1085353, 1085369, 1085389,
1085407, 1085419, 1085429, 1085431, 1085443, 1085459, 1085473,
1085509, 1085521, 1085551, 1085587, 1085611, 1085627, 1085633,
1085657, 1085663, 1085677, 1085681, 1085687, 1085719, 1085737,
1085753, 1085767, 1085771, 1085779, 1085801, 1085809, 1085813,
1085827, 1085857, 1085863, 1085867, 1085873, 1085881, 1085891,
1085911, 1085933, 1085957, 1085971, 1085989, 1086031, 1086047,
1086073, 1086089, 1086091, 1086101, 1086103, 1086119, 1086133,
1086139, 1086149, 1086161, 1086179, 1086191, 1086193, 1086199,
1086203, 1086247, 1086251, 1086257, 1086259, 1086263, 1086277,
1086299, 1086301, 1086307, 1086331, 1086343, 1086347, 1086353,
1086361, 1086373, 1086389, 1086391, 1086413, 1086433, 1086443,
1086461, 1086469, 1086493, 1086509, 1086511, 1086523, 1086529,
1086557, 1086559, 1086587, 1086607, 1086611, 1086619, 1086637,
1086641, 1086647, 1086677, 1086689, 1086703, 1086731, 1086749,
1086763, 1086769, 1086791, 1086809, 1086817, 1086859, 1086863,
1086881, 1086893, 1086901, 1086913, 1086919, 1086923, 1086931,
1086937, 1086989, 1086991, 1087001, 1087019, 1087027, 1087061,
1087091, 1087109, 1087117, 1087129, 1087147, 1087159, 1087231,
1087241, 1087249, 1087259, 1087271, 1087291, 1087301, 1087309,
1087349, 1087357, 1087379, 1087381, 1087391, 1087409, 1087423,
1087433, 1087451, 1087453, 1087459, 1087483, 1087487, 1087517,
1087519, 1087543, 1087553, 1087561, 1087589, 1087591, 1087621,
1087631, 1087657, 1087663, 1087673, 1087679, 1087687, 1087717,
1087729, 1087741, 1087747, 1087753, 1087781, 1087787, 1087789,
1087799, 1087811, 1087817, 1087829, 1087841, 1087843, 1087861,
1087873, 1087897, 1087903, 1087907, 1087937, 1087963, 1087967,
1087973, 1087981, 1087987, 1088023, 1088027, 1088039, 1088053,
1088063, 1088071, 1088081, 1088089, 1088093, 1088123, 1088159,
1088161, 1088209, 1088233, 1088237, 1088239, 1088251, 1088267,
1088273, 1088293, 1088309, 1088371, 1088387, 1088389, 1088393,
1088407, 1088413, 1088419, 1088431, 1088443, 1088447, 1088449,
1088467, 1088471, 1088489, 1088519, 1088533, 1088537, 1088543,
1088569, 1088579, 1088603, 1088611, 1088617, 1088621, 1088623,
1088639, 1088641, 1088657, 1088669, 1088671, 1088687, 1088693,
1088707, 1088723, 1088749, 1088753, 1088761, 1088777, 1088783,
1088807, 1088827, 1088831, 1088839, 1088851, 1088903, 1088917,

     Die ersten hunderttausend Primzahlen

1088933, 1088953, 1088957, 1088959, 1088977, 1088987, 1088993,
1089017, 1089029, 1089047, 1089091, 1089103, 1089107, 1089113,
1089133, 1089161, 1089191, 1089197, 1089217, 1089223, 1089227,
1089239, 1089259, 1089299, 1089313, 1089359, 1089383, 1089397,
1089401, 1089421, 1089427, 1089457, 1089461, 1089463, 1089469,
1089481, 1089497, 1089503, 1089509, 1089523, 1089551, 1089563,
1089611, 1089629, 1089653, 1089661, 1089677, 1089679, 1089703,
1089709, 1089713, 1089757, 1089793, 1089799, 1089841, 1089863,
1089877, 1089917, 1089919, 1089941, 1089943, 1089961, 1089967,
1090003, 1090013, 1090021, 1090027, 1090031, 1090097, 1090099,
1090127, 1090129, 1090151, 1090153, 1090169, 1090181, 1090189,
1090211, 1090213, 1090217, 1090241, 1090249, 1090267, 1090273,
1090303, 1090333, 1090373, 1090381, 1090387, 1090403, 1090409,
1090421, 1090423, 1090457, 1090459, 1090469, 1090471, 1090483,
1090493, 1090519, 1090553, 1090577, 1090589, 1090597, 1090613,
1090627, 1090681, 1090697, 1090709, 1090711, 1090717, 1090721,
1090757, 1090759, 1090769, 1090783, 1090799, 1090807, 1090819,
1090841, 1090849, 1090877, 1090879, 1090883, 1090889, 1090891,
1090897, 1090909, 1090919, 1090927, 1090937, 1090939, 1090949,
1090963, 1090967, 1090979, 1090997, 1091003, 1091017, 1091021,
1091023, 1091033, 1091047, 1091053, 1091059, 1091063, 1091071,
1091119, 1091137, 1091147, 1091149, 1091159, 1091161, 1091173,
1091177, 1091191, 1091219, 1091221, 1091239, 1091243, 1091257,
1091261, 1091263, 1091267, 1091269, 1091273, 1091287, 1091329,
1091339, 1091359, 1091369, 1091371, 1091381, 1091393, 1091399,
1091401, 1091411, 1091413, 1091443, 1091459, 1091471, 1091477,
1091509, 1091521, 1091527, 1091549, 1091551, 1091561, 1091581,
1091591, 1091609, 1091617, 1091627, 1091633, 1091639, 1091659,
1091663, 1091681, 1091687, 1091711, 1091729, 1091731, 1091737,
1091749, 1091777, 1091807, 1091809, 1091837, 1091843, 1091863,
1091869, 1091887, 1091917, 1091939, 1091957, 1091983, 1092019,
1092023, 1092041, 1092043, 1092059, 1092061, 1092067, 1092089,
1092103, 1092107, 1092127, 1092137, 1092151, 1092163, 1092173,
1092181, 1092191, 1092209, 1092229, 1092241, 1092251, 1092257,
1092269, 1092283, 1092307, 1092331, 1092337, 1092349, 1092353,
1092361, 1092373, 1092379, 1092389, 1092391, 1092397, 1092419,
1092433, 1092451, 1092461, 1092463, 1092473, 1092479, 1092493,
1092541, 1092583, 1092593, 1092601, 1092629, 1092643, 1092659,
1092667, 1092677, 1092713, 1092731, 1092733, 1092757, 1092779,
1092803, 1092821, 1092827, 1092829, 1092851, 1092853, 1092863,
1092887, 1092893, 1092901, 1092907, 1092911, 1092919, 1092929,
1092961, 1092977, 1092989, 1092991, 1092997, 1093007, 1093033,
1093061, 1093063, 1093067, 1093069, 1093087, 1093109, 1093111,
1093129, 1093133, 1093159, 1093163, 1093177, 1093199, 1093201,
1093223, 1093237, 1093243, 1093249, 1093273, 1093283, 1093289,
1093297, 1093307, 1093327, 1093331, 1093357, 1093363, 1093381,
1093399, 1093403, 1093409, 1093427, 1093441, 1093487, 1093493,
1093517, 1093529, 1093531, 1093537, 1093541, 1093553, 1093571,

1093577, 1093591, 1093633, 1093637, 1093639, 1093657, 1093663,
1093667, 1093679, 1093681, 1093699, 1093717, 1093723, 1093733,
1093739, 1093747, 1093751, 1093753, 1093777, 1093789, 1093823,
1093837, 1093843, 1093847, 1093871, 1093889, 1093901, 1093907,
1093927, 1093943, 1093951, 1093957, 1093969, 1093991, 1093993,
1093997, 1093999, 1094011, 1094029, 1094047, 1094057, 1094059,
1094081, 1094089, 1094099, 1094101, 1094123, 1094129, 1094131,
1094143, 1094147, 1094161, 1094183, 1094209, 1094237, 1094263,
1094293, 1094299, 1094321, 1094333, 1094339, 1094371, 1094377,
1094407, 1094411, 1094417, 1094437, 1094441, 1094449, 1094453,
1094461, 1094473, 1094491, 1094519, 1094531, 1094539, 1094543,
1094549, 1094551, 1094557, 1094567, 1094573, 1094603, 1094623,
1094629, 1094633, 1094657, 1094669, 1094671, 1094683, 1094689,
1094693, 1094701, 1094711, 1094747, 1094759, 1094773, 1094791,
1094801, 1094803, 1094809, 1094831, 1094833, 1094843, 1094881,
1094887, 1094897, 1094911, 1094921, 1094923, 1094939, 1094957,
1094963, 1094969, 1094983, 1094999, 1095023, 1095043, 1095047,
1095049, 1095067, 1095071, 1095091, 1095119, 1095161, 1095169,
1095173, 1095209, 1095221, 1095223, 1095229, 1095239, 1095247,
1095251, 1095257, 1095287, 1095313, 1095319, 1095343, 1095349,
1095401, 1095403, 1095427, 1095433, 1095439, 1095443, 1095449,
1095461, 1095481, 1095487, 1095491, 1095503, 1095529, 1095541,
1095551, 1095557, 1095569, 1095581, 1095583, 1095613, 1095631,
1095671, 1095691, 1095713, 1095719, 1095727, 1095733, 1095739,
1095751, 1095779, 1095781, 1095791, 1095793, 1095811, 1095821,
1095833, 1095839, 1095841, 1095847, 1095851, 1095859, 1095907,
1095931, 1095947, 1095959, 1095961, 1095979, 1095989, 1096031,
1096057, 1096061, 1096079, 1096097, 1096099, 1096127, 1096133,
1096141, 1096159, 1096163, 1096189, 1096201, 1096219, 1096267,
1096289, 1096307, 1096327, 1096349, 1096351, 1096363, 1096373,
1096379, 1096393, 1096399, 1096423, 1096427, 1096451, 1096477,
1096481, 1096489, 1096493, 1096499, 1096507, 1096541, 1096549,
1096553, 1096559, 1096561, 1096583, 1096609, 1096621, 1096631,
1096639, 1096673, 1096691, 1096703, 1096727, 1096741, 1096763,
1096787, 1096793, 1096807, 1096817, 1096829, 1096831, 1096853,
1096859, 1096861, 1096871, 1096883, 1096919, 1096951, 1096957,
1096967, 1096969, 1096981, 1096999, 1097009, 1097017, 1097029,
1097039, 1097051, 1097069, 1097081, 1097101, 1097111,
1097113, 1097141, 1097143, 1097147, 1097179, 1097189, 1097203,
1097209, 1097221, 1097237, 1097267, 1097293, 1097297, 1097321,
1097323, 1097351, 1097359, 1097377, 1097381, 1097413, 1097419,
1097423, 1097441, 1097443, 1097461, 1097483, 1097501, 1097513,
1097533, 1097539, 1097543, 1097549, 1097557, 1097599, 1097627,
1097633, 1097651, 1097653, 1097659, 1097669, 1097699, 1097711,
1097717, 1097729, 1097743, 1097783, 1097791, 1097797, 1097819,
1097849, 1097851, 1097861, 1097869, 1097879, 1097891, 1097893,
1097897, 1097903, 1097909, 1097923, 1097933, 1097947, 1097983,
1098017, 1098023, 1098037, 1098073, 1098077, 1098101, 1098109,

     Die ersten hunderttausend Primzahlen

1098121, 1098133, 1098151, 1098187, 1098191, 1098193, 1098203,
1098211, 1098221, 1098233, 1098269, 1098287, 1098301, 1098311,
1098313, 1098341, 1098373, 1098379, 1098397, 1098401, 1098439,
1098443, 1098451, 1098463, 1098469, 1098479, 1098481, 1098509,
1098511, 1098533, 1098541, 1098593, 1098613, 1098623, 1098631,
1098649, 1098667, 1098673, 1098689, 1098707, 1098709, 1098731,
1098737, 1098787, 1098791, 1098803, 1098821, 1098833, 1098847,
1098953, 1098967, 1098973, 1098989, 1099031, 1099051, 1099057,
1099079, 1099081, 1099097, 1099103, 1099117, 1099121, 1099139,
1099171, 1099177, 1099181, 1099199, 1099223, 1099247, 1099249,
1099261, 1099279, 1099289, 1099309, 1099313, 1099327, 1099337,
1099363, 1099369, 1099391, 1099393, 1099409, 1099411, 1099421,
1099433, 1099459, 1099463, 1099487, 1099489, 1099493, 1099499,
1099507, 1099513, 1099519, 1099523, 1099541, 1099547, 1099559,
1099573, 1099589, 1099619, 1099621, 1099627, 1099633, 1099649,
1099669, 1099687, 1099711, 1099717, 1099723, 1099727, 1099729,
1099741, 1099757, 1099771, 1099783, 1099793, 1099799, 1099807,
1099817, 1099823, 1099841, 1099843, 1099859, 1099867, 1099927,
1099933, 1099957, 1099961, 1099997, 1100009, 1100023, 1100027,
1100039, 1100041, 1100051, 1100063, 1100089, 1100093, 1100101,
1100123, 1100131, 1100147, 1100149, 1100161, 1100167, 1100171,
1100179, 1100213, 1100219, 1100243, 1100249, 1100261, 1100273,
1100279, 1100303, 1100311, 1100321, 1100353, 1100357, 1100377,
1100381, 1100387, 1100419, 1100441, 1100443, 1100447, 1100467,
1100471, 1100483, 1100503, 1100509, 1100513, 1100543, 1100557,
1100569, 1100581, 1100591, 1100611, 1100641, 1100653, 1100681,
1100683, 1100747, 1100773, 1100777, 1100783, 1100797, 1100807,
1100831, 1100833, 1100837, 1100839, 1100851, 1100857, 1100887,
1100893, 1100899, 1100909, 1100921, 1100933, 1100947, 1100977,
1101071, 1101091, 1101097, 1101103, 1101109, 1101127, 1101143,
1101169, 1101179, 1101193, 1101211, 1101229, 1101253, 1101283,
1101299, 1101307, 1101319, 1101323, 1101341, 1101349, 1101371,
1101377, 1101389, 1101403, 1101407, 1101409, 1101421, 1101431,
1101433, 1101439, 1101467, 1101473, 1101509, 1101511, 1101517,
1101521, 1101533, 1101559, 1101571, 1101577, 1101587, 1101593,
1101613, 1101619, 1101641, 1101649, 1101671, 1101673, 1101689,
1101691, 1101697, 1101733, 1101743, 1101761, 1101767, 1101773,
1101781, 1101803, 1101811, 1101839, 1101851, 1101871, 1101883,
1101901, 1101917, 1101929, 1101931, 1101937, 1101941, 1101959,
1101967, 1102001, 1102007, 1102021, 1102027, 1102063, 1102069,
1102111, 1102117, 1102147, 1102151, 1102159, 1102163, 1102169,
1102181, 1102187, 1102201, 1102237, 1102243, 1102249, 1102253,
1102259, 1102271, 1102279, 1102301, 1102307, 1102313, 1102333,
1102337, 1102393, 1102397, 1102411, 1102427, 1102429, 1102441,
1102447, 1102457, 1102463, 1102481, 1102483, 1102523, 1102537,
1102547, 1102553, 1102567, 1102571, 1102583, 1102663, 1102669,
1102679, 1102681, 1102691, 1102693, 1102709, 1102721, 1102727,
1102729, 1102733, 1102747, 1102757, 1102813, 1102823, 1102831,

1102847, 1102853, 1102861, 1102879, 1102883, 1102891, 1102901,
1102903, 1102921, 1102939, 1102951, 1102963, 1102967, 1102979,
1102991, 1102999, 1103009, 1103017, 1103029, 1103041, 1103059,
1103087, 1103101, 1103107, 1103111, 1103119, 1103129, 1103143,
1103171, 1103183, 1103191, 1103203, 1103213, 1103237, 1103257,
1103279, 1103281, 1103293, 1103309, 1103339, 1103341, 1103353,
1103371, 1103437, 1103449, 1103461, 1103467, 1103483, 1103489,
1103497, 1103519, 1103533, 1103549, 1103561, 1103579, 1103581,
1103587, 1103591, 1103603, 1103611, 1103617, 1103621, 1103629,
1103633, 1103639, 1103699, 1103723, 1103737, 1103749, 1103779,
1103797, 1103803, 1103849, 1103857, 1103863, 1103873, 1103899,
1103903, 1103911, 1103923, 1103933, 1103981, 1103987, 1103989,
1104017, 1104041, 1104079, 1104097, 1104101, 1104107, 1104113,
1104119, 1104137, 1104139, 1104157, 1104179, 1104193, 1104203,
1104209, 1104217, 1104221, 1104241, 1104247, 1104289, 1104293,
1104307, 1104319, 1104331, 1104343, 1104353, 1104373, 1104377,
1104379, 1104403, 1104409, 1104427, 1104431, 1104449, 1104479,
1104491, 1104511, 1104517, 1104533, 1104557, 1104559, 1104589,
1104599, 1104613, 1104619, 1104659, 1104661, 1104671, 1104683,
1104703, 1104707, 1104731, 1104737, 1104739, 1104743, 1104749,
1104751, 1104767, 1104769, 1104781, 1104787, 1104791, 1104797,
1104811, 1104821, 1104823, 1104833, 1104853, 1104877, 1104889,
1104899, 1104913, 1104919, 1104937, 1104941, 1104947, 1104959,
1105009, 1105019, 1105033, 1105061, 1105063, 1105067, 1105109,
1105141, 1105157, 1105163, 1105171, 1105177, 1105193, 1105201,
1105207, 1105213, 1105217, 1105231, 1105261, 1105267, 1105271,
1105309, 1105327, 1105333, 1105337, 1105339, 1105343, 1105387,
1105397, 1105427, 1105441, 1105457, 1105463, 1105501, 1105513,
1105519, 1105537, 1105547, 1105549, 1105571, 1105579, 1105583,
1105589, 1105603, 1105607, 1105609, 1105613, 1105619, 1105627,
1105639, 1105649, 1105651, 1105661, 1105669, 1105691, 1105693,
1105711, 1105757, 1105759, 1105787, 1105807, 1105813, 1105823,
1105847, 1105861, 1105873, 1105879, 1105883, 1105891, 1105913,
1105919, 1105943, 1105961, 1105963, 1105997, 1105999, 1106029,
1106069, 1106087, 1106099, 1106101, 1106129, 1106137, 1106159,
1106167, 1106177, 1106179, 1106197, 1106201, 1106213, 1106219,
1106233, 1106243, 1106249, 1106257, 1106267, 1106279, 1106293,
1106311, 1106317, 1106363, 1106381, 1106401, 1106407, 1106419,
1106423, 1106429, 1106447, 1106449, 1106471, 1106477, 1106489,
1106491, 1106509, 1106527, 1106531, 1106543, 1106563, 1106569,
1106593, 1106621, 1106627, 1106629, 1106653, 1106671, 1106687,
1106689, 1106741, 1106747, 1106761, 1106767, 1106771, 1106779,
1106789, 1106801, 1106821, 1106827, 1106837, 1106839, 1106851,
1106881, 1106891, 1106909, 1106923, 1106927, 1106939, 1106953,
1106957, 1106977, 1106993, 1106999, 1107019, 1107031, 1107047,
1107049, 1107053, 1107083, 1107101, 1107107, 1107109, 1107157,
1107167, 1107173, 1107199, 1107203, 1107217, 1107269, 1107317,
1107319, 1107341, 1107347, 1107383, 1107389, 1107401, 1107409,

Die ersten hunderttausend Primzahlen

1107419, 1107433, 1107439, 1107467, 1107479, 1107487, 1107497,
1107503, 1107511, 1107523, 1107527, 1107553, 1107569, 1107571,
1107581, 1107583, 1107593, 1107619, 1107677, 1107679, 1107721,
1107727, 1107751, 1107763, 1107773, 1107781, 1107787, 1107791,
1107793, 1107797, 1107803, 1107811, 1107823, 1107851, 1107853,
1107881, 1107893, 1107913, 1107917, 1107923, 1107929, 1107937,
1107989, 1108001, 1108007, 1108021, 1108049, 1108057, 1108069,
1108073, 1108091, 1108103, 1108123, 1108127, 1108147, 1108169,
1108171, 1108181, 1108201, 1108207, 1108223, 1108229, 1108241,
1108253, 1108259, 1108267, 1108313, 1108321, 1108337, 1108357,
1108361, 1108363, 1108369, 1108397, 1108423, 1108427, 1108447,
1108453, 1108463, 1108469, 1108477, 1108487, 1108489, 1108501,
1108507, 1108537, 1108543, 1108559, 1108561, 1108567, 1108571,
1108573, 1108579, 1108603, 1108609, 1108619, 1108633, 1108663,
1108691, 1108693, 1108697, 1108703, 1108711, 1108717, 1108727,
1108729, 1108733, 1108739, 1108747, 1108753, 1108759, 1108771,
1108781, 1108801, 1108817, 1108819, 1108823, 1108867, 1108903,
1108907, 1108909, 1108957, 1108967, 1108993, 1108997, 1108999,
1109021, 1109033, 1109057, 1109113, 1109117, 1109123, 1109159,
1109161, 1109167, 1109189, 1109197, 1109219, 1109231, 1109243,
1109249, 1109257, 1109281, 1109287, 1109291, 1109309, 1109327,
1109347, 1109351, 1109363, 1109387, 1109393, 1109399, 1109401,
1109411, 1109431, 1109473, 1109477, 1109489, 1109491, 1109509,
1109513, 1109531, 1109533, 1109561, 1109579, 1109609, 1109611,
1109629, 1109639, 1109653, 1109663, 1109723, 1109737, 1109749,
1109761, 1109783, 1109789, 1109791, 1109813, 1109821, 1109839,
1109851, 1109861, 1109869, 1109881, 1109887, 1109891, 1109897,
1109903, 1109909, 1109921, 1109951, 1109987, 1110007, 1110013,
1110019, 1110023, 1110041, 1110061, 1110077, 1110089, 1110103,
1110127, 1110133, 1110167, 1110181, 1110223, 1110229, 1110247,
1110269, 1110271, 1110289, 1110301, 1110311, 1110313, 1110331,
1110349, 1110353, 1110367, 1110397, 1110401, 1110413, 1110427,
1110433, 1110449, 1110467, 1110479, 1110517, 1110521, 1110523,
1110533, 1110539, 1110541, 1110547, 1110583, 1110587, 1110589,
1110611, 1110617, 1110643, 1110667, 1110679, 1110709, 1110713,
1110719, 1110727, 1110743, 1110773, 1110779, 1110803, 1110817,
1110821, 1110839, 1110859, 1110881, 1110887, 1110913, 1110917,
1110919, 1110929, 1110931, 1110943, 1110953, 1110959, 1110971,
1110973, 1110979, 1110983, 1110997, 1111007, 1111013, 1111021,
1111031, 1111043, 1111049, 1111057, 1111067, 1111081, 1111087,
1111091, 1111151, 1111157, 1111169, 1111181, 1111183, 1111189,
1111211, 1111213, 1111219, 1111247, 1111259, 1111283, 1111289,
1111301, 1111333, 1111339, 1111351, 1111361, 1111379, 1111393,
1111399, 1111423, 1111427, 1111433, 1111447, 1111457, 1111489,
1111493, 1111499, 1111531, 1111543, 1111547, 1111553, 1111559,
1111573, 1111577, 1111637, 1111639, 1111651, 1111661, 1111667,
1111673, 1111687, 1111703, 1111711, 1111723, 1111727, 1111741,
1111757, 1111771, 1111787, 1111793, 1111801, 1111841, 1111853,

1111867, 1111897, 1111921, 1111933, 1111949, 1111963, 1111967,
1111991, 1112003, 1112011, 1112017, 1112047, 1112057, 1112077,
1112081, 1112087, 1112093, 1112107, 1112113, 1112129,
1112131, 1112141, 1112143, 1112147, 1112159, 1112171, 1112197,
1112201, 1112239, 1112269, 1112273, 1112291, 1112323, 1112333,
1112339, 1112341, 1112351, 1112359, 1112369, 1112381, 1112383,
1112389, 1112413, 1112467, 1112471, 1112477, 1112483, 1112509,
1112513, 1112519, 1112543, 1112549, 1112561, 1112567, 1112569,
1112581, 1112591, 1112597, 1112611, 1112623, 1112651, 1112653,
1112663, 1112677, 1112689, 1112707, 1112723, 1112729, 1112731,
1112737, 1112747, 1112777, 1112779, 1112789, 1112821, 1112827,
1112831, 1112833, 1112857, 1112897, 1112899, 1112911, 1112921,
1112941, 1112953, 1112959, 1112971, 1112977, 1112983, 1113011,
1113019, 1113029, 1113043, 1113059, 1113083, 1113089, 1113103,
1113137, 1113149, 1113157, 1113173, 1113181, 1113187, 1113193,
1113197, 1113199, 1113221, 1113239, 1113253, 1113257, 1113317,
1113319, 1113337, 1113349, 1113373, 1113379, 1113401, 1113403,
1113421, 1113451, 1113461, 1113481, 1113491, 1113509, 1113521,
1113527, 1113557, 1113569, 1113587, 1113599, 1113617, 1113643,
1113667, 1113701, 1113703, 1113713, 1113719, 1113751, 1113773,
1113781, 1113787, 1113793, 1113797, 1113809, 1113859, 1113863,
1113877, 1113883, 1113887, 1113899, 1113941, 1113949, 1113953,
1113961, 1113971, 1113991, 1113997, 1114019, 1114031, 1114037,
1114039, 1114049, 1114063, 1114111, 1114117, 1114159, 1114193,
1114207, 1114213, 1114241, 1114249, 1114261, 1114271, 1114273,
1114283, 1114297, 1114301, 1114303, 1114349, 1114361, 1114381,
1114397, 1114423, 1114427, 1114447, 1114471, 1114489, 1114493,
1114501, 1114507, 1114523, 1114541, 1114549, 1114567, 1114573,
1114577, 1114591, 1114601, 1114613, 1114651, 1114657, 1114661,
1114681, 1114693, 1114697, 1114709, 1114721, 1114723, 1114733,
1114753, 1114759, 1114801, 1114807, 1114811, 1114829, 1114837,
1114849, 1114859, 1114873, 1114891, 1114907, 1114909, 1114931,
1114937, 1114943, 1114969, 1114973, 1114987, 1114999, 1115011,
1115027, 1115029, 1115057, 1115071, 1115089, 1115099, 1115113,
1115117, 1115131, 1115189, 1115207, 1115227, 1115237, 1115239,
1115267, 1115269, 1115273, 1115297, 1115299, 1115321, 1115327,
1115329, 1115351, 1115363, 1115381, 1115399, 1115407, 1115417,
1115419, 1115447, 1115449, 1115453, 1115467, 1115497, 1115501,
1115519, 1115531, 1115533, 1115539, 1115551, 1115561, 1115567,
1115573, 1115579, 1115581, 1115599, 1115627, 1115633, 1115641,
1115657, 1115683, 1115701, 1115711, 1115713, 1115731, 1115743,
1115759, 1115767, 1115771, 1115773, 1115789, 1115831, 1115839,
1115843, 1115857, 1115879, 1115899, 1115911, 1115923, 1115929,
1115941, 1115987, 1115993, 1116001, 1116053, 1116077, 1116091,
1116107, 1116133, 1116163, 1116173, 1116187, 1116209, 1116223,
1116229, 1116257, 1116277, 1116281, 1116289, 1116301, 1116317,
1116319, 1116329, 1116337, 1116347, 1116371, 1116419, 1116431,
1116439, 1116449, 1116461, 1116469, 1116473, 1116491, 1116499,

 Die ersten hunderttausend Primzahlen

1116523, 1116541, 1116547, 1116569, 1116571, 1116593, 1116601,
1116631, 1116637, 1116641, 1116653, 1116659, 1116677, 1116701,
1116743, 1116749, 1116751, 1116809, 1116821, 1116851, 1116853,
1116859, 1116887, 1116889, 1116893, 1116911, 1116937, 1116943,
1116977, 1116989, 1117009, 1117013, 1117021, 1117027, 1117031,
1117033, 1117057, 1117069, 1117073, 1117079, 1117099, 1117111,
1117117, 1117153, 1117169, 1117177, 1117199, 1117243, 1117247,
1117253, 1117267, 1117273, 1117279, 1117301, 1117307, 1117309,
1117321, 1117349, 1117367, 1117379, 1117433, 1117439, 1117451,
1117463, 1117471, 1117477, 1117481, 1117483, 1117489, 1117513,
1117549, 1117553, 1117579, 1117591, 1117601, 1117603, 1117607,
1117609, 1117657, 1117661, 1117673, 1117679, 1117681, 1117709,
1117729, 1117741, 1117757, 1117759, 1117763, 1117769, 1117793,
1117799, 1117811, 1117813, 1117817, 1117819, 1117861, 1117867,
1117877, 1117889, 1117901, 1117913, 1117931, 1117933, 1117939,
1117943, 1117967, 1117973, 1117993, 1118003, 1118009, 1118011,
1118021, 1118023, 1118027, 1118041, 1118063, 1118081, 1118101,
1118113, 1118123, 1118137, 1118147, 1118149, 1118189, 1118197,
1118203, 1118219, 1118261, 1118267, 1118291, 1118303, 1118309,
1118317, 1118339, 1118363, 1118371, 1118393, 1118419, 1118437,
1118441, 1118479, 1118483, 1118497, 1118519, 1118527, 1118563,
1118567, 1118569, 1118599, 1118629, 1118653, 1118659, 1118713,
1118717, 1118723, 1118737, 1118749, 1118773, 1118779, 1118783,
1118797, 1118807, 1118809, 1118827, 1118837, 1118851, 1118857,
1118861, 1118863, 1118867, 1118869, 1118893, 1118911, 1118921,
1118941, 1118947, 1118951, 1118969, 1118987, 1118993, 1119029,
1119037, 1119047, 1119049, 1119077, 1119091, 1119109, 1119121,
1119169, 1119179, 1119221, 1119227, 1119241, 1119269, 1119281,
1119299, 1119319, 1119323, 1119343, 1119359, 1119389, 1119397,
1119403, 1119449, 1119473, 1119523, 1119527, 1119529, 1119557,
1119577, 1119589, 1119607, 1119611, 1119623, 1119649, 1119653,
1119659, 1119673, 1119691, 1119697, 1119707, 1119733, 1119737,
1119779, 1119793, 1119799, 1119809, 1119817, 1119821, 1119823,
1119857, 1119863, 1119871, 1119907, 1119913, 1119947, 1119949,
1119959, 1120001, 1120019, 1120051, 1120073, 1120081, 1120087,
1120109, 1120121, 1120153, 1120157, 1120159, 1120187, 1120211,
1120219, 1120237, 1120271, 1120277, 1120289, 1120291, 1120303,
1120313, 1120319, 1120321, 1120337, 1120349, 1120363, 1120369,
1120391, 1120423, 1120429, 1120459, 1120481, 1120499, 1120501,
1120507, 1120513, 1120517, 1120519, 1120529, 1120541, 1120543,
1120547, 1120549, 1120573, 1120577, 1120591, 1120607, 1120627,
1120633, 1120649, 1120661, 1120663, 1120667, 1120673, 1120687,
1120711, 1120723, 1120727, 1120739, 1120741, 1120747, 1120771,
1120781, 1120783, 1120787, 1120799, 1120807, 1120811, 1120831,
1120837, 1120849, 1120871, 1120883, 1120901, 1120907, 1120913,
1120919, 1120939, 1120957, 1120961, 1120969, 1120993, 1121011,
1121017, 1121023, 1121027, 1121033, 1121047, 1121051, 1121083,
1121093, 1121101, 1121143, 1121147, 1121173, 1121179, 1121189,

1121191, 1121203, 1121221, 1121231, 1121249, 1121257, 1121261,
1121293, 1121297, 1121317, 1121333, 1121347, 1121357, 1121369,
1121377, 1121383, 1121387, 1121389, 1121423, 1121431, 1121443,
1121447, 1121453, 1121509, 1121539, 1121543, 1121557, 1121599,
1121621, 1121629, 1121651, 1121671, 1121689, 1121693, 1121699,
1121707, 1121723, 1121737, 1121819, 1121831, 1121833, 1121837,
1121839, 1121867, 1121899, 1121933, 1121941, 1121947, 1121987,
1121993, 1122001, 1122029, 1122041, 1122053, 1122071, 1122089,
1122091, 1122103, 1122113, 1122131, 1122133, 1122137, 1122139,
1122157, 1122179, 1122181, 1122227, 1122241, 1122259, 1122263,
1122269, 1122281, 1122283, 1122287, 1122367, 1122371, 1122389,
1122397, 1122419, 1122427, 1122431, 1122437, 1122449, 1122467,
1122481, 1122491, 1122529, 1122533, 1122551, 1122571, 1122587,
1122599, 1122623, 1122643, 1122647, 1122659, 1122679, 1122683,
1122701, 1122721, 1122739, 1122749, 1122757, 1122761, 1122811,
1122841, 1122857, 1122887, 1122899, 1122923, 1122937, 1122941,
1122983, 1122997, 1123051, 1123079, 1123081, 1123093, 1123127,
1123151, 1123181, 1123189, 1123211, 1123217, 1123219, 1123231,
1123247, 1123267, 1123279, 1123303, 1123307, 1123319, 1123327,
1123349, 1123351, 1123361, 1123379, 1123391, 1123399, 1123403,
1123427, 1123429, 1123439, 1123477, 1123483, 1123487, 1123501,
1123511, 1123517, 1123531, 1123541, 1123553, 1123561, 1123567,
1123589, 1123597, 1123601, 1123621, 1123631, 1123637, 1123651,
1123667, 1123669, 1123691, 1123693, 1123699, 1123709, 1123729,
1123739, 1123741, 1123747, 1123777, 1123807, 1123841, 1123867,
1123873, 1123879, 1123883, 1123897, 1123901, 1123909, 1123919,
1123931, 1123943, 1123951, 1123961, 1123973, 1123979, 1123999,
1124027, 1124041, 1124051, 1124083, 1124087, 1124107, 1124113,
1124119, 1124131, 1124141, 1124147, 1124197, 1124203, 1124209,
1124219, 1124239, 1124251, 1124267, 1124269, 1124293, 1124297,
1124303, 1124317, 1124351, 1124353, 1124369, 1124377, 1124423,
1124429, 1124437, 1124441, 1124443, 1124449, 1124509, 1124531,
1124551, 1124561, 1124581, 1124593, 1124597, 1124603, 1124639,
1124647, 1124653, 1124659, 1124681, 1124687, 1124699, 1124719,
1124741, 1124749, 1124759, 1124789, 1124797, 1124803, 1124807,
1124813, 1124831, 1124833, 1124867, 1124869, 1124951, 1124957,
1124969, 1124983, 1124987, 1124993, 1125001, 1125013, 1125017,
1125029, 1125053, 1125097, 1125109, 1125121, 1125127, 1125139,
1125143, 1125151, 1125167, 1125169, 1125193, 1125203, 1125209,
1125217, 1125221, 1125253, 1125259, 1125283, 1125317, 1125323,
1125329, 1125343, 1125359, 1125361, 1125379, 1125391, 1125401,
1125407, 1125419, 1125431, 1125433, 1125469, 1125473, 1125479,
1125499, 1125529, 1125539, 1125557, 1125559, 1125569, 1125571,
1125581, 1125599, 1125629, 1125647, 1125653, 1125679, 1125701,
1125713, 1125739, 1125763, 1125767, 1125793, 1125797, 1125811,
1125823, 1125833, 1125857, 1125871, 1125899, 1125907, 1125911,
1125913, 1125923, 1125931, 1125941, 1125953, 1125973, 1125991,
1126031, 1126033, 1126043, 1126067, 1126093, 1126159, 1126189,

     Die ersten hunderttausend Primzahlen

1126201, 1126211, 1126219, 1126247, 1126253, 1126259, 1126283,
1126313, 1126319, 1126343, 1126351, 1126357, 1126361, 1126381,
1126387, 1126397, 1126399, 1126421, 1126439, 1126441, 1126457,
1126459, 1126483, 1126501, 1126513, 1126519, 1126523, 1126537,
1126553, 1126561, 1126577, 1126579, 1126597, 1126627, 1126649,
1126661, 1126663, 1126667, 1126669, 1126693, 1126703, 1126711,
1126751, 1126759, 1126771, 1126781, 1126787, 1126823, 1126831,
1126837, 1126843, 1126847, 1126859, 1126861, 1126889, 1126897,
1126963, 1126973, 1126991, 1126999, 1127011, 1127029, 1127033,
1127039, 1127051, 1127081, 1127101, 1127111, 1127123, 1127149,
1127153, 1127167, 1127177, 1127183, 1127197, 1127209, 1127221,
1127227, 1127239, 1127249, 1127263, 1127281, 1127297, 1127303,
1127309, 1127311, 1127323, 1127333, 1127351, 1127359, 1127369,
1127381, 1127383, 1127393, 1127407, 1127411, 1127443, 1127447,
1127453, 1127461, 1127507, 1127513, 1127527, 1127531, 1127537,
1127557, 1127561, 1127573, 1127587, 1127603, 1127617, 1127629,
1127641, 1127657, 1127663, 1127683, 1127701,
1127741, 1127767, 1127773, 1127801, 1127803, 1127809, 1127813,
1127837, 1127849, 1127857, 1127881, 1127891, 1127911, 1127947,
1127957, 1127969, 1127981, 1127983, 1127993, 1128031, 1128037,
1128089, 1128091, 1128107, 1128109, 1128143, 1128151, 1128161,
1128181, 1128209, 1128223, 1128227, 1128233, 1128247, 1128251,
1128287, 1128289, 1128293, 1128299, 1128301, 1128313, 1128349,
1128371, 1128373, 1128383, 1128397, 1128427, 1128433, 1128451,
1128497, 1128499, 1128503, 1128509, 1128521, 1128527, 1128539,
1128553, 1128557, 1128577, 1128583, 1128599, 1128601, 1128623,
1128629, 1128637, 1128641, 1128643, 1128661, 1128667, 1128691,
1128697, 1128703, 1128713, 1128719, 1128727, 1128731, 1128737,
1128761, 1128763, 1128769, 1128773, 1128779, 1128781, 1128811,
1128821, 1128823, 1128889, 1128899, 1128901, 1128917, 1128931,
1128937, 1128943, 1128947, 1128949, 1128977, 1128979, 1128997,
1129013, 1129019, 1129033, 1129043, 1129103, 1129109, 1129111,
1129127, 1129133, 1129153, 1129159, 1129169, 1129187, 1129211,
1129213, 1129217, 1129229, 1129253, 1129283, 1129307, 1129313,
1129333, 1129343, 1129367, 1129391, 1129399, 1129409, 1129433,
1129439, 1129441, 1129459, 1129477, 1129487, 1129489, 1129501,
1129511, 1129519, 1129523, 1129559, 1129561, 1129571, 1129577,
1129603, 1129619, 1129643, 1129663, 1129679, 1129693, 1129699,
1129717, 1129729, 1129741, 1129747, 1129757, 1129763, 1129787,
1129789, 1129819, 1129831, 1129841, 1129847, 1129853, 1129859,
1129861, 1129889, 1129897, 1129951, 1129957, 1129963, 1129991,
1130011, 1130023, 1130039, 1130047, 1130053, 1130057, 1130081,
1130099, 1130117, 1130123, 1130131, 1130191, 1130237, 1130251,
1130257, 1130267, 1130273, 1130281, 1130287, 1130293, 1130299,
1130317, 1130321, 1130351, 1130359, 1130369, 1130407, 1130413,
1130417, 1130429, 1130431, 1130447, 1130471, 1130497, 1130501,
1130527, 1130561, 1130579, 1130581, 1130587, 1130621, 1130627,
1130629, 1130639, 1130641, 1130651, 1130677, 1130693, 1130699,

1130711, 1130719, 1130737, 1130741, 1130777, 1130783, 1130803,
1130807, 1130809, 1130813, 1130819, 1130827, 1130863, 1130929,
1130939, 1130947, 1130951, 1130953, 1130957, 1130963, 1130981,
1131023, 1131047, 1131049, 1131077, 1131079, 1131083, 1131103,
1131113, 1131121, 1131131, 1131133, 1131139, 1131157, 1131181,
1131191, 1131217, 1131223, 1131239, 1131253, 1131259, 1131269,
1131271, 1131307, 1131323, 1131329, 1131331, 1131341, 1131343,
1131353, 1131379, 1131397, 1131413, 1131419, 1131421, 1131437,
1131451, 1131463, 1131467, 1131479, 1131491, 1131509, 1131523,
1131547, 1131553, 1131569, 1131617, 1131629, 1131643, 1131653,
1131671, 1131677, 1131701, 1131721, 1131727, 1131737, 1131749,
1131751, 1131763, 1131769, 1131787, 1131799, 1131821, 1131827,
1131829, 1131839, 1131857, 1131863, 1131869, 1131881, 1131883,
1131913, 1131917, 1131919, 1131937, 1131943, 1131959, 1131961,
1131973, 1131997, 1132003, 1132009, 1132063, 1132067, 1132091,
1132123, 1132139, 1132141, 1132177, 1132199, 1132223, 1132249,
1132259, 1132291, 1132301, 1132309, 1132321, 1132333, 1132393,
1132403, 1132409, 1132423, 1132429, 1132447, 1132463, 1132471,
1132477, 1132487, 1132499, 1132507, 1132511, 1132519, 1132529,
1132541, 1132561, 1132567, 1132583, 1132597, 1132601, 1132603,
1132627, 1132633, 1132639, 1132643, 1132661, 1132667, 1132673,
1132679, 1132697, 1132721, 1132739, 1132753, 1132783, 1132787,
1132793, 1132811, 1132823, 1132861, 1132877, 1132883, 1132909,
1132919, 1132927, 1132933, 1132949, 1132969, 1132979, 1132987,
1132991, 1132993, 1132997, 1133009, 1133017, 1133039, 1133047,
1133053, 1133071, 1133131, 1133147, 1133149, 1133159, 1133173,
1133177, 1133183, 1133189, 1133191, 1133219, 1133227, 1133239,
1133257, 1133261, 1133263, 1133287, 1133303, 1133317, 1133333,
1133357, 1133359, 1133381, 1133387, 1133459, 1133467, 1133477,
1133479, 1133501, 1133507, 1133513, 1133519, 1133533, 1133537,
1133551, 1133579, 1133591, 1133621, 1133623, 1133633, 1133641,
1133651, 1133653, 1133659, 1133677, 1133681, 1133683, 1133689,
1133731, 1133777, 1133789, 1133809, 1133819, 1133827, 1133837,
1133843, 1133851, 1133857, 1133861, 1133893, 1133897, 1133903,
1133911, 1133933, 1133947, 1133959, 1133963, 1133971, 1133989,
1134031, 1134037, 1134043, 1134047, 1134059, 1134071, 1134079,
1134113, 1134137, 1134143, 1134149, 1134151, 1134163, 1134169,
1134179, 1134187, 1134193, 1134239, 1134241, 1134247, 1134271,
1134283, 1134299, 1134311, 1134313, 1134389, 1134391, 1134403,
1134421, 1134437, 1134443, 1134449, 1134467, 1134479, 1134481,
1134487, 1134503, 1134517, 1134541, 1134557, 1134559, 1134583,
1134587, 1134607, 1134611, 1134619, 1134649, 1134667, 1134673,
1134691, 1134697, 1134703, 1134709, 1134719, 1134769, 1134781,
1134787, 1134811, 1134821, 1134841, 1134863, 1134871, 1134877,
1134883, 1134907, 1134923, 1134929, 1134961, 1134967, 1134977,
1134989, 1135007, 1135009, 1135019, 1135021, 1135061, 1135063,
1135081, 1135087, 1135091, 1135093, 1135103, 1135111, 1135129,
1135133, 1135159, 1135171, 1135187, 1135201, 1135217, 1135229,

     Die ersten hunderttausend Primzahlen

1135237, 1135241, 1135247, 1135261, 1135279, 1135283, 1135291,
1135327, 1135333, 1135339, 1135363, 1135367, 1135403, 1135411,
1135427, 1135429, 1135439, 1135451, 1135469, 1135483, 1135513,
1135531, 1135597, 1135613, 1135619, 1135633, 1135643, 1135657,
1135663, 1135699, 1135703, 1135711, 1135721, 1135733, 1135751,
1135777, 1135819, 1135831, 1135837, 1135847, 1135853, 1135859,
1135861, 1135873, 1135879, 1135891, 1135903, 1135913, 1135919,
1135921, 1135951, 1135963, 1135969, 1135997, 1135999, 1136041,
1136053, 1136063, 1136077, 1136081, 1136087, 1136089, 1136111,
1136117, 1136123, 1136129, 1136147, 1136153, 1136183, 1136203,
1136221, 1136227, 1136231, 1136237, 1136287, 1136299, 1136309,
1136327, 1136329, 1136339, 1136357, 1136363, 1136383, 1136389,
1136393, 1136411, 1136417, 1136449, 1136459, 1136461, 1136477,
1136483, 1136557, 1136567, 1136579, 1136587, 1136593, 1136609,
1136617, 1136623, 1136627, 1136633, 1136647, 1136651, 1136659,
1136669, 1136699, 1136717, 1136719, 1136741, 1136749, 1136767,
1136809, 1136813, 1136819, 1136831, 1136833, 1136843, 1136869,
1136897, 1136917, 1136921, 1136939, 1136951, 1136969, 1136981,
1136983, 1136999, 1137001, 1137007, 1137029, 1137067, 1137091,
1137109, 1137137, 1137139, 1137161, 1137163, 1137167, 1137179,
1137203, 1137209, 1137229, 1137233, 1137247, 1137263, 1137271,
1137289, 1137313, 1137329, 1137337, 1137341, 1137403, 1137407,
1137427, 1137439, 1137457, 1137481, 1137503, 1137527, 1137529,
1137547, 1137551, 1137553, 1137569, 1137611, 1137613, 1137629,
1137659, 1137667, 1137673, 1137677, 1137707, 1137733, 1137743,
1137749, 1137767, 1137781, 1137803, 1137809, 1137811, 1137817,
1137859, 1137863, 1137869, 1137881, 1137883, 1137887, 1137889,
1137911, 1137919, 1137937, 1137953, 1137959, 1137973, 1137977,
1137991, 1138019, 1138057, 1138061, 1138091, 1138097, 1138117,
1138127, 1138141, 1138147, 1138171, 1138183, 1138213, 1138237,
1138273, 1138363, 1138367, 1138369, 1138391, 1138393, 1138409,
1138411, 1138427, 1138429, 1138433, 1138441, 1138451, 1138457,
1138483, 1138519, 1138547, 1138559, 1138567, 1138589, 1138591,
1138637, 1138639, 1138649, 1138667, 1138673, 1138679, 1138681,
1138703, 1138717, 1138729, 1138733, 1138741, 1138751, 1138757,
1138771, 1138777, 1138793, 1138829, 1138831, 1138849, 1138853,
1138867, 1138883, 1138901, 1138919, 1138957, 1138961, 1138967,
1138979, 1138987, 1138997, 1138999, 1139003, 1139011, 1139041,
1139059, 1139081, 1139087, 1139123, 1139141, 1139143, 1139147,
1139191, 1139197, 1139227, 1139239, 1139249, 1139263, 1139269,
1139273, 1139287, 1139291, 1139293, 1139309, 1139321, 1139329,
1139353, 1139387, 1139393, 1139407, 1139423, 1139461, 1139471,
1139473, 1139483, 1139491, 1139503, 1139519, 1139521, 1139531,
1139539, 1139549, 1139557, 1139573, 1139587, 1139623, 1139669,
1139681, 1139683, 1139687, 1139713, 1139717, 1139741, 1139771,
1139773, 1139779, 1139807, 1139819, 1139843, 1139849, 1139851,
1139861, 1139863, 1139869, 1139909, 1139911, 1139917, 1139921,
1139951, 1139959, 1139989, 1139993, 1140091, 1140101, 1140103,

1140121, 1140127, 1140131, 1140137, 1140143, 1140157, 1140163,
1140197, 1140203, 1140233, 1140239, 1140253, 1140257, 1140281,
1140289, 1140311, 1140319, 1140341, 1140353, 1140371, 1140379,
1140383, 1140389, 1140413, 1140421, 1140431, 1140439, 1140449,
1140463, 1140487, 1140493, 1140533, 1140539, 1140563, 1140569,
1140571, 1140577, 1140611, 1140619, 1140637, 1140677, 1140679,
1140691, 1140697, 1140709, 1140721, 1140749, 1140787, 1140803,
1140847, 1140851, 1140859, 1140863, 1140871, 1140901, 1140911,
1140913, 1140929, 1140949, 1140959, 1140967, 1140973, 1140983,
1140991, 1141009, 1141013, 1141027, 1141031, 1141033, 1141039,
1141061, 1141067, 1141081, 1141087, 1141093, 1141097, 1141103,
1141109, 1141123, 1141139, 1141171, 1141219, 1141223, 1141229,
1141241, 1141243, 1141253, 1141267, 1141271, 1141277, 1141279,
1141289, 1141291, 1141303, 1141319, 1141321, 1141351, 1141373,
1141379, 1141381, 1141391, 1141417, 1141423, 1141447, 1141453,
1141477, 1141507, 1141523, 1141529, 1141531, 1141541, 1141571,
1141573, 1141597, 1141631, 1141633, 1141649, 1141661, 1141667,
1141717, 1141739, 1141757, 1141769, 1141801, 1141813, 1141837,
1141849, 1141853, 1141867, 1141871, 1141901, 1141909, 1141949,
1141963, 1141967, 1141969, 1141999, 1142003, 1142017, 1142021,
1142039, 1142041, 1142059, 1142069, 1142083, 1142129, 1142131,
1142159, 1142161, 1142171, 1142191, 1142201, 1142233, 1142237,
1142243, 1142263, 1142269, 1142279, 1142287, 1142311, 1142321,
1142333, 1142353, 1142357, 1142359, 1142363, 1142389, 1142423,
1142431, 1142473, 1142483, 1142503, 1142507, 1142509, 1142539,
1142549, 1142569, 1142573, 1142593, 1142599, 1142633, 1142651,
1142677, 1142693, 1142707, 1142737, 1142759, 1142773, 1142777,
1142783, 1142789, 1142809, 1142821, 1142833, 1142837, 1142851,
1142863, 1142881, 1142891, 1142909, 1142917, 1142923, 1142929,
1142941, 1142959, 1142969, 1142971, 1143013, 1143019,
1143047, 1143049, 1143053, 1143061, 1143067, 1143071, 1143073,
1143089, 1143091, 1143101, 1143113, 1143143, 1143161, 1143167,
1143193, 1143217, 1143223, 1143227, 1143239, 1143257, 1143269,
1143281, 1143283, 1143299, 1143341, 1143347, 1143371, 1143391,
1143407, 1143433, 1143469, 1143473, 1143481, 1143487, 1143529,
1143551, 1143563, 1143577, 1143587, 1143589, 1143601, 1143619,
1143643, 1143647, 1143661, 1143679, 1143697, 1143719, 1143749,
1143763, 1143799, 1143803, 1143809, 1143817, 1143829, 1143851,
1143887, 1143893, 1143943, 1143949, 1143953, 1143959, 1143977,
1144001, 1144007, 1144019, 1144037, 1144061, 1144081, 1144103,
1144139, 1144141, 1144147, 1144153, 1144163, 1144183, 1144193,
1144211, 1144223, 1144243, 1144249, 1144261, 1144271, 1144277,
1144279, 1144291, 1144301, 1144327, 1144333, 1144343, 1144349,
1144357, 1144379, 1144393, 1144399, 1144417, 1144439, 1144441,
1144453, 1144477, 1144483, 1144499, 1144511, 1144519, 1144523,
1144529, 1144537, 1144573, 1144589, 1144603, 1144607, 1144621,
1144643, 1144657, 1144667, 1144681, 1144691, 1144721, 1144723,
1144727, 1144739, 1144757, 1144783, 1144823, 1144837, 1144867,

     Die ersten hunderttausend Primzahlen

1144877, 1144879, 1144889, 1144901, 1144903, 1144907, 1144919,
1144931, 1144939, 1144951, 1144973, 1144981, 1144993, 1145003,
1145021, 1145057, 1145059, 1145077, 1145093, 1145099, 1145107,
1145129, 1145141, 1145143, 1145173, 1145189, 1145191, 1145203,
1145213, 1145227, 1145269, 1145281, 1145293, 1145299, 1145303,
1145311, 1145323, 1145327, 1145329, 1145359, 1145369, 1145371,
1145381, 1145387, 1145393, 1145411, 1145429, 1145461, 1145479,
1145497, 1145509, 1145533, 1145537, 1145539, 1145593, 1145611,
1145621, 1145623, 1145659, 1145689, 1145693, 1145713, 1145723,
1145741, 1145743, 1145747, 1145773, 1145789, 1145797, 1145801,
1145803, 1145831, 1145843, 1145849, 1145873, 1145897, 1145899,
1145971, 1145983, 1145999, 1146037, 1146043, 1146049, 1146071,
1146083, 1146091, 1146097, 1146133, 1146143, 1146179, 1146217,
1146221, 1146263, 1146281, 1146307, 1146323, 1146329, 1146331,
1146347, 1146367, 1146391, 1146407, 1146413, 1146419, 1146421,
1146461, 1146487, 1146491, 1146511, 1146521, 1146529, 1146533,
1146539, 1146559, 1146569, 1146581, 1146661, 1146671, 1146679,
1146697, 1146703, 1146709, 1146713, 1146727, 1146731, 1146763,
1146773, 1146779, 1146781, 1146787, 1146791, 1146793, 1146797,
1146799, 1146809, 1146823, 1146829, 1146833, 1146841, 1146857,
1146869, 1146877, 1146881, 1146911, 1146917, 1146931, 1146947,
1146953, 1146967, 1146989, 1147009, 1147021, 1147039, 1147043,
1147051, 1147067, 1147073, 1147099, 1147103, 1147117, 1147127,
1147141, 1147169, 1147183, 1147187, 1147189, 1147193, 1147213,
1147229, 1147231, 1147243, 1147247, 1147249, 1147253, 1147271,
1147273, 1147297, 1147301, 1147331, 1147339, 1147351, 1147379,
1147387, 1147409, 1147417, 1147423, 1147427, 1147441, 1147451,
1147453, 1147459, 1147463, 1147499, 1147507, 1147511, 1147561,
1147567, 1147571, 1147579, 1147583, 1147591, 1147613, 1147621,
1147637, 1147639, 1147669, 1147697, 1147709, 1147711, 1147717,
1147739, 1147759, 1147793, 1147819, 1147841, 1147843, 1147889,
1147897, 1147903, 1147921, 1147931, 1147969, 1147981, 1147987,
1147997, 1148029, 1148039, 1148047, 1148087, 1148089, 1148099,
1148111, 1148167, 1148171, 1148177, 1148219, 1148249, 1148261,
1148263, 1148291, 1148293, 1148297, 1148311, 1148327, 1148339,
1148359, 1148377, 1148387, 1148437, 1148453, 1148489, 1148501,
1148507, 1148513, 1148527, 1148549, 1148561, 1148593, 1148599,
1148621, 1148629, 1148647, 1148663, 1148677, 1148681, 1148687,
1148701, 1148713, 1148729, 1148731, 1148737, 1148747, 1148753,
1148761, 1148773, 1148837, 1148839, 1148857, 1148867, 1148879,
1148921, 1148933, 1148941, 1148957, 1148963, 1148971, 1148977,
1148981, 1148989, 1148999, 1149007, 1149017, 1149037, 1149053,
1149059, 1149061, 1149131, 1149151, 1149157, 1149163, 1149167,
1149191, 1149193, 1149209, 1149221, 1149227, 1149229, 1149233,
1149259, 1149283, 1149307, 1149341, 1149349, 1149361, 1149373,
1149403, 1149409, 1149413, 1149427, 1149457, 1149469, 1149487,
1149493, 1149503, 1149509, 1149521, 1149527, 1149539, 1149559,
1149569, 1149581, 1149587, 1149593, 1149601, 1149607, 1149619,

1149637, 1149641, 1149661, 1149679, 1149689, 1149737, 1149749,
1149769, 1149773, 1149779, 1149803, 1149817, 1149857, 1149859,
1149881, 1149887, 1149901, 1149913, 1149917, 1149919, 1149943,
1149971, 1149979, 1149983, 1149989, 1149991, 1150027, 1150031,
1150057, 1150063, 1150073, 1150081, 1150103, 1150117, 1150139,
1150141, 1150151, 1150159, 1150183, 1150187, 1150199, 1150211,
1150213, 1150217, 1150229, 1150243, 1150249, 1150301, 1150309,
1150349, 1150351, 1150363, 1150397, 1150403, 1150411, 1150417,
1150421, 1150423, 1150447, 1150489, 1150511, 1150519, 1150531,
1150537, 1150547, 1150561, 1150579, 1150603, 1150609, 1150631,
1150649, 1150651, 1150657, 1150661, 1150673, 1150687, 1150703,
1150717, 1150729, 1150733, 1150739, 1150741, 1150757, 1150763,
1150769, 1150777, 1150783, 1150823, 1150837, 1150847, 1150861,
1150867, 1150871, 1150873, 1150879, 1150909, 1150921, 1150927,
1150939, 1150949, 1150957, 1150973, 1150987, 1151021, 1151041,
1151047, 1151057, 1151063, 1151069, 1151083, 1151089, 1151113,
1151141, 1151147, 1151159, 1151167, 1151177, 1151179, 1151203,
1151209, 1151221, 1151233, 1151237, 1151243, 1151251, 1151287,
1151303, 1151317, 1151327, 1151333, 1151363, 1151369, 1151383,
1151389, 1151399, 1151401, 1151413, 1151417, 1151431, 1151441,
1151443, 1151471, 1151473, 1151483, 1151519, 1151537, 1151569,
1151581, 1151593, 1151599, 1151603, 1151611, 1151629, 1151639,
1151651, 1151653, 1151659, 1151671, 1151687, 1151701, 1151713,
1151729, 1151737, 1151747, 1151753, 1151779, 1151807, 1151861,
1151873, 1151879, 1151881, 1151911, 1151933, 1151963, 1151981,
1151987, 1151993, 1151999, 1152023, 1152029, 1152037, 1152071,
1152077, 1152079, 1152091, 1152113, 1152119, 1152121, 1152149,
1152157, 1152161, 1152163, 1152181, 1152187, 1152227, 1152233,
1152287, 1152313, 1152317, 1152337, 1152343, 1152367, 1152383,
1152391, 1152397, 1152419, 1152421, 1152493, 1152509, 1152517,
1152523, 1152527, 1152589, 1152623, 1152629, 1152631, 1152637,
1152643, 1152649, 1152653, 1152667, 1152677, 1152707, 1152733,
1152751, 1152757, 1152761, 1152763, 1152773, 1152791, 1152793,
1152799, 1152841, 1152857, 1152881, 1152887, 1152913, 1152917,
1152937, 1152941, 1152979, 1152989, 1152997, 1153001, 1153007,
1153021, 1153027, 1153049, 1153057, 1153063, 1153073, 1153099,
1153109, 1153123, 1153147, 1153153, 1153157, 1153171, 1153177,
1153183, 1153199, 1153211, 1153219, 1153223, 1153237, 1153241,
1153247, 1153249, 1153261, 1153267, 1153277, 1153309, 1153337,
1153343, 1153349, 1153367, 1153393, 1153421, 1153429, 1153441,
1153457, 1153459, 1153463, 1153483, 1153487, 1153511, 1153517,
1153531, 1153553, 1153573, 1153577, 1153589, 1153597, 1153609,
1153613, 1153639, 1153643, 1153681, 1153687, 1153721, 1153729,
1153751, 1153753, 1153759, 1153769, 1153777, 1153799, 1153811,
1153849, 1153853, 1153871, 1153891, 1153921, 1153967, 1153973,
1154017, 1154029, 1154033, 1154039, 1154047, 1154051, 1154119,
1154123, 1154129, 1154159, 1154173, 1154177, 1154183, 1154207,
1154221, 1154227, 1154233, 1154239, 1154243, 1154267, 1154291,

  Die ersten hunderttausend Primzahlen

1154297, 1154299, 1154311, 1154323, 1154327, 1154339, 1154353,
1154359, 1154369, 1154401, 1154411, 1154431, 1154449, 1154467,
1154473, 1154509, 1154513, 1154537, 1154539, 1154551, 1154561,
1154563, 1154567, 1154579, 1154581, 1154603, 1154633, 1154639,
1154651, 1154653, 1154707, 1154723, 1154737, 1154753, 1154771,
1154789, 1154819, 1154821, 1154849, 1154863, 1154887, 1154893,
1154897, 1154911, 1154927, 1154947, 1154969, 1154971, 1154987,
1155001, 1155017, 1155019, 1155053, 1155061, 1155071, 1155097,
1155101, 1155107, 1155127, 1155149, 1155151, 1155169, 1155179,
1155211, 1155223, 1155233, 1155239, 1155247, 1155263, 1155293,
1155311, 1155317, 1155373, 1155377, 1155379, 1155403, 1155419,
1155431, 1155437, 1155449, 1155457, 1155461, 1155499, 1155527,
1155529, 1155569, 1155577, 1155601, 1155607, 1155611, 1155613,
1155617, 1155619, 1155629, 1155631, 1155653, 1155659, 1155689,
1155697, 1155701, 1155703, 1155709, 1155733, 1155821, 1155823,
1155829, 1155841, 1155851, 1155859, 1155863, 1155899, 1155901,
1155907, 1155919, 1155923, 1155929, 1155937, 1155943, 1155953,
1155961, 1155967, 1155971, 1155977, 1155997, 1156009, 1156013,
1156019, 1156031, 1156033, 1156037, 1156039, 1156073, 1156079,
1156087, 1156097, 1156109, 1156121, 1156151, 1156157, 1156171,
1156217, 1156229, 1156231, 1156249, 1156261, 1156271, 1156291,
1156297, 1156303, 1156307, 1156327, 1156333, 1156343, 1156367,
1156369, 1156387, 1156403, 1156423, 1156427, 1156429, 1156451,
1156453, 1156457, 1156483, 1156501, 1156523, 1156537, 1156541,
1156553, 1156567, 1156591, 1156613, 1156627, 1156633, 1156637,
1156643, 1156681, 1156699, 1156709, 1156711, 1156721, 1156741,
1156747, 1156751, 1156769, 1156783, 1156801, 1156807, 1156819,
1156823, 1156847, 1156849, 1156873, 1156907, 1156927, 1156949,
1156963, 1156997, 1157011, 1157017, 1157033, 1157053, 1157059,
1157063, 1157069, 1157077, 1157099, 1157111, 1157131, 1157159,
1157171, 1157179, 1157183, 1157201, 1157203, 1157209, 1157213,
1157227, 1157237, 1157243, 1157251, 1157257, 1157263, 1157279,
1157293, 1157327, 1157333, 1157339, 1157341, 1157357, 1157363,
1157369, 1157381, 1157393, 1157413, 1157437, 1157449, 1157489,
1157491, 1157503, 1157531, 1157539, 1157557, 1157579, 1157591,
1157609, 1157621, 1157627, 1157641, 1157669, 1157671, 1157699,
1157701, 1157711, 1157713, 1157729, 1157747, 1157749, 1157759,
1157771, 1157773, 1157791, 1157831, 1157833, 1157837, 1157839,
1157851, 1157869, 1157873, 1157899, 1157929, 1157953, 1157969,
1157977, 1157987, 1158007, 1158011, 1158037, 1158071, 1158077,
1158089, 1158121, 1158133, 1158139, 1158161, 1158187, 1158197,
1158203, 1158217, 1158247, 1158251, 1158263, 1158271, 1158293,
1158301, 1158307, 1158317, 1158323, 1158341, 1158361,
1158383, 1158389, 1158401, 1158407, 1158419, 1158427, 1158457,
1158461, 1158467, 1158473, 1158481, 1158491, 1158523, 1158529,
1158539, 1158541, 1158551, 1158569, 1158587, 1158593, 1158607,
1158611, 1158613, 1158617, 1158629, 1158643, 1158653, 1158673,
1158679, 1158683, 1158713, 1158719, 1158743, 1158757, 1158761,

1158769, 1158799, 1158821, 1158823, 1158827, 1158841, 1158847,
1158863, 1158881, 1158887, 1158923, 1158953, 1158961, 1158977,
1158991, 1159001, 1159007, 1159027, 1159031, 1159049, 1159063,
1159073, 1159079, 1159087, 1159091, 1159127, 1159139, 1159153,
1159187, 1159189, 1159199, 1159201, 1159229, 1159231, 1159241,
1159243, 1159259, 1159271, 1159283, 1159303, 1159337, 1159339,
1159381, 1159393, 1159397, 1159421, 1159423, 1159429, 1159447,
1159463, 1159489, 1159517, 1159523, 1159531, 1159541, 1159577,
1159583, 1159597, 1159601, 1159633, 1159649, 1159661, 1159663,
1159709, 1159721, 1159777, 1159787, 1159789, 1159811, 1159813,
1159843, 1159853, 1159861, 1159877, 1159889, 1159901, 1159909,
1159919, 1159967, 1159973, 1159981, 1159993, 1159997, 1160009,
1160039, 1160041, 1160057, 1160077, 1160111, 1160129, 1160141,
1160147, 1160161, 1160167, 1160179, 1160207, 1160213, 1160219,
1160221, 1160227, 1160251, 1160279, 1160287, 1160297, 1160303,
1160309, 1160317, 1160351, 1160359, 1160363, 1160371, 1160407,
1160413, 1160429, 1160443, 1160447, 1160449, 1160459, 1160473,
1160479, 1160491, 1160503, 1160513, 1160519, 1160543, 1160567,
1160569, 1160581, 1160597, 1160611, 1160639, 1160659, 1160681,
1160689, 1160713, 1160717, 1160749, 1160771, 1160807, 1160813,
1160837, 1160839, 1160867, 1160893, 1160903, 1160911, 1160927,
1160941, 1160953, 1160977, 1160983, 1160987, 1160989, 1161001,
1161007, 1161011, 1161031, 1161037, 1161047, 1161059, 1161077,
1161091, 1161101, 1161107, 1161113, 1161137, 1161143, 1161163,
1161169, 1161203, 1161217, 1161227, 1161233, 1161239, 1161241,
1161263, 1161269, 1161289, 1161313, 1161317, 1161331, 1161343,
1161371, 1161397, 1161401, 1161403, 1161437, 1161439, 1161443,
1161449, 1161463, 1161481, 1161487, 1161493, 1161497, 1161499,
1161509, 1161521, 1161529, 1161547, 1161551, 1161553, 1161581,
1161599, 1161617, 1161619, 1161637, 1161647, 1161659, 1161683,
1161691, 1161703, 1161749, 1161757, 1161761, 1161767, 1161781,
1161791, 1161829, 1161833, 1161841, 1161851, 1161857, 1161871,
1161877, 1161883, 1161893, 1161929, 1161931, 1161947, 1161949,
1161991, 1161997, 1162009, 1162037, 1162043, 1162061, 1162067,
1162079, 1162081, 1162093, 1162099, 1162129, 1162193, 1162219,
1162223, 1162229, 1162243, 1162253, 1162261, 1162277, 1162279,
1162297, 1162303, 1162321, 1162339, 1162361, 1162367, 1162373,
1162417, 1162423, 1162453, 1162463, 1162471, 1162481, 1162493,
1162501, 1162507, 1162529, 1162537, 1162541, 1162543, 1162547,
1162559, 1162571, 1162573, 1162583, 1162589, 1162597, 1162619,
1162621, 1162631, 1162649, 1162663, 1162669, 1162687, 1162691,
1162709, 1162727, 1162729, 1162741, 1162751, 1162753, 1162771,
1162789, 1162793, 1162807, 1162853, 1162859, 1162867, 1162877,
1162879, 1162897, 1162901, 1162907, 1162927, 1162937, 1162943,
1162951, 1162957, 1162961, 1162969, 1162981, 1162991, 1163003,
1163011, 1163017, 1163033, 1163039, 1163069, 1163077, 1163081,
1163083, 1163093, 1163111, 1163119, 1163131, 1163137, 1163143,
1163147, 1163159, 1163167, 1163177, 1163189, 1163207, 1163221,

     Die ersten hunderttausend Primzahlen

1163231,   1163233,   1163251,   1163257,   1163263,   1163273,   1163311,
1163329,   1163333,   1163339,   1163353,   1163417,   1163423,   1163431,
1163441,   1163467,   1163473,   1163479,   1163483,   1163507,   1163521,
1163543,   1163551,   1163557,   1163581,   1163587,   1163609,   1163611,
1163627,   1163629,   1163641,   1163651,   1163653,   1163663,   1163671,
1163689,   1163699,   1163711,   1163713,   1163717,   1163719,   1163737,
1163753,   1163759,   1163783,   1163791,   1163821,   1163831,   1163843,
1163849,   1163873,   1163879,   1163891,   1163923,   1163947,   1163969,
1163971,   1163977,   1163989,   1163993,   1164001,   1164029,   1164043,
1164067,   1164071,   1164077,   1164091,   1164101,   1164173,   1164179,
1164181,   1164193,   1164199,   1164203,   1164217,   1164221,   1164253,
1164287,   1164323,   1164343,   1164367,   1164409,   1164413,   1164419,
1164431,   1164433,   1164439,   1164461,   1164479,   1164497,   1164503,
1164511,   1164521,   1164533,   1164557,   1164571,   1164587,   1164589,
1164593,   1164599,   1164607,   1164617,   1164623,   1164629,   1164641,
1164659,   1164671,   1164689,   1164731,   1164749,   1164791,   1164799,
1164803,   1164811,   1164817,   1164829,   1164841,   1164853,   1164859,
1164869,   1164899,   1164937,   1164941,   1164953,   1164967,   1164979,
1164991,   1164997,   1165001,   1165037,   1165049,   1165051,   1165057,
1165069,   1165079,   1165081,   1165103,   1165121,   1165127,   1165139,
1165147,   1165183,   1165187,   1165189,   1165193,   1165201,   1165207,
1165211,   1165217,   1165223,   1165273,   1165279,   1165301,   1165303,
1165349,   1165357,   1165361,   1165363,   1165379,   1165397,   1165399,
1165421,   1165447,   1165453,   1165471,   1165511,   1165529,   1165531,
1165579,   1165583,   1165643,   1165667,   1165691,   1165711,   1165721,
1165727,   1165729,   1165739,   1165751,   1165777,   1165789,   1165799,
1165819,   1165823,   1165831,   1165837,   1165849,   1165861,   1165873,
1165889,   1165903,   1165909,   1165919,   1165921,   1165933,   1165937,
1165943,   1165949,   1165951,   1165991,   1165993,   1166021,   1166027,
1166041,   1166057,   1166083,   1166089,   1166093,   1166101,   1166107,
1166131,   1166141,   1166147,   1166153,   1166213,   1166219,   1166227,
1166237,   1166287,   1166311,   1166323,   1166329,   1166359,   1166383,
1166393,   1166401,   1166411,   1166413,   1166441,   1166453,   1166479,
1166483,   1166497,   1166507,   1166527,   1166531,   1166533,   1166549,
1166563,   1166567,   1166569,   1166579,   1166597,   1166603,   1166609,
1166617,   1166639,   1166663,   1166677,   1166687,   1166713,   1166723,
1166729,   1166741,   1166773,   1166779,   1166801,   1166807,   1166827,
1166833,   1166839,   1166849,   1166857,   1166861,   1166903,   1166927,
1166929,   1166947,   1166953,   1166969,   1166987,   1167011,   1167013,
1167053,   1167059,   1167077,   1167083,   1167139,   1167143,   1167157,
1167167,   1167193,   1167209,   1167211,   1167217,   1167233,   1167241,
1167251,   1167277,   1167289,   1167293,   1167307,   1167317,   1167329,
1167347,   1167349,   1167359,   1167391,   1167409,   1167421,   1167443,
1167449,   1167469,   1167473,   1167539,   1167547,   1167559,   1167571,
1167581,   1167587,   1167599,   1167613,   1167623,   1167637,   1167653,
1167659,   1167667,   1167689,   1167697,   1167701,   1167703,   1167707,
1167709,   1167731,   1167763,   1167773,   1167791,   1167799,   1167811,
1167821,   1167823,   1167833,   1167839,   1167841,   1167847,   1167853,

1167869, 1167889, 1167899, 1167913, 1167919, 1167937, 1167953,
1167973, 1168001, 1168007, 1168031, 1168039, 1168043, 1168093,
1168133, 1168151, 1168169, 1168183, 1168187, 1168231, 1168241,
1168243, 1168247, 1168249, 1168261, 1168301, 1168319, 1168327,
1168337, 1168339, 1168351, 1168357, 1168361, 1168397, 1168399,
1168403, 1168411, 1168451, 1168463, 1168477, 1168487, 1168493,
1168501, 1168523, 1168537, 1168553, 1168619, 1168621, 1168627,
1168637, 1168639, 1168693, 1168711, 1168721, 1168751, 1168757,
1168763, 1168771, 1168789, 1168799, 1168819, 1168829, 1168831,
1168841, 1168847, 1168859, 1168877, 1168879, 1168897, 1168919,
1168927, 1168931, 1168933, 1168957, 1168969, 1168987, 1168997,
1169009, 1169011, 1169017, 1169023, 1169027, 1169029, 1169059,
1169081, 1169131, 1169137, 1169149, 1169171, 1169177, 1169183,
1169191, 1169249, 1169257, 1169261, 1169269, 1169281, 1169293,
1169323, 1169327, 1169341, 1169347, 1169353, 1169369, 1169381,
1169383, 1169401, 1169411, 1169417, 1169419, 1169449, 1169453,
1169473, 1169477, 1169491, 1169513, 1169521, 1169563, 1169587,
1169591, 1169593, 1169603, 1169627, 1169633, 1169647, 1169669,
1169677, 1169683, 1169687, 1169713, 1169741, 1169747, 1169759,
1169761, 1169767, 1169789, 1169801, 1169809, 1169827, 1169873,
1169879, 1169899, 1169929, 1169933, 1169939, 1170007, 1170011,
1170019, 1170023, 1170031, 1170049, 1170061, 1170067, 1170089,
1170107, 1170109, 1170119, 1170131, 1170133, 1170137, 1170139,
1170167, 1170173, 1170193, 1170203, 1170209, 1170233, 1170251,
1170271, 1170277, 1170311, 1170317, 1170329, 1170349, 1170361,
1170373, 1170397, 1170437, 1170443, 1170451, 1170461, 1170487,
1170497, 1170511, 1170517, 1170523, 1170541, 1170553, 1170563,
1170581, 1170583, 1170593, 1170599, 1170607, 1170641, 1170649,
1170661, 1170667, 1170679, 1170683, 1170707, 1170709, 1170713,
1170721, 1170727, 1170751, 1170779, 1170781, 1170787, 1170803,
1170811, 1170821, 1170833, 1170853, 1170857, 1170863, 1170899,
1170941, 1170947, 1170971, 1170979, 1171031, 1171033, 1171039,
1171057, 1171061, 1171069, 1171073, 1171109, 1171111, 1171117,
1171123, 1171133, 1171189, 1171199, 1171201, 1171207, 1171231,
1171241, 1171243, 1171253, 1171259, 1171267, 1171301, 1171319,
1171343, 1171393, 1171399, 1171421, 1171427, 1171447, 1171451,
1171463, 1171477, 1171517, 1171523, 1171529, 1171549, 1171553,
1171561, 1171579, 1171591, 1171601, 1171619, 1171633, 1171637,
1171661, 1171669, 1171699, 1171721, 1171747, 1171771, 1171783,
1171789, 1171801, 1171811, 1171813, 1171823, 1171837, 1171847,
1171867, 1171921, 1171927, 1171931, 1171957, 1171967, 1171969,
1171979, 1171981, 1171991, 1171999, 1172009, 1172021, 1172023,
1172027, 1172029, 1172047, 1172063, 1172069, 1172081, 1172107,
1172111, 1172147, 1172179, 1172207, 1172233, 1172257, 1172261,
1172273, 1172279, 1172317, 1172329, 1172351, 1172377, 1172393,
1172401, 1172407, 1172411, 1172417, 1172429, 1172443, 1172447,
1172461, 1172467, 1172491, 1172497, 1172503, 1172531, 1172533,
1172537, 1172539, 1172543, 1172573, 1172579, 1172657, 1172659,

 Die ersten hunderttausend Primzahlen

1172663, 1172671, 1172681, 1172683, 1172687, 1172713, 1172749,
1172777, 1172783, 1172797, 1172803, 1172807, 1172819, 1172833,
1172867, 1172893, 1172903, 1172921, 1172929, 1172933, 1172939,
1172953, 1172957, 1172959, 1172981, 1172993, 1173001, 1173013,
1173043, 1173059, 1173101, 1173121, 1173127, 1173157, 1173163,
1173173, 1173181, 1173191, 1173199, 1173223, 1173239, 1173259,
1173281, 1173283, 1173301, 1173343, 1173349, 1173373, 1173397,
1173401, 1173407, 1173433, 1173439, 1173463, 1173481, 1173511,
1173521, 1173539, 1173541, 1173551, 1173553,
1173581, 1173583, 1173587, 1173589, 1173593, 1173617, 1173631,
1173709, 1173743, 1173749, 1173779, 1173787, 1173803, 1173811,
1173827, 1173829, 1173841, 1173853, 1173881, 1173883, 1173917,
1173937, 1173941, 1173947, 1173959, 1173961, 1173979, 1173983,
1174021, 1174027, 1174031, 1174049, 1174073, 1174079, 1174091,
1174093, 1174099, 1174141, 1174163, 1174171, 1174193, 1174211,
1174213, 1174231, 1174237, 1174247, 1174259, 1174267, 1174273,
1174301, 1174307, 1174319, 1174331, 1174337, 1174339, 1174361,
1174387, 1174399, 1174423, 1174441, 1174451, 1174463, 1174469,
1174477, 1174487, 1174489, 1174499, 1174507, 1174519, 1174531,
1174549, 1174571, 1174583, 1174601, 1174603, 1174619, 1174627,
1174669, 1174673, 1174681, 1174687, 1174709, 1174721, 1174727,
1174739, 1174759, 1174763, 1174769, 1174781, 1174783, 1174793,
1174801, 1174829, 1174847, 1174879, 1174883, 1174891, 1174897,
1174913, 1174919, 1174949, 1174951, 1174969, 1174973, 1175003,
1175021, 1175029, 1175039, 1175071, 1175077, 1175099, 1175107,
1175123, 1175143, 1175149, 1175173, 1175191, 1175219, 1175243,
1175249, 1175257, 1175267, 1175297, 1175351, 1175353, 1175371,
1175387, 1175389, 1175407, 1175411, 1175413, 1175417, 1175437,
1175467, 1175479, 1175483, 1175497, 1175509, 1175521, 1175561,
1175569, 1175579, 1175591, 1175617, 1175623, 1175627, 1175651,
1175659, 1175677, 1175683, 1175687, 1175711, 1175717, 1175723,
1175729, 1175743, 1175767, 1175789, 1175791, 1175803, 1175807,
1175813, 1175819, 1175821, 1175833, 1175849, 1175857, 1175887,
1175899, 1175927, 1175939, 1175953, 1175959, 1175963, 1175969,
1175981, 1175989, 1176023, 1176029, 1176031, 1176041, 1176061,
1176083, 1176089, 1176113, 1176121, 1176127, 1176137, 1176163,
1176173, 1176187, 1176191, 1176221, 1176223, 1176239, 1176277,
1176293, 1176323, 1176353, 1176361, 1176367, 1176377, 1176391,
1176397, 1176403, 1176407, 1176421, 1176433, 1176449, 1176463,
1176509, 1176521, 1176529, 1176533, 1176557, 1176583, 1176589,
1176599, 1176601, 1176607, 1176631, 1176641, 1176647, 1176671,
1176673, 1176701, 1176709, 1176713, 1176737, 1176767, 1176779,
1176787, 1176793, 1176797, 1176811, 1176827, 1176869, 1176871,
1176881, 1176899, 1176911, 1176937, 1176943, 1176947, 1176949,
1176983, 1177009, 1177019, 1177027, 1177037, 1177067, 1177073,
1177087, 1177093, 1177103, 1177129, 1177147, 1177153, 1177157,
1177159, 1177171, 1177181, 1177201, 1177207, 1177219, 1177223,
1177237, 1177243, 1177247, 1177277, 1177291, 1177331, 1177387,

1177399, 1177427, 1177433, 1177447, 1177453, 1177459, 1177481,
1177489, 1177499, 1177507, 1177513, 1177529, 1177541, 1177543,
1177549, 1177571, 1177609, 1177613, 1177619, 1177621, 1177637,
1177651, 1177667, 1177681, 1177697, 1177711, 1177717, 1177723,
1177733, 1177739, 1177741, 1177751, 1177763, 1177769, 1177801,
1177843, 1177859, 1177873, 1177877, 1177901, 1177919, 1177921,
1177933, 1177949, 1177987, 1177997, 1178003, 1178017, 1178033,
1178039, 1178041, 1178059, 1178069, 1178087, 1178101, 1178113,
1178123, 1178131, 1178141, 1178159, 1178161, 1178167, 1178173,
1178189, 1178197, 1178201, 1178207, 1178213, 1178227, 1178231,
1178237, 1178239, 1178263, 1178269, 1178273, 1178297, 1178347,
1178363, 1178369, 1178371, 1178377, 1178393, 1178417, 1178447,
1178461, 1178479, 1178483, 1178521, 1178533, 1178537, 1178549,
1178557, 1178591, 1178609, 1178621, 1178623, 1178633, 1178641,
1178659, 1178669, 1178689, 1178699, 1178701, 1178707, 1178711,
1178717, 1178719, 1178743, 1178753, 1178767, 1178803, 1178809,
1178833, 1178843, 1178851, 1178887, 1178897, 1178909, 1178921,
1178927, 1178939, 1178953, 1178959, 1178963, 1178971, 1178977,
1178981, 1178993, 1179011, 1179019, 1179047, 1179109, 1179127,
1179149, 1179151, 1179173, 1179179, 1179193, 1179203, 1179223,
1179251, 1179253, 1179259, 1179263, 1179281, 1179287, 1179289,
1179293, 1179317, 1179319, 1179323, 1179329, 1179331, 1179337,
1179379, 1179383, 1179389, 1179403, 1179413, 1179419, 1179421,
1179427, 1179467, 1179491, 1179499, 1179527, 1179547, 1179551,
1179553, 1179569, 1179571, 1179583, 1179589, 1179599, 1179637,
1179641, 1179649, 1179677, 1179733, 1179751, 1179757, 1179779,
1179793, 1179797, 1179839, 1179847, 1179853, 1179859, 1179863,
1179869, 1179883, 1179901, 1179907, 1179929, 1179947, 1179961,
1179973, 1179977, 1179979, 1179989, 1179991, 1180009, 1180013,
1180019, 1180027, 1180031, 1180043, 1180057, 1180073, 1180087,
1180093, 1180099, 1180111, 1180117, 1180121, 1180133, 1180141,
1180159, 1180171, 1180219, 1180237, 1180241, 1180243, 1180247,
1180253, 1180279, 1180303, 1180313, 1180351, 1180369, 1180373,
1180381, 1180391, 1180397, 1180409, 1180423, 1180427, 1180447,
1180477, 1180493, 1180507, 1180519, 1180537, 1180547, 1180549,
1180577, 1180591, 1180631, 1180637, 1180643, 1180657, 1180661,
1180691, 1180693, 1180709, 1180721, 1180723, 1180727, 1180733,
1180757, 1180771, 1180799, 1180807, 1180811, 1180819, 1180847,
1180849, 1180853, 1180859, 1180873, 1180877, 1180891, 1180897,
1180901, 1180903, 1180913, 1180931, 1180937, 1180951, 1180957,
1180961, 1180979, 1180987, 1180997, 1181017, 1181023, 1181039,
1181051, 1181053, 1181057, 1181093, 1181099, 1181137, 1181149,
1181153, 1181171, 1181183, 1181197, 1181203, 1181209, 1181237,
1181263, 1181267, 1181269, 1181281, 1181293, 1181309, 1181311,
1181321, 1181329, 1181407, 1181413, 1181437, 1181443, 1181461,
1181471, 1181473, 1181501, 1181507, 1181519, 1181527, 1181549,
1181561, 1181563, 1181573, 1181581, 1181611, 1181617, 1181633,
1181647, 1181681, 1181699, 1181701, 1181723, 1181729, 1181731,

     Die ersten hunderttausend Primzahlen

1181759, 1181767, 1181771, 1181773, 1181777, 1181839, 1181879,
1181881, 1181893, 1181897, 1181911, 1181923, 1181927, 1181963,
1181969, 1181981, 1181987, 1182007, 1182019, 1182023, 1182031,
1182043, 1182073, 1182121, 1182133, 1182143, 1182157, 1182211,
1182253, 1182277, 1182281, 1182283, 1182287, 1182289, 1182331,
1182341, 1182343, 1182347, 1182353, 1182383, 1182397, 1182403,
1182413, 1182421, 1182431, 1182437, 1182439, 1182449, 1182451,
1182463, 1182479, 1182487, 1182491, 1182509, 1182521, 1182539,
1182547, 1182581, 1182593, 1182611, 1182659, 1182677, 1182679,
1182689, 1182691, 1182697, 1182703, 1182737, 1182739, 1182757,
1182763, 1182767, 1182781, 1182787, 1182791, 1182817, 1182847,
1182869, 1182889, 1182893, 1182901, 1182917, 1182919, 1182947,
1182953, 1182967, 1182989, 1183003, 1183027, 1183031, 1183033,
1183057, 1183079, 1183093, 1183103, 1183121, 1183123, 1183141,
1183151, 1183157, 1183159, 1183163, 1183181, 1183199, 1183201,
1183211, 1183213, 1183241, 1183261, 1183267, 1183271, 1183277,
1183279, 1183333, 1183337, 1183349, 1183381, 1183393, 1183397,
1183409, 1183411, 1183423, 1183447, 1183451, 1183471, 1183477,
1183531, 1183537, 1183541, 1183561, 1183571, 1183579, 1183597,
1183607, 1183613, 1183687, 1183697, 1183709, 1183723, 1183729,
1183733, 1183739, 1183753, 1183759, 1183769, 1183771, 1183781,
1183799, 1183811, 1183813, 1183837, 1183843, 1183877, 1183913,
1183933, 1183939, 1183943, 1183951, 1183961, 1183969, 1183981,
1183993, 1183997, 1184003, 1184011, 1184047, 1184059, 1184069,
1184077, 1184081, 1184083, 1184093, 1184119, 1184123, 1184129,
1184143, 1184149, 1184171, 1184173, 1184207, 1184219, 1184243,
1184269, 1184291, 1184299, 1184303, 1184317, 1184329, 1184347,
1184357, 1184363, 1184369, 1184377, 1184399, 1184411, 1184413,
1184423, 1184429, 1184453, 1184459, 1184461, 1184471, 1184473,
1184483, 1184489, 1184507, 1184527, 1184537, 1184539, 1184549,
1184551, 1184587, 1184609, 1184653, 1184663, 1184671, 1184683,
1184731, 1184741, 1184749, 1184759, 1184767, 1184791, 1184797,
1184837, 1184839, 1184867, 1184881, 1184893, 1184903, 1184923,
1184927, 1184933, 1184947, 1184957, 1184959, 1184987, 1184993,
1185013, 1185017, 1185071, 1185077, 1185089, 1185103, 1185109,
1185113, 1185127, 1185131, 1185179, 1185181, 1185241, 1185281,
1185287, 1185299, 1185307, 1185313, 1185319, 1185329, 1185337,
1185343, 1185361, 1185367, 1185377, 1185383, 1185389, 1185403,
1185439, 1185463, 1185469, 1185493, 1185497, 1185511, 1185523,
1185551, 1185559, 1185577, 1185589, 1185601, 1185617, 1185623,
1185637, 1185643, 1185647, 1185659, 1185661, 1185671, 1185677,
1185683, 1185689, 1185697, 1185703, 1185707, 1185721, 1185749,
1185787, 1185791, 1185797, 1185817, 1185823, 1185827, 1185851,
1185859, 1185871, 1185883, 1185889, 1185893, 1185907, 1185929,
1185931, 1185953, 1185979, 1185997, 1186001, 1186033, 1186049,
1186051, 1186057, 1186063, 1186067, 1186079, 1186099, 1186111,
1186117, 1186121, 1186127, 1186147, 1186169, 1186181, 1186217,
1186231, 1186249, 1186259, 1186291, 1186321, 1186337, 1186349,

1186351, 1186373, 1186397, 1186403, 1186411, 1186439, 1186441,
1186489, 1186517, 1186519, 1186541, 1186573, 1186589, 1186597,
1186621, 1186631, 1186657, 1186673, 1186693, 1186697, 1186699,
1186739, 1186741, 1186751, 1186769, 1186789, 1186807, 1186811,
1186813, 1186837, 1186841, 1186847, 1186879, 1186931, 1186937,
1186963, 1186973, 1186981, 1187003, 1187009, 1187023, 1187047,
1187051, 1187089, 1187107, 1187111, 1187117, 1187141, 1187159,
1187167, 1187189, 1187201, 1187227, 1187233, 1187239, 1187261,
1187279, 1187287, 1187309, 1187311, 1187317, 1187321, 1187339,
1187341, 1187353, 1187357, 1187363, 1187369, 1187383, 1187387,
1187411, 1187413, 1187419, 1187429, 1187453, 1187471, 1187479,
1187489, 1187507, 1187509, 1187539, 1187551, 1187561, 1187567,
1187587, 1187623, 1187629, 1187639, 1187657, 1187687, 1187689,
1187699, 1187701, 1187707, 1187717, 1187723, 1187741, 1187749,
1187761, 1187801, 1187803, 1187819, 1187821, 1187833, 1187839,
1187863, 1187867, 1187873, 1187887, 1187897, 1187911, 1187933,
1187939, 1187941, 1187947, 1187981, 1187993, 1187999, 1188001,
1188007, 1188017, 1188029, 1188037, 1188041, 1188049, 1188059,
1188071, 1188073, 1188149, 1188151, 1188167, 1188169, 1188179,
1188197, 1188223, 1188227, 1188233, 1188247, 1188259, 1188263,
1188269, 1188277, 1188287, 1188289, 1188293, 1188307, 1188353,
1188359, 1188361, 1188377, 1188389, 1188409, 1188413,
1188457, 1188491, 1188511, 1188527, 1188529, 1188553, 1188557,
1188559, 1188581, 1188587, 1188601, 1188613, 1188619, 1188637,
1188653, 1188661, 1188667, 1188679, 1188689, 1188721, 1188727,
1188731, 1188763, 1188769, 1188787, 1188839, 1188841, 1188851,
1188857, 1188899, 1188917, 1188931, 1188937, 1188947, 1188973,
1188977, 1188991, 1189003, 1189007, 1189021, 1189033, 1189057,
1189061, 1189063, 1189093, 1189109, 1189121, 1189127, 1189151,
1189159, 1189163, 1189171, 1189189, 1189193, 1189213, 1189219,
1189231, 1189271, 1189277, 1189301, 1189313, 1189327, 1189333,
1189339, 1189361, 1189387, 1189403, 1189417, 1189453, 1189469,
1189471, 1189481, 1189483, 1189553, 1189567, 1189577, 1189579,
1189603, 1189607, 1189613, 1189621, 1189627, 1189631, 1189633,
1189637, 1189649, 1189651, 1189673, 1189703, 1189709, 1189717,
1189751, 1189757, 1189759, 1189763, 1189789, 1189801, 1189807,
1189823, 1189831, 1189843, 1189871, 1189879, 1189891, 1189897,
1189901, 1189907, 1189919, 1189933, 1189967, 1189999, 1190011,
1190023, 1190029, 1190041, 1190047, 1190069, 1190071, 1190081,
1190143, 1190149, 1190159, 1190177, 1190201, 1190237, 1190249,
1190261, 1190263, 1190279, 1190291, 1190311, 1190347, 1190359,
1190381, 1190417, 1190429, 1190447, 1190467, 1190473, 1190477,
1190489, 1190491, 1190507, 1190509, 1190513, 1190533, 1190573,
1190587, 1190591, 1190611, 1190633, 1190639, 1190647, 1190671,
1190699, 1190701, 1190719, 1190723, 1190737, 1190743, 1190753,
1190773, 1190789, 1190807, 1190809, 1190821, 1190831, 1190837,
1190851, 1190873, 1190897, 1190899, 1190911, 1190923, 1190929,
1190947, 1190951, 1190953, 1190983, 1191011, 1191013, 1191019,

     Die ersten hunderttausend Primzahlen

1191031, 1191061, 1191077, 1191079, 1191089, 1191097, 1191103,
1191107, 1191109, 1191119, 1191131, 1191149, 1191163, 1191187,
1191191, 1191199, 1191209, 1191221, 1191247, 1191277, 1191283,
1191293, 1191301, 1191313, 1191341, 1191347, 1191353, 1191373,
1191409, 1191431, 1191439, 1191457, 1191481, 1191499, 1191529,
1191539, 1191551, 1191559, 1191563, 1191571, 1191577, 1191601,
1191611, 1191613, 1191637, 1191643, 1191667, 1191679, 1191691,
1191703, 1191719, 1191727, 1191731, 1191739, 1191761, 1191767,
1191769, 1191781, 1191793, 1191809, 1191821, 1191833, 1191847,
1191899, 1191923, 1191937, 1191941, 1191947, 1191973, 1191979,
1191991, 1192013, 1192027, 1192039, 1192069, 1192073, 1192097,
1192099, 1192109, 1192127, 1192141, 1192151, 1192153, 1192171,
1192181, 1192183, 1192187, 1192199, 1192201, 1192207, 1192211,
1192241, 1192253, 1192259, 1192267, 1192271, 1192327, 1192337,
1192339, 1192349, 1192357, 1192369, 1192391, 1192409, 1192417,
1192423, 1192427, 1192453, 1192469, 1192483, 1192517, 1192549,
1192559, 1192561, 1192571, 1192579, 1192589, 1192603, 1192651,
1192673, 1192679, 1192699, 1192717, 1192721, 1192753, 1192781,
1192811, 1192817, 1192823, 1192831, 1192837, 1192847, 1192853,
1192879, 1192883, 1192889, 1192897, 1192903, 1192909, 1192927,
1192937, 1192951, 1192967, 1192969, 1193011, 1193021, 1193041,
1193047, 1193057, 1193081, 1193107, 1193119, 1193123, 1193131,
1193149, 1193161, 1193173, 1193183, 1193209, 1193233, 1193237,
1193239, 1193243, 1193261, 1193267, 1193299, 1193303, 1193329,
1193351, 1193363, 1193369, 1193399, 1193429, 1193431, 1193443,
1193459, 1193473, 1193483, 1193497, 1193501, 1193503, 1193513,
1193537, 1193557, 1193567, 1193573, 1193603, 1193609, 1193617,
1193653, 1193663, 1193683, 1193693, 1193701, 1193707, 1193711,
1193729, 1193737, 1193741, 1193743, 1193761, 1193767, 1193771,
1193783, 1193821, 1193833, 1193837, 1193839, 1193849, 1193867,
1193869, 1193887, 1193909, 1193911, 1193939, 1193947, 1193963,
1193971, 1193989, 1193993, 1194019, 1194023, 1194031, 1194041,
1194047, 1194059, 1194103, 1194157, 1194161, 1194163, 1194203,
1194209, 1194211, 1194241, 1194251, 1194253, 1194269, 1194293,
1194311, 1194329, 1194341, 1194343, 1194373, 1194379, 1194383,
1194407, 1194421, 1194439, 1194443, 1194449, 1194463, 1194493,
1194517, 1194521, 1194541, 1194547, 1194553, 1194581, 1194593,
1194601, 1194631, 1194659, 1194667, 1194671, 1194679, 1194707,
1194727, 1194731, 1194733, 1194751, 1194757, 1194763, 1194769,
1194797, 1194799, 1194803, 1194821, 1194847, 1194857, 1194877,
1194883, 1194889, 1194899, 1194901, 1194917, 1194923, 1194959,
1194961, 1194971, 1194979, 1194997, 1195021, 1195031, 1195037,
1195039, 1195067, 1195091, 1195121, 1195123, 1195127, 1195141,
1195153, 1195169, 1195171, 1195189, 1195193, 1195217, 1195223,
1195231, 1195237, 1195247, 1195277, 1195291, 1195361, 1195387,
1195421, 1195429, 1195459, 1195463, 1195477, 1195483, 1195489,
1195501, 1195543, 1195547, 1195549, 1195561, 1195567, 1195573,
1195589, 1195669, 1195673, 1195679, 1195681, 1195693, 1195703,

1195709, 1195721, 1195723, 1195741, 1195751, 1195759, 1195771,
1195801, 1195807, 1195811, 1195837, 1195849, 1195891, 1195897,
1195907, 1195919, 1195927, 1195937, 1195979, 1195991, 1196003,
1196029, 1196033, 1196059, 1196077, 1196087, 1196089, 1196119,
1196123, 1196141, 1196177, 1196191, 1196201, 1196219, 1196227,
1196231, 1196267, 1196269, 1196281, 1196287, 1196309, 1196323,
1196329, 1196347, 1196357, 1196359, 1196399, 1196401, 1196413,
1196431, 1196471, 1196473, 1196491, 1196501, 1196509, 1196513,
1196519, 1196521, 1196537, 1196539, 1196593, 1196597, 1196603,
1196609, 1196633, 1196653, 1196683, 1196707, 1196717, 1196719,
1196729, 1196731, 1196773, 1196809, 1196813, 1196837, 1196843,
1196857, 1196861, 1196863, 1196869, 1196873, 1196891, 1196911,
1196927, 1196939, 1196959, 1196999, 1197011, 1197013, 1197017,
1197029, 1197037, 1197041, 1197059, 1197067, 1197073, 1197103,
1197107, 1197113, 1197121, 1197167, 1197181, 1197187, 1197193,
1197197, 1197199, 1197211, 1197221, 1197239, 1197257, 1197263,
1197269, 1197277, 1197281, 1197289, 1197307, 1197337, 1197347,
1197349, 1197353, 1197359, 1197367, 1197389, 1197407, 1197409,
1197433, 1197451, 1197467, 1197473, 1197479, 1197509, 1197527,
1197571, 1197577, 1197601, 1197617, 1197619, 1197631, 1197649,
1197697, 1197709, 1197739, 1197743, 1197751, 1197767, 1197799,
1197821, 1197827, 1197829, 1197881, 1197901, 1197907, 1197923,
1197929, 1197941, 1197947, 1197953, 1197971, 1197997, 1198013,
1198033, 1198037, 1198049, 1198051, 1198063, 1198069, 1198073,
1198081, 1198103, 1198123, 1198133, 1198151, 1198157, 1198187,
1198189, 1198201, 1198217, 1198229, 1198247, 1198259, 1198261,
1198289, 1198291, 1198297, 1198303, 1198321, 1198343, 1198361,
1198363, 1198397, 1198399, 1198403, 1198411, 1198427, 1198433,
1198447, 1198451, 1198469, 1198481, 1198511, 1198513, 1198523,
1198537, 1198583, 1198607, 1198609, 1198621, 1198643, 1198651,
1198661, 1198669, 1198679, 1198699, 1198727, 1198751, 1198793,
1198811, 1198819, 1198849, 1198853, 1198861, 1198867, 1198877,
1198903, 1198927, 1198949, 1198973, 1198979, 1198991, 1198997,
1198999, 1199039, 1199047, 1199069, 1199083, 1199087, 1199089,
1199117, 1199123, 1199131, 1199137, 1199167, 1199183, 1199189,
1199203, 1199257, 1199309, 1199329, 1199351, 1199357, 1199369,
1199371, 1199377, 1199389, 1199417, 1199423, 1199437, 1199441,
1199447, 1199459, 1199461, 1199467, 1199477, 1199491, 1199507,
1199509, 1199521, 1199551, 1199557, 1199573, 1199587, 1199591,
1199593, 1199617, 1199621, 1199623, 1199629, 1199659, 1199663,
1199677, 1199683, 1199689, 1199699, 1199711, 1199719, 1199767,
1199777, 1199789, 1199801, 1199813, 1199819, 1199833, 1199839,
1199851, 1199857, 1199879, 1199893, 1199899, 1199909, 1199923,
1199929, 1199953, 1199969, 1199993, 1199999, 1200007, 1200061,
1200077, 1200083, 1200109, 1200139, 1200161, 1200167, 1200179,
1200187, 1200191, 1200233, 1200253, 1200307, 1200313, 1200323,
1200341, 1200349, 1200359, 1200361, 1200371, 1200373, 1200377,
1200383, 1200389, 1200403, 1200443, 1200449, 1200461, 1200467,

     Die ersten hunderttausend Primzahlen

1200491, 1200499, 1200509, 1200527, 1200581, 1200583, 1200607,
1200611, 1200637, 1200643, 1200673, 1200679, 1200691, 1200697,
1200701, 1200739, 1200751, 1200779, 1200799, 1200809, 1200811,
1200833, 1200839, 1200869, 1200883, 1200887, 1200889, 1200917,
1200929, 1200937, 1200943, 1200949, 1200959, 1200989, 1201001,
1201003, 1201019, 1201021, 1201027, 1201043, 1201049, 1201061,
1201073, 1201087, 1201097, 1201103, 1201111, 1201117, 1201141,
1201153, 1201163, 1201171, 1201183, 1201201, 1201217, 1201229,
1201241, 1201247, 1201261, 1201283, 1201307, 1201309, 1201327,
1201337, 1201381, 1201439, 1201469, 1201481, 1201483, 1201489,
1201493, 1201513, 1201523, 1201531, 1201553, 1201559, 1201567,
1201583, 1201601, 1201633, 1201637, 1201643, 1201687, 1201691,
1201699, 1201703, 1201709, 1201729, 1201787, 1201793, 1201813,
1201829, 1201841, 1201843, 1201853, 1201873, 1201909, 1201919,
1201939, 1201961, 1201969, 1201999, 1202009, 1202017, 1202023,
1202027, 1202029, 1202041, 1202057, 1202063, 1202077, 1202081,
1202099, 1202107, 1202129, 1202147, 1202153, 1202183, 1202191,
1202219, 1202221, 1202231, 1202239, 1202251, 1202261, 1202269,
1202293, 1202303, 1202317, 1202321, 1202329, 1202347, 1202363,
1202387, 1202423, 1202429, 1202437, 1202447, 1202471, 1202473,
1202477, 1202483, 1202497, 1202501, 1202507, 1202549, 1202561,
1202569, 1202603, 1202609, 1202627, 1202629, 1202633, 1202689,
1202741, 1202743, 1202771, 1202779, 1202783, 1202791, 1202807,
1202813, 1202819, 1202827, 1202837, 1202843, 1202849, 1202857,
1202863, 1202867, 1202881, 1202939, 1202959, 1202963, 1202977,
1202987, 1203019, 1203067, 1203077, 1203101, 1203121, 1203127,
1203149, 1203151, 1203161, 1203179, 1203193, 1203211, 1203217,
1203221, 1203229, 1203233, 1203263, 1203283, 1203287, 1203329,
1203331, 1203343, 1203359, 1203361, 1203421, 1203437, 1203443,
1203457, 1203463, 1203467, 1203487, 1203493, 1203509, 1203533,
1203557, 1203571, 1203581, 1203607, 1203611, 1203619, 1203641,
1203661, 1203667, 1203689, 1203691, 1203731, 1203733, 1203739,
1203757, 1203773, 1203779, 1203791, 1203793, 1203799, 1203809,
1203817, 1203827, 1203841, 1203863, 1203887, 1203893, 1203899,
1203901, 1203913, 1203919, 1203929, 1203931, 1203941,
1203949, 1203953, 1203959, 1203971, 1204003, 1204019, 1204037,
1204097, 1204103, 1204117, 1204139, 1204141, 1204153, 1204169,
1204171, 1204183, 1204207, 1204219, 1204243, 1204271, 1204279,
1204289, 1204309, 1204337, 1204363, 1204369, 1204397, 1204409,
1204421, 1204447, 1204451, 1204453, 1204471, 1204477, 1204493,
1204507, 1204519, 1204529, 1204561, 1204583, 1204597, 1204607,
1204613, 1204633, 1204649, 1204669, 1204681, 1204699, 1204711,
1204729, 1204741, 1204781, 1204783, 1204787, 1204813, 1204823,
1204859, 1204871, 1204873, 1204883, 1204891, 1204937, 1204967,
1204969, 1204981, 1205027, 1205047, 1205081, 1205089, 1205093,
1205101, 1205117, 1205119, 1205123, 1205159, 1205173, 1205179,
1205219, 1205231, 1205251, 1205257, 1205287, 1205293, 1205339,
1205377, 1205387, 1205411, 1205437, 1205447, 1205459, 1205467,

1205471, 1205473, 1205489, 1205513, 1205527, 1205537, 1205539,
1205549, 1205557, 1205563, 1205609, 1205627, 1205629, 1205639,
1205647, 1205653, 1205663, 1205669, 1205681, 1205693, 1205707,
1205713, 1205717, 1205731, 1205749, 1205753, 1205767, 1205773,
1205779, 1205819, 1205843, 1205891, 1205899, 1205903, 1205921,
1205947, 1205951, 1205969, 1205977, 1205999, 1206013, 1206017,
1206043, 1206053, 1206059, 1206061, 1206071, 1206113, 1206131,
1206151, 1206157, 1206169, 1206173, 1206181, 1206187, 1206199,
1206209, 1206223, 1206229, 1206259, 1206263, 1206277, 1206307,
1206319, 1206323, 1206341, 1206347, 1206353, 1206377, 1206383,
1206391, 1206407, 1206433, 1206449, 1206461, 1206467, 1206479,
1206497, 1206529, 1206539, 1206553, 1206563, 1206577, 1206581,
1206587, 1206619, 1206637, 1206679, 1206683, 1206691, 1206701,
1206703, 1206713, 1206721, 1206731, 1206743, 1206749, 1206761,
1206767, 1206769, 1206773, 1206781, 1206791, 1206809, 1206827,
1206841, 1206869, 1206941, 1206973, 1206979, 1207001, 1207027,
1207033, 1207039, 1207043, 1207079, 1207093, 1207097, 1207111,
1207117, 1207121, 1207123, 1207133, 1207147, 1207159, 1207211,
1207223, 1207237, 1207249, 1207259, 1207267, 1207291, 1207307,
1207309, 1207313, 1207319, 1207331, 1207343, 1207351, 1207363,
1207379, 1207387, 1207403, 1207417, 1207429, 1207439, 1207441,
1207447, 1207489, 1207501, 1207511, 1207519, 1207529, 1207537,
1207597, 1207603, 1207627, 1207649, 1207681, 1207699, 1207721,
1207727, 1207751, 1207757, 1207769, 1207841, 1207883, 1207903,
1207909, 1207919, 1207933, 1207957, 1207961, 1207979, 1207981,
1208017, 1208021, 1208023, 1208027, 1208033, 1208057, 1208069,
1208089, 1208113, 1208117, 1208131, 1208149, 1208159, 1208177,
1208189, 1208209, 1208219, 1208237, 1208239, 1208243, 1208269,
1208279, 1208297, 1208299, 1208303, 1208341, 1208371, 1208387,
1208399, 1208407, 1208413, 1208423, 1208447, 1208461, 1208507,
1208521, 1208561, 1208569, 1208573, 1208591, 1208651, 1208657,
1208663, 1208677, 1208681, 1208689, 1208707, 1208731, 1208741,
1208777, 1208789, 1208791, 1208797, 1208813, 1208821, 1208833,
1208843, 1208849, 1208863, 1208873, 1208927, 1208939, 1208941,
1208957, 1209007, 1209017, 1209029, 1209053, 1209073, 1209079,
1209083, 1209107, 1209113, 1209121, 1209139, 1209151, 1209163,
1209181, 1209191, 1209199, 1209209, 1209223, 1209233, 1209239,
1209251, 1209269, 1209277, 1209281, 1209287, 1209311, 1209337,
1209347, 1209353, 1209367, 1209379, 1209427, 1209437, 1209457,
1209463, 1209469, 1209487, 1209491, 1209517, 1209539, 1209557,
1209563, 1209577, 1209583, 1209587, 1209617, 1209629, 1209631,
1209647, 1209671, 1209697, 1209707, 1209709, 1209739, 1209757,
1209763, 1209773, 1209779, 1209781, 1209809, 1209811, 1209821,
1209841, 1209853, 1209877, 1209883, 1209889, 1209931, 1209947,
1209959, 1209973, 1209979, 1210003, 1210019, 1210021, 1210037,
1210039, 1210049, 1210051, 1210067, 1210093, 1210103, 1210123,
1210127, 1210151, 1210163, 1210169, 1210177, 1210193, 1210207,
1210211, 1210229, 1210241, 1210259, 1210289, 1210351, 1210369,

          Die ersten hunderttausend Primzahlen

1210379, 1210387, 1210393, 1210397, 1210399, 1210403, 1210409,
1210411, 1210427, 1210439, 1210441, 1210459, 1210477, 1210483,
1210499, 1210523, 1210541, 1210549, 1210597, 1210609, 1210613,
1210631, 1210637, 1210639, 1210711, 1210717, 1210747, 1210753,
1210777, 1210787, 1210793, 1210799, 1210801, 1210817, 1210819,
1210831, 1210843, 1210871, 1210873, 1210877, 1210879, 1210883,
1210897, 1210903, 1210921, 1210933, 1210939, 1210949, 1210967,
1210987, 1210999, 1211027, 1211039, 1211051, 1211057, 1211059,
1211081, 1211083, 1211087, 1211141, 1211167, 1211179, 1211183,
1211191, 1211207, 1211227, 1211261, 1211279, 1211281, 1211303,
1211311, 1211333, 1211339, 1211381, 1211389, 1211393, 1211407,
1211411, 1211423, 1211443, 1211477, 1211489, 1211501, 1211503,
1211531, 1211537, 1211543, 1211549, 1211563, 1211593, 1211597,
1211599, 1211603, 1211621, 1211629, 1211647, 1211653, 1211657,
1211659, 1211669, 1211677, 1211689, 1211701, 1211719, 1211723,
1211731, 1211737, 1211741, 1211761, 1211767, 1211779, 1211789,
1211797, 1211807, 1211813, 1211827, 1211843, 1211857, 1211863,
1211897, 1211911, 1211921, 1211923, 1211933, 1211983, 1211999,
1212011, 1212017, 1212023, 1212047, 1212053, 1212061, 1212103,
1212119, 1212121, 1212149, 1212173, 1212187, 1212191, 1212199,
1212221, 1212227, 1212241, 1212251, 1212259, 1212283, 1212293,
1212301, 1212319, 1212331, 1212347, 1212361, 1212373, 1212397,
1212401, 1212427, 1212433, 1212437, 1212439, 1212443, 1212473,
1212479, 1212487, 1212517, 1212521, 1212551, 1212569, 1212611,
1212613, 1212641, 1212649, 1212671, 1212677, 1212683, 1212697,
1212703, 1212709, 1212719, 1212737, 1212769, 1212773, 1212781,
1212787, 1212793, 1212811, 1212817, 1212839, 1212847, 1212851,
1212853, 1212857, 1212877, 1212889, 1212907, 1212917, 1212919,
1212923, 1212931, 1212943, 1212973, 1212989, 1213007, 1213019,
1213021, 1213027, 1213033, 1213049, 1213057, 1213063, 1213081,
1213087, 1213097, 1213109, 1213129, 1213133, 1213141, 1213151,
1213153, 1213183, 1213189, 1213213, 1213241, 1213253, 1213259,
1213271, 1213301, 1213327, 1213339, 1213357, 1213367, 1213379,
1213427, 1213439, 1213451, 1213469, 1213481, 1213483, 1213517,
1213529, 1213547, 1213561, 1213573, 1213577, 1213591, 1213601,
1213607, 1213627, 1213631, 1213633, 1213643, 1213651, 1213657,
1213661, 1213673, 1213721, 1213741, 1213747, 1213757, 1213759,
1213763, 1213781, 1213801, 1213829, 1213837, 1213841, 1213873,
1213879, 1213897, 1213907, 1213909, 1213913, 1213921, 1213931,
1213939, 1213943, 1213951, 1213981, 1214011, 1214023, 1214039,
1214047, 1214077, 1214093, 1214113, 1214117, 1214131, 1214137,
1214141, 1214159, 1214167, 1214183, 1214189, 1214197, 1214219,
1214221, 1214237, 1214261, 1214273, 1214281, 1214299, 1214333,
1214357, 1214371, 1214393, 1214401, 1214407, 1214413, 1214417,
1214431, 1214441, 1214453, 1214459, 1214471, 1214483, 1214489,
1214519, 1214533, 1214567, 1214573, 1214579, 1214593, 1214617,
1214623, 1214639, 1214641, 1214657, 1214659, 1214663, 1214669,
1214671, 1214683, 1214687, 1214711, 1214729, 1214737, 1214743,

1214749, 1214767, 1214819, 1214827, 1214849, 1214867, 1214891,
1214909, 1214923, 1214933, 1214947, 1214957, 1214959, 1214963,
1214971, 1214977, 1214981, 1215017, 1215029, 1215047, 1215079,
1215083, 1215103, 1215121, 1215133, 1215157, 1215161, 1215167,
1215173, 1215197, 1215209, 1215229, 1215239, 1215271, 1215283,
1215299, 1215301, 1215311, 1215329, 1215349, 1215359, 1215367,
1215391, 1215397, 1215407, 1215421, 1215433, 1215437, 1215439,
1215451, 1215457, 1215463, 1215497, 1215499, 1215509, 1215521,
1215553, 1215569, 1215583, 1215587, 1215623, 1215629, 1215631,
1215637, 1215647, 1215649, 1215673, 1215679, 1215703, 1215719,
1215743, 1215769, 1215779, 1215787, 1215827, 1215839, 1215847,
1215853, 1215859, 1215881, 1215899, 1215917, 1215919, 1215923,
1216009, 1216013, 1216021, 1216043, 1216067, 1216069, 1216087,
1216091, 1216109, 1216123, 1216147, 1216151, 1216177, 1216213,
1216249, 1216273, 1216277, 1216337, 1216339, 1216349, 1216351,
1216373, 1216379, 1216387, 1216393, 1216417, 1216421, 1216433,
1216441, 1216451, 1216459, 1216489, 1216507, 1216529, 1216543,
1216547, 1216559, 1216561, 1216577, 1216583, 1216591, 1216601,
1216603, 1216619, 1216681, 1216693, 1216711, 1216717, 1216729,
1216751, 1216759, 1216763, 1216777, 1216793, 1216799, 1216807,
1216823, 1216841, 1216847, 1216849, 1216867, 1216871, 1216879,
1216903, 1216913, 1216937, 1216939, 1216951, 1216961, 1216973,
1216987, 1216997, 1217009, 1217017, 1217023, 1217033, 1217053,
1217057, 1217063, 1217071, 1217077, 1217089, 1217093, 1217107,
1217113, 1217119, 1217131, 1217141, 1217143, 1217147, 1217171,
1217179, 1217191, 1217207, 1217213, 1217219, 1217233, 1217261,
1217269, 1217297, 1217299, 1217303, 1217309, 1217317, 1217329,
1217351, 1217393, 1217399, 1217407, 1217417, 1217423, 1217443,
1217467, 1217471, 1217473, 1217477, 1217483, 1217509, 1217521,
1217533, 1217537, 1217561, 1217617, 1217647, 1217651, 1217663,
1217669, 1217677, 1217683, 1217687, 1217719, 1217731, 1217753,
1217759, 1217771, 1217809, 1217813, 1217831, 1217833, 1217861,
1217893, 1217899, 1217903, 1217917, 1217921, 1217927, 1217933,
1217941, 1217947, 1217963, 1217977, 1217989, 1218017, 1218043,
1218089, 1218121, 1218131, 1218157, 1218167, 1218179, 1218197,
1218199, 1218209, 1218211, 1218221, 1218247, 1218251, 1218257,
1218263, 1218277, 1218281, 1218307, 1218313, 1218367, 1218383,
1218391, 1218401, 1218421, 1218433, 1218449, 1218457, 1218463,
1218467, 1218473, 1218487, 1218533, 1218557, 1218559, 1218571,
1218583, 1218601, 1218617, 1218631, 1218649, 1218653, 1218683,
1218691, 1218709, 1218727, 1218731, 1218739, 1218761, 1218773,
1218779, 1218787, 1218821, 1218829, 1218853, 1218859, 1218901,
1218911, 1218913, 1218923, 1218941, 1218949, 1218953, 1218989,
1218991, 1219003, 1219061, 1219081, 1219091, 1219109, 1219111,
1219123, 1219129, 1219147, 1219177, 1219213, 1219237, 1219241,
1219271, 1219279, 1219297, 1219301, 1219303, 1219307, 1219313,
1219343, 1219349, 1219357, 1219399, 1219411, 1219433, 1219453,
1219457, 1219469, 1219481, 1219487, 1219489, 1219501, 1219507,

     Die ersten hunderttausend Primzahlen

1219549, 1219577, 1219607, 1219613, 1219619,
1219639, 1219643, 1219649, 1219651, 1219657, 1219663, 1219679,
1219703, 1219717, 1219721, 1219727, 1219739, 1219747, 1219753,
1219763, 1219783, 1219787, 1219789, 1219793, 1219807, 1219811,
1219831, 1219837, 1219843, 1219847, 1219849, 1219859, 1219861,
1219871, 1219877, 1219879, 1219891, 1219909, 1219913, 1219919,
1219931, 1219949, 1219951, 1219957, 1219961, 1219963, 1219991,
1220027, 1220029, 1220041, 1220071, 1220077, 1220099, 1220147,
1220171, 1220203, 1220239, 1220249, 1220251, 1220257, 1220309,
1220327, 1220333, 1220347, 1220353, 1220363, 1220369, 1220393,
1220411, 1220423, 1220437, 1220489, 1220491, 1220497, 1220507,
1220591, 1220599, 1220623, 1220657, 1220663, 1220669, 1220689,
1220699, 1220711, 1220717, 1220729, 1220743, 1220761, 1220773,
1220777, 1220783, 1220797, 1220801, 1220803, 1220819, 1220833,
1220839, 1220893, 1220897, 1220903, 1220917, 1220927, 1220953,
1220969, 1220981, 1220983, 1220993, 1221019, 1221029, 1221049,
1221061, 1221079, 1221083, 1221089, 1221097, 1221113, 1221119,
1221131, 1221163, 1221167, 1221193, 1221197, 1221221, 1221223,
1221239, 1221247, 1221251, 1221289, 1221299, 1221373, 1221379,
1221383, 1221391, 1221421, 1221427, 1221443, 1221449, 1221457,
1221463, 1221469, 1221499, 1221503, 1221523, 1221527, 1221533,
1221541, 1221551, 1221557, 1221559, 1221589, 1221593, 1221601,
1221631, 1221641, 1221653, 1221659, 1221667, 1221707, 1221749,
1221751, 1221761, 1221767, 1221791, 1221793, 1221811, 1221821,
1221823, 1221853, 1221863, 1221907, 1221917, 1221937, 1221959,
1221971, 1222003, 1222019, 1222027, 1222037, 1222049, 1222057,
1222063, 1222097, 1222129, 1222157, 1222159, 1222171, 1222187,
1222219, 1222229, 1222231, 1222241, 1222253, 1222259, 1222267,
1222271, 1222279, 1222307, 1222373, 1222393, 1222409, 1222411,
1222433, 1222471, 1222483, 1222493, 1222499, 1222513, 1222523,
1222537, 1222561, 1222567, 1222583, 1222597, 1222601, 1222603,
1222633, 1222643, 1222651, 1222667, 1222679, 1222681, 1222693,
1222717, 1222723, 1222729, 1222751, 1222757, 1222769, 1222777,
1222789, 1222801, 1222811, 1222829, 1222831, 1222847, 1222853,
1222889, 1222909, 1222913, 1222931, 1222943, 1222957, 1222967,
1222993, 1223003, 1223021, 1223029, 1223039, 1223051, 1223059,
1223077, 1223083, 1223093, 1223119, 1223149, 1223161, 1223177,
1223179, 1223197, 1223203, 1223207, 1223231, 1223237, 1223263,
1223279, 1223281, 1223309, 1223311, 1223323, 1223329, 1223351,
1223357, 1223381, 1223419, 1223437, 1223447, 1223449, 1223459,
1223471, 1223489, 1223491, 1223527, 1223533, 1223549, 1223561,
1223569, 1223587, 1223591, 1223603, 1223633, 1223683, 1223687,
1223689, 1223693, 1223723, 1223731, 1223749, 1223753, 1223767,
1223773, 1223777, 1223857, 1223863, 1223867, 1223879, 1223897,
1223921, 1223939, 1223941, 1223953, 1223977, 1223987, 1223993,
1224029, 1224031, 1224053, 1224059, 1224077, 1224079, 1224089,
1224109, 1224121, 1224131, 1224133, 1224149, 1224163, 1224169,
1224193, 1224203, 1224217, 1224229, 1224233, 1224239, 1224257,

1224259, 1224269, 1224271, 1224281, 1224287, 1224299, 1224329,
1224337, 1224347, 1224389, 1224403, 1224413, 1224437, 1224439,
1224473, 1224479, 1224481, 1224529, 1224533, 1224577, 1224599,
1224637, 1224673, 1224677, 1224701, 1224703, 1224709, 1224739,
1224763, 1224767, 1224809, 1224823, 1224851, 1224857, 1224859,
1224863, 1224869, 1224887, 1224889, 1224893, 1224913, 1224919,
1224943, 1224953, 1224967, 1224973, 1224983, 1224991, 1225009,
1225019, 1225061, 1225067, 1225073, 1225079, 1225087, 1225093,
1225097, 1225099, 1225109, 1225111, 1225117, 1225123, 1225127,
1225129, 1225153, 1225157, 1225183, 1225219, 1225223, 1225261,
1225283, 1225297, 1225303, 1225319, 1225327, 1225331, 1225361,
1225373, 1225381, 1225397, 1225409, 1225459, 1225493, 1225501,
1225507, 1225517, 1225529, 1225541, 1225559, 1225571, 1225577,
1225579, 1225589, 1225591, 1225603, 1225621, 1225643, 1225657,
1225663, 1225687, 1225691, 1225703, 1225723, 1225727, 1225729,
1225759, 1225769, 1225787, 1225817, 1225849, 1225871, 1225879,
1225883, 1225891, 1225897, 1225907, 1225909, 1225919, 1225927,
1225933, 1225949, 1225963, 1225981, 1225997, 1225999, 1226011,
1226041, 1226053, 1226063, 1226077, 1226083, 1226087, 1226101,
1226111, 1226117, 1226179, 1226189, 1226191, 1226209, 1226213,
1226237, 1226257, 1226263, 1226293, 1226297, 1226299, 1226311,
1226321, 1226339, 1226341, 1226347, 1226353, 1226377, 1226387,
1226417, 1226461, 1226471, 1226479, 1226483, 1226501, 1226503,
1226531, 1226539, 1226549, 1226557, 1226581, 1226593, 1226609,
1226611, 1226623, 1226629, 1226651, 1226663, 1226677, 1226681,
1226683, 1226699, 1226707, 1226711, 1226713, 1226741, 1226767,
1226779, 1226783, 1226789, 1226801, 1226803, 1226807, 1226821,
1226831, 1226851, 1226857, 1226861, 1226867, 1226891, 1226899,
1226959, 1226977, 1226983, 1226993, 1227047, 1227053, 1227101,
1227103, 1227131, 1227133, 1227143, 1227151, 1227157, 1227167,
1227173, 1227181, 1227241, 1227271, 1227277, 1227299, 1227301,
1227319, 1227323, 1227329, 1227337, 1227353, 1227379, 1227407,
1227431, 1227437, 1227463, 1227469, 1227491, 1227497, 1227539,
1227547, 1227559, 1227563, 1227619, 1227637, 1227649, 1227659,
1227683, 1227701, 1227703, 1227713, 1227719, 1227769, 1227797,
1227829, 1227833, 1227841, 1227847, 1227871, 1227881, 1227887,
1227911, 1227917, 1227929, 1227943, 1227949, 1227973, 1227977,
1227979, 1227983, 1228001, 1228009, 1228013, 1228021, 1228091,
1228099, 1228109, 1228133, 1228147, 1228153, 1228159, 1228163,
1228181, 1228187, 1228193, 1228219, 1228243, 1228247, 1228273,
1228277, 1228291, 1228303, 1228309, 1228327, 1228333, 1228351,
1228373, 1228391, 1228393, 1228397, 1228399, 1228429, 1228441,
1228457, 1228459, 1228489, 1228501, 1228519, 1228537, 1228541,
1228543, 1228547, 1228567, 1228571, 1228583, 1228589, 1228603,
1228613, 1228631, 1228651, 1228657, 1228679, 1228691, 1228693,
1228741, 1228763, 1228783, 1228789, 1228837, 1228841, 1228849,
1228861, 1228883, 1228889, 1228891, 1228907, 1228919, 1228937,
1228943, 1228949, 1228951, 1228961, 1228963, 1228987, 1228993,

      Die ersten hunderttausend Primzahlen

1229021, 1229023, 1229071, 1229077, 1229093, 1229113, 1229131,
1229141, 1229149, 1229159, 1229197, 1229201, 1229203, 1229209,
1229213, 1229227, 1229237, 1229257, 1229269, 1229273, 1229279,
1229297, 1229309, 1229311, 1229317, 1229329, 1229351, 1229353,
1229359, 1229369, 1229377, 1229381, 1229401, 1229443, 1229447,
1229453, 1229461, 1229483, 1229489, 1229519, 1229521, 1229531,
1229561, 1229563, 1229581, 1229597, 1229617, 1229633, 1229647,
1229663, 1229689, 1229707, 1229719, 1229731, 1229743, 1229773,
1229783, 1229807, 1229827, 1229869, 1229873, 1229897, 1229903,
1229911, 1229939, 1229941, 1229957, 1229981, 1229993, 1229999,
1230013, 1230023, 1230029, 1230067, 1230071, 1230107, 1230127,
1230167, 1230169, 1230181, 1230199, 1230223, 1230227, 1230233,
1230241, 1230263, 1230301, 1230311, 1230329, 1230331, 1230337,
1230343, 1230347, 1230349, 1230367, 1230371, 1230373, 1230377,
1230379, 1230391, 1230401, 1230433, 1230461, 1230469, 1230479,
1230491, 1230521, 1230529, 1230539, 1230547, 1230571, 1230587,
1230599, 1230629, 1230631, 1230637, 1230667, 1230689, 1230727,
1230739, 1230743, 1230751, 1230769, 1230791, 1230829, 1230863,
1230869, 1230871, 1230881, 1230907, 1230913, 1230941, 1230949,
1230967, 1230997, 1231001, 1231003, 1231039, 1231049, 1231051,
1231063, 1231073, 1231091, 1231093, 1231099, 1231127, 1231129,
1231141, 1231171, 1231177, 1231193, 1231199, 1231201, 1231207,
1231229, 1231231, 1231247, 1231261, 1231267, 1231277, 1231283,
1231301, 1231303, 1231309, 1231313, 1231319, 1231337, 1231339,
1231357, 1231379, 1231381, 1231387, 1231411, 1231421, 1231423,
1231453, 1231457, 1231459, 1231469, 1231481, 1231487, 1231511,
1231513, 1231547, 1231553, 1231577, 1231579, 1231589, 1231597,
1231613, 1231631, 1231663, 1231669, 1231687, 1231691, 1231697,
1231709, 1231721, 1231733, 1231753, 1231757, 1231771, 1231781,
1231787, 1231799, 1231807, 1231817, 1231829, 1231831, 1231843,
1231859, 1231873, 1231877, 1231883, 1231889, 1231943, 1231961,
1231981, 1231987, 1231999, 1232003, 1232069, 1232071, 1232083,
1232089, 1232171, 1232183, 1232201, 1232213, 1232221, 1232227,
1232243, 1232269, 1232291, 1232299, 1232327, 1232339, 1232351,
1232353, 1232377, 1232389, 1232393, 1232401, 1232411, 1232417,
1232431, 1232437, 1232453, 1232461, 1232477, 1232527, 1232531,
1232537, 1232563, 1232573, 1232603, 1232611, 1232617, 1232657,
1232659, 1232683, 1232689, 1232713, 1232719, 1232771, 1232797,
1232801, 1232809, 1232831, 1232843, 1232849, 1232851, 1232879,
1232893, 1232909, 1232941, 1232947, 1232977, 1232981, 1232983,
1232999, 1233019, 1233047, 1233073, 1233079, 1233097, 1233101,
1233107, 1233121, 1233143, 1233179, 1233181, 1233187, 1233209,
1233241, 1233251, 1233259, 1233263, 1233301, 1233313, 1233319,
1233361, 1233371, 1233373, 1233377, 1233409, 1233431, 1233433,
1233437, 1233439, 1233473, 1233493, 1233497, 1233509, 1233523,
1233527, 1233539, 1233563, 1233569, 1233577, 1233587, 1233593,
1233599, 1233607, 1233611, 1233619, 1233641, 1233647, 1233653,
1233709, 1233721, 1233751, 1233761, 1233763, 1233779, 1233781,

1233851, 1233887, 1233899, 1233907, 1233923, 1233929, 1233949,
1233983, 1234001, 1234003, 1234039, 1234049, 1234063, 1234067,
1234099, 1234109, 1234117, 1234133, 1234147, 1234187, 1234231,
1234237, 1234241, 1234243, 1234253, 1234271, 1234309, 1234333,
1234349, 1234351, 1234367, 1234379, 1234391, 1234393, 1234417,
1234439, 1234463, 1234511, 1234517, 1234531, 1234537, 1234543,
1234547, 1234577, 1234603, 1234613, 1234627, 1234657, 1234687,
1234703, 1234721, 1234747, 1234757, 1234759, 1234769, 1234777,
1234787, 1234789, 1234799, 1234813, 1234819, 1234837, 1234841,
1234843, 1234853, 1234873, 1234889, 1234901, 1234951, 1234967,
1234969, 1234991, 1235021, 1235027, 1235041, 1235063, 1235083,
1235093, 1235099, 1235131, 1235137, 1235141, 1235149, 1235159,
1235167, 1235177, 1235183, 1235191, 1235239, 1235243, 1235249,
1235251, 1235263, 1235281, 1235287, 1235303, 1235309,
1235321, 1235327, 1235363, 1235369, 1235383, 1235389, 1235417,
1235419, 1235431, 1235447, 1235449, 1235459, 1235473, 1235477,
1235497, 1235501, 1235503, 1235539, 1235569, 1235573, 1235593,
1235651, 1235653, 1235659, 1235669, 1235701, 1235711, 1235761,
1235789, 1235791, 1235803, 1235807, 1235821, 1235831, 1235833,
1235867, 1235879, 1235887, 1235891, 1235909, 1235929, 1235933,
1235947, 1235977, 1235981, 1235987, 1235999, 1236017, 1236073,
1236077, 1236161, 1236163, 1236173, 1236203, 1236211, 1236229,
1236233, 1236239, 1236259, 1236307, 1236317, 1236329, 1236337,
1236383, 1236397, 1236419, 1236439, 1236449, 1236467, 1236479,
1236481, 1236491, 1236517, 1236527, 1236533, 1236541, 1236553,
1236583, 1236611, 1236623, 1236629, 1236643, 1236659, 1236661,
1236667, 1236701, 1236709, 1236713, 1236727, 1236737, 1236743,
1236751, 1236757, 1236761, 1236769, 1236787, 1236791, 1236797,
1236803, 1236811, 1236827, 1236857, 1236883, 1236901, 1236953,
1236959, 1236979, 1237001, 1237013, 1237031, 1237037, 1237043,
1237051, 1237057, 1237063, 1237079, 1237091, 1237121, 1237129,
1237139, 1237151, 1237163, 1237177, 1237199, 1237207, 1237211,
1237213, 1237217, 1237231, 1237253, 1237273, 1237279, 1237283,
1237297, 1237309, 1237349, 1237363, 1237373, 1237387, 1237393,
1237403, 1237417, 1237433, 1237441, 1237471, 1237487, 1237493,
1237499, 1237501, 1237513, 1237519, 1237529, 1237531, 1237543,
1237547, 1237567, 1237571, 1237589, 1237619, 1237627, 1237661,
1237721, 1237727, 1237739, 1237757, 1237763, 1237783, 1237813,
1237823, 1237829, 1237843, 1237849, 1237853, 1237867, 1237877,
1237897, 1237919, 1237931, 1237939, 1237949, 1237961, 1237963,
1237967, 1237993, 1238023, 1238033, 1238051, 1238063, 1238071,
1238087, 1238089, 1238101, 1238119, 1238129, 1238137, 1238177,
1238179, 1238189, 1238197, 1238201, 1238219, 1238267, 1238269,
1238273, 1238291, 1238317, 1238327, 1238333, 1238371, 1238381,
1238383, 1238407, 1238411, 1238423, 1238429, 1238431, 1238437,
1238449, 1238459, 1238491, 1238509, 1238521, 1238533, 1238537,
1238551, 1238597, 1238599, 1238621, 1238647, 1238659, 1238681,
1238683, 1238687, 1238693, 1238717, 1238719, 1238747, 1238749,

     Die ersten hunderttausend Primzahlen

1238759, 1238761, 1238767, 1238771, 1238789, 1238801, 1238821,
1238827, 1238833, 1238843, 1238863, 1238893, 1238903, 1238911,
1238917, 1238921, 1238947, 1238989, 1238999, 1239001, 1239013,
1239023, 1239041, 1239067, 1239089, 1239103, 1239109, 1239127,
1239151, 1239179, 1239191, 1239197, 1239223, 1239229, 1239239,
1239247, 1239269, 1239281, 1239311, 1239319, 1239323, 1239341,
1239347, 1239353, 1239361, 1239367, 1239377, 1239379, 1239397,
1239421, 1239443, 1239449, 1239457, 1239461, 1239481, 1239499,
1239509, 1239517, 1239523, 1239529, 1239533, 1239551, 1239569,
1239583, 1239593, 1239599, 1239607, 1239619, 1239643, 1239661,
1239671, 1239697, 1239727, 1239737, 1239739, 1239751, 1239761,
1239773, 1239803, 1239817, 1239839, 1239877, 1239893, 1239899,
1239911, 1239913, 1239919, 1239923, 1239943, 1239961, 1239971,
1239983, 1239989, 1240007, 1240009, 1240013, 1240021, 1240027,
1240039, 1240081, 1240087, 1240097, 1240117, 1240139, 1240153,
1240159, 1240181, 1240193, 1240199, 1240207, 1240219, 1240231,
1240241, 1240247, 1240271, 1240273, 1240307, 1240319, 1240333,
1240361, 1240363, 1240387, 1240391, 1240399, 1240423, 1240483,
1240487, 1240511, 1240517, 1240523, 1240543, 1240553, 1240559,
1240607, 1240621, 1240637, 1240667, 1240669, 1240691, 1240699,
1240703, 1240709, 1240717, 1240739, 1240741, 1240751, 1240763,
1240769, 1240777, 1240793, 1240807, 1240817, 1240831, 1240859,
1240861, 1240931, 1240957, 1240973, 1240979, 1240991, 1240999,
1241003, 1241027, 1241033, 1241039, 1241059, 1241077, 1241081,
1241087, 1241159, 1241161, 1241173, 1241197, 1241203, 1241243,
1241249, 1241257, 1241263, 1241267, 1241269, 1241291, 1241321,
1241341, 1241347, 1241351, 1241369, 1241377, 1241381, 1241389,
1241407, 1241413, 1241417, 1241423, 1241437, 1241447, 1241467,
1241477, 1241483, 1241489, 1241491, 1241507, 1241509, 1241549,
1241551, 1241557, 1241573, 1241579, 1241587, 1241627, 1241651,
1241659, 1241677, 1241699, 1241741, 1241743, 1241761, 1241771,
1241789, 1241813, 1241819, 1241827, 1241869, 1241879, 1241893,
1241921, 1241923, 1241927, 1241939, 1241941, 1241951, 1241957,
1241963, 1241971, 1241987, 1242001, 1242029, 1242061, 1242067,
1242089, 1242097, 1242103, 1242107, 1242119, 1242121, 1242151,
1242167, 1242169, 1242181, 1242191, 1242193, 1242217, 1242221,
1242233, 1242251, 1242271, 1242289, 1242317, 1242347, 1242359,
1242361, 1242379, 1242403, 1242407, 1242413, 1242419, 1242421,
1242457, 1242487, 1242503, 1242517, 1242569, 1242601, 1242611,
1242617, 1242623, 1242629, 1242641, 1242643, 1242739, 1242757,
1242763, 1242767, 1242781, 1242803, 1242811, 1242817, 1242823,
1242827, 1242841, 1242859, 1242869, 1242889, 1242893, 1242929,
1242931, 1242937, 1242947, 1242959, 1242977, 1242979, 1242991,
1243003, 1243013, 1243093, 1243097, 1243111, 1243129, 1243133,
1243141, 1243147, 1243157, 1243169, 1243181, 1243211, 1243271,
1243273, 1243309, 1243337, 1243343, 1243349, 1243367, 1243369,
1243373, 1243387, 1243391, 1243393, 1243421, 1243427, 1243439,
1243471, 1243477, 1243481, 1243483, 1243511, 1243523, 1243537,

1243547, 1243559, 1243577, 1243579, 1243609, 1243631, 1243639,
1243643, 1243663, 1243673, 1243691, 1243709, 1243717, 1243741,
1243747, 1243783, 1243789, 1243793, 1243807, 1243811, 1243819,
1243841, 1243843, 1243859, 1243877, 1243883, 1243889, 1243927,
1243933, 1243939, 1243943, 1243951, 1243961, 1243967, 1243969,
1243997, 1244003, 1244021, 1244027, 1244029, 1244039, 1244041,
1244053, 1244057, 1244059, 1244083, 1244099, 1244141, 1244143,
1244149, 1244153, 1244167, 1244183, 1244197, 1244203, 1244233,
1244249, 1244261, 1244263, 1244279, 1244293, 1244333, 1244357,
1244359, 1244363, 1244381, 1244393, 1244401, 1244423, 1244429,
1244437, 1244447, 1244459, 1244471, 1244479, 1244483, 1244501,
1244521, 1244531, 1244533, 1244543, 1244567, 1244591, 1244603,
1244609, 1244611, 1244627, 1244629, 1244647, 1244687, 1244699,
1244713, 1244729, 1244741, 1244753, 1244759, 1244777, 1244797,
1244813, 1244819, 1244821, 1244833, 1244839, 1244857, 1244863,
1244879, 1244909, 1244911, 1244923, 1244953, 1244987, 1244989,
1244993, 1245001, 1245017, 1245019, 1245037, 1245067, 1245091,
1245103, 1245113, 1245121, 1245137, 1245149, 1245169, 1245187,
1245191, 1245217, 1245227, 1245281, 1245331, 1245353, 1245379,
1245397, 1245401, 1245421, 1245449, 1245451, 1245479, 1245509,
1245527, 1245529, 1245551, 1245557, 1245589, 1245613, 1245617,
1245619, 1245623, 1245649, 1245683, 1245689, 1245691, 1245701,
1245707, 1245719, 1245721, 1245763, 1245767, 1245779, 1245781,
1245791, 1245799, 1245817, 1245833, 1245847, 1245863, 1245877,
1245883, 1245917, 1245929, 1245943, 1245953, 1245961, 1245971,
1245973, 1246013, 1246033, 1246057, 1246061, 1246073, 1246081,
1246093, 1246099, 1246103, 1246181, 1246187, 1246199, 1246207,
1246213, 1246241, 1246243, 1246247, 1246249, 1246261, 1246283,
1246303, 1246307, 1246313, 1246319, 1246327, 1246331, 1246339,
1246351, 1246361, 1246363, 1246367, 1246369, 1246373, 1246379,
1246387, 1246397, 1246429, 1246433, 1246451, 1246459, 1246471,
1246477, 1246481, 1246489, 1246499, 1246501, 1246513, 1246517,
1246529, 1246537, 1246543, 1246561, 1246573, 1246579, 1246589,
1246591, 1246601, 1246631, 1246639, 1246667, 1246673, 1246697,
1246703, 1246711, 1246733, 1246747, 1246757, 1246781, 1246823,
1246829, 1246841, 1246867, 1246879, 1246891, 1246907, 1246919,
1246943, 1246961, 1246963, 1246997, 1247009, 1247017, 1247033,
1247053, 1247063, 1247089, 1247101, 1247107, 1247117, 1247119,
1247167, 1247177, 1247189, 1247209, 1247231, 1247243, 1247263,
1247269, 1247291, 1247297, 1247303, 1247317, 1247321, 1247327,
1247329, 1247371, 1247383, 1247401, 1247417, 1247419, 1247429,
1247447, 1247453, 1247459, 1247479, 1247501, 1247509, 1247527,
1247549, 1247557, 1247563, 1247569, 1247581, 1247591, 1247599,
1247611, 1247621, 1247627, 1247641, 1247651, 1247663, 1247693,
1247699, 1247737, 1247759, 1247761, 1247767, 1247777, 1247797,
1247801, 1247833, 1247837, 1247861, 1247867, 1247879, 1247881,
1247893, 1247923, 1247947, 1247951, 1247959, 1247969, 1248001,
1248007, 1248011, 1248017, 1248019, 1248031, 1248041, 1248059,

      Die ersten hunderttausend Primzahlen

1248061, 1248083, 1248101, 1248103, 1248113, 1248119, 1248151,
1248193, 1248199, 1248209, 1248211, 1248217, 1248229, 1248239,
1248241, 1248253, 1248271, 1248323, 1248329, 1248337, 1248341,
1248347, 1248349, 1248353, 1248383, 1248391, 1248407, 1248413,
1248427, 1248449, 1248451, 1248469, 1248493, 1248503, 1248529,
1248539, 1248551, 1248553, 1248563, 1248571, 1248589, 1248593,
1248631, 1248641, 1248671, 1248673, 1248691, 1248697, 1248703,
1248721, 1248757, 1248781, 1248799, 1248809, 1248829, 1248833,
1248847, 1248857, 1248859, 1248869, 1248881, 1248893, 1248917,
1248941, 1248953, 1248977, 1248979, 1248991, 1249013, 1249019,
1249033, 1249037, 1249043, 1249049, 1249057, 1249063, 1249091,
1249099, 1249111, 1249121, 1249133, 1249139, 1249141, 1249151,
1249159, 1249163, 1249187, 1249201, 1249217, 1249243, 1249247,
1249273, 1249301, 1249319, 1249321, 1249333, 1249343, 1249361,
1249363, 1249373, 1249397, 1249403, 1249411, 1249427, 1249433,
1249477, 1249481, 1249487, 1249489, 1249499, 1249511, 1249519,
1249531, 1249559, 1249603, 1249621, 1249627, 1249631, 1249643,
1249657, 1249669, 1249681, 1249691, 1249693, 1249727, 1249733,
1249739, 1249741, 1249747, 1249757, 1249799, 1249811, 1249817,
1249819, 1249837, 1249841, 1249847, 1249849, 1249861, 1249873,
1249901, 1249921, 1249939, 1249943, 1249999, 1250003, 1250009,
1250021, 1250023, 1250057, 1250069, 1250083, 1250087, 1250099,
1250107, 1250141, 1250147, 1250149, 1250173, 1250177, 1250189,
1250201, 1250203, 1250237, 1250243, 1250273, 1250281, 1250297,
1250309, 1250351, 1250357, 1250407, 1250413, 1250437, 1250443,
1250449, 1250453, 1250461, 1250471, 1250479, 1250497, 1250507,
1250519, 1250521, 1250527, 1250551, 1250593, 1250609,
1250611, 1250629, 1250647, 1250653, 1250677, 1250701, 1250737,
1250749, 1250761, 1250771, 1250773, 1250779, 1250783, 1250801,
1250813, 1250831, 1250839, 1250863, 1250867, 1250917, 1250923,
1250929, 1250939, 1250969, 1250971, 1250981, 1250983, 1251011,
1251037, 1251043, 1251053, 1251071, 1251083, 1251097, 1251101,
1251109, 1251121, 1251157, 1251161, 1251179, 1251227, 1251247,
1251259, 1251287, 1251301, 1251307, 1251317, 1251323, 1251329,
1251409, 1251427, 1251431, 1251433, 1251461, 1251463, 1251527,
1251529, 1251533, 1251571, 1251577, 1251581, 1251583, 1251641,
1251661, 1251667, 1251671, 1251697, 1251703, 1251707, 1251713,
1251721, 1251743, 1251787, 1251791, 1251797, 1251827, 1251841,
1251851, 1251857, 1251869, 1251871, 1251881, 1251907, 1251911,
1251919, 1251923, 1251937, 1251947, 1251953, 1251961, 1251983,
1252021, 1252037, 1252049, 1252057, 1252063, 1252073, 1252079,
1252103, 1252109, 1252123, 1252129, 1252151, 1252159, 1252177,
1252187, 1252193, 1252201, 1252211, 1252217, 1252219, 1252247,
1252259, 1252267, 1252283, 1252331, 1252343, 1252357, 1252399,
1252403, 1252411, 1252421, 1252429, 1252439, 1252451, 1252457,
1252469, 1252483, 1252507, 1252523, 1252579, 1252609, 1252631,
1252639, 1252661, 1252663, 1252681, 1252711, 1252717, 1252721,
1252729, 1252739, 1252751, 1252777, 1252799, 1252817, 1252819,

1252843, 1252873, 1252877, 1252897, 1252903, 1252913, 1252921,
1252943, 1252957, 1252963, 1252987, 1252991, 1252997, 1253011,
1253023, 1253027, 1253047, 1253059, 1253071, 1253089, 1253093,
1253099, 1253111, 1253137, 1253167, 1253171, 1253249, 1253251,
1253261, 1253279, 1253323, 1253327, 1253333, 1253347, 1253377,
1253381, 1253401, 1253437, 1253453, 1253471, 1253479, 1253513,
1253519, 1253521, 1253557, 1253587, 1253591, 1253599, 1253621,
1253627, 1253683, 1253689, 1253701, 1253717, 1253723, 1253729,
1253737, 1253741, 1253761, 1253783, 1253803, 1253831, 1253839,
1253849, 1253851, 1253887, 1253897, 1253909, 1253911, 1253947,
1253951, 1253953, 1253963, 1253969, 1253999, 1254013, 1254017,
1254023, 1254031, 1254037, 1254049, 1254053, 1254059, 1254061,
1254079, 1254091, 1254109, 1254119, 1254131, 1254137, 1254151,
1254157, 1254161, 1254179, 1254193, 1254203, 1254217, 1254241,
1254251, 1254257, 1254269, 1254293, 1254301, 1254317, 1254329,
1254367, 1254371, 1254373, 1254377, 1254427, 1254433, 1254467,
1254469, 1254479, 1254497, 1254503, 1254523, 1254527, 1254529,
1254541, 1254553, 1254557, 1254577, 1254593, 1254607, 1254613,
1254619, 1254623, 1254637, 1254647, 1254653, 1254661, 1254667,
1254683, 1254689, 1254731, 1254733, 1254739, 1254751, 1254761,
1254767, 1254791, 1254793, 1254823, 1254833, 1254839, 1254863,
1254899, 1254907, 1254941, 1254959, 1254971, 1254983, 1254997,
1255013, 1255021, 1255039, 1255049, 1255063, 1255069, 1255081,
1255103, 1255109, 1255117, 1255123, 1255129, 1255139, 1255147,
1255153, 1255157, 1255169, 1255181, 1255183, 1255187, 1255201,
1255211, 1255237, 1255249, 1255253, 1255259, 1255279, 1255301,
1255307, 1255313, 1255321, 1255333, 1255337, 1255357, 1255361,
1255367, 1255391, 1255393, 1255421, 1255427, 1255451, 1255453,
1255477, 1255519, 1255549, 1255559, 1255567, 1255591, 1255601,
1255609, 1255619, 1255633, 1255651, 1255663, 1255679, 1255687,
1255693, 1255721, 1255747, 1255757, 1255759, 1255799, 1255801,
1255811, 1255829, 1255831, 1255847, 1255861, 1255907, 1255913,
1255927, 1255931, 1255939, 1255949, 1255963, 1255967, 1255993,
1255997, 1256009, 1256023, 1256029, 1256041, 1256063, 1256107,
1256149, 1256161, 1256197, 1256201, 1256209, 1256231, 1256243,
1256267, 1256279, 1256303, 1256323, 1256347, 1256369, 1256383,
1256389, 1256393, 1256407, 1256429, 1256449, 1256477, 1256531,
1256533, 1256543, 1256573, 1256579, 1256587, 1256597, 1256611,
1256617, 1256621, 1256659, 1256681, 1256687, 1256693, 1256707,
1256711, 1256729, 1256737, 1256747, 1256753, 1256777, 1256797,
1256809, 1256813, 1256819, 1256821, 1256837, 1256863, 1256867,
1256873, 1256887, 1256891, 1256897, 1256903, 1256911, 1256917,
1256923, 1256939, 1256953, 1256989, 1256993, 1257013, 1257017,
1257029, 1257041, 1257043, 1257049, 1257071, 1257073, 1257077,
1257079, 1257089, 1257103, 1257119, 1257131, 1257163, 1257199,
1257209, 1257229, 1257233, 1257239, 1257241, 1257247, 1257251,
1257253, 1257281, 1257293, 1257307, 1257313, 1257317, 1257323,
1257331, 1257359, 1257397, 1257409, 1257437, 1257457, 1257461,

     Die ersten hunderttausend Primzahlen

1257463, 1257491, 1257493, 1257499, 1257517, 1257521, 1257547,
1257559, 1257563, 1257569, 1257587, 1257589, 1257611, 1257647,
1257653, 1257689, 1257691, 1257713, 1257719, 1257721, 1257749,
1257787, 1257827, 1257829, 1257853, 1257859, 1257869, 1257877,
1257911, 1257931, 1257953, 1257959, 1257961, 1257973, 1257989,
1258001, 1258013, 1258027, 1258039, 1258079, 1258087, 1258097,
1258099, 1258109, 1258133, 1258139, 1258141, 1258151, 1258163,
1258171, 1258177, 1258181, 1258183, 1258207, 1258211, 1258217,
1258219, 1258241, 1258267, 1258291, 1258297, 1258303, 1258319,
1258337, 1258343, 1258349, 1258373, 1258403, 1258409, 1258417,
1258421, 1258423, 1258429, 1258441, 1258451, 1258457, 1258469,
1258471, 1258483, 1258487, 1258511, 1258531, 1258559, 1258589,
1258597, 1258601, 1258627, 1258637, 1258639, 1258643, 1258657,
1258661, 1258667, 1258681, 1258709, 1258711, 1258717, 1258723,
1258753, 1258771, 1258781, 1258783, 1258787, 1258811, 1258819,
1258837, 1258847, 1258871, 1258877, 1258889, 1258903, 1258927,
1258931, 1258937, 1258967, 1258973, 1258993, 1259017, 1259029,
1259033, 1259039, 1259047, 1259051, 1259053, 1259057, 1259077,
1259081, 1259087, 1259099, 1259107, 1259113, 1259123, 1259129,
1259143, 1259171, 1259179, 1259191, 1259213, 1259231, 1259243,
1259249, 1259287, 1259299, 1259317, 1259329, 1259371, 1259389,
1259393, 1259413, 1259429, 1259477, 1259509, 1259527, 1259537,
1259539, 1259543, 1259551, 1259563, 1259569, 1259593, 1259603,
1259627, 1259639, 1259653, 1259659, 1259663, 1259669, 1259677,
1259689, 1259701, 1259737, 1259743, 1259749, 1259759, 1259767,
1259777, 1259803, 1259821, 1259851, 1259873, 1259899, 1259903,
1259927, 1259939, 1259953, 1259977, 1259983, 1260011, 1260019,
1260031, 1260047, 1260059, 1260067, 1260113, 1260121, 1260131,
1260143, 1260157, 1260163, 1260167, 1260169, 1260191, 1260223,
1260269, 1260277, 1260283, 1260293, 1260317, 1260319, 1260323,
1260341, 1260359, 1260361, 1260383, 1260401, 1260419, 1260437,
1260439, 1260461, 1260473, 1260481, 1260487, 1260509, 1260541,
1260547, 1260551, 1260569, 1260577, 1260583, 1260599, 1260629,
1260641, 1260643, 1260661, 1260673, 1260691, 1260713, 1260719,
1260731, 1260733, 1260751, 1260757, 1260767, 1260769, 1260797,
1260799, 1260827, 1260829, 1260841, 1260851, 1260877, 1260881,
1260887, 1260893, 1260899, 1260901, 1260911, 1260971, 1260979,
1260989, 1260991, 1261033, 1261069, 1261079, 1261081, 1261109,
1261121, 1261133, 1261157, 1261171, 1261177, 1261199, 1261217,
1261223, 1261259, 1261261, 1261279, 1261289, 1261301, 1261313,
1261321, 1261327, 1261333, 1261357, 1261363, 1261373, 1261387,
1261411, 1261427, 1261459, 1261487, 1261489, 1261523, 1261531,
1261549, 1261567, 1261571, 1261627, 1261639, 1261643, 1261649,
1261697, 1261699, 1261717, 1261721, 1261739, 1261747, 1261759,
1261763, 1261769, 1261789, 1261801, 1261823, 1261829, 1261831,
1261837, 1261861, 1261889, 1261891, 1261901, 1261913, 1261933,
1261943, 1261963, 1261969, 1261973, 1262011, 1262017, 1262057,
1262071, 1262081, 1262083, 1262087, 1262099, 1262101, 1262119,

1262143, 1262147, 1262203, 1262207, 1262221, 1262231, 1262237,
1262269, 1262281, 1262291, 1262293, 1262299, 1262311, 1262321,
1262363, 1262377, 1262411, 1262419, 1262441, 1262453, 1262461,
1262479, 1262483, 1262491, 1262509, 1262519, 1262543, 1262557,
1262563, 1262581, 1262587, 1262617, 1262621, 1262623, 1262629,
1262633, 1262669, 1262671, 1262693, 1262711, 1262713, 1262717,
1262731, 1262741, 1262753, 1262771, 1262783, 1262819, 1262839,
1262851, 1262869, 1262881, 1262887, 1262893, 1262897, 1262903,
1262917, 1262927, 1262929, 1262939, 1262941, 1262957, 1263007,
1263047, 1263071, 1263077, 1263079, 1263103, 1263107, 1263109,
1263113, 1263121, 1263133, 1263173, 1263179, 1263181, 1263187,
1263191, 1263193, 1263209, 1263239, 1263247, 1263259, 1263263,
1263299, 1263307, 1263319, 1263323, 1263331, 1263337, 1263341,
1263347, 1263373, 1263377, 1263391, 1263403, 1263461, 1263463,
1263473, 1263487, 1263499, 1263503, 1263511, 1263539, 1263541,
1263547, 1263569, 1263583, 1263599, 1263607, 1263629, 1263631,
1263659, 1263667, 1263677, 1263697, 1263701, 1263751, 1263761,
1263767, 1263793, 1263799, 1263803, 1263817, 1263853, 1263863,
1263887, 1263917, 1263929, 1263931, 1263943, 1263947, 1263949,
1263953, 1263961, 1263973, 1263979, 1264009, 1264027, 1264033,
1264037, 1264049, 1264061, 1264063, 1264129, 1264177, 1264189,
1264199, 1264213, 1264231, 1264259, 1264261, 1264267, 1264271,
1264301, 1264303, 1264331, 1264337, 1264363, 1264387, 1264411,
1264447, 1264451, 1264499, 1264537, 1264541, 1264559, 1264561,
1264573, 1264577, 1264597, 1264607, 1264643, 1264649, 1264651,
1264657, 1264663, 1264667, 1264687, 1264699, 1264733, 1264741,
1264763, 1264787, 1264801, 1264807, 1264819, 1264829, 1264853,
1264859, 1264867, 1264873, 1264877, 1264883, 1264889, 1264897,
1264903, 1264909, 1264933, 1264969, 1264979, 1264981, 1264997,
1265029, 1265041, 1265051, 1265053, 1265063, 1265081, 1265083,
1265087, 1265093, 1265101, 1265111, 1265113, 1265119, 1265129,
1265167, 1265177, 1265179, 1265197, 1265233, 1265249, 1265273,
1265279, 1265281, 1265311, 1265321, 1265333, 1265347, 1265353,
1265377, 1265387, 1265393, 1265431, 1265443, 1265449, 1265461,
1265471, 1265477, 1265479, 1265503, 1265519, 1265521, 1265527,
1265549, 1265557, 1265573, 1265581, 1265597, 1265603, 1265611,
1265617, 1265623, 1265639, 1265653, 1265657, 1265681, 1265729,
1265741, 1265777, 1265779, 1265801, 1265813, 1265827, 1265843,
1265857, 1265861, 1265863, 1265867, 1265899, 1265903, 1265909,
1265911, 1265921, 1265923, 1265941, 1265959, 1265969, 1265977,
1265981, 1265987, 1265993, 1266019, 1266043,
1266047, 1266059, 1266073, 1266077, 1266079, 1266091, 1266101,
1266107, 1266113, 1266149, 1266157, 1266163, 1266191, 1266197,
1266229, 1266241, 1266247, 1266259, 1266263, 1266269, 1266271,
1266277, 1266281, 1266301, 1266323, 1266337, 1266341, 1266359,
1266371, 1266373, 1266379, 1266389, 1266409, 1266413, 1266431,
1266451, 1266469, 1266487, 1266491, 1266493, 1266511, 1266523,
1266527, 1266539, 1266557, 1266563, 1266583, 1266589, 1266593,

     Die ersten hunderttausend Primzahlen

1266611, 1266631, 1266677, 1266719, 1266731, 1266743, 1266751,
1266757, 1266761, 1266763, 1266767, 1266779, 1266781, 1266799,
1266841, 1266847, 1266851, 1266869, 1266883, 1266893, 1266899,
1266913, 1266919, 1266929, 1266931, 1266943, 1266949, 1266953,
1267009, 1267043, 1267051, 1267067, 1267103, 1267109, 1267117,
1267121, 1267127, 1267151, 1267157, 1267159, 1267183, 1267193,
1267199, 1267223, 1267237, 1267291, 1267297, 1267303, 1267307,
1267349, 1267381, 1267403, 1267411, 1267429, 1267447, 1267451,
1267459, 1267463, 1267481, 1267501, 1267517, 1267529, 1267531,
1267549, 1267577, 1267579, 1267589, 1267613, 1267633, 1267649,
1267663, 1267681, 1267709, 1267711, 1267723, 1267727, 1267757,
1267771, 1267787, 1267789, 1267823, 1267831, 1267837, 1267859,
1267873, 1267883, 1267891, 1267897, 1267907, 1267933, 1267939,
1267943, 1267951, 1267957, 1267961, 1267999, 1268011, 1268017,
1268039, 1268051, 1268053, 1268077, 1268093, 1268119, 1268143,
1268147, 1268167, 1268173, 1268177, 1268207, 1268213, 1268221,
1268233, 1268261, 1268279, 1268287, 1268291, 1268299, 1268327,
1268341, 1268357, 1268359, 1268369, 1268413, 1268419, 1268429,
1268447, 1268453, 1268461, 1268467, 1268479, 1268537, 1268549,
1268563, 1268567, 1268593, 1268599, 1268621, 1268623, 1268627,
1268633, 1268669, 1268681, 1268713, 1268731, 1268741, 1268747,
1268753, 1268759, 1268777, 1268783, 1268789, 1268791, 1268797,
1268803, 1268807, 1268843, 1268849, 1268867, 1268881, 1268899,
1268921, 1268929, 1268947, 1268963, 1269001, 1269007, 1269013,
1269017, 1269041, 1269043, 1269049, 1269061, 1269077, 1269091,
1269113, 1269119, 1269131, 1269167, 1269173, 1269179, 1269187,
1269193, 1269197, 1269221, 1269223, 1269239, 1269241, 1269253,
1269263, 1269283, 1269287, 1269299, 1269311, 1269337, 1269343,
1269377, 1269379, 1269383, 1269391, 1269413, 1269427, 1269461,
1269467, 1269493, 1269497, 1269529, 1269547, 1269559, 1269563,
1269571, 1269589, 1269601, 1269641, 1269643, 1269683, 1269691,
1269703, 1269731, 1269733, 1269743, 1269757, 1269797, 1269847,
1269859, 1269869, 1269871, 1269901, 1269907, 1269911, 1269923,
1269929, 1269937, 1269953, 1269971, 1270001, 1270013, 1270033,
1270051, 1270063, 1270067, 1270079, 1270097, 1270103, 1270111,
1270123, 1270141, 1270147, 1270151, 1270183, 1270193, 1270201,
1270231, 1270237, 1270249, 1270271, 1270279, 1270301, 1270309,
1270319, 1270327, 1270333, 1270337, 1270343, 1270361, 1270391,
1270417, 1270421, 1270429, 1270433, 1270441, 1270471, 1270483,
1270499, 1270513, 1270531, 1270537, 1270541, 1270547, 1270559,
1270561, 1270567, 1270571, 1270573, 1270579, 1270609, 1270627,
1270639, 1270649, 1270651, 1270657, 1270667, 1270669, 1270679,
1270747, 1270757, 1270771, 1270817, 1270823, 1270849, 1270859,
1270861, 1270879, 1270897, 1270901, 1270909, 1270933, 1270943,
1270961, 1270981, 1271027, 1271029, 1271033, 1271047, 1271051,
1271059, 1271069, 1271087, 1271089, 1271111, 1271117, 1271129,
1271147, 1271161, 1271167, 1271173, 1271183, 1271197, 1271201,
1271203, 1271213, 1271227, 1271239, 1271251, 1271293, 1271299,

1271317, 1271321, 1271339, 1271351, 1271353, 1271359, 1271383,
1271393, 1271399, 1271401, 1271419, 1271429, 1271449, 1271471,
1271483, 1271503, 1271507, 1271513, 1271521, 1271531, 1271551,
1271561, 1271597, 1271603, 1271609, 1271657, 1271659, 1271671,
1271687, 1271701, 1271717, 1271731, 1271747, 1271749, 1271791,
1271797, 1271807, 1271813, 1271827, 1271833, 1271839, 1271843,
1271849, 1271903, 1271927, 1271929, 1271939, 1271953, 1271971,
1271987, 1271999, 1272001, 1272043, 1272049, 1272067, 1272071,
1272079, 1272091, 1272109, 1272113, 1272133, 1272151, 1272157,
1272163, 1272169, 1272191, 1272203, 1272211, 1272223, 1272233,
1272247, 1272253, 1272269, 1272281, 1272283, 1272287, 1272289,
1272329, 1272343, 1272347, 1272361, 1272367, 1272377, 1272379,
1272409, 1272421, 1272443, 1272451, 1272461, 1272539, 1272547,
1272559, 1272577, 1272589, 1272617, 1272629, 1272631, 1272641,
1272647, 1272653, 1272673, 1272679, 1272749, 1272811, 1272827,
1272833, 1272847, 1272851, 1272857, 1272863, 1272881, 1272883,
1272893, 1272899, 1272913, 1272917, 1272919, 1272937, 1272941,
1272961, 1272983, 1272989, 1272991, 1273001, 1273021, 1273033,
1273037, 1273039, 1273087, 1273099, 1273109, 1273117, 1273121,
1273127, 1273157, 1273159, 1273199, 1273213, 1273231, 1273241,
1273267, 1273289, 1273291, 1273301, 1273309, 1273313, 1273331,
1273333, 1273343, 1273367, 1273381, 1273403, 1273409, 1273411,
1273417, 1273421, 1273423, 1273457, 1273463, 1273471, 1273483,
1273499, 1273507, 1273541, 1273543, 1273549, 1273561, 1273567,
1273609, 1273637, 1273639, 1273663, 1273673, 1273681, 1273687,
1273693, 1273721, 1273729, 1273733, 1273739, 1273757, 1273771,
1273781, 1273787, 1273823, 1273843, 1273879, 1273889, 1273891,
1273903, 1273907, 1273919, 1273933, 1273939, 1273957, 1273981,
1274011, 1274017, 1274041, 1274051, 1274071, 1274087, 1274089,
1274111, 1274113, 1274129, 1274137, 1274149, 1274183, 1274209,
1274227, 1274249, 1274267, 1274291, 1274293, 1274297, 1274309,
1274323, 1274333, 1274353, 1274363, 1274381, 1274389, 1274401,
1274411, 1274423, 1274437, 1274461, 1274509, 1274549, 1274557,
1274561, 1274599, 1274617, 1274621, 1274629, 1274633, 1274671,
1274701, 1274719, 1274723, 1274737, 1274759, 1274771, 1274773,
1274803, 1274851, 1274857, 1274873, 1274879, 1274899, 1274921,
1274929, 1274939, 1274941, 1274989, 1275011, 1275019, 1275041,
1275067, 1275107, 1275121, 1275133, 1275173, 1275179, 1275193,
1275199, 1275203, 1275227, 1275269, 1275277, 1275283, 1275293,
1275319, 1275341, 1275349, 1275359, 1275361, 1275401, 1275437,
1275457, 1275467, 1275499, 1275503, 1275523, 1275539, 1275541,
1275553, 1275559, 1275563, 1275569, 1275583, 1275601, 1275611,
1275643, 1275661, 1275667, 1275683, 1275691, 1275707, 1275709,
1275719, 1275737, 1275749, 1275751, 1275779, 1275803, 1275817,
1275823, 1275829, 1275839, 1275847, 1275851, 1275863, 1275877,
1275889, 1275893, 1275899, 1275931, 1275947, 1275973, 1275977,
1275979, 1276001, 1276007, 1276013, 1276027, 1276031, 1276039,
1276049, 1276057, 1276069, 1276103, 1276117, 1276123, 1276129,

Die ersten hunderttausend Primzahlen

1276133, 1276147, 1276157, 1276169, 1276183, 1276193, 1276213,
1276237, 1276243, 1276271, 1276279, 1276307, 1276313, 1276351,
1276357, 1276361, 1276397, 1276409, 1276433, 1276441, 1276447,
1276481, 1276501, 1276511, 1276529, 1276543, 1276571, 1276579,
1276589, 1276603, 1276619, 1276621, 1276631, 1276637, 1276657,
1276679, 1276687, 1276711, 1276721, 1276733, 1276739, 1276747,
1276763, 1276771, 1276777, 1276817, 1276829, 1276861, 1276867,
1276871, 1276889, 1276897, 1276903, 1276927, 1276949, 1276967,
1276969, 1276973, 1276987, 1276999, 1277011, 1277021, 1277039,
1277041, 1277063, 1277069, 1277071, 1277083, 1277093, 1277099,
1277113, 1277137, 1277147, 1277197, 1277207, 1277209, 1277233,
1277249, 1277257, 1277267, 1277299, 1277321, 1277323, 1277357,
1277359, 1277369, 1277387, 1277429, 1277449, 1277461, 1277477,
1277483, 1277491, 1277501, 1277543, 1277557, 1277569, 1277593,
1277597, 1277621, 1277629, 1277651, 1277657, 1277677, 1277699,
1277723, 1277729, 1277741, 1277743, 1277753, 1277761, 1277791,
1277803, 1277813, 1277819, 1277833, 1277849, 1277863, 1277867,
1277879, 1277897, 1277909, 1277911, 1277957, 1277971, 1277993,
1278007, 1278029, 1278031, 1278047, 1278097, 1278107, 1278113,
1278131, 1278139, 1278163, 1278181, 1278191, 1278197, 1278203,
1278209, 1278217, 1278227, 1278253, 1278287, 1278289, 1278323,
1278337, 1278341, 1278371, 1278373, 1278379, 1278391, 1278397,
1278401, 1278419, 1278437, 1278439, 1278463, 1278467, 1278479,
1278481, 1278493, 1278527, 1278551, 1278583, 1278601, 1278611,
1278617, 1278619, 1278623, 1278631, 1278637, 1278659, 1278671,
1278701, 1278709, 1278713, 1278721, 1278733, 1278769, 1278779,
1278787, 1278799, 1278803, 1278811, 1278817, 1278839, 1278857,
1278881, 1278899, 1278911, 1278983, 1278997, 1279001, 1279013,
1279021, 1279027, 1279039, 1279043, 1279081, 1279087, 1279093,
1279111, 1279123, 1279133, 1279141, 1279163, 1279171, 1279177,
1279181, 1279183, 1279189, 1279193, 1279211, 1279249, 1279253,
1279303, 1279307, 1279309, 1279319, 1279321, 1279337, 1279357,
1279361, 1279417, 1279427, 1279457, 1279459, 1279483, 1279493,
1279507, 1279511, 1279519, 1279541, 1279547, 1279549, 1279561,
1279583, 1279601, 1279609, 1279627, 1279643, 1279657, 1279661,
1279667, 1279673, 1279679, 1279687, 1279693, 1279703, 1279727,
1279753, 1279757, 1279787, 1279801, 1279807, 1279813, 1279819,
1279823, 1279843, 1279847, 1279853, 1279871, 1279877, 1279907,
1279919, 1279921, 1279931, 1279937, 1279961, 1279969, 1279997,
1280023, 1280101, 1280107, 1280113, 1280119, 1280129, 1280131,
1280141, 1280159, 1280161, 1280173, 1280179, 1280183, 1280221,
1280231, 1280267, 1280281, 1280291, 1280297, 1280309, 1280317,
1280333, 1280371, 1280399, 1280401, 1280407, 1280417, 1280431,
1280453, 1280473, 1280519, 1280537, 1280549, 1280561, 1280567,
1280597, 1280603, 1280623, 1280633, 1280651, 1280659, 1280677,
1280693, 1280707, 1280737, 1280743, 1280759, 1280761, 1280767,
1280789, 1280791, 1280803, 1280821, 1280833, 1280837, 1280857,
1280863, 1280869, 1280887, 1280921, 1280947, 1280969, 1280987,

1280989, 1281029, 1281041, 1281043, 1281047, 1281083, 1281089,
1281097, 1281101, 1281131, 1281149, 1281157, 1281167, 1281187,
1281193, 1281211, 1281221, 1281229, 1281253, 1281257, 1281263,
1281281, 1281283, 1281317, 1281331, 1281349, 1281367, 1281383,
1281389, 1281407, 1281431, 1281433, 1281439, 1281451, 1281457,
1281463, 1281503, 1281521, 1281523, 1281541, 1281547,
1281551, 1281563, 1281587, 1281649, 1281653, 1281667, 1281673,
1281677, 1281691, 1281697, 1281703, 1281727, 1281739, 1281751,
1281773, 1281779, 1281781, 1281799, 1281803, 1281809, 1281821,
1281823, 1281827, 1281853, 1281871, 1281883, 1281899, 1281937,
1281941, 1281961, 1281971, 1281979, 1281983, 1282007, 1282009,
1282031, 1282033, 1282051, 1282069, 1282079, 1282081, 1282093,
1282109, 1282117, 1282121, 1282133, 1282153, 1282163, 1282187,
1282201, 1282213, 1282231, 1282241, 1282261, 1282277, 1282279,
1282289, 1282297, 1282343, 1282349, 1282363, 1282381, 1282387,
1282399, 1282417, 1282423, 1282427, 1282451, 1282469, 1282471,
1282493, 1282499, 1282507, 1282511, 1282513, 1282517, 1282529,
1282543, 1282571, 1282577, 1282597, 1282607, 1282613, 1282627,
1282637, 1282639, 1282649, 1282657, 1282661, 1282681, 1282693,
1282703, 1282717, 1282739, 1282751, 1282763, 1282781, 1282783,
1282807, 1282817, 1282867, 1282877, 1282903, 1282907, 1282909,
1282913, 1282933, 1282943, 1282951, 1282961, 1282969, 1282993,
1283011, 1283017, 1283021, 1283027, 1283063, 1283069, 1283083,
1283099, 1283111, 1283119, 1283129, 1283137, 1283159, 1283167,
1283171, 1283173, 1283179, 1283207, 1283237, 1283297, 1283323,
1283333, 1283339, 1283353, 1283383, 1283389, 1283417, 1283437,
1283441, 1283473, 1283479, 1283509, 1283521, 1283537, 1283539,
1283543, 1283549, 1283563, 1283573, 1283591, 1283603, 1283677,
1283683, 1283701, 1283707, 1283717, 1283719, 1283731, 1283753,
1283759, 1283767, 1283771, 1283797, 1283831, 1283839, 1283873,
1283879, 1283881, 1283897, 1283903, 1283939, 1283941, 1283957,
1283969, 1283981, 1283983, 1284007, 1284037, 1284043, 1284047,
1284053, 1284083, 1284131, 1284169, 1284187, 1284209, 1284211,
1284223, 1284263, 1284271, 1284287, 1284293, 1284301, 1284313,
1284317, 1284329, 1284341, 1284373, 1284379, 1284383, 1284421,
1284427, 1284433, 1284443, 1284467, 1284473, 1284487, 1284511,
1284523, 1284541, 1284551, 1284553, 1284559, 1284583, 1284601,
1284617, 1284623, 1284631, 1284641, 1284659, 1284691, 1284709,
1284713, 1284737, 1284739, 1284763, 1284769, 1284791, 1284793,
1284823, 1284841, 1284847, 1284851, 1284863, 1284889, 1284901,
1284917, 1284931, 1284937, 1284967, 1284971, 1284977, 1284991,
1285021, 1285049, 1285051, 1285057, 1285061, 1285069, 1285099,
1285111, 1285117, 1285129, 1285139, 1285147, 1285159, 1285169,
1285181, 1285199, 1285213, 1285223, 1285231, 1285237, 1285247,
1285259, 1285267, 1285279, 1285283, 1285289, 1285301, 1285351,
1285381, 1285393, 1285397, 1285411, 1285429, 1285441, 1285451,
1285469, 1285481, 1285507, 1285511, 1285513, 1285517, 1285519,
1285547, 1285549, 1285553, 1285607, 1285619, 1285633, 1285649,

     Die ersten hunderttausend Primzahlen

1285679, 1285699, 1285703, 1285717, 1285741, 1285747, 1285759,
1285763, 1285777, 1285789, 1285793, 1285799, 1285811, 1285813,
1285841, 1285847, 1285853, 1285859, 1285871, 1285877, 1285891,
1285903, 1285913, 1285937, 1285943, 1285969, 1285981, 1285993,
1286011, 1286017, 1286039, 1286071, 1286081, 1286093, 1286099,
1286107, 1286119, 1286147, 1286149, 1286177, 1286189, 1286191,
1286209, 1286227, 1286239, 1286261, 1286267, 1286269, 1286273,
1286287, 1286303, 1286323, 1286359, 1286371, 1286381, 1286387,
1286399, 1286419, 1286447, 1286489, 1286491, 1286503, 1286513,
1286521, 1286533, 1286557, 1286561, 1286569, 1286581, 1286587,
1286617, 1286629, 1286633, 1286641, 1286647, 1286653, 1286657,
1286669, 1286683, 1286693, 1286707, 1286711, 1286773, 1286777,
1286783, 1286797, 1286807, 1286819, 1286821, 1286833, 1286837,
1286839, 1286843, 1286881, 1286939, 1286941, 1286953, 1286959,
1286969, 1286981, 1286983, 1287007, 1287047, 1287059, 1287061,
1287067, 1287071, 1287101, 1287109, 1287131, 1287133, 1287157,
1287163, 1287173, 1287179, 1287197, 1287199, 1287217, 1287233,
1287239, 1287289, 1287323, 1287329, 1287343, 1287347, 1287353,
1287361, 1287371, 1287373, 1287401, 1287431, 1287457, 1287467,
1287469, 1287479, 1287487, 1287491, 1287499, 1287511, 1287541,
1287551, 1287553, 1287569, 1287589, 1287593, 1287607, 1287613,
1287623, 1287661, 1287683, 1287691, 1287697, 1287707, 1287731,
1287739, 1287743, 1287749, 1287751, 1287757, 1287761, 1287787,
1287799, 1287817, 1287821, 1287829, 1287841, 1287857, 1287883,
1287887, 1287899, 1287917, 1287947, 1287961, 1287967, 1287973,
1287983, 1287989, 1287997, 1288003, 1288009, 1288013, 1288033,
1288037, 1288043, 1288051, 1288057, 1288061, 1288099, 1288103,
1288109, 1288117, 1288163, 1288169, 1288171, 1288187, 1288193,
1288201, 1288213, 1288247, 1288249, 1288291, 1288307, 1288337,
1288349, 1288361, 1288363, 1288367, 1288393, 1288421, 1288423,
1288429, 1288439, 1288487, 1288513, 1288519, 1288531, 1288541,
1288543, 1288559, 1288571, 1288597, 1288603, 1288607, 1288613,
1288643, 1288649, 1288657, 1288691, 1288697, 1288699, 1288709,
1288711, 1288733, 1288769, 1288783, 1288799, 1288817, 1288823,
1288829, 1288831, 1288843, 1288849, 1288853, 1288871, 1288873,
1288877, 1288891, 1288919, 1288921, 1288933, 1288939, 1288951,
1288967, 1288981, 1288993, 1288997, 1289003, 1289009, 1289027,
1289039, 1289053, 1289077, 1289083, 1289111, 1289129, 1289149,
1289153, 1289159, 1289179, 1289213, 1289231, 1289237, 1289261,
1289273, 1289287, 1289303, 1289329, 1289333, 1289341, 1289363,
1289371, 1289381, 1289401, 1289411, 1289423, 1289429, 1289447,
1289459, 1289513, 1289531, 1289537, 1289551, 1289557, 1289567,
1289593, 1289597, 1289599, 1289621, 1289623, 1289627, 1289653,
1289657, 1289677, 1289711, 1289713, 1289731, 1289747, 1289749,
1289753, 1289779, 1289789, 1289801, 1289803, 1289831, 1289839,
1289851, 1289867, 1289881, 1289921, 1289927, 1289933, 1289963,
1289969, 1289971, 1290013, 1290019, 1290031, 1290049, 1290077,
1290083, 1290109, 1290131, 1290143, 1290151, 1290161, 1290167,

1290169, 1290173, 1290199, 1290203, 1290209, 1290257, 1290259,
1290287, 1290293, 1290299, 1290319, 1290329, 1290371, 1290379,
1290427, 1290431, 1290433, 1290439, 1290463, 1290467, 1290469,
1290491, 1290503, 1290533, 1290539, 1290551, 1290563, 1290571,
1290581, 1290593, 1290607, 1290629, 1290631, 1290637, 1290643,
1290649, 1290659, 1290673, 1290683, 1290719, 1290791, 1290811,
1290823, 1290847, 1290853, 1290857, 1290869, 1290901, 1290907,
1290923, 1290937, 1290983, 1291001, 1291007, 1291009, 1291019,
1291021, 1291063, 1291079, 1291111, 1291117, 1291139, 1291153,
1291159, 1291163, 1291177, 1291193, 1291211, 1291217, 1291219,
1291223, 1291229, 1291249, 1291271, 1291313, 1291321, 1291327,
1291343, 1291349, 1291357, 1291369, 1291379, 1291387, 1291391,
1291421, 1291447, 1291453, 1291471, 1291481, 1291483, 1291489,
1291501, 1291523, 1291547, 1291567, 1291579, 1291603, 1291637,
1291669, 1291673, 1291691, 1291783, 1291793, 1291799, 1291817,
1291819, 1291831, 1291861, 1291877, 1291883, 1291907, 1291909,
1291931, 1291957, 1291963, 1291967, 1291991, 1291999, 1292009,
1292023, 1292029, 1292063, 1292069, 1292089, 1292099, 1292113,
1292131, 1292141, 1292143, 1292149, 1292167, 1292177, 1292219,
1292237, 1292243, 1292251, 1292257, 1292261, 1292281, 1292293,
1292309, 1292329, 1292339, 1292353, 1292371, 1292383, 1292387,
1292419, 1292429, 1292441, 1292477, 1292491, 1292503, 1292509,
1292539, 1292549, 1292563, 1292567, 1292579, 1292587, 1292591,
1292593, 1292597, 1292609, 1292633, 1292639, 1292653, 1292657,
1292659, 1292693, 1292701, 1292713, 1292717, 1292729, 1292737,
1292783, 1292789, 1292801, 1292813, 1292831, 1292843, 1292857,
1292887, 1292927, 1292947, 1292953, 1292957, 1292971, 1292983,
1292989, 1292999, 1293001, 1293011, 1293031, 1293077, 1293119,
1293133, 1293137, 1293157, 1293169, 1293179, 1293199, 1293203,
1293233, 1293239, 1293247, 1293251, 1293277, 1293283, 1293287,
1293307, 1293317, 1293319, 1293323, 1293329, 1293361, 1293367,
1293373, 1293401, 1293419, 1293421, 1293433, 1293473, 1293491,
1293493, 1293499, 1293529, 1293533, 1293541, 1293553, 1293559,
1293583, 1293587, 1293613, 1293619, 1293647, 1293659, 1293701,
1293739, 1293757, 1293763, 1293791, 1293797, 1293821, 1293829,
1293839, 1293841, 1293857, 1293869, 1293899, 1293917, 1293923,
1293931, 1293947, 1293949, 1293961, 1293967, 1293977, 1293979,
1293983, 1294019, 1294021, 1294031, 1294037, 1294039, 1294061,
1294081, 1294087, 1294103, 1294121, 1294123, 1294129, 1294169,
1294177, 1294199, 1294201, 1294231, 1294253, 1294273, 1294277,
1294301, 1294303, 1294309, 1294339, 1294351, 1294361, 1294367,
1294369, 1294393, 1294399, 1294453, 1294459, 1294471, 1294477,
1294483, 1294561, 1294571, 1294583, 1294597, 1294609, 1294621,
1294627, 1294633, 1294639, 1294649, 1294651, 1294691, 1294721,
1294723, 1294729, 1294753, 1294757, 1294759, 1294817, 1294823,
1294841, 1294849, 1294939, 1294957, 1294967, 1294973, 1294987,
1294999, 1295003, 1295027, 1295033, 1295051, 1295057, 1295069,
1295071, 1295081, 1295089, 1295113, 1295131, 1295137, 1295159,

   Die ersten hunderttausend Primzahlen

1295183, 1295191, 1295201, 1295207, 1295219, 1295221, 1295243,
1295263, 1295279, 1295293, 1295297, 1295299, 1295309, 1295317,
1295321, 1295323, 1295339, 1295347, 1295369, 1295377, 1295387,
1295389, 1295447, 1295473, 1295491, 1295501, 1295513, 1295533,
1295543, 1295549, 1295551, 1295561, 1295563, 1295603, 1295611,
1295617, 1295639, 1295647, 1295653, 1295681, 1295711, 1295717,
1295737, 1295741, 1295747, 1295761, 1295783, 1295803, 1295809,
1295813, 1295839, 1295849, 1295867, 1295869, 1295873, 1295881,
1295947, 1295953, 1295989, 1295993, 1296007, 1296011, 1296019,
1296023, 1296037, 1296041, 1296059, 1296077, 1296089, 1296101,
1296109, 1296137, 1296143, 1296167, 1296181, 1296187, 1296209,
1296227, 1296277, 1296283, 1296287, 1296293, 1296319, 1296331,
1296341, 1296343, 1296371, 1296391, 1296409, 1296413, 1296419,
1296467, 1296473, 1296481, 1296499, 1296511, 1296521, 1296523,
1296551, 1296557, 1296563, 1296571, 1296583, 1296587, 1296593,
1296601, 1296613, 1296623, 1296629, 1296649, 1296679, 1296689,
1296703, 1296721, 1296727, 1296749, 1296781, 1296787, 1296803,
1296817, 1296829, 1296833, 1296839, 1296877, 1296899, 1296907,
1296929, 1296949, 1296973, 1296983, 1297001, 1297003,
1297013, 1297019, 1297027, 1297057, 1297061, 1297063, 1297091,
1297103, 1297123, 1297129, 1297139, 1297147, 1297157, 1297169,
1297171, 1297193, 1297201, 1297211, 1297217, 1297229, 1297243,
1297249, 1297271, 1297273, 1297279, 1297297, 1297313, 1297333,
1297337, 1297349, 1297357, 1297367, 1297369, 1297393, 1297397,
1297399, 1297403, 1297411, 1297421, 1297447, 1297451, 1297459,
1297477, 1297487, 1297501, 1297507, 1297519, 1297523, 1297537,
1297561, 1297573, 1297601, 1297607, 1297619, 1297631, 1297633,
1297649, 1297651, 1297657, 1297669, 1297687, 1297693, 1297727,
1297739, 1297771, 1297781, 1297799, 1297841, 1297847, 1297853,
1297873, 1297927, 1297963, 1297973, 1297979, 1297993, 1298027,
1298039, 1298047, 1298053, 1298057, 1298111, 1298113, 1298117,
1298119, 1298131, 1298149, 1298161, 1298173, 1298191, 1298197,
1298221, 1298261, 1298279, 1298291, 1298309, 1298317, 1298329,
1298333, 1298351, 1298357, 1298371, 1298387, 1298467, 1298489,
1298491, 1298537, 1298551, 1298573, 1298581, 1298611, 1298617,
1298641, 1298651, 1298653, 1298699, 1298719, 1298723, 1298747,
1298771, 1298779, 1298789, 1298797, 1298809, 1298819, 1298831,
1298849, 1298863, 1298887, 1298909, 1298911, 1298923, 1298951,
1298963, 1298981, 1298989, 1299007, 1299013, 1299019, 1299029,
1299041, 1299059, 1299061, 1299079, 1299097, 1299101, 1299143,
1299169, 1299173, 1299187, 1299203, 1299209, 1299211, 1299223,
1299227, 1299257, 1299269, 1299283, 1299289, 1299299, 1299317,
1299323, 1299341, 1299343, 1299349, 1299359, 1299367, 1299377,
1299379, 1299437, 1299439, 1299449, 1299451, 1299457, 1299491,
1299499, 1299533, 1299541, 1299553, 1299583, 1299601, 1299631,
1299637, 1299647, 1299653, 1299673, 1299689, 1299709